Springer-Lehrbuch

Wolfgang Domschke · Andreas Drexl

Einführung in Operations Research

Sechste, überarbeitete und erweiterte Auflage

Mit 96 Abbildungen
und 63 Tabellen

 Springer

Professor Dr. Wolfgang Domschke
Technische Universität Darmstadt
Institut für Betriebswirtschaftslehre
Fachgebiet Operations Research
Hochschulstraße 1
64289 Darmstadt
E-mail: domschke@bwl.tu-darmstadt.de

Professor Dr. Andreas Drexl
Christian-Albrechts-Universität zu Kiel
Lehrstuhl für Produktion und Logistik
Olshausenstraße 40
24118 Kiel
E-mail: drexl@bwl.uni-kiel.de

Bibliografische Information Der Deutschen Bibliothek
Die Deutsche Bibliothek verzeichnet diese Publikation in der Deutschen Nationalbibliografie;
detaillierte bibliografische Daten sind im Internet über *http://dnb.ddb.de* abrufbar.

ISBN 3-540-23431-4 6. Auflage Springer Berlin Heidelberg New York
ISBN 3-540-42950-6 5. Auflage Springer Berlin Heidelberg New York

Springer ist ein Unternehmen von Springer Science+Business Media
springer.de

© Springer-Verlag Berlin Heidelberg 1990, 1991, 1995, 1998, 2002, 2005
Printed in Italy

Umschlaggestaltung: Design & Production GmbH, Heidelberg
Herstellung: Helmut Petri
Druck: Legoprint

SPIN 11333708   Gedruckt auf säurefreiem Papier – 42/3130 – 5 4 3 2 1 0

Vorwort zur 6. Auflage

Der langjährige Einsatz des Buches in Lehrveranstaltungen hat uns in der Absicht bestärkt, auch bei der sechsten Auflage dessen Grundkonzeption beizubehalten.

Verschwunden sind hoffentlich sämtliche Fehler, die sich im Rahmen der 5. Auflage durch Übertragung in ein neues Textverarbeitungssystem eingeschlichen hatten.

Überarbeitet und teilweise neu strukturiert wurde diesmal v.a. das Kapitel zur linearen Optimierung (Kap. 2). Hier sind nähere Ausführungen zu den Begriffen Reduzierte Kosten, Schattenpreise und **Opportunitätskosten** hinzugekommen. Sie besitzen enge Beziehungen zur Dualitätstheorie, so dass wir die Behandlung in einem Unterkapitel (Kap. 2.5) zusammengefasst haben. Neu hinzugekommen ist ferner das Kapitel 6.5 zur Lösung von Knapsack-Problemen.

Für Verbesserungsvorschläge sind wir den Herren Prof. Dr. *Knut Haase* und Prof. Dr. *Walter Hower* sehr zu Dank verpflichtet.

Darüber hinaus haben uns Frau Dipl.-Wirtsch.-Inf. *Anita Petrick* sowie die Herren Dipl.-Inf. *Andrei Horbach*, Dr. *Robert Klein*, Dipl.-Wirtsch.-Inf. *Bernd Wagner* und Dipl.-Geophys. *Stefan Wende* bei der Neuauflage des Buches tatkräftig unterstützt.

Darmstadt/Kiel, im August 2004 — Wolfgang Domschke

Andreas Drexl

Aus dem Vorwort zur 5. Auflage

Neu hinzugekommen ist Kapitel 11. Hier wird exemplarisch gezeigt, wie sich zentrale Problemstellungen des Operations Research mit Hilfe der **Tabellenkalkulation** lösen lassen. Diese Ausführungen wurden von unseren Studierenden sehr begrüßt.

Wir haben das Manuskript in ein neues Textverarbeitungsprogramm übertragen. Das birgt natürlich die Gefahr, dass (Übertragungs-) Fehler entstanden sind, die trotz mehrfachen Lesens nicht entdeckt wurden. Diese und auch manche Darstellungen, die vereinheitlicht werden könnten, bitten wir uns für diese Auflage nachzusehen.

Herzlicher Dank gilt an dieser Stelle unseren Sekretärinnen *Ethel Fritz* und *Petra Hechler* für die nicht ganz einfache Übertragungsarbeit. Darüber hinaus haben uns Frau Dr. *Gabriela Mayer* und die Herren Dr. *Robert Klein* sowie Dipl.-Wirtsch.-Inf. *Bernd Wagner* bei der Neuauflage des Buches tatkräftig unterstützt. Herrn Prof. Dr. *Hans Daduna* sowie Herrn PD Dr. *Alf Kimms* danken wir für einige Verbesserungsvorschläge.

Darmstadt/Kiel, im September 2001 — Wolfgang Domschke

Andreas Drexl

Vorwort (zur 1. Auflage)

Das vorliegende Buch ist aus **Vorlesungen zur Einführung in Operations Research** entstanden, die wir für Studenten der Betriebswirtschaftslehre, der Volkswirtschaftslehre, des Wirtschaftsingenieurwesens, der (Wirtschafts-) Informatik und der Mathematik an der Technischen Hochschule Darmstadt und an der Christian-Albrechts-Universität zu Kiel gehalten haben.

Das Operations Research hat sich in den letzten 20 Jahren stürmisch entwickelt. In allen grundlegenden Bereichen des Operations Research, mit denen wir uns in den Kapiteln 2 bis 10 dieses Buches näher auseinandersetzen, wurde eine Vielzahl unterschiedlicher Modelle und leistungsfähiger Verfahren konzipiert. Dasselbe gilt für diejenigen Bereiche, die sich mit primär anwendungsorientierten Problemen beschäftigen. Ein Ende dieser Entwicklung ist nicht in Sicht.

Die Ergebnisse dieser Forschungsbemühungen werden in einer Fülle von Fachzeitschriften und Monographien dokumentiert. Für die meisten dieser Publikationen gilt, dass sie von Fachleuten für Fachleute verfasst wurden. Für Anfänger ist der Zugang teilweise recht schwierig.

Dieses Buch ist angesichts der oben bereits genannten heterogenen studentischen Zielgruppe **ein einführendes Studienskript mit grundlegenden Modellen und Verfahren des Operations Research**. Im Vordergrund steht damit nicht die Darstellung neuester Forschungsergebnisse, sondern eine didaktisch günstige Aufbereitung und Vermittlung von Grundlagen dieser jungen Wissenschaft. Die Ausführungen sind so gehalten, dass sie weitgehend auch zum Selbststudium geeignet sind. Alle Verfahren werden daher, soweit erforderlich und mit vertretbarem Aufwand möglich, algorithmisch beschrieben und an Beispielen verdeutlicht. Ein über die in den Text gestreuten Beispiele hinausgehender Aufgaben- und Lösungsteil befindet sich in Vorbereitung.

Wir danken unseren Mitarbeitern, insbesondere Frau Dipl.-Math. *Birgit Schildt* sowie den Herren Dipl.-Wirtsch.-Inf. *Armin Scholl* und Dipl.-Math. *Arno Sprecher* für die kritische Durchsicht des Manuskripts sowie wertvolle Anregungen und Verbesserungsvorschläge. Herrn Dr. *Werner Müller* vom Springer-Verlag danken wir für die Aufnahme dieses Buches in die Reihe der Springer-Lehrbücher.

Wir widmen dieses Buch Barbara und Ulrike. Ihnen sollte ein OR-Preis verliehen werden: Während der Wochen und Monate, die wir mit dem Schreiben dieses Buches zugebracht haben und damit unseren Familien nicht zur Verfügung standen, ist es ihnen gelungen, unsere Kinder davon zu überzeugen, dass die Beschäftigung mit Operations Research die schönste und wichtigste Sache im Leben ist.

Wir hoffen, dass unsere Studenten und Kollegen nach der Lektüre des Buches diese Auffassung teilen.

Darmstadt/Kiel, im August 1990   Wolfgang Domschke

                                                        Andreas Drexl

Inhaltsverzeichnis

Symbolverzeichnis

$:=$	definitionsgemäß gleich (Wertzuweisung in Verfahren)
$\mathbb{B}$, $\mathbb{N}$	Menge der binären bzw. der natürlichen Zahlen
$\mathbb{R}$, $\mathbb{R}_+$, $\mathbb{R}^n$	Menge der reellen, nichtnegativen reellen bzw. n-elementigen reellen Zahlen
$\mathbb{Z}$, $\mathbb{Z}_+$	Menge der ganzen bzw. nichtnegativen ganzen Zahlen
$\varnothing$	leere Menge
∞	unendlich; wir definieren $\infty \pm p := \infty$ für $p \in \mathbb{R}$
$i \in I$	i ist Element der Menge I
$I \subseteq J$, $I \subset J$	I ist Teilmenge bzw. echte Teilmenge von J
$I \cup J$	Vereinigung der Mengen I und J
$f : X \to \mathbb{R}$	Abbildung f, die jedem Element von X einen Wert aus $\mathbb{R}$ zuordnet
$\min \{a_{ij} \mid i = 1,...,m\}$	Minimum aller a_{1j}, a_{2j},..., a_{mj}
$\vert \delta \vert$, $\vert I \vert$	Absolutbetrag von δ, Mächtigkeit der Menge I
$A = (a_{ij})$	Koeffizientenmatrix
$\mathbf{b} = (b_1,..., b_m)$	Vektor der rechten Seiten
$\mathbf{c} = (c_1,...,c_n)$	Vektor der Zielkoeffizienten
$c_{ij} = c(i, j) = c[i, j]$	Kosten (Länge, Zeit, etc.) auf Pfeil (i, j) bzw. auf Kante [i, j]
$c(w)$	Länge des Weges w
$C(G) = (c_{ij})$	Kostenmatrix des Graphen G
E	Kanten- oder Pfeilmenge
$F(.)$	etwa $F(\mathbf{x})$, verwendet für Zielfunktion(-swert)
$G = [V,E]$	ungerichteter, unbewerteter Graph
$G = (V, E)$	gerichteter, unbewerteter Graph
$G = (V, E, c)$	gerichteter Graph mit Kostenbewertung c
GE, ME, ZE	Geldeinheit(en), Mengeneinheit(en), Zeiteinheit(en)
g_i	Grad des Knotens i (in ungerichteten Graphen)
m bzw. n	Anzahl der Restriktionen bzw. Variablen
M	hinreichend große Zahl für fiktive Bewertungen
$N(i)$	Menge der Nachfolger des Knotens i
NB(i)	Menge der Nachbarn des Knotens i
$S[1..n]$	eindimensionales Feld der Länge n
T	Baum
V	Knotenmenge
$V(i)$	Menge der Vorgänger des Knotens i
$\mathbf{x}$	wird vorwiegend als Vektor von Variablen x_j bzw. x_{ij}, etwa $(x_{11}, x_{12},..., x_{mn})$, verwendet
∇F	Gradient der Funktion F
$\times$	kartesisches Produkt

Kapitel 1: Einführung

1.1 Begriff des Operations Research

Menschliches Handeln schlechthin und wirtschaftliches Handeln im Besonderen lassen sich vielfach als zielgerichteter, rationaler Prozess beschreiben. Dieser ist in die **Phasen** *Planung (Entscheidungsvorbereitung), Entscheidung, Durchführung* und *Kontrolle* unterteilbar.

Planung kann dabei beschrieben werden als systematisch-methodische Vorgehensweise zur Analyse und Lösung von (aktuellen bzw. zukünftigen) Problemen. Die Abgrenzung zwischen Planung und Entscheidung (für eine Alternative, eine Lösung, einen bestimmten Plan) ist in der Literatur umstritten. Zumindest sind Planung und Entscheidung eng miteinander verbunden; denn während der Ausführung der einzelnen Teilprozesse der Planung sind zahlreiche (Vor-) Entscheidungen zu treffen. Die Alternative zur Planung ist Improvisation.

Operations Research (OR) bezeichnet einen Wissenszweig, der sich mit der Analyse von praxisnahen, komplexen Problemstellungen im Rahmen eines Planungsprozesses zum Zweck der Vorbereitung von möglichst optimalen Entscheidungen durch die Anwendung mathematischer Methoden beschäftigt. Die Hauptaufgaben im OR bestehen in der Abbildung eines realen *Entscheidungsproblems* durch ein *Optimierungs-* oder *Simulationsmodell* (siehe hierzu Kap. 1.2) und die Anwendung bzw. Entwicklung eines *Algorithmus* zur Lösung des Problems. Dabei spielt Software-Unterstützung eine zentrale Rolle.

Planung allgemein und damit auch OR-gestützte Planung vollzieht sich in einem **komplexen Prozess** mit sechs Schritten, die sich wie folgt skizzieren lassen:

(1) *Erkennen und Analysieren eines Problems*: Ausgangspunkt des Prozesses ist das Auftreten von Entscheidungs- und Handlungsbedarf (z.B. in Form eines defizitären Unternehmensbereiches, eines defekten Betriebsmittels) oder das Erkennen von Entscheidungs- und Handlungsmöglichkeiten (z.B. Einsatz neuer Fertigungstechnologien, Einführen neuer Produkte).

(2) *Bestimmen von Zielen und Handlungsmöglichkeiten*: Rationales Handeln erfordert eine Zielorientierung, d.h. die Ermittlung bzw. Vorgabe von Zielen. Alternative Möglichkeiten der Zielerreichung sind herauszuarbeiten und voneinander abzugrenzen. Da in der Regel aus den verschiedensten Gründen (begrenzter Kenntnisstand, Zeit- und/oder Budgetbeschränkungen) nicht alle Aspekte einbezogen werden können, entsteht ein vereinfachtes Abbild (deskriptives Modell) der Situation.

(3) *Mathematisches Modell*: Ausgehend vom deskriptiven Modell wird ein mathematisches Modell formuliert.

(4) *Datenbeschaffung*: Für das mathematische Modell sind, ggf. unter Einsatz von Prognosemethoden, Daten zu beschaffen.

(5) *Lösungsfindung*: Mit Hilfe eines **Algorithmus** (eines **Verfahrens**, einer Rechenvorschrift) wird das mathematische Modell unter Verwendung der Daten gelöst. Als Lösung erhält man eine oder mehrere hinsichtlich der Zielsetzung(en) besonders geeignete Alternative(n).

(6) *Bewertung der Lösung*: Die erhaltene Lösung ist (auch im Hinblick auf bei der Modellbildung vernachlässigte Aspekte) zu analysieren und anschließend als akzeptabel, modifizierungsbedürftig oder unbrauchbar zu bewerten.

Diese Schritte bzw. Stufen stellen eine idealtypische Abstraktion realer Planungsprozesse unter Verwendung von OR dar; zwischen ihnen gibt es vielfältige Interdependenzen und Rückkoppelungen. Sie sind als Zyklus zu verstehen, der i.Allg. mehrmals – zumindest in Teilen – zu durchlaufen ist.

Eine ausführlichere Darstellung OR-gestützter Planungsprozesse findet man in Gal und Gehring (1981), Schneeweiß (1992), Adam (1996), Hauke und Opitz (2003), Domschke und Scholl (2003) sowie Klein und Scholl (2004).

OR im weiteren Sinne beschäftigt sich mit Modellbildung und Lösungsfindung (Entwicklung und/oder Anwendung von Algorithmen) sowie mit Methoden zur Datenermittlung.

OR im engeren Sinne wird in der Literatur primär auf die Entwicklung von Algorithmen beschränkt. Die Gliederung des vorliegenden Buches orientiert sich an dieser Definition. Fragen der Modellbildung spielen im zugehörigen Übungsbuch Domschke et al. (2005) eine wichtige Rolle.

Als Begründungszeit des OR gelten die Jahre kurz vor und während des 2. Weltkrieges. In Großbritannien und den USA wurden Möglichkeiten der optimalen Zusammenstellung von Schiffskonvois, die den Atlantik überqueren sollten, untersucht. Diese Forschungen wurden in Großbritannien als „Operational Research", in den USA als „Operations Research" bezeichnet. Heute überwiegen ökonomische und ingenieurwissenschaftliche Anwendungen v.a. in den Bereichen Produktion und Logistik.

Im deutschen Sprachraum sind die folgenden *Bezeichnungen für OR* gebräuchlich, wobei sich aber keine eindeutig durchgesetzt hat:
Operations Research, Unternehmensforschung, mathematische Planungsrechnung, Operationsforschung, Optimierungsrechnung.

Es gibt zahlreiche *nationale* und *internationale OR-Gesellschaften*, z.B.:

GOR   Gesellschaft für Operations Research e.V., seit 1998, entstanden durch Fusion der DGOR (Deutsche Gesellschaft für Operations Research) und GMÖOR (Gesellschaft für Mathematik, Ökonomie und Operations Research)

INFORMS   Institute for Operations Research and the Management Sciences (USA)

IFORS   International Federation of OR-Societies

Ebenso existieren zahlreiche *Fachzeitschriften*; als Beispiele seien genannt:

Annals of OR, European Journal of OR, Interfaces, Journal of the Operational Research Society, Management Science, Mathematical Programming, Operations Research, OR Spektrum, Mathematical Methods of OR (frühere Zeitschrift für OR).

Auf unseren Hompages

http://www.bwl.tu-darmstadt.de/bwl3   bzw.   http://www.bwl.uni-kiel.de/Prod

finden sich u.a. Links zu den oben genannten Gesellschaften und Zeitschriften (-verlagen) sowie zu **OR-Lexika** mit wichtigen Begriffen des Operations Research.

1.2 Modelle im Operations Research

Modelle spielen im OR eine zentrale Rolle. Wir charakterisieren zunächst verschiedene Modelltypen und beschäftigen uns anschließend v.a. mit Optimierungsmodellen.

1.2.1 Charakterisierung verschiedener Modelltypen

Ein **Modell** ist ein vereinfachtes (isomorphes oder homomorphes) Abbild eines realen Systems oder Problems. OR benützt im Wesentlichen Entscheidungs- bzw. Optimierungs- sowie Simulationsmodelle.

Ein **Entscheidungs-** bzw. **Optimierungsmodell** ist eine formale Darstellung eines Entscheidungs- oder Planungsproblems, das in seiner einfachsten Form mindestens eine Alternativenmenge und eine diese bewertende Zielfunktion enthält. Es wird entwickelt, um mit geeigneten Verfahren optimale oder suboptimale Lösungsvorschläge ermitteln zu können. **Simulationsmodelle** sind häufig sehr komplexe Optimierungsmodelle, für die keine analytischen Lösungsverfahren existieren. Sie dienen dem Zweck, die Konsequenzen einzelner Alternativen zu bestimmen (zu untersuchen, „durchzuspielen").

Während OR unmittelbar von Optimierungs- oder Simulationsmodellen ausgeht, dienen ihm Beschreibungs-, Erklärungs- sowie Prognosemodelle zur Informationsgewinnung. **Beschreibungsmodelle** beschreiben Elemente und deren Beziehungen in realen Systemen. Sie enthalten jedoch keine Hypothesen über reale Wirkungszusammenhänge und erlauben daher keine Erklärung oder Prognose realer Vorgänge. Ein Beispiel für ein Beschreibungsmodell ist die Buchhaltung. **Erklärungsmodelle** werten empirische Gesetzmäßigkeiten oder Hypothesen zur Erklärung von Sachverhalten aus; Produktionsfunktionen sind Beispiele für Erklärungsmodelle. **Prognosemodelle** werden in der Regel zur Gruppe der Erklärungsmodelle gezählt; sie dienen der Vorhersage von zukünftigen Entwicklungen, z.B. des zukünftigen Verbrauchs eines Produktionsfaktors.

1.2.2 Optimierungsmodelle

1.2.2.1 Formulierung eines allgemeinen Optimierungsmodells

Ein Optimierungsmodell lässt sich allgemein wie folgt aufschreiben:

$$\text{Maximiere oder (Minimiere)} \quad z = F(\mathbf{x}) \tag{1.1}$$

unter den Nebenbedingungen

$$g_i(\mathbf{x}) \left\{ \begin{array}{c} \geq \\ = \\ \leq \end{array} \right\} 0 \qquad \text{für } i = 1,...,m \tag{1.2}$$

$$\mathbf{x} \in W_1 \times W_2 \times ... \times W_n, \quad W_j \in \{\mathbb{R}_+, \mathbb{Z}_+, \mathbb{B}\}, j = 1,...,n \tag{1.3}$$

Dabei haben die verwendeten Symbole folgende Bedeutung:

$\mathbf{x}$ ein Variablenvektor mit n Komponenten $x_1, ..., x_n$

$F(\mathbf{x})$ eine Zielfunktion

$x_j \in \mathbb{R}_+$ Nichtnegativitätsbedingung (kontinuierliche Variable)

$x_j \in \mathbb{Z}_+$ Ganzzahligkeitsbedingung (ganzzahlige Variable)

$x_j \in \mathbb{B}$ Binärbedingung (binäre Variable)[1]

(1.1) entspricht einer Zielfunktion, die maximiert oder minimiert werden soll. Bei zu *maximierenden* Größen kann es sich z.B. um den Absatz, den Umsatz oder den Gesamtdeckungsbeitrag, der seitens eines Unternehmens mit einem Produktvektor zu erzielen ist, handeln. Verallgemeinernd sprechen wir gelegentlich von zu maximierendem **Nutzen**. Bei zu *minimierenden* Größen handelt es sich um Distanzen in Verkehrsnetzen, Projektdauern in Netzplänen, zumeist aber um **Kosten**.

(1.2) ist ein System von m Gleichungen und/oder Ungleichungen (Restriktionensystem).

(1.3) legt den Wertebereich der Entscheidungsvariablen fest. Jede Variable hat einen kontinuierlichen, ganzzahligen oder binären Wertebereich. Über unsere Formulierung hinaus ist es möglich, dass einige Variablen im Vorzeichen nicht beschränkt sind.

(1.1) – (1.3) ist insofern sehr allgemein, als sich fast alle von uns in den folgenden Kapiteln behandelten Modelle daraus ableiten lassen. Nicht abgedeckt sind davon Modelle mit mehrfacher Zielsetzung, wie wir sie in Kap. 2.7 behandeln, sowie Simulationsmodelle, die sich zumeist nicht in dieser einfachen Form darstellen lassen.

Bemerkung 1.1 (*Problem – Modell*): Während wir in Kap. 1 konsequent von Optimierungsmodellen sprechen, verwenden wir in den folgenden Kapiteln fast ausschließlich den Begriff

---

[1] Ein gegebener Vektor $\mathbf{x}$, bei dem alle Variablenwerte (Komponenten) fixiert sind, entspricht einer Alternative im Sinne von Kap. 1.2.1. Das Restriktionensystem (1.2) beschreibt damit in Verbindung mit (1.3) alle verfügbaren Handlungsalternativen.

Optimierungsproblem. Der Grund hierfür besteht darin, dass es in der Literatur üblicher ist, von zueinander dualen Problemen und nicht von zueinander dualen Modellen, von Transportproblemen und nicht von Transportmodellen etc. zu sprechen.

1.2.2.2 Beispiele für Optimierungsmodelle

Wir betrachten zwei spezielle Beispiele zu obigem Modell, ein lineares Modell mit kontinuierlichen Variablen und ein lineares Modell mit binären Variablen.

Beispiel 1: Ein Modell der Produktionsprogrammplanung

Gegeben seien die Preise p_j, die variablen Kosten k_j und damit die Deckungsbeiträge $db_j = p_j - k_j$ von n Produkten (j = 1, ..., n) sowie die technischen Produktionskoeffizienten a_{ij}, die den Verbrauch an Kapazität von Maschine i für die Herstellung einer Einheit von Produkt j angeben. Maschine i (= 1, ..., m) möge eine Kapazität von b_i Kapazitätseinheiten besitzen. Gesucht sei das Produktionsprogramm mit maximalem Deckungsbeitrag.

Bezeichnen wir die von Produkt j zu fertigenden Mengeneinheiten (ME) mit x_j, so ist das folgende mathematische Modell zu lösen (vgl. auch das Beispiel in Kap. 2.4.1.2):

$$\text{Maximiere } F(\mathbf{x}) = \sum_{j=1}^{n} db_j x_j \tag{1.4}$$

unter den Nebenbedingungen

$$\sum_{j=1}^{n} a_{ij} x_j \leq b_i \qquad \text{für } i = 1, ..., m \tag{1.5}$$

$$x_j \geq 0 \qquad \text{für } j = 1, ..., n \tag{1.6}$$

(1.4) fordert die Maximierung der Deckungsbeiträge für alle Produkte. (1.5) stellt sicher, dass die vorhandenen Maschinenkapazitäten zur Fertigung des zu bestimmenden Produktionsprogramms auch tatsächlich ausreichend sind. (1.6) verlangt, dass nichtnegative (nicht notwendig ganzzahlige) „Stückzahlen" gefertigt werden sollen.

Verfahren zur Lösung linearer Optimierungsmodelle mit kontinuierlichen Variablen behandeln wir in Kap. 2.

Bemerkung 1.2: Gibt man für ein Modell einen konkreten Datensatz vor, so spricht man von einer Modellinstanz oder **Probleminstanz**. Beim Modell der Produktionsprogrammplanung zählen zu den Daten Werte für n, m sowie für alle db_j, b_i und a_{ij}.

Bemerkung 1.3: Das Nebenbedingungssystem eines Optimierungsmodells stellt i.Allg. ein Erklärungsmodell dar; in (1.5) und (1.6) wird z.B. unterstellt, dass der Produktionsprozess des betrachteten Unternehmens durch eine linear-limitationale Produktionsfunktion (Leontief-Produktionsfunktion) beschrieben, d.h. dass der Faktorverbrauch durch diese Funktion *erklärt* werden kann.

Beispiel 2: Ein binäres Optimierungsmodell, das Knapsack-Problem

Ein Wanderer kann in seinem Rucksack unterschiedlich nützliche Gegenstände (Güter) verschiedenen Gewichts mitnehmen. Welche soll er auswählen, so dass bei einem einzuhaltenden Höchstgewicht maximaler Nutzen erzielt wird?

Allgemein stehen n Gegenstände (j = 1, …, n) mit den Nutzen c_j und den Gewichten w_j zur Wahl. Das Höchstgewicht der mitnehmbaren Gegenstände sei b. Verwenden wir für Gut j die Binärvariable x_j (= 1, falls das Gut mitzunehmen ist, und 0 sonst), so lässt sich das Modell mathematisch wie folgt formulieren:

$$\text{Maximiere } F(x) = \sum_{j=1}^{n} c_j x_j \tag{1.7}$$

[handschriftliche Notiz: maximiere die Summe der Nutzen eines gegenstands mal der gegenstand unter der Nebenbed. dass das Gewicht der einzelne gegenstände summiert b nicht übersteigen darf.]

unter den Nebenbedingungen

$$\sum_{j=1}^{n} w_j x_j \leq b \tag{1.8}$$

$$x_j \in \{0, 1\} \qquad \text{für } j = 1, …, n \tag{1.9}$$

Verfahren zur Lösung linearer Optimierungsmodelle mit binären Variablen behandeln wir in Kap. 6 und 7.

1.2.2.3 Klassifikation von Optimierungsmodellen

Optimierungsmodelle sind v.a. nach folgenden Gesichtspunkten unterteilbar:

(1) Hinsichtlich des **Informationsgrades** in deterministische und stochastische Modelle. Bei **deterministischen** Modellen werden die Parameter der Zielfunktion(en) wie der Nebenbedingungen (im obigen Beispiel 1 alle p_j, k_j, a_{ij} und b_i) als bekannt vorausgesetzt; ist jedoch mindestens ein Parameter als Zufallszahl (bzw. Zufallsvariable) zu interpretieren, so liegt ein **stochastisches** Modell vor. Deterministische Modelle dienen der *Entscheidungsfindung bei Sicherheit*, stochastische Modelle der *Entscheidungsfindung bei Risiko*. Wir beschäftigen uns vorwiegend mit deterministischen Modellen. Ein stochastisches Modell wird im Rahmen der dynamischen Optimierung in Kap. 7.4 betrachtet. Auch den Ausführungen zur Simulation in Kap. 10 liegen primär stochastische Modelle zu Grunde.

(2) In Modelle mit **einer** und solche mit **mehreren Zielfunktionen**: Bei letzteren Modellen kann i.Allg. erst dann „optimiert" werden, wenn zusätzlich zu den Zielfunktionen und zum Nebenbedingungssystem **Effizienzkriterien** (Beurteilungsmaßstäbe für den Grad der Erreichung der einzelnen Ziele) angegeben werden können.
Wir beschäftigen uns nahezu ausschließlich mit Modellen mit einer Zielfunktion. Mehrfachzielsetzungen behandeln wir nur im Rahmen der linearen Optimierung in Kap. 2.7.

(3) Hinsichtlich des **Typs der Zielfunktion(en) und Nebenbedingungen** in lineare Modelle mit reellen Variablen, lineare Modelle mit ganzzahligen oder Binärvariablen, nichtlineare Modelle usw. (vgl. Kap. 1.3).

(4) Bezüglich der **Lösbarkeit** unterteilt man die Modelle in solche, die in Abhängigkeit ihrer Größe mit **polynomialem** Rechenaufwand lösbar sind, und solche, für die bislang kein

Verfahren angebbar ist, das jede Problemgröße mit polynomialem Aufwand zu lösen gestattet. Beispiele für die Größe eines Problems oder Modells: n und m beschreiben die Größe des Modells (1.4) – (1.6), n ist die Größe des Modells (1.7) – (1.9).

Zur ersten Gruppe gehören nahezu alle von uns in Kap. 2 bis 5 beschriebenen Probleme. Probleme der zweiten Gruppe werden als NP-schwer bezeichnet; mit ihnen beschäftigen wir uns v.a. in Kap. 6.

1.2.3 Bedeutung einer effizienten Modellierung

Wie oben ausgeführt, gibt es eklatante Unterschiede bzgl. des Schwierigkeitsgrades der Lösbarkeit von Modellen. Daher sollte der Konstruktion eines geeigneten Modells – also der *effizienten Modellierung* – ein besonderes Augenmerk gewidmet werden. D.h. es soll jeweils ein Modell entwickelt werden, das mit Hilfe von Standardsoftware im Vergleich zu anderen Modellen mit gleicher optimaler Lösung i.d.R. mit geringerem Rechenaufwand lösbar ist.

Ein großer Teil der Planungs- und Entscheidungsprobleme kann nur mittels ganzzahliger linearer Optimierungsmodelle geeignet abgebildet werden. Von diesen weiß man allerdings, dass sie i.d.R. hohen Rechenaufwand erfordern. Ausnahmen gibt es beispielsweise dann, wenn die mathematische Modellformulierung so gewählt werden kann, dass Standardsoftware trotz Vernachlässigung der Ganzzahligkeit der Variablen stets eine ganzzahlige optimale Lösung liefert. Beispiele für derartige Modelle sind das klassische Transportproblem und das lineare Zuordnungsproblem, die wir in Kap. 4 behandeln. Ein weiteres Beispiel ist das von Domschke et al. (2002) betrachtete Problem der Koordination von Kommunikationsstandards.

Empfehlenswerte Bücher zu Fragen der effizienten Modellierung sind Kallrath und Wilson (1997), Williams (1999) sowie Voß und Woodruff (2003). Siehe ferner Johnson et al. (2000), Tüshaus (2001) sowie Klein und Scholl (2004, Kap. 4.3).

1.3 Teilgebiete des Operations Research

OR im (in Kap. 1.1 definierten) engeren Sinne wird nach dem Typ des jeweils zugrunde liegenden Optimierungsmodells v.a. in die nachfolgend skizzierten Gebiete unterteilt.

(1) **Lineare Optimierung** oder **lineare Programmierung** (abgekürzt LP, gelegentlich auch als lineare Planungsrechnung bezeichnet; siehe Kap. 2 und 4): Die Modelle bestehen aus einer oder mehreren linearen Zielfunktion(en) und zumeist einer Vielzahl von linearen Nebenbedingungen; die Variablen dürfen (zumeist nur nichtnegative) reelle Werte annehmen.

Die lineare Optimierung wurde bereits in den verschiedensten Funktionsbereichen von Unternehmen angewendet und besitzt ihre größte Bedeutung im Bereich der Fertigungsplanung (Produktionsprogramm , Mischungs-, Verschnittoptimierung; siehe Beispiel 1 in Kap. 1.2.2.2).

„Allgemeine" lineare Optimierungsmodelle behandeln wir in Kap. 2. Als wichtigstes Verfahren beschreiben wir dort den **Simplex-Algorithmus**. Für lineare Optimierungsmodelle mit spezieller Struktur (wie Transport-, Umlade- oder Netzwerkflussprobleme) wurden diese Struktur ausnutzende, effizientere Verfahren entwickelt; siehe dazu Kap. 4.

(2) **Graphentheorie** und **Netzplantechnik** (Kap. 3 und 5): Mit Hilfsmitteln der *Graphentheorie* lassen sich z.B. Organisationsstrukturen oder Projektabläufe graphisch anschaulich darstellen. Zu nennen sind ferner Modelle und Verfahren zur Bestimmung kürzester Wege sowie maximaler und kostenminimaler Flüsse in Graphen. Die *Netzplantechnik* ist eine der in der Praxis am häufigsten eingesetzten Methoden der *Planung*; sie dient zugleich der *Überwachung und Kontrolle* von betrieblichen Abläufen und Projekten.

z.B.
Rosterplanung

(3) **Ganzzahlige (lineare) und kombinatorische Optimierung** (Kap. 6): Bei der ganzzahligen (linearen) Optimierung dürfen die (oder einige der) Variablen nur ganze Zahlen oder Binärzahlen (0 bzw. 1) annehmen; siehe Beispiel 2 in Kap. 1.2.2.2.

Modelle dieser Art spielen z.B. bei der Investitionsprogrammplanung eine Rolle. Darüber hinaus werden durch Modelle der kombinatorischen Optimierung **Zuordnungsprobleme** (z.B. Zuordnung von Maschinen zu Plätzen, so dass bei Werkstattfertigung minimale Kosten für Transporte zwischen den Maschinen entstehen), **Reihenfolgeprobleme** (z.B. Bearbeitungsreihenfolge von Aufträgen auf einer Maschine), **Gruppierungsprobleme** (z.B. Bildung von hinsichtlich eines Maßes möglichst ähnlichen Kundengruppen) und/ oder **Auswahlprobleme** (etwa Set Partitioning-Probleme, z.B. Auswahl einer kostenminimalen Menge von Auslieferungstouren unter einer großen Anzahl möglicher Touren) abgebildet.

Viele kombinatorische Optimierungsprobleme lassen sich mathematisch als ganzzahlige oder binäre (lineare) Optimierungsprobleme formulieren. Die in diesem Teilgebiet des OR betrachteten Modelle sind wesentlich schwieriger lösbar als lineare Optimierungsmodelle mit kontinuierlichen Variablen.

(4) **Dynamische Optimierung** (Kap. 7): Hier werden Modelle betrachtet, die in einzelne „Stufen" (z.B. Zeitabschnitte) zerlegt werden können, so dass die Gesamtoptimierung durch eine stufenweise, rekursive Optimierung ersetzbar ist. Anwendungen findet man u.a. bei der Bestellmengen- und Losgrößenplanung. Lösungsverfahren für dynamische Optimierungsmodelle basieren auf dem **Bellman'schen Optimalitätsprinzip**.

(5) **Nichtlineare Optimierung** (Kap. 8): Die betrachteten Modelle besitzen eine nichtlineare Zielfunktion und/oder mindestens eine nichtlineare Nebenbedingung. In der Realität sind viele Zusammenhänge nichtlinear (z.B. Transportkosten in Abhängigkeit von der zu transportierenden Menge und der zurückzulegenden Entfernung). Versucht man, derartige Zusammenhänge exakt in Form nichtlinearer (anstatt linearer) Modelle abzubilden, so erkauft man dies i.Allg. durch wesentlich höheren Rechenaufwand.

(6) **Warteschlangentheorie** (Kap. 9): Sie dient v.a. der Untersuchung des Abfertigungsverhaltens von Service- und Bedienungsstationen. Beispiele für Stationen sind Bankschalter oder Maschinen, vor denen sich Aufträge stauen können. Ein Optimierungsproblem entsteht z.B. dadurch, dass das Vorhalten von zu hoher Maschinenkapazität zu überhöhten Kapitalbindungskosten im Anlagevermögen, zu geringe Maschinenkapazität zu überhöhten Kapitalbindungskosten im Umlaufvermögen führt.

(7) **Simulation** (Kap. 10): Sie dient v.a. der Untersuchung (dem „Durchspielen") einzelner Alternativen bzw. Systemvarianten im Rahmen komplexer stochastischer (Optimierungs-)

Modelle. Anwendungsbeispiele: Warteschlangensysteme, Auswertung stochastischer Netzplane, Analyse von Lagerhaltungs- und Matcrialflusssystemen. Zur benutzerfreundlichen Handhabung wurden spezielle Simulationssprachen entwickelt.

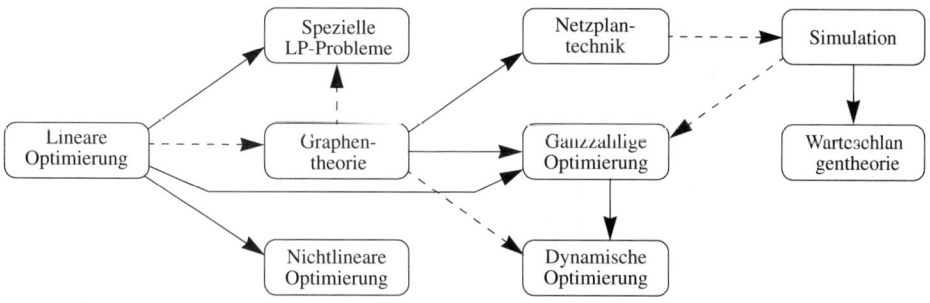

Abb. 1.1: Beziehungen zwischen den Kapiteln

Abb. 1.1 gibt einen Überblick über wesentliche Beziehungen zwischen den einzelnen Kapiteln des Buches. Ein voll ausgezeichneter Pfeil von A nach B bedeutet dabei, dass wesentliche Teile von A zum Verständnis von B erforderlich sind. Ein gestrichelter Pfeil deutet an, dass nur an einzelnen Stellen von B auf A verwiesen wird.

Dic (im vorliegenden Buch behandelten) Teilgebiete des OR lassen sich folgendermaßen den **zentralen Fragestellungen der Entscheidungstheorie** zuordnen:[2]

- **Entscheidungen bei Sicherheit**

  - *mit einer Zielfunktion*: Alle in den folgenden Kapiteln behandelten Problemstellungen sind (bis auf Kap. 2.7, Kap. 7.4 und Kap. 10) dieser Kategorie zuzuordnen.

  - *mit mehreren Zielfunktionen*: Lediglich in Kap. 2.7 beschäftigen wir uns mit deterministischen multikriteriellen Optimierungsproblemen.

- **Entscheidungen bei Risiko:** Stochastische Modelle betrachten wir lediglich in Kap. 7.4 und in Kap. 10. Vgl. zu Modellen und Lösungsmöglichkeiten der *stochastischen linearen Optimierung* z.B. Dinkelbach und Kleine (1996) oder Scholl (2001), allgemein zur stochastischen Optimierung Kall und Wallace (1994).

---

2 Vgl. hierzu beispielsweise Dinkelbach und Kleine (1996), Bamberg und Coenenberg (2002), Eisenführ und Weber (2003), Laux (2003) sowie Klein und Scholl (2004).

1.4 Arten der Planung und Anwendungsmöglichkeiten des OR

Für eine Differenzierung einzelner Arten von Planung bieten sich mehrere Gliederungsgesichtspunkte an. Hinsichtlich der Anwendungsmöglichkeiten von OR bedeutsame Unterscheidungen sind:

(1) Nach den **betrieblichen Funktionsbereichen**: Beschaffungs-, Produktions-, Absatzsowie Investitions- und Finanzierungsplanung.

(2) Nach dem **Planungsinhalt**: Ziel-, Maßnahmen-, Durchführungs- oder Ablaufplanung.

(3) Nach der **Fristigkeit** (zeitlichen Reichweite): Lang-, mittel- oder kurzfristige (strategische, taktische oder operative) Planung.

(4) Nach dem **Umfang**: Teil- oder Gesamtplanung, wobei die Gesamtplanung wiederum als sukzessive Teil- oder als simultane Gesamtplanung erfolgen kann.

Wichtige **Voraussetzung für die Anwendung von OR** ist die Verfügbarkeit der erforderlichen Daten. Im Modell (1.4) – (1.6) beispielsweise werden Werte (= Daten) für die Produktionskoeffizienten a_{ij}, die Maschinenkapazitäten b_i sowie für die Deckungsbeiträge db_j benötigt. Es stellt sich die Frage, woher diese Daten in einem konkreten Anwendungsfall stammen. Zwei grundsätzliche Möglichkeiten kommen hier in Frage:

(1) Durch fortlaufende Erfassung anfallender Daten des Produktionsbereichs im Rahmen der sogenannten **Betriebsdatenerfassung** können insbesondere die Produktionskoeffizienten a_{ij} (Zeit der Belegung von Maschine i in Stunden durch die Fertigung einer Einheit von Produkt j) und die Maschinenkapazitäten b_i (Nominalkapazität von Maschine i, vermindert um ihre Ausfall- und Wartungszeiten) erfasst werden.

Wir gehen auf Methoden der (Betriebs-) Datenerfassung nicht näher ein und verweisen hierzu z.B. auf Mertens (2004).

(2) Liegen zwar vergangenheitsbezogene Daten vor, hat sich jedoch seit deren Erfassung die Situation so stark verändert, dass die Daten nicht unmittelbar verwendet werden können, so sind entweder geeignete Korrekturen vorzunehmen oder völlig neue Prognosen zu erstellen.

Auch auf **Prognosemethoden** gehen wir hier nicht näher ein und verweisen diesbezüglich auf Hansmann (1983), Schlittgen und Streitberg (2001), Domschke und Scholl (2003) sowie Klein und Scholl (2004).

In vielen praktischen Fällen ist es erforderlich, dass unmittelbar gehandelt wird, obwohl kaum Informationen über künftige Entwicklungen vorliegen. Als Beispiel sei die Steuerung von Aufzügen genannt. Hier fragen Kunden auf einer oder mehreren Etagen Transportleistung nach. Es ist sofort zu entscheiden, welcher Aufzug (im Falle des Vorhandenseins mehrerer) von welcher aktuellen Position aus startet, um die angeforderte Fahrt auszuführen. Zu derartigen Fragen der **Online-Optimierung**, die wir im vorliegenden Buch nicht näher behandeln, sei auf Grötschel et al. (2001) verwiesen.

OR kann grundsätzlich in jedem betrieblichen Funktionsbereich Anwendung finden. Es dient eher der Durchführungs- und Ablauf- als der Ziel- und Maßnahmenplanung. Es überwiegt ihr

Einsatz bei der taktischen und v.a. der operativen Planung. Optimierungsrechnungen betreffen vorwiegend Teilplanungen, bei Gesamtplanungen kann die Simulation nützlich sein.

Mit Fragestellungen der Optimierung haben sich die Menschen schon sehr frühzeitig beschäftigt; siehe unser Beispiel im Anhang, Kap. 1.5.

Die Zeitschrift *Interfaces* ist ein auf Anwendungsberichte des OR spezialisiertes Publikationsorgan. Einen nach Funktionsbereichen gegliederten, umfassenden **Überblick über Anwendungsmöglichkeiten des OR** mit zahlreichen Literaturhinweisen findet man in Assad et al. (1992). Exemplarisch seien im Folgenden einige *neuere Anwendungsberichte* aus der Praxis skizziert:

- Desrosiers et al. (2000) verwenden Methoden der linearen Optimierung (Kap. 2) zur Unterstützung von Managemententscheidungen einer Fluggesellschaft (Flugrouten, Zusammenstellung der Crews etc.).

- Gautier et al. (2000) beschäftigen sich mit der Analyse von Szenarien für die Entwicklung des Marktes von Holzfasern für die Papierherstellung. Dabei verwenden auch sie Methoden der linearen Optimierung, wobei Opportunitätskosten (vgl. Kap. 2.5.3) von zentraler Bedeutung sind.

- Katok und Ott (2000) beschreiben die Verwendung von Methoden der gemischt-ganzzahligen Optimierung (vgl. hierzu auch Kap. 6.4) zur Minimierung der Produktionskosten bei der Herstellung von Getränkedosen. Kritisch ist hierbei vor allem die Anzahl der erforderlichen Wechsel unterschiedlicher Aufkleber.

- Olson und Schniederjans (2000) beschäftigen sich mit der Entwicklung von heuristischen Verfahren (vgl. hierzu auch Kap. 6.6.1) zur Unterstützung von Entscheidungen bei der Herstellung von Farben. Zu beachten sind dabei u.a. Liefertermine, verfügbare Lager- und Maschinenkapazitäten sowie Eilaufträge.

- Karabakal et al. (2000) stellen dar, wie man unter Verwendung von Methoden der ganzzahligen Optimierung (Kap. 6) in Verbindung mit Simulation (Kap. 10) das Distributionssystem eines Automobilherstellers effektiver und effizienter gestalten kann.

- Geoffrion und Krishnan (2001) zeigen zahlreiche Möglichkeiten des Einsatzes von OR im Zeitalter des E-Business auf.

- Sehr erfolgreich werden Methoden des OR in (Software-) Systemen zum **Supply Chain Management** eingesetzt. Eine ausführliche Darstellung entsprechender Planungstechniken findet sich z.B. in Stadtler und Kilger (2002). Entsprechendes gilt für den Bereich des **Revenue Mangements**; vgl. hierzu etwa Klein (2001).

1.5 Anhang

Weiterführende Literatur zu Kapitel 1

Adam (1996)

Assad et al. (1992)

Bamberg und Coenenberg (2002)

Dinkelbach und Kleine (1996)

Domschke et al. (2005) – *Übungsbuch*

Eisenführ und Weber (2003)

Gal und Gehring (1981)

Hauke und Opitz (2003)

Homburg (2000)

Kallrath und Wilson (1997)

Klein und Scholl (2004)

Laux (2003)

Scholl (2001)

Schneeweiß (1992)

Williams (1999)

Beispiel eines frühgeschichtlichen Optimierungsproblems

Das zu lösende Modell lautete; vgl. Wille (1992, S. 75):

>   Minimiere „Anzahl der Hopser"

>   unter der Nebenbedingung

>>   Drehfähigkeit der Räder, d.h. Anzahl der Ecken ≥ 3

Beispiele für sehr anschauliche Optimierungsprobleme neueren Datums

Zum Abschluss des einführenden Kapitels sei auf das Büchlein von Gritzmann und Branden-berg (2003) hingewiesen, das eine Reihe von Problemen und Lösungsprinzipien des Operations Research auf eher spielerische Weise – „genießbar" für jedermann – vermittelt:

Kürzeste Wege- und Handlungsreisenden-Problem, lineares Zuordnungsproblem, Branch-and-Bound-Prinzip usw.

Kapitel 2: Lineare Optimierung

Wir beginnen mit Definitionen und beschäftigen uns anschließend mit der graphischen Lösung von linearen Optimierungsproblemen mit zwei Variablen. Neben verschiedenen Schreibweisen werden in Kap. 2.3 Eigenschaften von linearen Optimierungsproblemen behandelt; in Kap. 2.4 beschreiben wir das nach wie vor wichtigste Verfahren zu deren Lösung, den *Simplex-Algorithmus*, in verschiedenen Varianten. In Kap. 2.5 folgen Aussagen zur Dualität in der linearen Optimierung und zur Sensitivitätsanalyse. Kap. 2.6 behandelt Modifikationen des Simplex-Algorithmus (implizite Berücksichtigung unterer Schranken für Variablen, revidierter Simplex-Algorithmus). Probleme und Lösungsmöglichkeiten bei mehrfacher Zielsetzung werden in Kap. 2.7 dargestellt. Kap. 2 schließt mit Problemen der Spieltheorie, bei deren Lösung die Dualitätstheorie von Nutzen ist.

2.1 Definitionen

Definition 2.1: Unter einem **linearen Optimierungs-** oder **Programmierungsproblem (LP-Problem** oder kürzer **LP)** versteht man die Aufgabe, eine *lineare (Ziel-) Funktion*

$$F(x_1,...,x_p) = c_1 x_1 + ... + c_p x_p \qquad\qquad (2.1)$$

zu maximieren (oder zu minimieren) unter Beachtung von linearen Nebenbedingungen (= Restriktionen) der Form

$$a_{i1} x_1 + ... + a_{ip} x_p \ \leq\ b_i \qquad \text{für } i = 1,...,m_1 \qquad (2.2)$$
$$a_{i1} x_1 + ... + a_{ip} x_p \ \geq\ b_i \qquad \text{für } i = m_1+1,...,m_2 \qquad (2.3)$$
$$a_{i1} x_1 + ... + a_{ip} x_p \ =\ b_i \qquad \text{für } i = m_2+1,...,m \qquad (2.4)$$

und zumeist unter Berücksichtigung der *Nichtnegativitätsbedingungen*

$$x_j \ \geq\ 0 \qquad \text{für (einige oder alle) } j = 1,...,p \qquad (2.5)$$

Definition 2.2:

a) Einen Punkt (oder Vektor) $x = (x_1,...,x_p)$ des $\mathbb{R}^p$, der alle Nebenbedingungen (2.2) – (2.4) erfüllt, nennt man **Lösung** des LP.

b) Erfüllt x außerdem (2.5), so heißt **x zulässige Lösung** (zulässiger Punkt).

c) Eine zulässige Lösung $x^* = (x_1^*, ..., x_p^*)$ heißt **optimale Lösung** (optimaler Punkt) des LP, wenn es kein zulässiges x mit größerem (bei einem Maximierungsproblem) bzw. mit kleinerem (bei einem Minimierungsproblem) Zielfunktionswert als $F(x^*)$ gibt.

d) Mit X bezeichnen wir die *Menge der zulässigen Lösungen,* mit X^* die *Menge der optimalen Lösungen* eines LP.

2.2 Graphische Lösung von linearen Optimierungsproblemen

Wir betrachten das folgende **Produktionsplanungsproblem**, das als LP formuliert und gelöst werden kann.

Ein Unternehmen kann aufgrund seiner Ausstattung mit Personal, Betriebsmitteln und Rohstoffen in einer Planperiode zwei Produkte P_1 und P_2 herstellen. Die realisierbaren Mengeneinheiten (ME) der Produkte werden durch drei Inputfaktoren begrenzt:

1. Eine zur Herstellung aller Produkte gemeinsam genutzte Maschine, für die lediglich zeitliche Abschreibungen zu tätigen sind. Ihre Nutzung für die Produktion verursacht somit keine Einzelkosten.

2. Einen verderblichen[1] Rohstoff, von dem sich 720 ME auf Lager befinden; ein am Ende der Periode verbleibender Rest ist nicht verwertbar.

3. Knappe Kapazitäten in der Montageabteilung für P_2.

Die pro Periode verfügbaren Kapazitätseinheiten (KE) und Bedarfe je hergestellter ME (Produktionskoeffizienten) sowie die Deckungsbeiträge db_j sind Tab. 2.1 zu entnehmen.

	P_1	P_2	verfügbare Kapazität
Maschine	1	1	100
Rohstoff	6	9	720
Montageabteilung	0	1	60
db_j	10	20	

Tab. 2.1

Wie viele ME soll das Unternehmen pro Periode von jedem Produkt herstellen, damit es einen größtmöglichen Gesamtdeckungsbeitrag (DB) erzielt?

Zur mathematischen Formulierung des Problems wählen wir folgende Variablen:

x_1 : von P_1 herzustellende ME
x_2 : von P_2 herzustellende ME

Damit erhalten wir das folgende Modell:

$$\text{Maximiere } F(x_1, x_2) = 10x_1 + 20x_2 \tag{2.6}$$

unter den Nebenbedingungen

$$x_1 + x_2 \leq 100 \qquad \text{Maschinenrestriktion} \tag{2.7}$$

$$6x_1 + 9x_2 \leq 720 \qquad \text{Rohstoffrestriktion} \tag{2.8}$$

$$x_2 \leq 60 \qquad \text{Montagerestriktion} \tag{2.9}$$

$$x_1, x_2 \geq 0 \rightarrow \text{Nicht-negativitätsbedingung} \tag{2.10}$$

---

[1] Die Annahmen „lediglich zeitliche Abschreibungen" und „verderblicher Rohstoff" für die beiden ersten Engpassfaktoren sind im Rahmen der Bewertung optimaler Lösungen in Kap. 2.5.3 von Bedeutung; siehe dort v.a. Bem. 2.11.

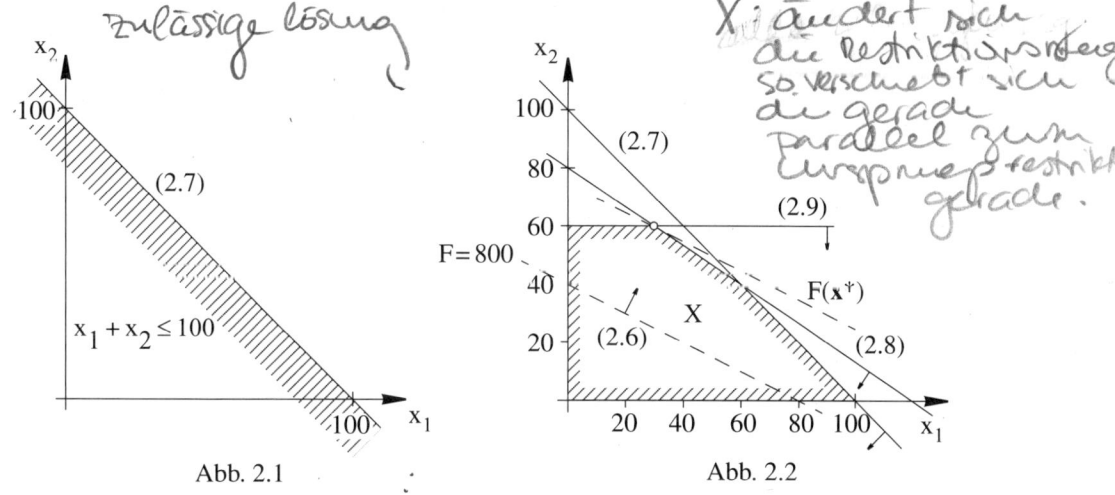

zulässige lösung

Xi ändert sich die Restriktionsmenge so verschiebt sich die gerade parallel zum Ursprung festlich gerade.

Abb. 2.1   Abb. 2.2

Wir wollen das Problem graphisch lösen. Dazu überlegen wir uns, welche Punkte x hinsichtlich jeder einzelnen Nebenbedingung (siehe den schraffierten Bereich in Abb. 2.1 für die Nebenbedingung (2.7)) und hinsichtlich aller Nebenbedingungen (siehe X in Abb. 2.2)) zulässig sind.

Den zulässigen Bereich bzgl. Nebenbedingung (2.7) etwa erhalten wir, indem wir uns zunächst überlegen, welche Punkte die Bedingung als Gleichung erfüllen; es handelt sich um alle Punkte auf der Geraden, die durch $x = (100,0)$ und $x = (0,100)$ verläuft. Ferner erfüllt der Ursprung die gegebene Ungleichung, so dass wir den schraffierten Halbraum erhalten. Die Menge X in Abb. 2.2 ist der Durchschnitt der für alle Nebenbedingungen einschließlich der Nichtnegativitätsbedingungen ermittelbaren zulässigen Lösungen.

Danach zeichnen wir eine Gerade gleichen Gesamtdeckungsbeitrags (eine Iso-DB-Linie), z.B. für F = 800.

Gesucht ist ein Punkt, für den ein maximaler DB erzielt wird. Daher ist die Zielfunktionsgerade so lange parallel (in diesem Fall nach oben) zu verschieben, bis der zulässige Bereich gerade noch berührt wird. Wir erhalten die optimale Lösung $x^* = (x_1^* = 30, x_2^* = 60)$ mit $F(x^*) = 1500$ GE als zugehörigem DB.

Als zweites **Beispiel** wollen wir das folgende (stark vereinfachte – Agrarwissenschaftler mögen uns verzeihen!) *Mischungsproblem* betrachten und graphisch lösen:

Ein Viehzuchtbetrieb füttert Rinder mit zwei tiermehlfreien Futtersorten S_1 und S_2 (z.B. Rüben und Heu). Die Tagesration eines Rindes muss Nährstoffe I, II bzw. III im Umfang von mindestens 6, 12 bzw. 4 Gramm enthalten. Die Nährstoffgehalte in Gramm pro kg und Preise in GE pro kg der beiden Sorten zeigt Tab. 2.2.

	Sorte S_1	Sorte S_2	Mindest-menge
Nährstoff I	2	1	6
Nährstoff II	2	4	12
Nährstoff III	0	4	4
Preis in GE/kg	5	7	

Tab. 2.2

Wie viele kg von Sorte S_1 bzw. S_2 muss jede Tagesration enthalten, wenn sie unter Einhaltung der Nährstoffbedingungen kostenminimal sein soll?

Mit den Variablen

x_1 : kg von Sorte S_1 pro Tagesration

x_2 : kg von Sorte S_2 pro Tagesration

lautet das Optimierungsproblem:

Minimiere $F(x_1, x_2) = 5x_1 + 7x_2$

unter den Nebenbedingungen

$2x_1$	$+$	x_2	$\geq$	6	Nährstoff I
$2x_1$	$+$	$4x_2$	$\geq$	12	Nährstoff II
		$4x_2$	$\geq$	4	Nährstoff III
		x_1, x_2	$\geq$	0	

$$
\begin{aligned}
2x_1 + x_2 &\geq 6 && \text{Nährstoff I}\\
2x_1 + 4x_2 &\geq 12 && \text{Nährstoff II}\\
4x_2 &\geq 4 && \text{Nährstoff III}\\
x_1, x_2 &\geq 0
\end{aligned}
$$

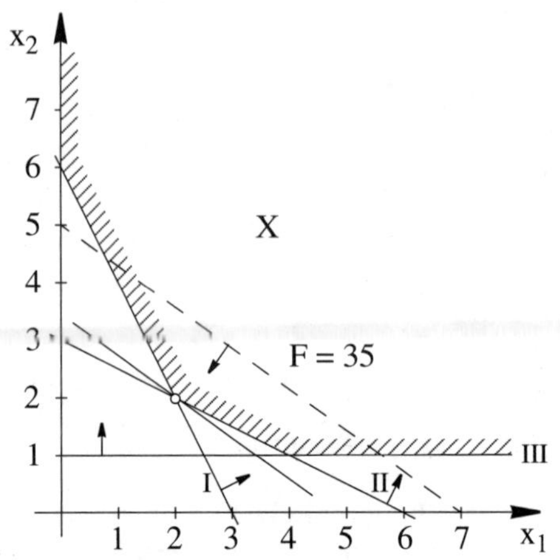

Auf graphische Weise (siehe Abb. 2.3) erhalten wir die optimale Lösung $\mathbf{x}^* = (x_1^*, x_2^*)$ mit $x_1^* = x_2^* = 2$. Eine Tagesration kostet damit $F(\mathbf{x}^*) = 24$ GE.

Abb. 2.3

2.3 Formen und Eigenschaften von LPs

2.3.1 Optimierungsprobleme mit Ungleichungen als Nebenbedingungen

Jedes beliebige LP lässt sich in der folgenden Form aufschreiben:

Maximiere $F(x_1,...,x_p) = \sum_{j=1}^{p} c_j x_j$

unter den Nebenbedingungen

$$\sum_{j=1}^{p} a_{ij} x_j \leq b_i \qquad \text{für } i = 1,...,m$$

$$x_j \geq 0 \qquad \text{für } j = 1,...,p$$

(2.11)

Jedes beliebige LP lässt sich *auch* wie folgt darstellen:

Minimiere $F(x_1,...,x_p) = \sum_{j=1}^{p} c_j x_j$

unter den Nebenbedingungen

$$\sum_{j=1}^{p} a_{ij} x_j \geq b_i \qquad \text{für } i = 1,...,m$$

$$x_j \geq 0 \qquad \text{für } j = 1,...,p$$

(2.12)

Die Aussagen gelten aufgrund folgender Überlegungen:

- Eine zu minimierende Zielfunktion $z = F(\mathbf{x})$ lässt sich durch die zu maximierende Ziel-funktion $-z = -F(\mathbf{x})$ ersetzen und umgekehrt. Eine $\leq$ - Nebenbedingung lässt sich durch Multiplikation beider Seiten mit -1 in eine $\geq$ - Restriktion transformieren.

- Eine Gleichung $a_{i1} x_1 + ... + a_{ip} x_p = b_i$ kann durch zwei Ungleichungen
  $a_{i1} x_1 + ... + a_{ip} x_p \leq b_i$ und $-a_{i1} x_1 - ... - a_{ip} x_p \leq -b_i$ ersetzt werden.

- Falls eine Variable x_j beliebige Werte aus $\mathbb{R}$ annehmen darf, so kann man sie durch zwei Variablen $x_j' \geq 0$ und $x_j'' \geq 0$ substituieren; dabei gilt $x_j := x_j' - x_j''$. Vgl. hierzu Aufgabe 2.6 im Übungsbuch Domschke et al. (2005).

2.3.2 Die Normalform eines linearen Optimierungsproblems

Erweitert man die Nebenbedingungen (2.2) und (2.3) um **Schlupfvariablen** $x_{p+1},...,x_n$, die in der Zielfunktion (2.1) mit 0 bewertet werden, so entsteht aus (2.1) – (2.5) das folgende Modell:

$$\text{Maximiere } F(x_1,...,x_p,x_{p+1},...,x_n) = \sum_{j=1}^{p} c_j x_j + \sum_{j=p+1}^{n} 0 \cdot x_j$$

unter den Nebenbedingungen

$$\sum_{j=1}^{p} a_{ij} x_j + x_{p+i} = b_i \qquad \text{für } i = 1,...,m_1$$

$$\sum_{j=1}^{p} a_{ij} x_j - x_{p+i} = b_i \qquad \text{für } i = m_1+1,...,m_2$$

$$\sum_{j=1}^{p} a_{ij} x_j = b_i \qquad \text{für } i = m_2+1,...,m$$

$$x_j \geq 0 \qquad \text{für } j = 1,...,n$$

Die ursprünglichen Variablen $x_1,...,x_p$ des Problems bezeichnet man als **Strukturvariablen**. Wiedergegeben in der Form (2.13), spricht man von der **Normalform eines LP**.

$$
\left.
\begin{aligned}
&\text{Maximiere } F(x_1,...,x_n) = \sum_{j=1}^{n} c_j x_j \\
&\text{unter den Nebenbedingungen} \\
&\qquad \sum_{j=1}^{n} a_{ij} x_j = b_i \qquad \text{für } i = 1,...,m \\
&\qquad\qquad x_j \geq 0 \qquad \text{für } j = 1,...,n
\end{aligned}
\right\} \quad (2.13)
$$

Im Folgenden verwenden wir für LPs auch die **Matrixschreibweise**; für ein Problem in der Normalform (2.13) sieht sie wie folgt aus:

$$\text{Maximiere } F(\mathbf{x}) = \mathbf{c}^T\mathbf{x}$$

unter den Nebenbedingungen

$$A\mathbf{x} = \mathbf{b}$$

$$\mathbf{x} \geq \mathbf{0}$$

(2.14)

Dabei sind $\mathbf{c}$ und $\mathbf{x}$ jeweils n-dimensionale Vektoren; $\mathbf{b}$ ist ein m-dimensionaler Vektor und A eine $(m \times n)$-Matrix. Im Allgemeinen gilt $n \geq m$ und oft $n \gg m$; siehe auch Kap. 2.6.2.

Definition 2.3: Gelten in (2.14) für die Vektoren $\mathbf{b}$ und $\mathbf{c}$ sowie die Matrix A die Eigenschaften

$$\mathbf{b} \geq \mathbf{0}, \quad \mathbf{c} = \begin{pmatrix} c_1 \\ \cdots \\ c_{n-m} \\ 0 \\ \cdots \\ 0 \end{pmatrix} \quad \text{und} \quad A = \begin{bmatrix} a_{11} & \cdots & a_{1,n-m} & 1 & & 0 \\ & \cdot & & & \cdot & \\ & \cdot & & & & \cdot \\ & \cdot & & & & \\ a_{m1} & \cdots & a_{m,n-m} & 0 & & 1 \end{bmatrix},$$

so sagt man, das LP besitze **kanonische Form**.

2.3.3 Eigenschaften von linearen Optimierungsproblemen

Wir beschäftigen uns im Folgenden vor allem mit Eigenschaften der Menge aller zulässigen Lösungen X und aller optimalen Lösungen X* eines LP. Dabei setzen wir die Begriffe „beschränkte Menge", „unbeschränkte Menge" sowie „lineare Abhängigkeit bzw. Unabhängigkeit von Vektoren" als bekannt voraus; siehe dazu etwa Büning et al. (2000), Rommelfanger (2001, Kap. 3) sowie Opitz (2002). Wir definieren aber zu Beginn, was man unter einer konvexen Linearkombination von Vektoren im $\mathbb{R}^n$ und einem Eckpunkt oder Extrempunkt (einer Menge) versteht.

Definition 2.4: Eine Menge $K \subset \mathbb{R}^n$ heißt **konvex**, wenn mit je zwei Punkten $\mathbf{x}^1 \in K$ und $\mathbf{x}^2 \in K$ auch jeder Punkt $\mathbf{y} = \lambda \cdot \mathbf{x}^1 + (1-\lambda) \cdot \mathbf{x}^2$ mit $0 < \lambda < 1$ zu K gehört.

Die **konvexe Hülle** H einer beliebigen Menge $K \subset \mathbb{R}^n$ ist die kleinste K enthaltende konvexe Menge.

Beispiele: Man betrachte die in den Abbildungen 2.4 und 2.5 dargestellten Mengen K.

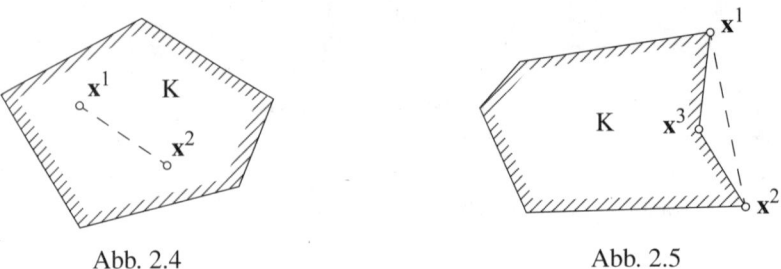

Abb. 2.4   Abb. 2.5

Def. 2.4 besagt, dass mit zwei beliebigen Punkten x^1 und x^2 einer konvexen Menge K auch alle Punkte auf der Strecke zwischen x^1 und x^2 zu K gehören. Die in Abb. 2.4 dargestellte Menge ist daher konvex. Die in Abb. 2.5 dargestellte Menge ist dagegen nicht konvex, da z.B. die Punkte der x^1 und x^2 verbindenden Strecke nicht zu ihr gehören. Die konvexe Hülle H besteht hier aus der Vereinigung von K mit allen Punkten des von x^1, x^2 und x^3 aufgespannten Dreiecks.

Definition 2.5: Seien $x^1, x^2,..., x^r$ Punkte des $\mathbb{R}^n$ und $\lambda_1, \lambda_2,..., \lambda_r$ nichtnegative reelle Zahlen (also Werte aus $\mathbb{R}_+$). Setzt man $\sum_{i=1}^{r} \lambda_i = 1$ voraus, so wird $y := \sum_{i=1}^{r} \lambda_i \cdot x^i$ als **konvexe Linearkombination** oder **Konvexkombination** der Punkte $x^1, x^2,..., x^r$ bezeichnet.

Eine **echte konvexe Linearkombination** liegt vor, wenn außerdem $\lambda_i > 0$ für alle $i = 1,...,r$ gilt.

Definition 2.6: Die Menge aller konvexen Linearkombinationen endlich vieler Punkte x^1, x^2 und x^r des $\mathbb{R}^n$ wird (durch diese Punkte aufgespanntes) **konvexes Polyeder** genannt.

Bemerkung 2.1: Das durch r Punkte aufgespannte konvexe Polyeder ist identisch mit der konvexen Hülle der aus diesen Punkten bestehenden Menge.

Definition 2.7: Ein Punkt y einer konvexen Menge K heißt **Eckpunkt** oder **Extrempunkt** von K, wenn er sich nicht als *echte* konvexe Linearkombination zweier verschiedener Punkte x^1 und x^2 von K darstellen lässt.

Bemerkung 2.2: Ein konvexes Polyeder enthält endlich viele Eckpunkte.

Beispiele:

a) Man betrachte Abb. 2.6. Das Dreieck zwischen den Eckpunkten x^1, x^2 und x^3 ist das durch diese Punkte aufgespannte konvexe Polyeder. Jeder Punkt $x = (x_1, x_2)$ im $\mathbb{R}^2$ mit den Koordinaten $x_1 = \lambda_1 \cdot 0 + \lambda_2 \cdot 4 + \lambda_3 \cdot 0$ und $x_2 = \lambda_1 \cdot 0 + \lambda_2 \cdot 0 + \lambda_3 \cdot 3$ (mit $\lambda_i \geq 0$ für alle $i = 1, 2, 3$ und $\lambda_1 + \lambda_2 + \lambda_3 = 1$) ist konvexe Linearkombination von x^1, x^2 und x^3.

b) Die in Abb. 2.7 dargestellte Menge K ist konvex; wegen ihrer Unbeschränktheit ist sie jedoch kein konvexes Polyeder.

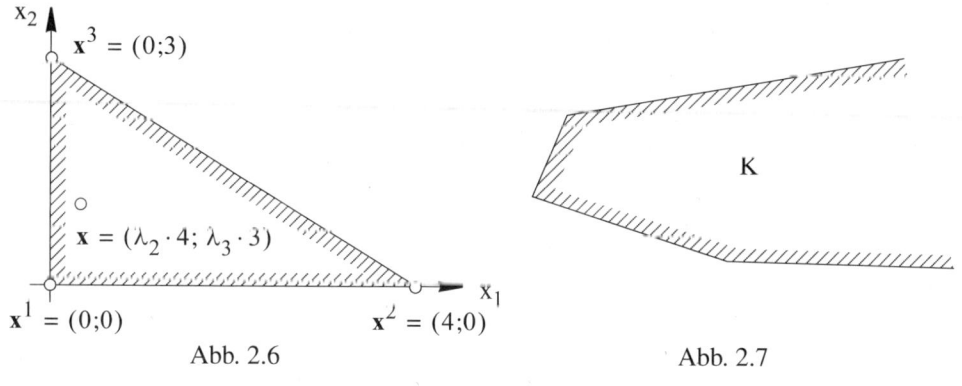

Abb. 2.6   Abb. 2.7

Wir formulieren nun einige wichtige Sätze. Beweise hierzu findet man beispielsweise in Neumann und Morlock (2002, S. 43 ff.).

Satz 2.1: Gegeben sei ein LP, z.B. in der Normalform (2.13). Es gilt:

a) Die Menge der hinsichtlich jeder einzelnen der Nebenbedingungen zulässigen Lösungen ist konvex.

b) Die Menge X aller zulässigen Lösungen des Problems ist als Durchschnitt konvexer Mengen ebenfalls konvex mit endlich vielen Eckpunkten.

Satz 2.2: Eine lineare Funktion F, die auf einem konvexen Polyeder X definiert ist, nimmt ihr Optimum in mindestens einem Eckpunkt des Polyeders an.

Bemerkung 2.3: Man kann zeigen, dass auch bei einem unbeschränkten zulässigen Bereich X eines LPs mindestens eine Ecke von X optimale Lösung ist, falls überhaupt eine optimale Lösung des Problems existiert. Daher kann man sich bei der Lösung von LPs auf die Untersuchung der Eckpunkte des zulässigen Bereichs beschränken.

Satz 2.3: Die Menge X^* aller optimalen Lösungen eines LPs ist konvex.

In Def. 2.8 geben wir eine präzise, aber für die meisten Leser sicher nicht sehr anschauliche Definition des Begriffs „Basislösung". Anschaulicher, aber nicht ganz zutreffend gilt:
Eine *Basislösung* für ein $(m \times n)$-Problem in Normalform erhält man, indem man $n-m$ Variablen (wir bezeichnen sie unten als Nichtbasisvariablen) gleich 0 setzt und mit den restlichen m Variablen (Basisvariablen) das verbleibende Gleichungssystem löst.

Definition 2.8:

a) Gegeben sei ein LP in der Normalform (2.13) mit m' als Rang der $(m \times n)$-Matrix A (Anzahl der linear unabhängigen Zeilen- bzw. Spaltenvektoren) mit $n \geq m \geq m'$. Eine Lösung **x** heißt **Basislösung** des Problems, wenn $n-m'$ der Variablen x_i gleich null und die zu den restlichen Variablen gehörenden Spaltenvektoren a_j linear unabhängig sind.

b) Eine Basislösung, die alle Nichtnegativitätsbedingungen erfüllt, heißt **zulässige Basislösung**.

c) Die m' (ausgewählten) linear unabhängigen Spaltenvektoren a_j einer (zulässigen) Basislösung heißen **Basisvektoren**; die zugehörigen x_j nennt man **Basisvariablen**. Alle übrigen Spaltenvektoren a_j heißen **Nichtbasisvektoren**; die zugehörigen x_j nennt man **Nichtbasisvariablen**.

d) Die Menge aller Basisvariablen x_j einer Basislösung bezeichnet man kurz als **Basis**.

Bemerkung 2.4: Bei den meisten der von uns betrachteten Probleme gilt m' = m. Insbesondere der in Kap. 2.5.2 behandelte Sonderfall 4 sowie das klassische Transportproblem in Kap. 4.1 bilden Ausnahmen von dieser Regel.

Satz 2.4: Ein Vektor **x** ist genau dann zulässige Basislösung eines LP, wenn er einen Eckpunkt von X darstellt.

Beispiel: Das Problem (2.6) – (2.10) besitzt, in Normalform gebracht, folgendes Aussehen:

Maximiere $F(x_1,...,x_5) = 10x_1 + 20x_2$

unter den Nebenbedingungen

$$
\begin{aligned}
x_1 + x_2 + x_3 &= 100 \\
6x_1 + 9x_2 + x_4 &= 720 \\
x_2 + x_5 &= 60 \\
x_1,...,x_5 &\geq 0
\end{aligned}
$$

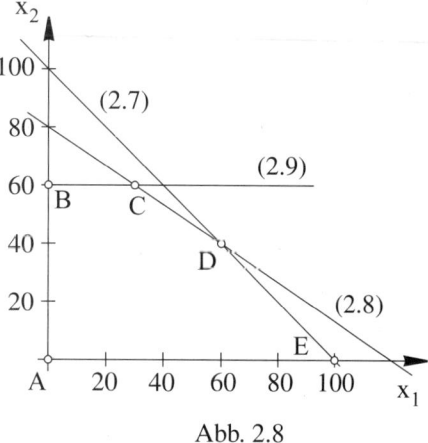

Abb. 2.8

Eckpunkt	BV	NBV	BL $(x_1,...,x_5)$
A = (0,0)	x_3, x_4, x_5	x_1, x_2	(0,0,100,720,60)
B = (0,60)	x_2, x_3, x_4	x_1, x_5	(0,60,40,180,0)
C = (30,60)	x_1, x_2, x_3	x_4, x_5	(30,60,10,0,0)
D = (60,40)	x_1, x_2, x_5	x_3, x_4	(60,40,0,0,20)
E = (100,0)	x_1, x_4, x_5	x_2, x_3	(100,0,0,120,60)

Tab. 2.3

Alle zulässigen Basislösungen (BL) sind aus Tab. 2.3 ersichtlich (vgl. hierzu auch Abb. 2.8). Jeder Eckpunkt wird dabei durch die Basisvariablen (BV) und die Nichtbasisvariablen (NBV) beschrieben.

2.4 Der Simplex-Algorithmus

Wir beschreiben im Folgenden den Simplex-Algorithmus.[2] Er untersucht, wie unten deutlich wird, den Rand des zulässigen Bereichs nach einer optimalen Lösung und zählt nach wie vor zu den leistungsfähigsten Verfahren zur Lösung von LPs der Praxis. Im Gegensatz dazu suchen so genannte **Interior Point - Methoden**, ausgehend von einer im Inneren des zulässigen Bereichs liegenden Lösung, nach einer optimalen Lösung. Zu den bekanntesten Vorgehensweisen dieser Art gehören die *Ellipsoid-Methode* von Khachijan (1979) und die *projektive Methode* von Karmarkar (1984). Sie sind zwar hinsichtlich des Rechenzeitbedarfs im ungünstigsten Fall,[3] im Allgemeinen aber nicht im durchschnittlichen Laufzeitverhalten dem Simplex-Algorithmus überlegen. Interior Point - Methoden werden z.B. in Beisel und Mendel (1987), Bazaraa et al. (1990), Dantzig und Thapa (1997, 2003), Schrijver (1998) sowie Todd (2002) ausführlich dargestellt.

---

2 Der Name Simplex-Algorithmus ist von der Bezeichnung **Simplex** für ein durch n+1 Punkte des $\mathbb{R}^n$ aufgespanntes konvexes Polyeder abgeleitet.

Wir beschreiben im Folgenden verschiedene Varianten des Simplex-Algorithmus, jeweils für **Maximierungsprobleme**. Wir beginnen mit dem *primalen* Simplex-Algorithmus, der von einer bekannten zulässigen Basislösung ausgeht. In Kap. 2.4.2 beschäftigen wir uns mit Vorgehensweisen zur Bestimmung einer zulässigen Basislösung. Neben der M-Methode beschreiben wir hier den *dualen* Simplex-Algorithmus. In Kap. 2.5.2 behandeln wir Sonderfälle, die bei LPs auftreten können, und Möglichkeiten zu deren Identifizierung.

2.4.1 Der Simplex-Algorithmus bei bekannter zulässiger Basislösung

2.4.1.1 Darstellung des Lösungsprinzips anhand eines Beispiels

Wir gehen von dem soeben in Normalform angegebenen Produktionsplanungsproblem (2.6) – (2.10) aus. Wählen wir die Schlupfvariablen als Basisvariablen und die Variablen x_1 und x_2 (die *Strukturvariablen* des Problems) als Nichtbasisvariablen, so erhalten wir als *erste zulässige Basislösung*:

$$x_3 = 100, \; x_4 = 720, \; x_5 = 60, \; x_1 = x_2 = 0 \text{ mit } F = 0$$

Sie ist durch Isolierung der Basisvariablen in den jeweiligen Nebenbedingungen auch wie unten angegeben darstellbar.

Daraus wird ersichtlich: Der Deckungsbeitrag F wächst um 10 GE, wenn x_1 um 1 ME erhöht wird, und um 20 GE, wenn x_2 um 1 ME erhöht wird.

Als neue Basisvariable wählt man diejenige bisherige Nichtbasisvariable, die pro ME die größte Verbesserung des Zielfunktionswertes erbringt. In unserem Beispiel wird daher x_2 neue Basisvariable.

$$
\begin{aligned}
x_3 &= 100 &-& \; x_1 &-& \; x_2 \\
x_4 &= 720 &-& \; 6x_1 &-& \; 9x_2 \\
x_5 &= 60 & & &-& \; x_2 \\
F &= 0 &+& \; 10x_1 &+& \; 20x_2
\end{aligned}
$$

1. zulässige Basislösung

x_2 kann maximal den Wert 60 annehmen, wenn keine andere Variable negativ werden soll (damit bleibt $x_3 = 40 > 0$, $x_4 = 180 > 0$; x_5 wird 0 und neue Nichtbasisvariable; $x_1 = 0$ bleibt Nichtbasisvariable).

Zweite zulässige Basislösung: Man erhält sie durch Einsetzen von $x_2 = 60 - x_5$ in die Gleichungen der ersten zulässigen Basislösung. Sie ist wie rechts ausgeführt darstellbar.

F wächst um 10 GE, wenn x_1 um 1 ME erhöht wird, und fällt um 20 GE, wenn x_5 um 1 ME erhöht wird.

$$
\begin{aligned}
x_3 &= 40 &-& \; x_1 &+& \; x_5 \\
x_4 &= 180 &-& \; 6x_1 &+& \; 9x_5 \\
x_2 &= 60 & & &-& \; x_5 \\
F &= 1200 &+& \; 10x_1 &-& \; 20x_5
\end{aligned}
$$

2. zulässige Basislösung

x_1 wird neue Basisvariable mit Wert 30 (damit ergibt sich $x_3 = 10$, $x_2 = 60$; $x_4 = 0$ und Nichtbasisvariable; $x_5 = 0$ bleibt Nichtbasisvariable).

---

3   Zur Abschätzung des Rechenaufwands des Simplex-Algorithmus vgl. z.B. Papadimitriou und Steiglitz (1982, S. 166 ff.), Shamir (1987) oder Borgwardt (2001, Kap. 9). In Klee und Minty (1972) findet sich ein Beispiel, für das der Simplex-Algorithmus nichtpolynomialen Rechenaufwand erfordert. Zur Komplexität allgemein siehe auch Kap. 6.2.1.

Dritte zulässige Basislösung: Man erhält sie durch Einsetzen von $x_1 = 30 - \frac{1}{6} \cdot x_4 + \frac{3}{2} \cdot x_5$ in die Gleichungen der zweiten Basislösung. Sie ist wie rechts ausgeführt darstellbar.

Diese Basislösung mit $x_1 = 30$, $x_2 = 60$, $x_3 = 10$, $x_4 = x_5 = 0$ und $F = 1500$ ist optimal (eine Erhöhung von x_4 bzw. x_5 würde zu einer Verminderung des Deckungsbeitrags führen).

$$x_3 = 10 + \frac{1}{6} \cdot x_4 - \frac{1}{2} \cdot x_5$$
$$x_1 = 30 - \frac{1}{6} \cdot x_4 + \frac{3}{2} \cdot x_5$$
$$x_2 = 60 \qquad\qquad - x_5$$
$$F = 1500 - \frac{5}{3} \cdot x_4 - 5 \cdot x_5$$

3. zulässige Basislösung

Man vergleiche den von Ecke zu Ecke ($A \rightarrow B \rightarrow C$) fortschreitenden Lösungsgang anhand von Abb. 2.8.

2.4.1.2 Der primale Simplex-Algorithmus

Er schreitet von Ecke zu (benachbarter) Ecke fort, indem jeweils genau eine Nichtbasisvariable neu in die Basis kommt und dafür genau eine bisherige Basisvariable diese verlässt.

Zur Veranschaulichung des Verfahrens und für „Handrechnungen" benutzt man ein **Simplextableau**. Für ein in kanonischer Form vorliegendes Problem besitzt es das in Tab. 2.4 wiedergegebene Aussehen.

Die letzte Zeile des Tableaus, die so genannte **Ergebniszeile** oder **F-Zeile**, kann wie folgt als Gleichung geschrieben werden:

$$-c_1 x_1 - c_2 x_2 - \ldots - c_{n-m} x_{n-m} + F = \text{aktueller Zielfunktionswert}$$

F wird als Basisvariable interpretiert. Da sie die Basis nie verlässt, kann auf die F-Spalte verzichtet werden:

		Nichtbasisvariable		Basisvariable				
		x_1	$\ldots$ x_{n-m}	x_{n-m+1}	$\ldots$ x_n	F	b_i
Basisvariable	x_{n-m+1}	a_{11}	$\ldots$ $a_{1,n-m}$	1	$\ldots$ 0	0	b_1
	$\cdot$	$\cdot$	$\cdot$		$\cdot$	$\cdot$	$\cdot$
	$\cdot$	$\cdot$	$\cdot$		$\cdot$	$\cdot$	$\cdot$
	$\cdot$	$\cdot$	$\cdot$		$\cdot$	$\cdot$	$\cdot$
	x_n	a_{m1}	$\ldots$ $a_{m,n-m}$	0	$\ldots$ 1	0	b_m
		$-c_1$	$\ldots$ $-c_{n-m}$	0	$\ldots$ 0	1	akt. Zfw.

Tab. 2.4: Simplextableau

Die anfängliche *Eintragung der Zielfunktionskoeffizienten* für die Nichtbasisvariablen *mit negativem Vorzeichen* führt dazu, dass (im Gegensatz zu unserer Darstellung in Kap. 2.4.1.1) eine Lösung stets dann verbessert werden kann, wenn eine Nichtbasisvariable mit negativer

Eintragung in der F-Zeile vorliegt. Diese Schreibweise für die F-Zeile entspricht der in der Literatur üblichen.

von einem zulässigen Eckpunkt zu einem beobachtbaren umformen

> **Eine Iteration des primalen Simplex-Algorithmus**

Voraussetzung: Eine zulässige Basislösung in der in Tab. 2.4 dargestellten Form; die aktuellen Eintragungen im Simplextableau seien jeweils mit a'_{ij}, b'_i und c'_j bezeichnet.

Strich → In einer Iteration werden die Eintragungen Δ. Strich hilft Δ nach- zuvollziehen.

Durchführung: Jede Iteration des Simplex-Algorithmus besteht aus folgenden drei Schritten.

Schritt 1 (Wahl der Pivotspalte t): *(Richtung bestimmen)*

Enthält die F-Zeile nur nichtnegative Werte, so ist die aktuelle Basislösung optimal; Abbruch des Verfahrens.

Sonst suche diejenige Spalte t mit dem kleinsten (negativen) Wert in der F-Zeile (stehen mehrere Spalten mit kleinstem Wert zur Auswahl, so wähle unter diesen eine beliebige). Die zugehörige Nichtbasisvariable x_t wird neu in die Basis aufgenommen. Die Spalte t nennt man **Pivotspalte**.

Schritt 2 (Wahl der Pivotzeile s): *Wie weit in die best. Richtung gehen?*

Sind in der Pivotspalte alle $a'_{it} \leq 0$, so kann für das betrachtete Problem keine optimale Lösung angegeben werden (vgl. Sonderfall 2 in Kap. 2.5.2); Abbruch des Verfahrens.

Sonst bestimme eine Zeile s, für die gilt:
$$\frac{b'_s}{a'_{st}} = \min\left\{ \frac{b'_i}{a'_{it}} \;\middle|\; i = 1,...,m \text{ mit } a'_{it} > 0 \right\}$$

Die zu Zeile s gehörende Basisvariable verlässt die Basis. Die Zeile s nennt man **Pivotzeile**, das Element a'_{st} heißt **Pivotelement**.

Schritt 3 (Berechnung der neuen Basislösung, des neuen Simplextableaus):

a) Durch lineare Transformation des Nebenbedingungssystems wird unter der neuen Basisvariablen ein Einheitsvektor mit $a'_{st} = 1$ geschaffen (Gauß-Jordan-Verfahren).

b) Durch Vertauschen der Spalten der beiden beim Basistausch beteiligten Variablen einschließlich der Variablenbezeichnung könnte ein neues Tableau in kanonischer Form (gemäß Tab. 2.4) ermittelt werden.

Wie unten ersichtlich wird, kann auf Schritt 3b verzichtet werden.

$$* * * * *$$

Als **Beispiel** betrachten wir wiederum unser Produktionsplanungsproblem. Der Verfahrensablauf kann anhand von Tab. 2.5 nachvollzogen werden. Das jeweilige Pivotelement ist durch eckige Klammern hervorgehoben. Fehlende Eintragungen besitzen den Wert 0.

Auf die Bedeutung der Einträge in der Ergebniszeile gehen wir in Kap. 2.5.3 ausführlich ein. In Kap. 11.1 lösen wir das Problem mit Hilfe des Tabellenkalkulationsprogramms Excel.

$x_3 - x_5$ *müssen verschwinden, um Einheitsvektor zu bestimmen* (handwritten)

BV	x_1	x_2	x_3	x_4	x_5	b_i
x_3	1	(1)	1			100
x_4	6	(9)		1		720
x_5		[1]			1	60
F	−10	−20	0	0	0	0
x_3	1		1		−1	40
x_4	[6]			1	−9	180
x_2		1			1	60
F	−10	0	0	0	20	1200
x_3			1	−1/6	1/2	10
x_1	1			1/6	−3/2	30
x_2		1			1	60
F	0	0	0	5/3	5	1500

Erste Basislösung:

$x_3 = 100$, $x_4 = 720$, $x_5 = 60$;

$x_1 = x_2 = 0$; $F = 0$ (*) $x_4 - x_5 (\cdot 9)$ (handwritten)

Zweite Basislösung:[4]

$x_2 = 60$, $x_3 = 40$, $x_4 = 180$;

$x_1 = x_5 = 0$; $F = 1200$

Optimale Basislösung:

$x_1 = 30$, $x_2 = 60$, $x_3 = 10$;

$x_4 = x_5 = 0$; $F = 1500$

Tab. 2.5

x_5 wird x_2 durch Eintragungen von x_5 durch 1 Teilen. (handwritten)

2.4.2 Verfahren zur Bestimmung einer zulässigen Basislösung

Wir beschreiben zwei verschiedene Vorgehensweisen zur Bestimmung einer (ersten) zulässigen Basislösung, den dualen Simplex-Algorithmus und die so genannte M-Methode. Ein Verfahren dieser Art ist erforderlich, wenn ein LP nicht in kanonischer Form gegeben und nicht leicht in diese transformierbar ist.

2.4.2.1 Der duale Simplex-Algorithmus

Das Ausgangsproblem wird v.a. durch Hinzunahme von Schlupfvariablen so umgeformt, dass der Zielfunktionsvektor **c** und die Koeffizientenmatrix **A** die in Def. 2.3 geforderten Eigenschaften der kanonischen Form erfüllen, der Vektor **b** jedoch negative Elemente aufweist. Gestartet wird mit einer *Basislösung*, die aber wegen negativer b_i *nicht zulässig* ist. Im Laufe der Anwendung des dualen Simplex-Algorithmus wird sie in eine zulässige Basislösung überführt.

Beispiel: Wir betrachten das folgende Problem (vgl. auch Abb. 2.8):

Maximiere $F(x_1, x_2) = 2x_1 + x_2$

unter den Nebenbedingungen

$$x_1 + x_2 \geq 8$$
$$3x_1 + x_2 \geq 12$$

so würden wir minimieren (handwritten)

$-x_1 - x_2 \leq -8$ (handwritten)
$-3x_1 - x_2 \leq -12$ (handwritten)

---

4   Das zweite Tableau entsteht aus dem ersten, indem man die Pivotzeile 3 von der ersten Zeile subtrahiert, sie mit 9 multipliziert von der zweiten Zeile subtrahiert und mit 20 multipliziert zur Ergebniszeile addiert. Zu weiteren Hinweisen zur Transformation von Simplextableaus sei auf das Übungsbuch Domschke et al. (2005) verwiesen.

$$x_1 + x_2 \leq 10$$
$$x_1, x_2 \geq 0$$

Jede $\geq$-Bedingung transformieren wir zunächst durch Multiplikation mit -1 in eine $\leq$-Bedingung.[5] Ergänzen wir nun jede dieser Ungleichungen durch Hinzunahme einer (in der Zielfunktion mit 0 bewerteten) Schlupfvariablen zu einer Gleichung, so erhalten wir das in Tab. 2.6 angegebene Starttableau und die dort ausgewiesene *unzulässige* Basislösung.

BV	x_1	x_2	x_3	x_4	x_5	b_i
x_3	-1	-1	1			-8
x_4	-3	$[-1]$		1		-12
x_5	1	1			1	10
F	-2	-1	0	0	0	0

Basislösung:

$x_3 = -8, x_4 = -12, x_5 = 10$;

$x_1 = x_2 = 0$; $F = 0$

Tab. 2.6

Im Gegensatz zum primalen beginnt der duale Simplex-Algorithmus mit der Wahl der Pivotzeile. Daran schließen sich die Spaltenwahl und die Tableautransformation an. Wir geben im Folgenden eine detaillierte Beschreibung.

> ### Eine Iteration des dualen Simplex-Algorithmus

Voraussetzung: Eine Basislösung eines LP; die aktuellen Eintragungen im Simplextableau seien jeweils mit a'_{ij}, b'_i und c'_j bezeichnet.

Schritt 1 (Wahl der Pivotzeile s):

Gibt es kein $b'_i < 0$, so liegt bereits eine zulässige Basislösung vor; Abbruch des dualen Simplex-Algorithmus.

Sonst wähle diejenige Zeile s mit dem kleinsten $b'_s < 0$ als Pivotzeile (stehen mehrere Zeilen mit kleinstem Wert zur Auswahl, so wähle man unter diesen eine beliebige).

Schritt 2 (Wahl der Pivotspalte t):

Findet man in der Pivotzeile s kein Element $a'_{sj} < 0$, so besitzt das Problem keine zulässige Basislösung (vgl. Sonderfall 1 in Kap. 2.5.2); Abbruch des (gesamten) Verfahrens.

Sonst wähle eine Spalte t mit $\dfrac{c'_t}{a'_{st}} = \max\left\{\dfrac{c'_j}{a'_{sj}} \,\middle|\, j = 1,...,n \text{ mit } a'_{st} < 0\right\}$ als Pivotspalte.

a'_{st} ist **Pivotelement**.

Schritt 3 (Tableautransformation): Wie beim primalen Simplex-Algorithmus, Kap. 2.4.1.2.

$$* \ * \ * \ * \ *$$

---

5   Eine Gleichung $\sum_j a_j x_j = b$ entspricht den beiden Ungleichungen $\sum_j a_j x_j \leq b$ und $-\sum_j a_j x_j \leq -b$.

Beispiel: Wir wenden den dualen Simplex-Algorithmus auf die obige Probleminstanz an. Im Ausgangstableau (Tab. 2.6) wählen wir $s = 2$ als Pivotzeile und $t = 2$. Nach der Transformation ergibt sich das obere Tableau von Tab. 2.7, nach einer weiteren Iteration des dualen Simplex-Algorithmus das untere Tableau.

BV	x_1	x_2	x_3	x_4	x_5	b_i
x_3	2		1	-1		4
x_2	3	1		-1		12
x_5	$[-2]$			1	1	-2
F	1	0	0	-1	0	12
x_3			1		1	2
x_2		1		1/2	3/2	9
x_1	1			$-1/2$	$-1/2$	1
F	0	0	0	$-1/2$	1/2	11

Unzulässige Basislösung:
$x_2 = 12$, $x_3 = 4$, $x_5 = -2$;
$x_1 = x_4 = 0$; $F = 12$
$s = 3$, $t = 1$

Zulässige Basislösung:
$x_1 = 1$, $x_2 = 9$, $x_3 = 2$;
$x_4 = x_5 = 0$; $F = 11$
Tab. 2.7

Die vorliegende zulässige Lösung ist noch nicht optimal, so dass sich ein Schritt mittels des primalen Simplex-Algorithmus anschließt. Dieser führt zur optimalen Lösung in Tab. 2.8. Verfolgt man den Lösungsgang anhand von Abb. 2.9, so wird ersichtlich, dass beginnend im Ursprung (Punkt A) zunächst die unzulässige Basislösung B erreicht wird. Danach gelangt man über C in den optimalen Eckpunkt D.

BV	x_1	x_2	x_3	x_4	x_5	b_i
x_3			1		1	2
x_4		2		1	3	18
x_1	1	1			1	10
F	0	1	0	0	2	20

Optimale Basislösung:
$x_1 = 10$, $x_3 = 2$, $x_4 = 18$;
$x_2 = x_5 = 0$; $F = 20$
Tab. 2.8

Bemerkung 2.5: Falls man mit einer *dual zulässigen* Lösung (alle Eintragungen in der F-Zeile ≥ 0) startet, so ist die erste primal zulässige Basislösung (alle $b_i' \geq 0$) zugleich optimal; vgl. die Lösung des Mischungsproblems aus Kap. 2.2 am Ende von Kap. 2.5.3.

Der duale Simplex-Algorithmus ist insbesondere auch dann geeignet, wenn für ein LP mit bereits bekannter optimaler Basislösung durch Ergänzen einer weiteren Restriktion diese Basislösung unzulässig wird. Nach einer (oder mehreren) Iteration(en) des dualen Simplex-Algorithmus erhält man dann erneut eine optimale Basislösung (*Reoptimierung*).

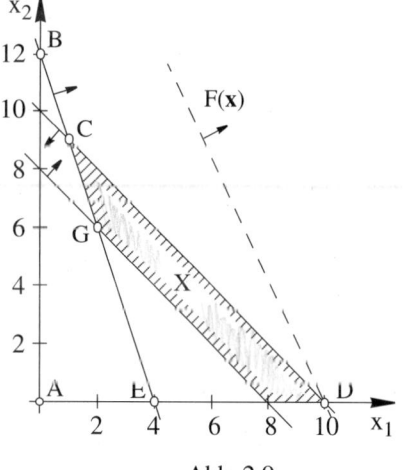

Abb. 2.9

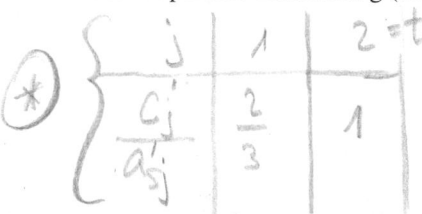

2.4.2.2 Die M-Methode

= (2-phasen methode)

Soll für die Schwächen der simplex und dualen Simplex Algorithmen kompensieren.

Die M-Methode entspricht formal der Anwendung des primalen Simplex-Algorithmus auf ein erweitertes Problem. Sie lässt sich für **Maximierungsprobleme** wie folgt beschreiben:

Wir gehen von einem LP in der Normalform (2.13) aus. Zu jeder Nebenbedingung i, die keine Schlupfvariable mit positivem Vorzeichen besitzt, fügen wir auf der linken Seite eine **künstliche** (= *fiktive*) **Variable** y_i mit positivem Vorzeichen hinzu.[6] y_i ist auf den nichtnegativen reellen Bereich beschränkt. In einer zu maximierenden Zielfunktion wird sie mit $-M$ bewertet, wobei M hinreichend groß zu wählen ist.[7] Auf das so erweiterte Problem wird der primale Simplex-Algorithmus angewendet, bis alle y_i, die sich zu Beginn in der Basis befinden, diese verlassen haben. Sobald ein y_i die Basis verlassen hat, kann es von weiteren Betrachtungen ausgeschlossen werden (in Tab. 2.10 durch ■ angedeutet).

In der Literatur wird die M-Methode bei gleichzeitiger Anwendung des primalen Simplex-Algorithmus auch als *2-Phasen-Methode* bezeichnet.

Beispiel: Wir erläutern die M-Methode anhand des Problems von Kap. 2.4.2.1. Durch Schlupfvariablen x_3, x_4 und x_5 sowie künstliche Variablen y_1 und y_2 erweitert, hat es folgendes Aussehen:

$$\text{Maximiere } F(x_1,...,x_5,y_1,y_2) = 2x_1 + x_2 - My_1 - My_2$$

unter den Nebenbedingungen

Basisvariablen

$$
\begin{aligned}
x_1 + x_2 - x_3 \phantom{{}+{}+{}} + y_1 \phantom{{}+{}} &= 8 \\
3x_1 + x_2 \phantom{{}-x_3} - x_4 \phantom{{}+{}} + y_2 &= 12 \\
x_1 + x_2 \phantom{{}-x_3{}-x_4} + x_5 \phantom{{}+y_2} &= 10 \\
x_1, ..., x_5, y_1, y_2 &\geq 0
\end{aligned}
$$

Es ist sinnvoll, im Laufe der Anwendung der M-Methode zwei Zielfunktionszeilen zu führen, die F-Zeile mit den Bewertungen aus dem ursprünglichen Problem und eine M-Zeile, die sich durch die Einführung der y_i und deren Bewertung mit $-M$ ergibt.

BV	x_1	x_2	x_3	x_4	x_5	y_1	y_2	b_i	
y_1	1	1	-1			1		8	Basislösung:
y_2	[3]	1		-1			1	12	$y_1 = 8$, $y_2 = 12$;
x_5	1	1			1			10	$x_5 = 10$;
F-Zeile	-2	-1	0	0				0	Zielfw. $= -20M$
M-Zeile	$-4M$	$-2M$	M	M				$-20M$	Tab. 2.9

---

6   Sind $m' < m$ künstliche Variablen einzuführen, so können diese auch von 1 bis m' nummeriert werden, so dass die Variablen- und die Zeilenindizes nicht übereinstimmen.

7   M ist so groß zu wählen, dass bei Existenz einer zulässigen Lösung des eigentlichen Problems garantiert ist, dass alle künstlichen Variablen (wegen ihrer den Zielfunktionswert verschlechternden Bewertung) beim Optimierungsprozess die Basis verlassen.

Die erste zu bestimmende Basislösung enthält alle y_i in der Basis. Bei der Bildung des Simplextableaus gemäß Tab. 2.4 würde man unter den y_i in der M-Zeile Werte $+ M$ vorfinden. Transformieren wir das Tableau, so dass wir unter den y_i Einheitsvektoren (mit Nullen in den Ergebniszeilen) erhalten, so ergibt sich das erste „Basistableau" in Tab. 2.9. Man kann sich überlegen, dass durch die oben geschilderte Transformation für eine Nichtbasisvariable x_k der folgende Eintrag in der M-Zeile zustande kommt:[8]

$- M \cdot$ (Summe der Koeffizienten von x_k in allen Zeilen, in denen ein y als BV dient)

Die Pivotspaltenwahl erfolgt bei der M-Methode anhand der Einträge in der M-Zeile; bei zwei oder mehreren gleichniedrigen Einträgen wird unter diesen Spalten anhand der F-Zeile entschieden.

überflüssige Daten

BV	x_1	x_2	x_3	x_4	x_5	y_1	y_2	b_i
y_1		$\left[\frac{2}{3}\right]$	-1	$\frac{1}{3}$		1	■	4
x_1	1	$\frac{1}{3}$		$-\frac{1}{3}$			■	4
x_5		$\frac{2}{3}$		$\frac{1}{3}$	1		■	6
F-Zeile	$-\frac{1}{3}$	0		$-\frac{2}{3}$			■	8
M-Zeile	$-\frac{2}{3}M$	M		$-\frac{1}{3}M$			■	$-4M$
x_2		1	$-\frac{3}{2}$	$\frac{1}{2}$		■	■	6
x_1	1		$\frac{1}{2}$	$-\frac{1}{2}$		■	■	2
x_5			$[1]$		1	■	■	2
F-Zeile			$-\frac{1}{2}$	$-\frac{1}{2}$		■	■	10

Basislösung:
$y_1 = 4$, $x_1 = 4$;
$x_5 = 5$
Zielfw. $= 8 - 4M$

Zulässige Basisl.:
$x_1 = 2$, $x_2 = 6$,
$x_5 = 2$; $F = 10$

Tab. 2.10

Wie Tab. 2.10 zeigt, haben in unserem Beispiel die y_i nach zwei Iterationen die Basis und damit das Problem verlassen. Nach Erhalt der ersten zulässigen Basislösung des eigentlichen Problems (letztes Tableau in Tab. 2.10) gelangen wir durch Ausführung

BV	x_1	x_2	x_3	x_4	x_5	b_i
x_4		2		1	3	18
x_1	1	1			1	10
x_3			1		1	2
F	1				2	20

Tab. 2.11

von zwei weiteren Iterationen des primalen Simplex Algorithmus zur optimalen Lösung

---

8 In unserem Beispiel ergibt sich etwa unter der Nichtbasisvariablen x_1 der Eintrag von $-4M$ auch durch folgende Überlegung: Möchte man der Variablen x_1 den Wert 1 geben, so verringert sich dadurch der Wert von y_1 um 1 und derjenige von y_2 um 3 Einheiten. Der Zielfunktionswert verbessert sich (im Bereich der künstlichen Variablen) damit um 4M.

$x_1 = 10$, $x_3 = 2$, $x_4 = 18$; $x_2 = x_5 = 0$ mit dem Zielfunktionswert $F = 20$ in Tab. 2.11. Veranschaulicht anhand von Abb. 2.9, wurden im Laufe des Lösungsgangs die Eckpunkte A, E, G, C und D erreicht.

Die Erweiterung eines gegebenen Problems durch künstliche Variablen y_i verdeutlichen wir nochmals anhand unseres Mischungsproblems aus Kap. 2.2. Durch dessen Erweiterung und Transformation in ein Maximierungsproblem erhalten wir:

$$\text{Maximiere } F(\mathbf{x}, \mathbf{y}) = -(5x_1 + 7x_2) - M \cdot (y_1 + y_2 + y_3) = -5x_1 - 7x_2 - My_1 - My_2 - My_3$$

unter den Nebenbedingungen

$$
\begin{aligned}
2x_1 + x_2 - x_3   + y_1   &= 6 \\
2x_1 + 4x_2 - x_4   + y_2 &= 12 \\
 4x_2   - x_5   + y_3 &= 4 \\
x_1, ..., x_5, y_1, y_2, y_3 &\geq 0
\end{aligned}
$$

Bemerkung 2.6 (*Reduzierung der Anzahl künstlicher Variablen*): Für alle $\geq$-Bedingungen mit nichtnegativer rechter Seite ist es ausreichend, (gemeinsam) nur eine künstliche Variable einzuführen. Man erreicht dies durch Erzeugung der folgenden Linearkombination: Durch Multiplikation mit -1 entstehen $\leq$-Bedingungen und durch Einführung von Schlupfvariablen Gleichungen mit negativen rechten Seiten. Subtrahiert man von jeder Gleichung diejenige mit der kleinsten rechten Seite, so erhalten alle Bedingungen außer dieser eine nichtnegative rechte Seite; nur für sie ist eine künstliche Variable erforderlich. Wendet man diese Vorgehensweise auf das obige Mischungsproblem an, so wird nur für die Nährstoffbedingung II eine künstliche Variable benötigt.

Auch für LPs, die zunächst **Gleichungen als Nebenbedingungen** enthalten, lässt sich mittels der M-Methode eine zulässige Basislösung bestimmen. So kann z.B. zur Berechnung einer zulässigen Basislösung des im Folgenden links angegebenen Problems zunächst das danebenstehende, erweiterte Problem mit der M-Methode behandelt werden.

Maximiere $F(x_1, x_2) = 10x_1 + 20x_2$ unter den Nebenbedingungen $x_1 + x_2 = 100$ $6x_1 + 9x_2 \leq 720$ $x_1, x_2 \geq 0$	Maximiere $F(x_1, .., x_3, y) = 10x_1 + 20x_2 - My$ unter den Nebenbedingungen $x_1 + x_2 + y = 100$ $6x_1 + 9x_2 + x_3 = 720$ $x_1, x_2, x_3, y \geq 0$

Als Alternative zu dieser Vorgehensweise können wir auch jede Gleichung nach einer Variablen auflösen und in die anderen Nebenbedingungen einsetzen. Dabei besteht jedoch die Gefahr, dass nach Lösung des verbleibenden Problems für die substituierten Variablen die u.U. geforderten Nichtnegativitätsbedingungen nicht erfüllt sind.

2.5 Dualität und Analyse von LP-Lösungen

Im Folgenden erläutern wir zunächst, dass zu jedem LP ein anderes existiert, das man als dazu dual bezeichnet. In Kap. 2.5.2 behandeln wir einige Sonderfälle, die bei der Lösung von LPs auftreten können. Eng mit der Dualität verbunden sind Aussagen über ökonomische Gegebenheiten (Schattenpreise von Restriktionen, Reduzierte Kosten von Strukturvariablen), die sich aus Optimaltableaus von LPs ableiten lassen (siehe Kap. 2.5.3). Diese Aussagen gelten jedoch nur unter bestimmten Bedingungen bzw. in bestimmten Grenzen, die sich anhand von Sensitivitätsanalysen von Lösungen ergeben (vgl. Kap. 2.5.4).

2.5.1 Dualität

Definition 2.9: Gegeben sei ein lineares Optimierungsproblem in der Form:

$$\left.\begin{array}{l} \text{Maximiere } F(\mathbf{x}) = \mathbf{c}^T\mathbf{x} \\[4pt] \text{unter den Nebenbedingungen} \\[4pt] \qquad A\,\mathbf{x} \le \mathbf{b} \\[4pt] \qquad \mathbf{x} \ge \mathbf{0} \end{array}\right\} \tag{2.15}$$

Das Problem

$$\left.\begin{array}{l} \text{Minimiere } FD(\mathbf{w}) = \mathbf{b}^T\mathbf{w} \\[4pt] \text{unter den Nebenbedingungen} \\[4pt] \qquad A^T\,\mathbf{w} \ge \mathbf{c} \\[4pt] \qquad \mathbf{w} \ge \mathbf{0} \end{array}\right\} \tag{2.16}$$

nennt man das zu (2.15) **duale** Problem. Umgekehrt ist wegen dieser Dualisierungsregel (2.16) dual zu (2.15). Der Dualvariablenvektor $\mathbf{w}$ besitzt dieselbe Dimension wie $\mathbf{b}$.

Möchte man ein LP dualisieren, so nennt man dieses Ausgangsproblem auch **primales** Problem. Zu jeder Nebenbedingung des primalen Problems gehört (bzw. mit jeder Nebenbedingung *korrespondiert*) genau eine Variable des dualen Problems (**Dualvariable**); die i-te Nebenbedingung korrespondiert mit der i-ten Dualvariablen.

Veranschaulichung von Def. 2.9 anhand des Produktionsplanungsproblems aus Kap. 2.2:[9]

Wir entwickeln anhand logischer Überlegungen das zu diesem Maximierungsproblem duale Minimierungsproblem, wie es sich gemäß (2.16) ergäbe. Das primale Problem lautet (im Kästchen die mit den jeweiligen Nebenbedingungen korrespondierenden Dualvariablen):

$$\text{Maximiere } F(x_1, x_2) = 10x_1 + 20x_2 \tag{2.17}$$

unter den Nebenbedingungen

---

9 Eine weitere anschauliche Herleitung des dualen LPs findet man in Aufgabe 2.20 des Übungsbuches Domschke et al. (2005).

$$\left.\begin{array}{c} w_1 \\ w_2 \\ w_3 \end{array}\right| \quad
\begin{array}{rcl}
x_1 + x_2 & \leq & 100 \\
6x_1 + 9x_2 & \leq & 720 \\
x_2 & \leq & 60 \\
\end{array}$$

$$
\begin{array}{rcl}
x_1 + x_2 & \leq & 100 \quad\quad (2.18)\\
6x_1 + 9x_2 & \leq & 720 \quad\quad (2.19)\\
x_2 & \leq & 60 \quad\quad (2.20)\\
x_1, x_2 & \geq & 0 \quad\quad (2.21)\\
\end{array}
$$

Man kann sich überlegen, dass aufgrund des Nebenbedingungssystems (2.18) – (2.21) **obere Schranken** für $F(x_1, x_2)$ ermittelt werden können. Dazu muss man eine einzelne Nebenbedingung mit einem Faktor oder eine Teilmenge der Nebenbedingungen mit einem Faktorvektor multiplizieren und addieren, so dass der dadurch entstehende Koeffizient jeder Variablen den entsprechenden Koeffizienten in der Zielfunktion möglichst gut annähert, jedoch nicht unterschreitet. Das Produkt der rechten Seite(n) mit dem Faktor(vektor) liefert dann eine obere Schranke für den optimalen Zielfunktionswert.

- Durch Multiplikation der Nebenbedingung (2.18) mit 20 erhält man (unter Berücksichtigung der Nichtnegativitätsbedingungen) die *obere Schranke* 2000 wie folgt:

$$F(x_1, x_2) = 10x_1 + 20x_2 \leq 20x_1 + 20x_2 \leq 2000$$

- Entsprechend ergibt sich durch Multiplikation der Nebenbedingung (2.19) mit 20/9 die *obere Schranke* 1600:

$$F(x_1, x_2) = 10x_1 + 20x_2 \leq 40/3\, x_1 + 20x_2 \leq 1600$$

Schärfere (d.h. niedrigere) obere Schranken erhält man in der Regel durch *Linearkombination* mehrerer, insbesondere sämtlicher Nebenbedingungen (mit Ausnahme der Nichtnegativitätsbedingungen) eines LPs.

- Für unser Beispiel ergibt sich durch Addition des 10-Fachen von (2.18) und (2.20) ebenfalls eine *obere Schranke* von 1600:

$$F(x_1, x_2) = 10x_1 + 20x_2 \leq 1000 + 600 = 1600$$

- Verwenden wir für die drei Ungleichungen die Faktoren 5, 5/6 bzw. 15/2 und addieren die so modifizierten Bedingungen, so erhalten wir die schärfere *obere Schranke* 1550:

$$F(x_1, x_2) = 10x_1 + 20x_2 = 5\,(x_1 + x_2) + 5/6\,(6x_1 + 9x_2) + 15/2\,(x_2) \leq 500 + 600 + 450 = 1550$$

Allgemein gilt mit nichtnegativen Faktoren w_1, w_2 und w_3:

$$F(x_1, x_2) = 10x_1 + 20x_2 \leq w_1\,(x_1 + x_2) + w_2\,(6x_1 + 9x_2) + w_3\,(x_2) \leq 100\,w_1 + 720\,w_2 + 60\,w_3$$

oder

$$F(x_1, x_2) = 10x_1 + 20x_2 \leq (w_1 + 6w_2)x_1 + (w_1 + 9w_2 + w_3)x_2 \leq 100w_1 + 720w_2 + 60w_3 \quad (2.22)$$

Ein Vergleich der Koeffizienten von x_1 und x_2 liefert die Bedingungen:

$$10\,x_1 \leq (w_1 + 6w_2)\,x_1 \quad\text{bzw.}\quad 20\,x_2 \leq (w_1 + 9w_2 + w_3)\,x_2$$

Insgesamt ergibt sich folgendes (Neben-) Bedingungssystem, bei dessen Einhaltung obere Schranken für (2.17) – (2.21) entstehen:

$$w_1 + 6w_2 \geq 10 \quad\quad\quad\quad (2.23)$$

$$w_1 + 9w_2 + w_3 \geq 20 \quad\quad\quad\quad (2.24)$$

Man überlegt sich dazu jedoch, dass die Koeffizienten w_1 bis w_3 nicht beliebig gewählt werden dürfen. Da wir Linearkombinationen von Ungleichungen bilden, kommen nur Koeffizienten mit gleichem Vorzeichen in Frage. O.B.d.A. setzen wir:

$$w_1, w_2, w_3 \geq 0 \tag{2.25}$$

Die Bestimmung einer kleinstmöglichen oberen Schranke unter Beachtung von (2.22) und (2.23) – (2.25) führt zur Zielsetzung:

$$\text{Minimiere } FD(w_1, w_2, w_3) = 100w_1 + 720w_2 + 60w_3 \tag{2.26}$$

Damit haben wir das zu (2.17) – (2.21) duale Problem erhalten. Der Übersichtlichkeit halber stellen wir beide Probleme nochmals einander gegenüber:

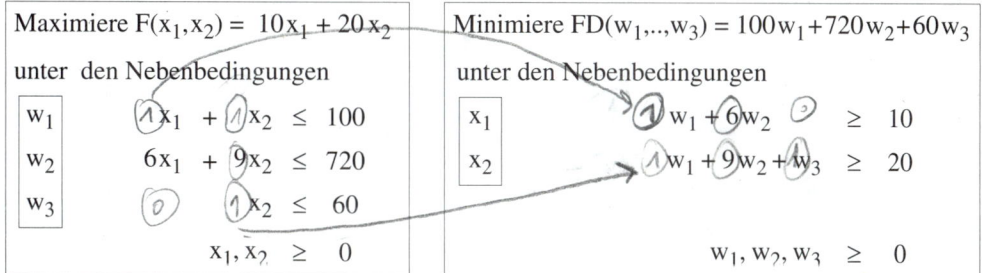

Tab. 2.12 enthält einen Überblick über bereits verwendete sowie weitere **Dualisierungsregeln**. Daraus lassen sich folgende Aussagen ableiten:

Primales Problem	**Duales Problem**
Zielfunktion: Max F(**x**)	Zielfunktion: Min FD(**w**)
Nebenbedingungen:	Dualvariablen:
i-te NB: $\leq$ $\longleftrightarrow$	$w_i \geq 0$
i-te NB: $=$ $\longleftrightarrow$	$w_i \in \mathbb{R}$
Variablen:	Nebenbedingungen:
$x_j \geq 0$	j-te NB: $\geq$
$x_j \in \mathbb{R}$	j-te NB: $=$

auswendig lernen!

Tab. 2.12

a) Einem primalen Maximierungsproblem entspricht ein duales Minimierungsproblem.

b) Einer $\leq$ Restriktion im primalen Problem entspricht eine im Vorzeichen beschränkte Variable im dualen Problem; zu einer Gleichheitsrestriktion gehört eine unbeschränkte Dualvariable.

c) Eine beschränkte Variable im primalen Problem korrespondiert mit einer $\geq$ - Restriktion im dualen Problem; eine unbeschränkte Variable hat im dualen Problem eine Gleichheitsrestriktion zur Folge.

Darüber hinaus gilt:

d) Ist der Zielfunktionswert des primalen (Maximierungs-) Problems nicht nach oben beschränkt, so besitzt das duale (Minimierungs-) Problem keine zulässige Lösung. Diese Aussage folgt unmittelbar aus dem Einschließungssatz (Satz 2.5).

Im Folgenden formulieren wir zwei wichtige Sätze. Beweise zu den Aussagen findet man z.B. in Neumann und Morlock (2002, S. 76 ff.).

Satz 2.5 (Einschließungssatz):

a) Seien $\mathbf{x}$ eine zulässige Lösung von (2.15) und $\mathbf{w}$ eine zulässige Lösung von (2.16), dann gilt: $\quad F(\mathbf{x}) \leq FD(\mathbf{w})$, d.h. $\mathbf{c}^T\mathbf{x} \leq \mathbf{b}^T\mathbf{w}$

b) Für optimale Lösungen $\mathbf{x}^*$ und $\mathbf{w}^*$ von (2.15) bzw. (2.16) gilt: $F(\mathbf{x}^*) = FD(\mathbf{w}^*)$.

c) Aus a) und b) ergibt sich der so genannte *Einschließungssatz*:

$$F(\mathbf{x}) \leq F(\mathbf{x}^*) = FD(\mathbf{w}^*) \leq FD(\mathbf{w})$$

Satz 2.6 (Satz vom komplementären Schlupf):

Gegeben seien ein LP (2.15) mit p Variablen und m Nebenbedingungen. Durch Einführung von Schlupfvariablen x_{p+i} ($i = 1,...,m$) gehe (2.15) über in die Normalform (2.15)'. Entsprechend gehe (2.16) durch Einführung von Schlupfvariablen w_{m+j} ($j = 1,...,p$) über in (2.16)', d.h. eine Modifikation von (2.16) mit Gleichheitsrestriktionen.

Eine zulässige Lösung $\mathbf{x}^*$ von (2.15)' und eine zulässige Lösung $\mathbf{w}^*$ von (2.16)' sind genau dann optimal, wenn gilt:

$$x_j^* \cdot w_{m+j}^* = 0 \quad \text{für } j = 1,...,p \quad \text{und} \quad w_i^* \cdot x_{p+i}^* = 0 \quad \text{für } i = 1,...,m \quad (2.27)$$

Das bedeutet: Bei positivem x_j^* ist der Schlupf in der j-ten Nebenbedingung (2.16) gleich 0 und umgekehrt. Bei positivem w_i^* ist der Schlupf in der i-ten Nebenbedingung von (2.15) gleich 0 und umgekehrt.

Bemerkung 2.7: Der Satz vom komplementären Schlupf stellt einen Spezialfall der Karush-Kuhn-Tucker-Bedingungen (vgl. Satz 8.8 in Kap. 8.4.1) dar. Er findet bei vielen Lösungsverfahren unmittelbar Anwendung. Zumeist wird primär darauf geachtet, dass während des gesamten Verfahrens die Bedingung (2.27) erfüllt ist; erst zum Abschluss erreicht man (falls möglich) die Zulässigkeit *beider* Lösungen:

Bei **primalen Verfahren** (wie dem primalen Simplex-Algorithmus oder der MODI-Methode in Kap. 4.1.3) geht man von einer zulässigen Lösung des primalen Problems aus und ermittelt stets eine (in Zwischenstadien nicht zulässige) Lösung des dualen Problems, welche die Bedingungen (2.27) erfüllt.

Bei **dualen Verfahren** (wie der Ungarischen Methode für lineare Zuordnungsprobleme – siehe z.B. Domschke (1995, Kap. 10.1)) startet man hingegen mit einer zulässigen Lösung des dualen Problems und ermittelt stets eine (in Zwischenstadien nicht zulässige) Lösung des primalen Problems, welche die Bedingungen (2.27) erfüllt.

Bemerkung 2.8: Geht man von einem primalen Problem der Form (2.11) mit $\mathbf{b} \geq \mathbf{0}$ aus, so gelten folgende Entsprechungen, die sich aus den bisherigen Ausführungen zur Dualität ergeben:

a) Die Schlupfvariablen des primalen Problems korrespondieren mit den Strukturvariablen des dualen Problems und umgekehrt.

b) Im Optimaltableau des primalen sind auch Variablenwerte für eine optimale Lösung des dualen Problems enthalten. Wegen Aussage a) entspricht der Wert der i-ten dualen Strukturvariablen dem Schattenpreis (siehe Kap. 2.5.3) der i-ten Schlupfvariablen im primalen Problem. Ebenso gilt, dass der Wert der j-ten dualen Schlupfvariablen den Reduzierten Kosten der j-ten Strukturvariablen im primalen Problem entspricht.
Siehe hierzu auch Aufg. 2.20 im Übungsbuch Domschke et al. (2005).

2.5.2 Sonderfälle von LPs und ihre Identifikation

Im Folgenden behandeln wir fünf Sonderfälle, die bei der Lösung von LPs auftreten können. Wir schildern v.a., woran sie bei Anwendung des Simplex-Algorithmus jeweils erkennbar sind (man veranschauliche sich die Fälle – soweit unten nicht geschehen – graphisch).

(1) Das Problem besitzt **keine zulässige Lösung**: Es gilt also $X = \emptyset$. Man sagt, das Nebenbedingungssystem sei *nicht widerspruchsfrei*, und spricht von **primaler Unzulässigkeit**.

Mit dem dualen Simplex-Algorithmus gelangt man zu einer Iteration, bei der man in Schritt 2 in der Pivotzeile s nur Elemente $a'_{sj} \geq 0$ findet. Das duale Problem besitzt keine optimale Lösung (siehe Fall 2).

Bei der M-Methode wird ein Stadium erreicht, in dem alle Einträge in der F-Zeile nichtnegativ sind (also die Lösung offenbar optimal ist), sich aber nach wie vor künstliche Variablen $y_i > 0$ in der Basis befinden.

(2) Das Problem besitzt **keine optimale Lösung**: Trotz nichtleerer Menge X zulässiger Lösungen kann keine optimale Lösung angegeben werden; jede beliebige zulässige Lösung lässt sich weiter verbessern.

Mit dem primalen Simplex-Algorithmus gelangt man zu einer Iteration, bei der in Schritt 1 eine Verbesserungsmöglichkeit des Zielfunktionswertes erkennbar ist, also eine Pivotspalte t gefunden wird. In dieser Spalte befinden sich jedoch nur Elemente $a'_{it} \leq 0$. Durch eine unbeschränkte Steigerung von x_t ließe sich auch der Zielfunktionswert beliebig erhöhen. Man spricht von **dualer Unzulässigkeit**; das duale Problem besitzt keine zulässige Lösung (siehe Fall 1).

Ein derartiges unbeschränktes Problems ohne optimale Lösung wird zumeist durch Daten- bzw. Eingabefehler entstehen. Wären etwa für unser Mischungsproblem in Kap. 2.2 die Zielfunktionskoeffizienten mit −5 und −7 vorgegeben, so könnte keine optimale Lösung gefunden werden.

(3) Das Problem besitzt **mehrere optimale Basislösungen** (man spricht auch vom Fall **parametrischer Lösungen** oder der **dualen Degeneration**):

Im Tableau mit der erhaltenen optimalen Lösung ist für mindestens eine Nichtbasisvariable der Eintrag in der F-Zeile gleich 0. Würde man diese Variable in die Basis aufnehmen, so erhielte man eine weitere optimale Basislösung. Ferner gilt:

Mit zwei optimalen Basislösungen x^1 und x^2 sind auch alle durch Konvexkombination

$$x = \lambda \cdot x^1 + (1-\lambda) \cdot x^2 \text{ mit } 0 < \lambda < 1$$

erhältlichen Nichtbasislösungen optimal.

Den geschilderten Sonderfall bezeichnet man, wie eingangs erwähnt, auch als *duale Degeneration*; eine Basisvariable des dualen Problems besitzt den Wert 0.

(4) Das Problem besitzt mindestens eine **redundante** (d.h. überflüssige) **Nebenbedingung**:

Eine $\leq$ - Nebenbedingung ist redundant, wenn eine ($\leq$-) Linearkombination anderer Bedingungen dieselbe linke Seite und eine nicht größere rechte Seite aufweist.

Beispiele: Im Falle zweier Nebenbedingungen $x_1 + x_2 \leq 7$ und $x_1 + x_2 \leq 9$ ist die zweite Bedingung natürlich sofort als redundant erkennbar.
In Abb. 2.10 sind die nicht redundanten Bedingungen $x_1 + x_2 \leq 100$, $x_2 \leq 80$ sowie (gestrichelt) die redundante Bedingung $x_1 + 2x_2 \leq 200$ dargestellt. Eine Addition der beiden ersten Bedingungen führt zur linken Seite $x_1 + 2x_2$ und – gemessen an 200 – der kleineren rechten Seite 180.

Eine $\geq$ - Nebenbedingung ist redundant, wenn eine ($\geq$-) Linearkombination anderer Bedingungen dieselbe linke Seite und eine größere rechte Seite aufweist.

Beispiel: In Abb. 2.10 sind die nicht redundanten Bedingungen $x_1 + x_2 \geq 40$, $x_2 \geq 20$ sowie gestrichelt die redundante Bedingung $x_1 + 2x_2 \geq 40$ dargestellt. Eine Addition der beiden ersten Bedingungen führt zur linken Seite $x_1 + 2x_2$ und – gemessen an 40 – der größeren rechten Seite 60.

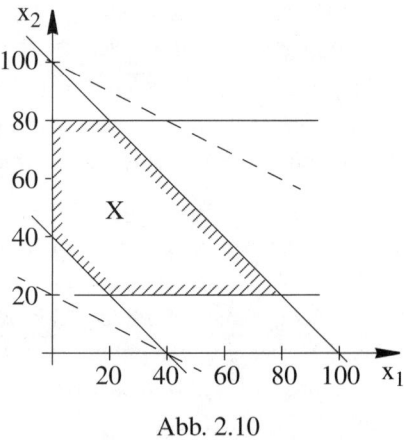

Abb. 2.10

Die Vernachlässigung einer redundanten Nebenbedingung führt nicht zur Erweiterung der Menge X der zulässigen Lösungen.

Liegt mindestens eine redundante Nebenbedingung vor, so ist der Rang der Koeffizientenmatrix kleiner als m; siehe dazu Bem. 2.4.

Bei Anwendung des Simplex-Algorithmus erhält man u.U. zwei (oder mehrere) Tableauzeilen, deren Koeffizienten im Bereich der Nichtbasisvariablen identisch sind.

(5) **Primale Degeneration:** Ein oder mehrere Basisvariablen einer Basislösung besitzen den Wert 0; man spricht in diesem Fall auch von einer *primal degenerierten Basislösung*.

Dieser Sonderfall liegt im $\mathbb{R}^n$ vor, wenn sich mehr als n Hyperebenen in einem Eckpunkt des zulässigen Bereichs X schneiden.

→ Primale Basisvariable hat den Wert "0"

Abb. 2.11 veranschaulicht eine <u>primale Degeneration</u> (Punkt P) des $\mathbb{R}^2$. Hier handelt es sich zugleich um einen speziellen Fall der Redundanz. Dem Eckpunkt P entsprechen drei verschiedene Basislösungen mit x_1, x_2 und jeweils genau einer der drei möglichen Schlupfvariablen als Basisvariablen. Die in der Basis befindliche Schlupfvariable besitzt den Wert 0.[10]

Abb. 2.12 zeigt analog eine primale Degeneration (Punkt P) des $\mathbb{R}^3$.

Theoretisch besteht für den Simplex-Algorithmus die Gefahr des **Kreisens** innerhalb der Basislösung eines derartigen Eckpunktes; d.h. es gelingt nicht, den Eckpunkt wieder zu verlassen.

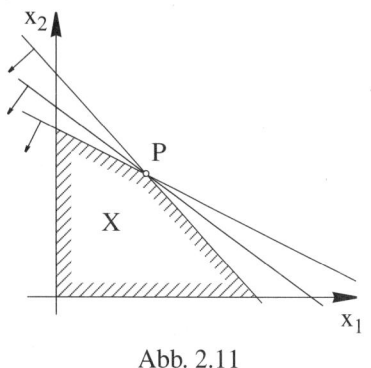

Abb. 2.11

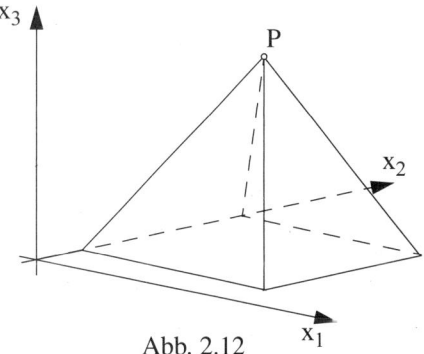

Abb. 2.12

2.5.3 Reduzierte Kosten, Schattenpreise, Opportunitätskosten

Wir wollen nun die Bedeutung der Einträge in der Ergebniszeile eines Simplex-Tableaus näher analysieren. Wir gehen dabei jeweils von einem Tableau mit einer optimalen Basislösung aus; die Aussagen gelten jedoch grundsätzlich auch für Tableaus mit einer nur primal zulässigen Basislösung. Bei unseren Ausführungen beziehen wir uns zunächst ausschließlich auf **Maximierungsprobleme**. Zur Veranschaulichung betrachten wir erneut unser Produktionsplanungsproblem aus Kap. 2.2, erweitern es jedoch um ein Produkt P_3 mit den Produktionskoeffizienten 2, 10 und 0 und dem Deckungsbeitrag $db_3 = 15$. Bezeichnen wir die von P_3 herzustellende Menge mit x_3 und die Schlupfvariablen der Nebenbedingungen mit x_4 bis x_6, so erhalten wir das in Tab. 2.13 wiedergegebene Start- sowie Optimaltableau. Das zusätzliche Produkt ist in der optimalen Lösung nicht zur Produktion vorgesehen, so dass wir einige unserer Aussagen anhand der graphischen Darstellung von Abb. 2.2 veranschaulichen können, die wir in Abb. 2.13 erneut wiedergeben.

Definition 2.10: Die <u>Einträge unter den Strukturvariablen</u> bezeichnet man zumeist als **Reduzierte Kosten** der Variablen, diejenigen <u>unter den Schlupfvariablen</u> als **Schattenpreise** der Inputfaktoren.

---

10 Primale Degeneration tritt bei praktischen LPs sehr häufig auf. Sie ist, wie auch Dantzig und Thapa (1997, S. 97) aussagen, die Regel und nicht die Ausnahme. Sie liegt z.B. mit hoher Wahrscheinlichkeit vor, wenn das Nebenbedingungssystem Gleichungen (etwa Lagerbilanzgleichungen) enthält.

	x_1	x_2	x_3	x_4	x_5	x_6	b_i
x_4	1	1	2	1			100
x_5	6	9	10		1		720
x_6			1			1	60
F	-10	-20	-15	0	0	0	0

	x_1	x_2	x_3	x_4	x_5	x_6	b_i
x_4			1/3	1	$-1/6$	1/2	10
x_1	1		5/3		1/6	$-3/2$	30
x_2		1				1	60
F	0	0	5/3	0	5/3	5	1500

Tab. 2.13

Gelegentlich wird für beide schlechthin der Begriff *Opportunitätskosten* (*OK*) verwendet. Wir werden i.d.R. die in Def. 2.10 verwendeten Bezeichnungen benutzen und im Folgenden prüfen, inwieweit es sich dabei um OK handelt.

OK sind „Kosten" im Sinne „entgangener Gelegenheiten"; vgl. Ewert und Wagenhofer (2003, S. 124 ff.). Sie stellen hinsichtlich der *Inputfaktoren* ein Maß für den Nutzen (Deckungsbeitrag, Gewinn etc.) dar, der nicht realisierbar ist, weil der zur Herstellung eines oder mehrerer Güter eingesetzte Faktor einer alternativen Verwendung zugeführt wird. Im Hinblick auf *Produkte* (Produktionsalternativen) gilt: Verwirklicht man eine Alternative, so muss gegebenenfalls auf die Realisierung einer anderen und die Erzielung des damit verbundenen Nutzens verzichtet werden. Dieser Nutzenentgang kann der verwirklichten Alternative als „Kosten" angelastet werden.

Wie in der Literatur üblich, wollen wir im Folgenden zwischen input- und outputorientierten OK unterscheiden; vgl. zu den folgenden Ausführungen v.a. Domschke und Klein (2004).

Definition 2.11:

a) Ausgehend von einer *optimalen* Lösung, bezeichnet man die geringstmögliche Reduktion des Zielfunktionswertes, die sich durch die alternative Verwendung von Δ_i ME des Inputfaktors i ergibt, als **inputorientierte OK (i-OK)** des Faktors i.

b) Ausgehend von einer *optimalen* Lösung, stellen **outputorientierte OK (o-OK)** eines Produktes P_j eine Bewertung der Faktorkapazitäten dar, die zur Herstellung von Φ_j zusätzlichen ME von P_j erforderlich sind. Sie entsprechen der kleinstmöglichen Reduktion des Zielfunktionswertes, der sich durch die Reservierung (Freihaltung) von Kapazität zur Herstellung von Φ_j (zusätzlichen) ME des Produktes ergibt.

Analog zu OK lassen sich Opportunitätsnutzen (ON) definieren.

Definition 2.12:

a) Ausgehend von einer *optimalen* Lösung, bezeichnet man die größtmögliche Erhöhung des Zielfunktionswertes, die durch die Bereitstellung von Δ_i zusätzlichen ME des Faktors i entsteht, als **inputorientierten ON (i-ON)** von i.

b) Ausgehend von einer *optimalen* Lösung, erhalten wir einen **outputorientierten ON (o-ON)** durch Reduktion der herzustellenden Menge von P_j um Φ_j ME und Freigabe der für diese Menge erforderlichen Kapazitäten zur dann bestmöglichen anderweitigen Nutzung.

Bemerkung 2.9: Insbesondere hinsichtlich o-OK und o-ON bedarf es einer Präzisierung. In beiden Fällen geht man von einem Problem $\mathcal{P}$ mit $x_j = \bar{x}_j$ für P_j in der optimalen Lösung aus.

a) Löst man nun ein Problem $\mathcal{P}'$ mit der Zusatzforderung $x_j \geq \bar{x}_j + \Phi_j$, so gilt:

$$\text{o-OK} = F(\mathcal{P}) - (F(\mathcal{P}') - \Phi_j \cdot db_j)$$

b) Löst man andererseits ein Problem $\mathcal{P}'$ mit der Zusatzforderung $x_j \leq \bar{x}_j - \Phi_j$, so gilt analog:

$$\text{o-ON} = F(\mathcal{P}') - (F(\mathcal{P}) - \Phi_j \cdot db_j)$$

In der Literatur werden OK und ON i.d.R. im Sinne von Grenzopportunitätskosten bzw. -nutzen definiert; man geht also von hinreichend kleinen (marginalen) Änderungen Δ_i bzw. Φ_j aus. Wir wollen uns im Folgenden ebenfalls darauf beschränken, wobei im obigen Produktionsplanungsbeispiel jeweils von der Veränderung von 1 ME ausgegangen werden kann.

Beispiele:

- Bei einer alternativen Verwendung von $\Delta_2 = 1$ ME des Rohstoffes verschiebt sich diese Bedingung nach links. In der dann optimalen Lösung werden von P_1 genau 1/6 ME weniger als in der bislang betrachteten hergestellt. Dadurch reduziert sich der Zielfunktionswert um $\frac{1}{6} \cdot 10 = 5/3$; die i-OK sind somit 5/3.
  Bei Erhöhung der Rohstoffkapazität lässt sich die Menge von P_1 um 1/6 steigern; somit ist auch der i-ON des Faktors 5/3.

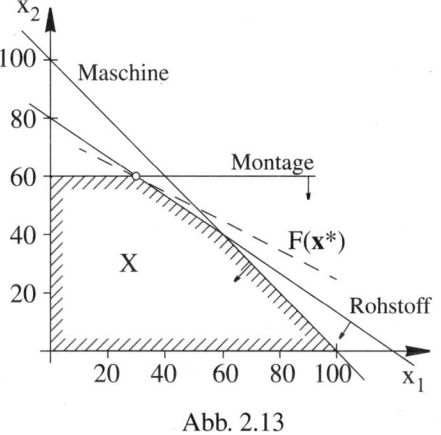

- Eine Reduktion oder Erhöhung der Maschinenkapazität um 1 KE hat dagegen keine Auswirkung auf den Zielfunktionswert. Man erkennt, dass i-OK und i-ON eines in der optimalen Lösung nicht knappen Faktors den Wert 0 besitzen.

- Produkt P_3 wird in der optimalen Lösung nicht hergestellt. Wird von den Inputfaktoren Kapazität für die Produktion von $x_3 = 1$, nämlich 2, 10 bzw. 0 ME, reserviert, so führt dies zu einer Linksverschiebung der Maschinen- und der Rohstoffrestriktion, wobei (bei diesem Ausmaß der Veränderung) nur Letztere bedeutsam ist.

Abb. 2.13

Sie bewirkt eine Reduktion des Zielfunktionswertes um $\frac{10}{6} \cdot 10 = 50/3$.

Ein ON lässt sich, da P_3 in der Ausgangslösung nicht produziert wird, nicht angeben. Seine Ermittlung würde aber v.a. dann nützlich und sinnvoll sein, wenn für das Produkt eine explizit vorgegebene und in der optimalen Lösung genau realisierte untere Schranke λ_3 existiert.

- Zur Berechnung der o-OK von P_1 ergänzen wir im Ausgangsproblem die Nebenbedingung $x_1 \geq 31$ und erhalten den neuen optimalen Zielfunktionswert $F = 1496\frac{2}{3}$. Es ergeben sich o-OK von $1500 - (1496\frac{2}{3} - 10) = 40/3$. Der Deckungsbeitrag $db_1 = 10$ ist von F zu subtrahieren, da bei der Neuoptimierung dieser Wert für die 31. ME in F eingegangen ist.

Lösen wir umgekehrt ein Problem mit der Zusatzforderung $x_1 \leq 29$, so wird Rohstoffkapazität zur Produktion von $x_3 = 3/5$ ME frei. Wegen $db_3 = 15$ führt dies zu einem o-ON von 9. Stünde im Optimierungsproblem wie in Kap. 2.2 das Produkt P_3 nicht zur Disposition, so besäße der o-ON von P_1 den Wert 0; die frei werdende Kapazität bliebe wegen der Montagerestriktion von P_2 ungenutzt.

Bemerkung 2.10: Hinsichtlich der Einträge in der Ergebniszeile eines optimalen Simplex-Tableaus gelten unter der Einschränkung, dass keine primal degenerierte Basislösung vorliegt, die folgenden Aussagen:

a) Die Schattenpreise stellen zugleich i-OK und i-ON der Inputfaktoren dar.

b) Die Summe „Reduzierte Kosten + Stückdeckungsbeitrag" der nicht in der Basis enthaltenen Strukturvariablen stellt o-OK dar.

c) Die Reduzierten Kosten von in der Basis enthaltenen Strukturvariablen sind 0 und stimmen i.d.R. nicht mit den o-OK und dem o-ON des betreffenden Produkts überein.

d) Interessiert man sich nicht allein für marginale Änderungen von Input- bzw. Outputmengen, so geben Sensitivitätsanalysen, wie wir sie in Kap. 2.5.4 durchführen, Auskunft über den Gültigkeitsbereich der OK bzw. des ON.

Bei primaler Degeneration (siehe Fall (5) in Kap. 2.5.2) entsprechen einem optimalen Eckpunkt des zulässigen Bereichs mehrere zulässige Basislösungen, eine Teilmenge davon stellt zugleich eine optimale Basislösung dar. Fügt man z.B. unserem Produktionsplanungsproblem mit zwei Produkten die Nebenbedingung $x_1 + 3x_2 \leq 210$ hinzu, so verläuft diese wie die Rohstoff- und die Montagerestriktion durch den optimalen Eckpunkt. In ihm existieren dann drei zulässige Basislösungen, von denen zwei aufgrund der Einträge in der Ergebniszeile als optimal erkannt werden. Reduzierte Kosten und (in diesem kleinen Beispiel allein die) Schattenpreise sind nicht mehr eindeutig. Die Ermittlung der „richtigen" inputorientierter OK und ON wird wesentlich aufwendiger als im nichtdegenerierten Fall; denn es gilt laut Akgül (1984) oder Gal (1997):[11]

- Die i-OK eines Faktors i entsprechen dem *Maximum* der Schattenpreise dieses Faktors in sämtlichen Optimaltableaus.

- Der i-ON eines Faktors i entspricht dem *Minimum* der Schattenpreise dieses Faktors in sämtlichen Optimaltableaus.

Für outputorientierte OK und ON lassen sich lediglich untere bzw. obere Schranken ermitteln.

Bemerkung 2.11 (*Verwendung von OK und ON als Preisunter- bzw. -obergrenzen*):

Hinsichtlich der Inputfaktoren entsprechen, sofern die Bereitstellungskosten der Faktoren nicht in die Deckungsbeiträge des betrachteten Modells eingeflossen sind, die i-OK unmittelbar einer Preisuntergrenze und der i-ON einer Preisobergrenze, die bei Veräußerung bzw. Zukauf von Kapazität von Bedeutung sein können. Es lassen sich folgende Aussagen treffen:

---

11 Vgl. allgemein zu Degeneration und Schattenpreisen auch Gal (1986).

- Übersteigt der Erlös bei Veräußerung (oder Vermietung) von Kapazitäten eines Faktors die entsprechenden i-OK (Preisuntergrenze), so erzielt man durch diese alternative Verwendung einen höheren Gesamtdeckungsbeitrag als durch Herstellung eigener Produkte. In diesem Fall kann es sinnvoll sein, auf den Absatz eigener Produkte zu verzichten.

- Sind Beschaffungskosten für zusätzliche KE einer knappen Ressource niedriger als der zugehörige i-ON (Preisobergrenze), so führt ihr Erwerb zu einer Erhöhung des Gesamtdeckungsbeitrags. Dann kann es zweckmäßig sein, Kapazitätserweiterungsmaßnahmen zu prüfen.

Die Aussagen gelten, wenn aufgrund der zu modellierenden Entscheidungssituation keine Bewertung (Anrechnung variabler Kosten) von Inputfaktoren im Rahmen der verwendeten Deckungsbeiträge vorzunehmen ist. Diesen auch in der Controllingliteratur nur unzureichend behandelten Aspekt verdeutlichen wir anhand unseres Produktionsplanungsbeispiels. Dazu nehmen wir an, dass der Rohstoff nicht vorrätig ist, sondern zunächst zum Preis von 1 GE erworben werden muss. Beim (bisherigen) Lieferanten können bis zu 720 ME beschafft werden. Somit führt der Verzehr des Rohstoffs zu variablen Kosten, die die Deckungsbeiträge auf 4, 11 bzw. 5 reduzieren. Die optimale Lösung entspricht in diesem Falle der unseres Ausgangsbeispiels. Für die Rohstoffrestriktion erhalten wir nun i-OK und i-ON in Höhe von 2/3. Die relevanten Preisunter- bzw. -obergrenzen sind dann 2/3+1. Sie entsprechen also in der *Summe* den im Ausgangsbeispiel ermittelten 5/3. Es sei jedoch darauf hingewiesen, dass durch die situationsabhängige, unterschiedliche Bewertung bei der Modellierung ungleiche optimale Lösungen und somit Preisgrenzen resultieren können.

Für die *Outputfaktoren* (Produkte) gelten die folgenden grundsätzlichen Aussagen:

- Jede zu produzierende ME eines in der optimalen Lösung *nicht enthaltenen* Produkts P_j verdrängt zumindest Anteile von dort enthaltenen Produkten. Eine Aufnahme von P_j in das Programm ist grundsätzlich nur dann lohnend, wenn der Stückdeckungsbeitrag die o-OK übersteigt.

- Durch jede von einem in der optimalen Lösung *enthaltenen* Produkt P_j mehr zu fertigende ME verringern sich Anteile anderer in der optimalen Lösung befindlicher Produkte. Die o-OK dieser Produkte P_j entsprechen mindestens der Höhe ihres Deckungsbeitrages. Durch die Erhöhung der Fertigung von P_j sinkt der Zielfunktionswert oder bleibt (bei dualer Degeneration) bestenfalls auf gleicher Höhe.

Auch bei einem **Minimierungsproblem** kann man die Einträge unter den Struktur- bzw. Schlupfvariablen als *Reduzierte Kosten* bzw. *Schattenpreise* bezeichnen. Minimierungsprobleme sind zu lösen, wenn die Absatz- oder Erlösseite nicht beeinflussbar ist. Gesucht ist z.B. die kostenminimale Erstellung eines Produktionsprogramms, die kostengünstigste Mischung einer Futterration, die transportkostenminimale Belieferung von Kunden mit vorgegebenen Liefermengen usw.

Wir betrachten hierzu die Lösung des *Mischungsproblems* aus Kap. 2.2 und erweitern es um eine dritte Futtermittelsorte S_3, deren einzusetzende ME wir mit x_3 bezeichnen. Wir lösen das Problem als *Maximierungsproblem*. Auf der linken Seite von Tab. 2.14 ist das Starttableau für den dualen Simplex-Algorithmus wiedergegeben, dem die noch nicht geschilderten Daten

(Koeffizienten, Kosten) der dritten Sorte entnehmbar sind. Rechts daneben befindet sich das Optimaltableau.

BV	x_1	x_2	x_3	x_4	x_5	x_6	b_i
x_4	-2	-1	-2	1			-6
x_5	-2	-4	-3		1		-12
x_6		-4	-2			1	-4
F	5	7	9	0	0	0	0

BV	x_1	x_2	x_3	x_4	x_5	x_6	b_i
x_1	1		$\frac{5}{6}$	$-\frac{2}{3}$	$\frac{1}{6}$		2
x_2		1	$\frac{1}{3}$	$\frac{1}{3}$	$-\frac{1}{3}$		2
x_6			$-\frac{2}{3}$	$\frac{4}{3}$	$-\frac{4}{3}$	1	4
F	0	0	$\frac{5}{2}$	1	$\frac{3}{2}$	0	-24

Tab. 2.14

Einträge unter den Schlupfvariablen (*Schattenpreise*): Sie stellen die kostenmäßigen Werte jeder Einheit der Mindestanforderungen (beim Mischungsproblem Nährstoffgehalte) dar. Erhöht (senkt) man die Anforderungen um eine Einheit, so steigen (sinken) die Kosten um den angegebenen Wert; sie lassen sich als OK dieser Forderungen interpretieren.

Einträge unter den Strukturvariablen (*Reduzierte Kosten*): Nichtbasisvariablen besitzen einen positiven Eintrag (siehe Futtermittelsorte S_3). Die Differenz „Kosten – Reduzierte Kosten", bei S_3 mit dem Wert $9-5/2$, lässt sich als ON einer ME einer nicht in der optimalen Lösung befindlichen Sorte interpretieren.

Basisvariablen besitzen den Eintrag 0. Die anderweitige Verwendung einer ME der betreffenden Sorte und der Ersatz dieser ME durch eine andere Sorte führt jedoch – außer bei parametrischer optimaler Lösung – zu einer Kostensteigerung. Die Reduzierten Kosten sind somit i.d.R. weder mit den OK noch mit dem ON identisch.

2.5.4 Sensitivitätsanalyse

Unter **Sensitivitäts-** oder **Sensibilitätsanalyse** versteht man das Testen der optimalen Lösung eines Optimierungsmodells auf Reaktionen gegenüber Veränderungen der Ausgangsdaten. Zu diesen zählen die Zielfunktionskoeffizienten c_j sowie die rechten Seiten b_i und die Koeffizienten a_{ij} der Nebenbedingungen. Im weiteren Sinne gehört auch der Test der optimalen Lösung im Hinblick auf weitere Entscheidungsalternativen (zusätzliche Strukturvariablen des Problems) zur Sensitivitätsanalyse.

Im Folgenden beschäftigen wir uns in Kap. 2.5.4.1 bzw. 2.5.4.2 mit der Frage, um welchen Wert ein einzelner Koeffizient c_j bzw. ein einzelnes b_i eines LPs verändert werden kann, ohne dass die (bisherige) optimale Lösung ihre Optimalitätseigenschaft verliert. Kap. 2.5.4.3 enthält Aussagen hinsichtlich der Hinzunahme weiterer Entscheidungsalternativen.

Untersucht man entsprechend die gleichzeitige Wirkung zweier oder mehrerer Parameter, so spricht man von *parametrischer Sensitivitätsanalyse* oder von **parametrischer Optimierung**. Aus Platzgründen verzichten wir auf Ausführungen hierzu und verweisen stattdessen auf Dinkelbach (1969), Beisel und Mendel (1987), Dantzig und Thapa (1997) sowie Ellinger et al. (2003, Kap. 4). Beispiele zur parametrischen Optimierung findet der Leser auch in Reichmann (1997, S. 157 ff.); siehe ferner Aufg. 2.21 im Übungsbuch Domschke et al. (2005).

Mit genereller Unsicherheit hinsichtlich der Daten eines LPs beschäftigt sich die **stochastische lineare Optimierung**; vgl. Birge und Louveaux (1997). Im Bereich der **robusten Optimierung** interessiert man sich für Lösungen, die auch bei Veränderung mehrerer Daten noch zulässig und hinsichtlich ihrer Güte „akzeptabel" sind; siehe hierzu Dinkelbach und Kleine (1996) oder Scholl (2001).

Bei sämtlichen Analysen gehen wir davon aus, dass ein **Maximierungsproblem** in der Form (2.11) mit (zunächst) p Variablen und m Nebenbedingungen gegeben ist. Ferner unterstellen wir, dass keine Degeneration vorliegt.[12] Wir erläutern die Vorgehensweisen und Ergebnisse jeweils anhand unseres Produktionsplanungsproblems mit zwei Produkten aus Kap. 2.2. In Abb. 2.14 ist das Problem erneut graphisch veranschaulicht. Tab. 2.15 zeigt das Ausgangs- und das Optimaltableau.

	x_1	x_2	x_3	x_4	x_5	b_i		x_1	x_2	x_3	x_4	x_5	b_i	
x_4	1	1	1			100	x_3			1	–1/6	1/2	10	
x_5	6	9		1		720	x_1	1			1/6	–3/2	30	
x_6		1			1	60	x_2		1			1	60	
F	–10	–20	0	0	0	0	F	0	0	0	5/3	5	1500	Tab. 2.15

2.5.4.1 Änderung von Zielfunktionskoeffizienten

Wir wollen prüfen, in welchem Bereich $[c_k - c_k^-, c_k + c_k^+]$ sich der Zielfunktionskoeffizient c_k ändern darf, ohne dass die optimale Basislösung ihre Optimalitätseigenschaft verliert; d.h. ohne dass ein Basistausch erforderlich wird.

Bei der Ermittlung des Intervalls ist zu unterscheiden, ob x_k Nichtbasis- oder Basisvariable ist. Im ersten Fall gestaltet sich die Untersuchung sehr einfach, im zweiten ist sie wesentlich aufwendiger.

1. Ist x_k **Nichtbasisvariable** mit den aktuellen Reduzierten Kosten c_k', so gilt $c_k^- = \infty$ und $c_k^+ = c_k'$.

   $c_k^- = \infty$ bedeutet, die Variable x_k in dem von uns betrachteten Maximierungsproblem mit einer betragsmäßig beliebig großen, negativen Zahl zu bewerten. Damit bleibt die Variable natürlich stets Nichtbasisvariable. Beispeilsweise werden bei der M-Methode die künstlichen Variablen mit $-M$ bewertet. Die Richtigkeit von $c_k^+ = c_k'$ überlegt man sich z.B. leicht anhand des obigen Produktionsplanungsproblems.

2. Ist x_k **Basisvariable** und sind a_{ij}', b_i' und c_j' die aktuellen Koeffizienten im Optimaltableau, dann haben die Elemente des Zeilenvektors $a_{\sigma(k)}'^T$ (der Zeile $\sigma(k)$, in der die Basisvariable x_k steht) und die Eintragungen c_j' der F-Zeile Einfluss auf den Schwankungsbereich. Es gelten folgende Aussagen:

---

12 Siehe zur Sensitivitätsanalyse bei Degeneration v.a. Gal (1986).

$$c_k^- := \begin{cases} \infty & \text{es ex. kein } a'_{\sigma(k),j} > 0 \text{ mit } j \neq k \\ \min\left\{ \dfrac{c'_j}{a'_{\sigma(k),j}} \,\middle|\, \text{alle Spalten } j \neq k \text{ mit } a'_{\sigma(k),j} > 0 \right\} & \text{sonst} \end{cases}$$

$$c_k^+ := \begin{cases} \infty & \text{es ex. kein } a'_{\sigma(k),j} < 0 \text{ mit } j \neq k \\ \min\left\{ -\dfrac{c'_j}{a'_{\sigma(k),j}} \,\middle|\, \text{alle Spalten } j \neq k \text{ mit } a'_{\sigma(k),j} < 0 \right\} & \text{sonst} \end{cases}$$

Bei diesen Berechnungen ist es bedeutsam, jeweils die Variable und deren Quotienten $c'_j / a'_{\sigma(k),j}$ zu ermitteln, bei der zuerst ein negativer Eintrag in der F-Zeile auftreten würde.

Begründung:

Soll der Zielfunktionskoeffizient einer Basisvariablen x_k um Δ *gesenkt* werden, so entspricht dies einer Eintragung von $+\Delta$ für x_k in der F-Zeile des Optimaltableaus. Wenn x_k Basisvariable bleiben und ein neues Optimaltableau erzeugt werden soll, so muss durch Subtraktion des Δ-fachen der Zeile $\sigma(k)$ von der F-Zeile dort wieder der Eintrag 0 hergestellt werden. Dabei dürfen die Reduzierten Kosten bzw. Schattenpreise der Nichtbasisvariablen nicht negativ werden, d.h. es muss $c'_j - a'_{\sigma(k),j} \cdot \Delta \geq 0$ für alle $j = 1,...,n$ sein.

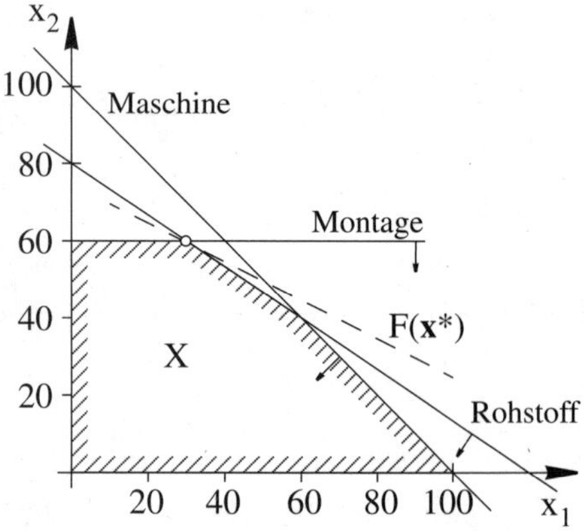

Für negative $a'_{\sigma(k),j}$ ist diese Ungleichung stets erfüllt. Daher bleibt $\Delta \leq c'_j / a'_{\sigma(k),j}$ für alle $j = 1,...,n$ mit $a'_{\sigma(k),j} > 0$ zu fordern.

Abb. 2.14

Bei *Erhöhung* von c_k um Δ erfolgt in der F-Zeile ein Eintrag von $-\Delta$; das Δ-fache der Zeile $\sigma(k)$ ist zur F-Zeile zu addieren. Somit sind für die Ermittlung von c_k^+ alle $a'_{\sigma(k),j} < 0$ zu berücksichtigen.

Für unser Produktionsplanungsproblem erhalten wir als Spielraum für die Zielfunktionskoeffizienten der Strukturvariablen x_1 und x_2 (sie sind in der optimalen Lösung Basisvariablen):

$$c_1^- = \frac{5}{3}/\frac{1}{6} = 10 \qquad\qquad c_1^+ = -5/(-\frac{3}{2}) = 10/3$$

$$c_2^- = 5/1 = 5 \qquad\qquad c_2^+ = \infty$$

Für die Zielfunktionskoeffizienten der Schlupfvariablen ergibt sich:

$$c_3^- = 5/\frac{1}{2} = 10 \qquad\qquad c_3^+ = (-\frac{5}{3})/(-\frac{1}{6}) = 10$$

$$c_4^- = \infty \qquad\qquad c_4^+ = 5/3$$

$$c_5^- = \infty \qquad\qquad c_5^+ = 5$$

Das Ergebnis lässt sich z.B. für den Koeffizienten c_3 wie folgt interpretieren (vgl. Abb. 2.14):

Bei einer *Prämie* von $c_3^+ = 10$ GE für jede ungenutzte KE der Maschine kann auf die Herstellung von Produkt P_1 verzichtet werden; $x_2 = 60$, $x_3 = 40$, $x_4 = 180$, $x_1 = x_5 = 0$ wäre dann ebenfalls eine optimale Lösung. Bei einer Prämie von mehr als 10 GE (bis 19.99 GE) wäre sie zugleich die einzige optimale Lösung. Ab einer Prämie von 20 GE sollte die gesamte Maschinenkapazität ungenutzt bleiben; optimal ist dann $x_3 = 100$.

Bei *Strafkosten* von $c_3^- = 10$ GE pro ungenutzter KE der Maschine kann ebenso gut die Lösung $x_1 = 60$, $x_2 = 40$, $x_5 = 20$, $x_3 = x_4 = 0$ gewählt werden. Bei höheren Strafkosten ist dies zugleich die einzige optimale Lösung.

2.5.4.2 Änderung von Ressourcenbeschränkungen

Wir wollen nun untersuchen, in welchem Bereich $[b_k - b_k^-, b_k + b_k^+]$ eine (Ressourcen-) Beschränkung b_k bei Konstanz aller übrigen Parameter variiert werden kann, ohne dass die aktuelle optimale Basislösung die Optimalitätseigenschaft verliert, d.h. ohne dass ein Basistausch erforderlich wird. Für sämtliche Werte des zu bestimmenden Intervalls sollen optimale Lösungen dieselben Basisvariablen besitzen; deren Werte dürfen jedoch in Abhängigkeit von b_k variieren.[13]

Die Variation der rechten Seite beeinflusst die Schlupfvariable[14] der k-ten Nebenbedingung, also die Variable x_{p+k}. Ist sie Basisvariable, so könnte sie durch Veränderung von b_k diese Eigenschaft verlieren; ist sie Nichtbasisvariable, so könnte sie (oder eine andere Variable) dadurch Basisvariable werden. Somit sind, setzen wir $q := p + k$, die folgenden beiden Fälle zu unterscheiden:

1. Ist x_q **Basisvariable**, so gilt $b_k^- = x_q$ und $b_k^+ = \infty$.
   Für unser Beispiel gilt in Restriktion (2.7) (x_3 ist Basisvariable): $b_1^- = 10$, $b_1^+ = \infty$.

2. Ist x_q **Nichtbasisvariable** und sind a'_{ij}, b'_i und c'_j die aktuellen Koeffizienten im Optimaltableau, dann haben die Elemente des Spaltenvektors $\mathbf{a'_q}$ und der rechten Seite $\mathbf{b'}$ Einfluss auf den Schwankungsbereich. Es gelten folgende Aussagen:

$$b_k^- := \begin{cases} \infty & \text{falls kein } a'_{iq} > 0 \text{ existiert} \\ \min\left\{ \dfrac{b'_i}{a'_{iq}} \ \middle|\ i = 1,...,m \text{ mit } a'_{iq} > 0 \right\} & \text{sonst} \end{cases}$$

$$b_k^+ := \begin{cases} \infty & \text{falls kein } a'_{iq} < 0 \text{ existiert} \\ \min\left\{ -\dfrac{b'_i}{a'_{iq}} \ \middle|\ i = 1,...,m \text{ mit } a'_{iq} < 0 \right\} & \text{sonst} \end{cases}$$

Die Formeln lassen sich wie folgt erklären:

Das *Senken* von b_k um b_k^- ist gleichzusetzen mit der Forderung, der Schlupfvariablen x_q den Wert b_k^- zuzuweisen. Der Wert der in der i-ten Zeile stehenden Basisvariablen sinkt damit um

---

13 Bei Änderungen der Zielfunktionskoeffizienten bleiben innerhalb der im vorigen Kapitel ermittelten Schwankungsbereiche auch die Werte der Basisvariablen unverändert. Dagegen erfolgt bei Änderung der rechten Seiten ein „gleitender" Übergang von Variablenwerten bis zu einem Basistausch.

14 Liegt die Nebenbedingung von Anfang an als Gleichung vor, so kann die Argumentation dennoch entsprechend erfolgen. Die (in diesem Falle fiktive) Schlupfvariable ist im Optimaltableau stets Nichtbasisvariable.

$a'_{iq} b^-_k$, falls $a'_{iq} > 0$ gilt. Variablen, die in Zeilen mit negativen a'_{iq} stehen, nehmen mit sinkendem b_k höhere Werte an. Somit determiniert der kleinste Quotient b'_i / a'_{iq} über alle $a'_{iq} > 0$ den Wert von b^-_k.

Das *Erhöhen* von b_k um b^+_k ist gleichzusetzen mit der Forderung, der Schlupfvariablen x_q den Wert $-b^+_k$ zuzuweisen. Der Wert der in der i-ten Zeile stehenden Basisvariablen sinkt damit um $\left| a'_{iq} b^+_k \right|$, falls $a'_{iq} < 0$ gilt. Variablen, die in Zeilen mit positivem a'_{iq} stehen, nehmen mit steigendem b_k höhere Werte an. Somit determiniert der kleinste Quotient $- b'_i / a'_{iq}$ über alle $a'_{iq} < 0$ den Wert von b^+_k.

Für unser Beispiel gilt in Restriktion (2.8) (x_4 ist Nichtbasisvariable):
$$b^-_2 = 30/\tfrac{1}{6} = 180, \quad b^+_2 = -10/(-\tfrac{1}{6}) = 60.$$

Reduziert man b_2 um mehr als $b^-_2 = 180$, so würde x_5 für x_1 in die Basis gelangen; erhöht man b_2 um mehr als $b^+_2 = 60$, so würde x_4 für x_3 in die Basis kommen.

Für b^-_2 erkennt man dessen maximalen Wert 180, wenn man aufgrund des Optimaltableaus in Tab. 2.15 folgende äquivalente Gleichungssysteme betrachtet:

x_3	$- \tfrac{1}{6} b^-_2$	$=$	10	
x_1	$+ \tfrac{1}{6} b^-_2$	$=$	30	
x_2		$=$	60	

x_3	$=$	10	$+ \tfrac{1}{6} b^-_2$
x_1	$=$	30	$- \tfrac{1}{6} b^-_2$
x_2	$=$	60	

In Restriktion (2.9) (x_5 ist Nichtbasisvariable) gilt: $b^-_3 = \min\{20, 60\} = 20$ und $b^+_3 = 20$.

Reduziert man b_3 um mehr als $b^-_3 = 20$, so würde x_4 für x_3 in die Basis gelangen; erhöht man b_3 um mehr als $b^+_3 = 20$, so würde x_5 für x_1 in die Basis kommen.

2.5.4.3 Zusätzliche Alternativen

Nach dem Lösen eines LPs kann es nicht nur von Interesse sein, die Auswirkungen von Datenänderungen auf die optimale Lösung zu untersuchen. Denkbar ist auch, dass man überprüfen möchte, ob die Hinzunahme weiterer Entscheidungsalternativen (z.B. weiterer Produkte in einem Modell der Produktionsprogrammplanung) den Zielfunktionswert zu verbessern gestattet.

Die Dualitätstheorie der linearen Optimierung bewirkt, dass die Hinzunahme weiterer Entscheidungsvariablen i.d.R. nicht dazu führt, dass das gesamte (erweiterte) Problem vollständig neu gelöst werden muss; vgl. z.B. Kimms (1999) sowie Domschke und Klein (2004).

Zur Begründung der Aussage gehen wir davon aus, dass das zunächst gelöste (Maximierungs-) Problem p Strukturvariablen und m Nebenbedingungen besitzt. Dem Simplextableau, das die optimale Lösung des primalen Problems enthält, entnehmen wir zugleich optimale Werte $(w^*_1, ..., w^*_m)$ der m Dualvariablen. Besitzt eine neu hinzukommende Entscheidungsvariable x_i den Koeffizientenvektor $\mathbf{a}_i = (a_{1i},...,a_{mi})$ und den Zielfunktionskoeffizienten c_i, so führt ihre Hinzunahme im (zu minimierenden) dualen Problem zur Nebenbedingung

$$a_{1i}w_1 + ... + a_{mi}w_m \geq c_i \qquad \text{bzw. mit Schlupfvariable } w_{m+i} \text{ zu}$$
$$a_{1i}w_1 + ... + a_{mi}w_m - w_{m+i} = c_i .$$

Der Wert der Schlupfvariablen w_{m+i} stellt die Reduzierten Kosten der durch die Variable x_i repräsentierten Alternative i dar. Ist für den Vektor $(w_1^*,...,w_m^*)$ der Wert $w_{m+i} > 0$ bzw. $w_{m+i} < 0$, so führt die Hinzunahme von x_i zu einer Verschlechterung bzw. Verbesserung des Zielfunktionswertes. Daher sind bei der Ermittlung einer optimalen Lösung nur Variablen x_i mit negativen Reduzierten Kosten zu berücksichtigen.

Eine dem bisherigen Optimaltableau hinzuzufügende Spalte erhält man leicht mit Hilfe eines Rechenschrittes des revidierten Simplex-Algorithmus, den wir in Kap. 2.6.2 beschreiben. Seien B die Basismatrix der bisherigen optimalen Lösung und B^{-1} deren Inverse, so erhält man den dem Tableau hinzuzufügenden Spaltenvektor für x_i durch die Multiplikation

$$B^{-1} \cdot \begin{bmatrix} \mathbf{a}_i \\ -c_i \end{bmatrix} .$$

Beispiel: Im Rahmen unserer Produktionsplanung bestehe die Möglichkeit, alternativ oder zusätzlich Produkte P_3 und/oder P_4 herzustellen. Mit P_3 (bereits in Kap. 2.5.3 eingeführt) erziele man einen Deckungsbeitrag von 15 GE, mit P_4 von 35 GE pro ME. Die Produktionskoeffizienten seien jeweils 2 beim Rohstoff, 10 bzw. 18 bei der Maschinenrestriktion und 0 bei der Montagerestriktion.

Für P_3 bzw. P_4 ergeben sich im dualen Problem folgende Nebenbedingungen:

$$2w_1 + 10w_2 + 0w_3 \geq 15 \quad \text{bzw.} \quad 2w_1 + 18w_2 + 0w_3 \geq 35 \tag{2.28}$$

Die optimalen Werte der Dualvariablen des bisherigen Problems mit zwei Produkten (Einträge unter den Schlupfvariablen in der Ergebniszeile des Simplextableaus) sind $w_1^* = 0$, $w_2^* = 5/3$ und $w_3^* = 5$.

Eingesetzt in (2.28) und ergänzt um Schlupfvariablen w_4 bzw. w_5, erhält man die Gleichungen $50/3 - w_4 = 15$ bzw. $30 - w_5 = 35$, also Reduzierte Kosten von $w_4 = 5/3$ bzw. $w_5 = -5$. P_3 führt somit nicht zu einer Lösungsverbesserung. Für P_4 ist dem bisherigen Optimaltableau der rechts ermittelte

$$\begin{matrix} x_1 \\ x_2 \\ x_3 \\ F \end{matrix} \begin{bmatrix} 0 & \frac{1}{6} & -\frac{3}{2} & 0 \\ 0 & 0 & 1 & 0 \\ 1 & -\frac{1}{6} & \frac{1}{2} & 0 \\ 0 & \frac{5}{3} & 5 & 1 \end{bmatrix} \cdot \begin{bmatrix} 2 \\ 18 \\ 0 \\ -35 \end{bmatrix} = \begin{bmatrix} 3 \\ 0 \\ -1 \\ -5 \end{bmatrix}$$

Spaltenvektor hinzuzufügen, wodurch das so erweiterte Tableau seine Optimalitätseigenschaft verliert.

Die geschilderte Vorgehensweise stellt eine vereinfachte Form der **Spaltengenerierung** dar; vgl. dazu Bem. 2.13 in Kap. 2.6.2.

2.6 Modifikationen des Simplex-Algorithmus

Im Folgenden beschäftigen wir uns zunächst mit der Berücksichtigung unterer und oberer Schranken für Variablen. Während untere Schranken durch geeignete Modellierung (Bildung und Lösung eines modifizierten Problems) berücksichtigt werden können, lassen sich obere Schranken implizit durch Modifikation des Simplex-Algorithmus einbeziehen.

In Kap. 2.6.2 beschreiben wir die Vorgehensweise des revidierten Simplex-Algorithmus.

2.6.1 Untere und obere Schranken für Variablen

Wir beschäftigen uns mit der Frage, wie Beschränkungen $\lambda_j \leq x_j \leq \kappa_j$ *einzelner Variablen* x_j bei der Lösung linearer Optimierungsprobleme mit möglichst geringem Rechenaufwand berücksichtigt werden können.

Untere Schranken λ_j lassen sich durch Variablentransformation $\bar{x}_j := x_j - \lambda_j$ bzw. $x_j := \bar{x}_j + \lambda_j$ berücksichtigen.

Beispiel: Aus dem im linken Rahmen dargestellten Problem mit den unteren Schranken $x_1 \geq 20$ und $x_2 \geq 10$ entsteht durch Substitution von $x_1 := \bar{x}_1 + 20$ sowie $x_2 := \bar{x}_2 + 10$ das rechts wiedergegebene LP.

Maximiere $F(x_1, x_2) = x_1 + 3x_2$ unter den Nebenbedingungen $x_1 + 2x_2 \leq 80$ $2x_1 + x_2 \leq 100$ $x_1 \geq 20$ und $x_2 \geq 10$	Maximiere $F(\bar{x}_1, \bar{x}_2) = \bar{x}_1 + 3\bar{x}_2 + 50$ unter den Nebenbedingungen $\bar{x}_1 + 2\bar{x}_2 \leq 40$ $2\bar{x}_1 + \bar{x}_2 \leq 50$ $\bar{x}_1, \bar{x}_2 \geq 0$

Die optimale Lösung dieses Problems ist $\bar{x}_1 = 0$ und $\bar{x}_2 = 20$ mit $F(\bar{x}_1, \bar{x}_2) = 110$. Durch Rücksubstitution erhält man die zugehörigen optimalen Werte $x_1 = 20$ und $x_2 = 30$ des ursprünglichen Problems.

Obere Schranken lassen sich implizit im Laufe der Anwendung des Simplex-Algorithmus berücksichtigen, indem man bei Erreichen der oberen Schranke κ_j die Variable x_j durch eine neue Variable $\bar{x}_j := \kappa_j - x_j$ ersetzt. Die Vorgehensweise des primalen Simplex-Algorithmus ändert sich dadurch in Schritt 2 (Wahl der Pivotzeile s) und in Schritt 3 (Basistransformation). In Schritt 2 ist dabei v.a. zu berücksichtigen, dass die zur Aufnahme in die Basis vorgesehene Variable x_t ihre obere Schranke κ_t nicht überschreitet. Wird der Wert, den x_t annehmen kann, nur durch κ_t (aber keinen Quotienten b'_i / a'_{it} oder $-(\kappa_i - x_i)/a'_{it}$) beschränkt, so erfolgt kein Austausch von x_t gegen eine bisherige Basisvariable. Vielmehr wird die Transformation $\bar{x}_t := \kappa_t - x_t$ vorgenommen; $\bar{x}_t$ bleibt Nichtbasisvariable mit dem Wert 0.

Eine Iteration des Simplex-Algorithmus mit impliziter Berücksichtigung oberer Schranken

Voraussetzung: Simplextableau mit einer zulässigen Basislösung mit den aktuellen Koeffizienten a'_{ij}, b'_i und c'_j; obere Schranken κ_j für einige oder alle Variablen.

Durchführung: Jede Iteration des Simplex-Algorithmus besteht aus folgenden Schritten.

Schritt 1 (Wahl der Pivotspalte t): Wie beim primalen Simplex-Algorithmus in Kap. 2.4.1.2 beschrieben. x_t sei die Variable mit dem kleinsten negativen Eintrag c'_t in der Ergebniszeile.

Schritt 2 und 3 (Wahl der Pivotzeile s und Tableautransformation): Berechne q_1 und q_2 wie folgt:

$$q_1 := \begin{cases} \infty & \text{falls kein } a'_{it} > 0 \text{ existiert} \\ \min\left\{ \dfrac{b'_i}{a'_{it}} \;\middle|\; i = 1,...,m \text{ mit } a'_{it} > 0 \right\} & \text{sonst} \end{cases}$$

Mit der Erhöhung des Wertes von x_t würde sich der Wert der in einer Zeile i mit $a'_{it} > 0$ stehenden Basisvariablen verringern.

$$q_2 := \begin{cases} \infty & \text{falls kein } a'_{it} < 0 \text{ existiert} \\ \min\left\{ -\dfrac{\kappa_i - x_i}{a'_{it}} \;\middle|\; i = 1,...,m \text{ mit } a'_{it} < 0 \right\} & \text{sonst} \end{cases}$$

Bei Erhöhung des Wertes von x_t würde sich der Wert der in einer Zeile i mit $a'_{it} < 0$ stehenden Basisvariablen erhöhen, sie darf ihre obere Schranke jedoch nicht überschreiten. Das in der Formel verwendete κ_i ist die obere Schranke der in der aktuellen Lösung in der i-ten Zeile stehenden Basisvariablen x_i, das in der Formel angesetzte x_i ist (zugleich) ihr aktueller Wert.

Bestimme $q := \min\{q_1, q_2, \kappa_t\}$ und transformiere das Problem und/oder die Basislösung nach folgender Fallunterscheidung:

Fall 1 ($q = q_1$): Diejenige (oder eine) Basisvariable x_s, für die $\dfrac{b'_s}{a'_{st}} = q_1$ gilt, verlässt die Basis. Die Transformation erfolgt wie üblich.

Fall 2 ($q = q_2$; $q < q_1$): Eine Basisvariable x_s erreicht ihre obere Schranke; für sie gilt $-\dfrac{\kappa_s - x_s}{a'_{st}} = q_2$. In diesem Fall sind zwei Schritte auszuführen:

Schritt 1: Die Variable x_s wird durch $\bar{x}_s := \kappa_s - x_s \, (= 0)$ ersetzt.

Schritt 2: Die Variable $\bar{x}_s$ verlässt für x_t die Basis. Die Tableautransformation erfolgt wie üblich.

Fall 3 ($q = \kappa_t$; $q < q_1$; $q < q_2$): Die bisherige Nichtbasisvariable x_t erreicht ihre obere Schranke und wird durch $\bar{x}_t := \kappa_t - x_t$ ersetzt. Diese neue Variable erhält den Wert 0, sie bleibt Nichtbasisvariable. Es erfolgt kein Basistausch und damit auch keine Tableautransformation.

* * * * *

Beispiel: Wir wenden den Algorithmus auf die folgende Probleminstanz an:

Maximiere $F(x_1, x_2) = 3x_1 + 5x_2$

unter den Nebenbedingungen

$$x_1 + 2x_2 \leq 90 \qquad \text{Bed. I}$$
$$x_1 + x_2 \leq 80 \qquad \text{Bed. II}$$
$$x_1 \qquad \leq 50 \qquad \text{Bed. III}$$
$$x_2 \leq 35 \qquad \text{Bed. IV}$$
$$x_1, x_2 \geq 0$$

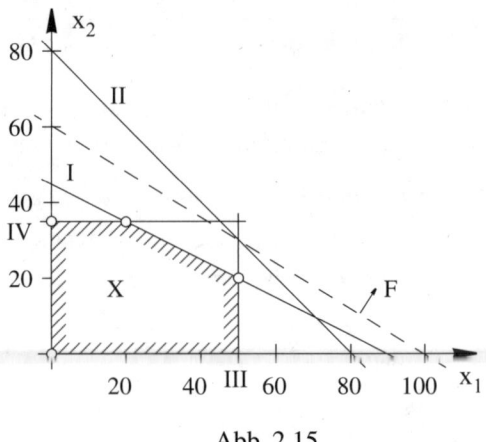

Abb. 2.15

Der Beginn des Lösungsganges ist in Tab. 2.16 wiedergegeben; siehe zum gesamten Verlauf auch Abb. 2.15.

	x_1	x_2	x_3	x_4	b_i
x_3	1	[2]	1		90
x_4	1	1		1	80
F	−3	−5			0

$x_t = x_2; q_1 = 45, q_2 = \infty,$

$q = \kappa_2 = 35;$ (Fall 3)   Tab. 2.16

Die für die Aufnahme in die Basis vorgesehene Variable x_2 erreicht ihre obere Schranke 35. Sie wird gemäß Fall 3 durch $\bar{x}_2 = 35 - x_2 = 0$ substituiert. Dies geschieht durch Einsetzen von $x_2 = 35 - \bar{x}_2$ in jede Zeile des Tableaus. $\bar{x}_2$ bleibt zunächst Nichtbasisvariable.

	x_1	$\bar{x}_2$	x_3	x_4	b_i
x_3	[1]	−2	1		20
x_4	1	−1		1	45
F	−3	5			175

$x_t = x_1; q_1 = 20, q_2 = \infty,$

$\kappa_1 = 50; q = q_1 = 20;$ (Fall 1)   Tab. 2.17

Nun wird gemäß Fall 1 die Variable x_1 für x_3 in die Basis aufgenommen.

	x_1	$\bar{x}_2$	x_3	x_4	b_i
x_1	1	[−2]	1		20
x_4		1	−1	1	25
F		−1	3		235

$x_t = \bar{x}_2; q_1 = 25, q_2 = (50 - 20)/2 = 15,$

$\bar{\kappa}_2 = 35; q = q_2 = 15;$ (Fall 2)   Tab. 2.18

In der nächsten Iteration liegt Fall 2 vor. $\bar{x}_2$ soll in die Basis aufgenommen werden. Dabei erreicht x_1 ihre obere Schranke $\kappa_1 = 50$. Daher wird zunächst x_1 durch $\bar{x}_1 = 50 - x_1$ substituiert (erster Teil von Tab. 2.19). Im zweiten Schritt verlässt $\bar{x}_1$ für $\bar{x}_2$ die Basis, und man erhält ein Optimaltableau (zweiter Teil von Tab. 2.19).

	$\bar{x}_1$	$\bar{x}_2$	x_3	x_4	b_i
$\bar{x}_1$	1	[2]	-1		30
x_4		1	-1	1	25
F		-1	3		235
$\bar{x}_2$	$\frac{1}{2}$	1	$-\frac{1}{2}$		15
x_4	$-\frac{1}{2}$		$-\frac{1}{2}$	1	10
F	$\frac{1}{2}$		$\frac{5}{2}$		250

Tab. 2.19

Durch Transformation der Variablen $\bar{x}_i$ lässt sich die Optimallösung $x_1 = 50$, $x_2 = 20$ mit $F = 250$ entwickeln. Der Lösungsgang für das zu betrachtende Problem bliebe unverändert, wenn wir von vornherein die redundante Nebenbedingung II eliminieren würden.

Bemerkung 2.12: Die Vorgehensweise ist auch auf den dualen Simplex-Algorithmus und auf die M-Methode übertragbar.

2.6.2 Der revidierte Simplex-Algorithmus

Hat man größere LPs zu lösen, so wird man dies nicht von Hand, sondern mit Hilfe eines Computers tun. Vor allem für Probleme, deren Variablenzahl n wesentlich größer ist als die Anzahl der Nebenbedingungen, eignet sich der im Folgenden erläuterte „revidierte Simplex-Algorithmus" besser als der in Kap. 2.4.1.2 geschilderte primale Simplex-Algorithmus. Wir skizzieren ihn für das folgende **Maximierungsproblem** in Normalform:[15]

$$\text{Maximiere } F(\mathbf{x}) = \mathbf{c}^T \mathbf{x} \quad \text{unter den Nebenbedingungen}$$

$$A\,\mathbf{x} = \mathbf{b} \quad \text{mit} \quad \mathbf{x} \geq \mathbf{0}$$

Das Problem besitze n Variablen und m voneinander linear unabhängige Nebenbedingungen.

Wir gehen aus von einem Simplextableau, wie es in Tab. 2.4 angegeben ist. Dieses mit $\tilde{A}$ bezeichnete Tableau enthalte die Matrix A, den mit negativem Vorzeichen eingetragenen Zielfunktionsvektor $\mathbf{c}^T$, einen Einheitsvektor $\begin{bmatrix} 0 \\ 1 \end{bmatrix}$ für den als Basisvariable interpretierten Zielfunktionswert F, die rechte Seite $\mathbf{b}$ sowie 0 als Startwert für F: $\quad \tilde{A} := \begin{bmatrix} A & 0 & \mathbf{b} \\ -\mathbf{c}^T & 1 & 0 \end{bmatrix}$

---

15 Eine ausführliche Darstellung der Vorgehensweise findet man z.B. in Hillier und Lieberman (1997, S. 101 ff.) oder Neumann und Morlock (2002, S. 109 ff.).

Seien nun $\mathbf{x}_B^T := (x_{k_1}, ..., x_{k_m})$ sowie F die Basisvariablen einer zu bestimmenden (k-ten) Basislösung. Dann enthalte eine Teilmatrix B von $\tilde{A}$ die zugehörigen Spaltenvektoren:

$$B := \begin{bmatrix} \mathbf{a}_{k_1} & \cdots & \mathbf{a}_{k_m} & \mathbf{0} \\ -c_{k_1} & \cdots & -c_{k_m} & 1 \end{bmatrix}$$

Die Werte der *aktuellen* Basisvariablen erhält man, indem man das Gleichungssystem

$$B \cdot \begin{bmatrix} \mathbf{x}_B \\ F \end{bmatrix} = \begin{bmatrix} \mathbf{b} \\ 0 \end{bmatrix} \quad \text{oder (anders ausgedrückt)} \quad \begin{bmatrix} \mathbf{x}_B \\ F \end{bmatrix} = B^{-1} \cdot \begin{bmatrix} \mathbf{b} \\ 0 \end{bmatrix} \text{ löst.}$$

Ganz analog erhält man im Simplextableau für die k-te Basislösung unter den Basisvariablen die erforderliche Einheitsmatrix, indem man $B^{-1} \cdot B$ bildet. Wenn man sich dies überlegt hat, wird schließlich auch klar, dass man durch $B^{-1} \cdot \tilde{A}$ das gesamte neue Tableau, also auch die neuen Nichtbasisvektoren $\mathbf{a}_j'$, erhalten würde.

Die *Effizienz des revidierten Simplex-Algorithmus* ergibt sich daraus, dass für eine Iteration des primalen Simplex-Algorithmus viel weniger Information erforderlich ist, als ein vollständiges Tableau enthält. Ganz ähnlich wie beim primalen und dualen Simplex-Algorithmus lässt sich die Vorgehensweise mit folgenden drei Schritten beschreiben:

Schritt 1 (Bestimmung der Pivotspalte): Man benötigt die Reduzierten Kosten bzw. Schattenpreise der Nichtbasisvariablen, d.h. die entsprechenden Einträge in der Ergebniszeile. Diese erhält man durch Multiplikation der Ergebniszeile von B^{-1} mit den ursprünglichen Spaltenvektoren der Nichtbasisvariablen.

Schritt 2 (Ermittlung der Pivotzeile): Zu bestimmen sind nur der Spaltenvektor der in die Basis aufzunehmenden Variablen (Pivotspalte) sowie die aktuelle rechte Seite $\mathbf{b}'$. Man erhält sie durch Multiplikation von B^{-1} mit den entsprechenden Spaltenvektoren im Anfangstableau.

Schritt 3 (Modifikation von B^{-1}): Grundsätzlich lässt sich B^{-1} jeweils durch Invertieren der aktuellen Matrix B gewinnen. Dies ist z.B. mit dem Gauß-Jordan-Algorithmus durch elementare Zeilenumformung von $(B|I)$ in $(I|B^{-1})$ mit I als $m \times m$-Einheitsmatrix möglich; vgl. etwa Büning et al. (2000, S. 152 ff.) oder Opitz (2002, S. 277). Da sich B in jeder Iteration jedoch nur in einer Spalte, der Pivotspalte, verändert, kann diese Berechnung entsprechend vereinfacht werden. Siehe hierzu auch Aufgabe 2.18 im Übungsbuch Domschke et al. (2005).

Der revidierte Simplex-Algorithmus ist vor allem dann besonders effizient, wenn m wesentlich kleiner als n ist.

Beispiel: Wir wollen die Vorgehensweise anhand des Produktionsplanungsproblems aus Kap. 2.2 veranschaulichen. Das Anfangstableau $\tilde{A}$ ist nochmals in Tab. 2.20 wiedergegeben.

BV	x_1	x_2	x_3	x_4	x_5	F	b_i
x_3	1	1	1				100
x_4	6	9		1			720
x_5		1			1		60
F	−10	−20	0	0	0	1	0

Tab. 2.20

Die darin enthaltene Basislösung lässt sich verbessern, indem wir x_5 aus der Basis entfernen und dafür x_2 in diese aufnehmen. Die Matrizen B und B^{-1} besitzen folgendes Aussehen:

$$B = \begin{array}{c} \\ x_2 \\ x_3 \\ x_4 \\ F \end{array} \begin{array}{cccc} x_2 & x_3 & x_4 & F \\ \left[\begin{array}{cccc} 1 & 1 & 0 & 0 \\ 9 & 0 & 1 & 0 \\ 1 & 0 & 0 & 0 \\ -20 & 0 & 0 & 1 \end{array}\right] \end{array} \qquad B^{-1} = \left[\begin{array}{cccc} 0 & 0 & 1 & 0 \\ 1 & 0 & -1 & 0 \\ 0 & 1 & -9 & 0 \\ 0 & 0 & 20 & 1 \end{array}\right]$$

Die Multiplikation von B^{-1} mit $\tilde{A}$ liefert:

$$\begin{array}{c} \\ x_2 \\ x_3 \\ x_4 \\ F \end{array} \begin{array}{cccc} x_2 & x_3 & x_4 & F \\ \left[\begin{array}{cccc} 0 & 0 & 1 & 0 \\ 1 & 0 & -1 & 0 \\ 0 & 1 & -9 & 0 \\ 0 & 0 & 20 & 1 \end{array}\right] \end{array} \cdot \begin{array}{ccccccc} x_1 & x_2 & x_3 & x_4 & x_5 & F & b_i \\ \left[\begin{array}{ccccccc} 1 & 1 & 1 & 0 & 0 & 0 & 100 \\ 6 & 9 & 0 & 1 & 0 & 0 & 720 \\ 0 & 1 & 0 & 0 & 1 & 0 & 60 \\ -10 & -20 & 0 & 0 & 0 & 1 & 0 \end{array}\right] \end{array}$$

$$= \begin{array}{c} \\ x_2 \\ x_3 \\ x_4 \\ F \end{array} \begin{array}{ccccccc} x_1 & x_2 & x_3 & x_4 & x_5 & F & b_i \\ \left[\begin{array}{ccccccc} \mathbf{0} & 1 & 0 & 0 & 1 & 0 & \mathbf{60} \\ \mathbf{1} & 0 & 1 & 0 & -1 & 0 & \mathbf{40} \\ \mathbf{6} & 0 & 0 & 1 & -9 & 0 & \mathbf{180} \\ \mathbf{-10} & 0 & 0 & 0 & \mathbf{20} & 1 & \mathbf{1200} \end{array}\right] \end{array}$$

Durch Aufnahme von x_1 für x_4 in die Basis lässt sich die Lösung weiter verbessern. Um dies zu erkennen, ist es nicht erforderlich, B^{-1} vollständig mit $\tilde{A}$ zu multiplizieren. Es reicht vielmehr aus, zunächst die Reduzierten Kosten bzw. Schattenpreise der Nichtbasisvariablen und anschließend die Elemente der Pivotspalte und der rechten Seite (alle fett gedruckt) zu berechnen.

Für die erneute Basistransformation wird zunächst die neue Matrix B invertiert:

$$B = \begin{array}{c} \\ x_1 \\ x_2 \\ x_3 \\ F \end{array} \begin{array}{cccc} x_1 & x_2 & x_3 & F \\ \left[\begin{array}{cccc} 1 & 1 & 1 & 0 \\ 6 & 9 & 0 & 0 \\ 0 & 1 & 0 & 0 \\ -10 & -20 & 0 & 1 \end{array}\right] \end{array} \qquad B^{-1} = \left[\begin{array}{cccc} 0 & \frac{1}{6} & -\frac{3}{2} & 0 \\ 0 & 0 & 1 & 0 \\ 1 & -\frac{1}{6} & \frac{1}{2} & 0 \\ 0 & \frac{5}{3} & 5 & 1 \end{array}\right]$$

Durch die Multiplikation von B^{-1} mit der Matrix $\tilde{A}$ (die im Laufe des Verfahrens unverändert bleibt) kann das in Tab. 2.21 angegebene Optimaltableau ermittelt werden (vgl. auch Tab. 2.5).

BV	x_1	x_2	x_3	x_4	x_5	b_i
x_1	1			$\frac{1}{6}$	$-\frac{3}{2}$	30
x_2		1			1	60
x_3			1	$-\frac{1}{6}$	$\frac{1}{2}$	10
F	0	0	0	$\frac{5}{3}$	5	1500

Optimale Basislösung:

$x_1 = 30$, $x_2 = 60$, $x_3 = 10$;

$x_4 = x_5 = 0$; $F = 1500$

Tab. 2.21

Bemerkung 2.13 :

a) Ein Großteil der Rechenzeit des revidierten Simplex-Algorithmus ist für die Bestimmung der Inversen B^{-1} der Matrix B erforderlich. Effiziente Methoden benutzen die so genannte Produktform der Inversen, vgl. hierzu Winston (2004, Kap. 10.2).

b) Die Vorgehensweise des revidierten Simplex-Algorithmus ist auch auf den dualen Simplex-Algorithmus, die M-Methode sowie auf Vorgehensweisen mit impliziter Berücksichtigung oberer Schranken (siehe Kap. 2.6.1) übertragbar. Zur effizienten Lösung „großer" linearer Optimierungsprobleme vgl. Bastian (1980) sowie Nemhauser (1994).

c) Zur Lösung von LPs mit $n \gg m$ bedient man sich häufig auch der **Methode der Spaltengenerierung**. $n \gg m$ bedeutet, dass die Anzahl der Variablen wesentlich größer ist als die Anzahl der Restriktionen. Man löst dabei zunächst ein Masterproblem mit einer (kleinen = reduzierten) Teilmenge der Variablen (Spalten). Anhand eines Subproblems lässt sich unter Verwendung der Reduzierten Kosten bzw. Schattenpreise der optimalen Lösung des Masterproblems entscheiden, ob zur Optimierung des Gesamtproblems weitere Spalten im Masterproblem erforderlich sind; vgl. hierzu Winston (2004, Kap. 10.3) oder Martin (1999, S. 369 ff.).

Anwendungen dieser Technik sind problemspezifisch. Besonders erfolgreiche Anwendungen gibt es im Bereich der Verschnittoptimierung (vgl. Neumann und Morlock (2002, Kap. 3.4) oder Winston (2004, Kap. 10.3)) und der Tourenplanung (vgl. Domschke (1997, Kap. 5.4.2)). Siehe zur Verschnittoptimierung ohne Spaltengenerierung auch die Aufgaben 1.5 und 6.3 im Übungsbuch Domschke et al. (2005).

d) LPs besitzen gelegentlich die Eigenschaft, dass alle Variablen und ein Großteil der Nebenbedingungen sich so in Cluster unterteilen lassen, dass Variablen eines Clusters nicht in Nebenbedingungen eines anderen Clusters vorkommen. Für derart strukturierte LPs sind diese Struktur ausnutzende **Dekompositionsverfahren** entwickelt worden. Das *Dantzig-Wolfe-Verfahren* wird z.B. in Klein und Scholl (2004, Kap. 5.3) und Winston (2004, Kap. 10.4.) ausführlich beschrieben.

2.7 Optimierung bei mehrfacher Zielsetzung

Im Folgenden beschäftigen wir uns mit Optimierungsproblemen bei mehrfacher Zielsetzung.[16] Zugehörige Lösungsmethoden lassen sich sehr gut anhand der linearen Optimierung veranschaulichen.

Zielbeziehungen

Zwei Ziele können zueinander komplementär, konkurrierend (konträr) oder neutral sein.

Hat man z.B. zwei *konkurrierende* Ziele, so tritt insofern ein *Zielkonflikt* auf, als mit der Verbesserung des Zielerreichungsgrades eines Zieles sich derjenige des anderen Zieles verschlechtert. Das bedeutet, dass es keine Lösung gibt, die für beide Ziele gleichzeitig ein Optimum darstellt. Bezeichnet man mit z_i^* den Zielfunktionswert der optimalen Lösung eines zu maximierenden Zieles i und mit $z_i(\mathbf{x})$ den bei einer Lösung $\mathbf{x}$ hinsichtlich i erreichten Wert, so bildet der Quotient $(z_i^* - z_i(\mathbf{x}))/z_i^*$ den mit $\mathbf{x}$ realisierten **Zielerreichungsgrad**.

Hat man dagegen ausschließlich *komplementäre* Ziele in einem LP zu berücksichtigen, so entsteht kein Zielkonflikt. Die Menge der zulässigen Lösungen enthält dann zumindest einen Eckpunkt, der für jedes der Ziele ein Optimum darstellt. In diesem Falle spricht man von der Existenz einer **perfekten Lösung**.

Im Falle der *Neutralität* bleibt von der Veränderung des Erreichungsgrades eines Zieles derjenige der übrigen unberührt.

Beispiele für unterschiedliche Ziele, die bei unserem Produktionsplanungsproblem verfolgt werden können, sind die Maximierung von:

Deckungsbeitrag	$DB(x_1,x_2)$	$=$	$10x_1 + 20x_2$
Absatz	$A(x_1,x_2)$	$=$	$x_1 + x_2$
Umsatz	$U(x_1,x_2)$	$=$	$60x_1 + 40x_2$

Maximaler Deckungsbeitrag $DB^* = 1500$ wird im Punkt $(x_1,x_2) = (30,60)$ erzielt; hinsichtlich der Absatzmaximierung sind alle Lösungen im Intervall mit den Eckpunkten $(60,40)$ und $(100,0)$ optimal mit $A^* = 100$; der maximale Umsatz $U^* = 6000$ ergibt sich im Punkt $(100,0)$; vgl. Abb. 2.16. Somit sind zumindest die Zielpaare DB und Absatz bzw. DB und Umsatz konkurrierend.

Wir schildern im Folgenden Möglichkeiten zur Lösung von **Zielkonflikten**. Dabei wird auf unterschiedliche Weise eine Kompromisslösung[⑤] ermittelt. Vier einfache Vorgehensweisen sind Lexikographische Ordnung von Zielen, Zieldominanz, Zielgewichtung sowie Berücksichtigung von Abstandsfunktionen.

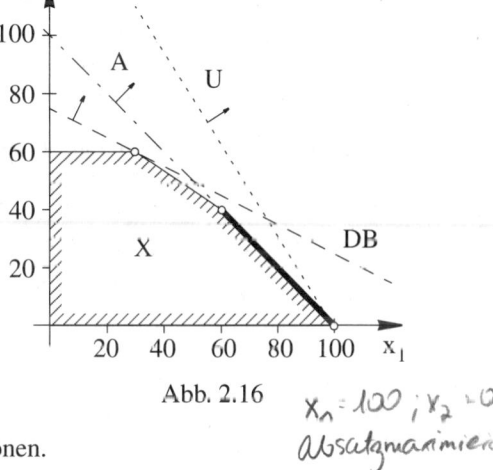

Abb. 2.16

$x_1 = 100 ; x_2 = 0$
Absatzmaximierung.

---

16 Vgl. zu diesem Problembereich z.B. Isermann (1989) sowie Dinkelbach und Kleine (1996).

⑤ *man kriegt mehr eines Produkt, muss aber weniger eines anderen Guts in Kauf nehmen.*

2.7.1 Lexikographische Ordnung von Zielen

Der Entscheidungsträger ordnet die zu verfolgenden Ziele in

Ziel A: wichtigstes Ziel

Ziel B: zweitwichtigstes Ziel

Ziel C: drittwichtigstes Ziel   etc.,

 (ausgedrückt durch A » B » C » ...).

Nach Erstellung dieser „lexikographischen Ordnung" ist die Vorgehensweise für die Schritte 1 bis 3 wie folgt:

Schritt 1: Optimiere das Problem *ausschließlich* bezüglich Ziel A. Die Menge der optimalen Lösungen sei X_A. → *wir ergänzen den graph mit $x_1 + x_2 \geq 100$*

Schritt 2: Optimiere das Problem *ausschließlich* bezüglich Ziel B, wobei nur X_A als Menge der zulässigen Lösungen betrachtet wird. Die Menge der dabei erhaltenen optimalen Lösungen sei X_B.

Schritt 3: Optimiere das Problem *ausschließlich* bezüglich Ziel C, wobei nun nur X_B als Menge der zulässigen Lösungen betrachtet wird.

Die Vorgehensweise berücksichtigt „untergeordnete" Ziele nur dann, wenn für „übergeordnete" Ziele der Fall parametrischer Lösungen vorliegt.

Für das Produktionsplanungsproblem erhalten wir dann, wenn Deckungsbeitrags- bzw. Umsatzmaximierung als das wichtigste Ziel angesehen werden, die umsatzmaximale Lösung. Bei Absatz » DB » Umsatz bzw. Absatz » Umsatz » DB erhalten wir die Kompromisslösung (60,40) bzw. (100,0).

Eine (i.d.R. vorzuziehende) Variante der Vorgehensweise der lexikographischen Ordnung erhält man, wenn man bei Optimierung bezüglich eines bestimmten Zieles erlaubt, dass hinsichtlich der wichtigeren Ziele eine Abweichung vom Optimalwert um einen vorzugebenden Prozentsatz erlaubt ist.

Vgl. zur lexikographischen Ordnung auch Aufg. 2.22 im Übungsbuch Domschke et al. (2005).

2.7.2 Zieldominanz

Eines der zu verfolgenden Ziele (i.Allg. das dem Entscheidungsträger wichtigste) wird zum *Hauptziel* deklariert und in der Zielfunktion berücksichtigt. Alle übrigen Ziele werden zu *Nebenzielen* erklärt und in Form von $\leq$ - oder $\geq$ - Nebenbedingungen berücksichtigt. Für zu maximierende Nebenziele führt man eine mindestens zu erreichende untere Schranke, für zu minimierende Nebenziele eine höchstens annehmbare obere Schranke ein. Derartige Schranken für Nebenziele werden als *Anspruchsniveaus* bezeichnet.

Ein Problem besteht dabei in Folgendem: Durch ungeeignete (ungünstige) Schranken für Nebenziele wird unter Umständen der Zielerreichungsgrad des Hauptzieles zu sehr beschnitten oder die Menge der zulässigen Lösungen sogar leer.

Wir betrachten erneut unser Produktionsplanungsproblem: Hauptziel sei die Maximierung des Deckungsbeitrags.

Die Nebenziele Absatz- und Umsatzmaximierung mit den oben angegebenen Zielfunktionskoeffizienten mögen durch folgende untere Schranken in das Nebenbedingungssystem eingehen:

Absatz ≥ 95 und   Umsatz ≥ 4800

Die optimale Lösung des dadurch entstandenen LPs ist: $x_1 = x_2 = 48$; DB = 1440, A = 96, U = 4800.

Verfolgt man ausschließlich das Ziel der Deckungsbeitragsmaximierung, so erhält man den DB = 1500 bei einem Absatz A = 90 und einem Umsatz U = 4200.

2.7.3 Zielgewichtung *(bei uns in Bsp t=3 Ziele)*

Wir gehen davon aus, dass t Ziele berücksichtigt werden sollen. Bei der Zielgewichtung bewertet man die Ziele mit reellen Zahlen

$\lambda_1, \lambda_2, ..., \lambda_t$ mit $0 \leq \lambda_i \leq 1$; dabei soll $\sum\limits_{i=1}^{t} \lambda_i = 1$ gelten.

Nachteil dieser Vorgehensweise zur Lösung von LPs mit mehrfacher Zielsetzung:

Optimale Lösung ist bei Anwendung der Zielgewichtung (wie bei einfacher Zielsetzung) ein Eckpunkt des zulässigen Bereichs; nur für spezielle λ_1 (parametrische Lösung) sind mehrere Eckpunkte und deren konvexe Linearkombinationen optimal.

Wir wenden auch diese Methode auf unser Produktionsplanungsproblem an: Gewichten wir das Zieltripel (DB, Absatz, Umsatz) mit (1/10, 8/10, 1/10), so lautet die neue Zielfunktion:

$$\text{Maximiere } \Phi(x_1, x_2) = \frac{1}{10} \cdot DB(x_1, x_2) + \frac{8}{10} \cdot A(x_1, x_2) + \frac{1}{10} \cdot U(x_1, x_2) = 7.8 \cdot x_1 + 6.8 \cdot x_2$$

unter den Nebenbedingungen (2.7) – (2.10).

Die optimale Lösung dieses Problems liegt im Punkt ($x_1 = 60$, $x_2 = 40$) und besitzt die Zielfunktionswerte DB = 1400, A = 100 sowie U = 5200.

2.7.4 Berücksichtigung von Abstandsfunktionen

Wir gehen wiederum davon aus, dass t Ziele zu berücksichtigen sind. Zur Bestimmung einer Kompromisslösung auf der Grundlage von Abstandsfunktionen ermittelt man zunächst für jedes Ziel i gesondert den optimalen Zielfunktionswert z_i^*.

Anschließend wird eine Lösung **x** des gesamten Problems so gesucht, dass ein möglichst geringer „Abstand" zwischen den z_i^* und den durch **x** gewährleisteten Zielfunktionswerten besteht. Je nach unterstellter Bedeutung der einzelnen Ziele (und zum Zwecke der Normierung ihrer Zielfunktionswerte) können die Abstände zusätzlich mit Parametern λ_i wie in Kap. 2.7.3 gewichtet werden. Eine allgemeine, zu minimierende *Abstandsfunktion* lautet somit:

$$\Phi(\mathbf{x}) = \begin{cases} \left[\sum\limits_{i=1}^{t} \lambda_i \cdot \left| z_i^* - z_i(\mathbf{x}) \right|^p \right]^{1/p} & \text{für } 1 \leq p < \infty \\[3mm] \max\{\lambda_i \cdot \left| z_i^* - z_i(\mathbf{x}) \right| \text{ über alle } i = 1,...,t\} & \text{für } p = \infty \end{cases} \qquad (2.29)$$

Der Parameter p ist vorzugeben. Je größer p gewählt wird, umso stärker werden große Abweichungen bestraft. Im Falle von $p = \infty$ bewertet Φ ausschließlich die größte auftretende Zielabweichung; sie wird als *Tschebyscheff-Norm* bezeichnet. In Abhängigkeit von p kann Φ linear oder nichtlinear sein.

Für unser Produktionsplanungsproblem erhalten wir mit den Vorgaben DB* = 1500, A* = 100 bzw. U* = 6000 für DB, Absatz bzw. Umsatz sowie den Parametern $p = 1$, $\lambda_{DB} = 1/10$, $\lambda_A = 8/10$, $\lambda_U = 1/10$ die Zielsetzung:

$$\text{Minimiere } \Phi(\mathbf{x}) = \frac{1}{10} \cdot |1500 - 10x_1 - 20x_2| + \frac{8}{10} \cdot |100 - x_1 - x_2| + \frac{1}{10} \cdot |6000 - 60x_1 - 40x_2|$$

Da die vorgegebenen Werte z_i^* bei zu maximierenden (Ausgangs-) Zielsetzungen durch $z_i(\mathbf{x})$ nicht überschritten werden können, lassen sich die Betragsstriche durch Klammern ersetzen. Wir erhalten somit:

$$\text{Minimiere } \Phi(\mathbf{x}) = 1550 - (7.8 \cdot x_1 + 6.8 \cdot x_2)$$

Diese Zielsetzung ist äquivalent zu: $\text{Maximiere } \Psi(\mathbf{x}) = 7.8 \cdot x_1 + 6.8 \cdot x_2$

Man erkennt, dass die Vorgehensweise bei $p = 1$ der Zielgewichtung entspricht. Wählt man bei beiden Vorgehensweisen dieselben Gewichte λ_i, so sind die erhaltenen Kompromisslösungen identisch.

Verändern wir die oben angegebenen Parameter lediglich durch die Annahme $p = \infty$, so können wir das Problem unter Abwandlung der Zielfunktion (2.29) zunächst wie folgt formulieren:

$$\text{Minimiere } \Phi(\mathbf{x}) =$$

$$\max\left\{ \frac{1}{10} \cdot (1500 - 10x_1 - 20x_2), \frac{8}{10} \cdot (100 - x_1 - x_2), \frac{1}{10} \cdot (6000 - 60x_1 - 40x_2) \right\} \quad (2.30)$$

unter den Nebenbedingungen (2.7) – (2.10)

Bei (2.30) handelt es sich um eine so genannte Minimax-Zielsetzung, die dazu führt, dass das Problem nichtlinear ist. Es ist jedoch möglich, durch Verwendung einer Variablen d (Distanz) für den maximal zu akzeptierenden Abstand $\lambda_i \cdot |z_i^* - z_i(\mathbf{x})|$ bzw. $\lambda_i \cdot (z_i^* - z_i(\mathbf{x}))$ das Problem in das folgende LP zu überführen:

$$\text{Minimiere } \Phi(\mathbf{x}, d) = d \quad \text{unter den Nebenbedingungen } (2.7) - (2.10) \text{ sowie}$$

$$d \geq \frac{1}{10} \cdot (1500 - 10x_1 - 20x_2) \qquad \text{DB-Restriktion}$$

$$d \geq \frac{8}{10} \cdot (100 - x_1 - x_2) \qquad \text{Absatzrestriktion}$$

$$d \geq \frac{1}{10} \cdot (6000 - 60x_1 - 40x_2) \qquad \text{Umsatzrestriktion}$$

Als optimale Lösung dieses Problems erhalten wir:

$$x_1 = 83\tfrac{1}{3}, \ x_2 = 16\tfrac{2}{3}, \ d = 33\tfrac{1}{3}; \ DB = 1166\tfrac{2}{3}, \ A = 100, \ U = 5666\tfrac{2}{3}$$

Eine alternative, ggf. bessere Abstandsfunktion entsteht durch Verwendung des Terms $1 - z_i(\mathbf{x})/z_i^*$ in (2.29). Dadurch werden die *relativen Abweichungen* vom bestmöglichen Wert minimiert, die Zielerreichungsgrade somit maximiert.

Eine Verallgemeinerung der geschilderten Vorgehensweisen der Verwendung von Abstandsfunktionen stellt das **Goal-Programming** dar. Auch hierbei wird eine Kompromisslösung gesucht, bei der gemäß (2.27) die Summe der gewichteten Abstände von vorgegebenen Werten z_i^* minimiert wird. Die z_i^* können jedoch vom Planer beliebig gewählt werden. Selbst bei $p = 1$ und $p = \infty$ kann in diesem Fall in der Regel nicht auf die Betragsstriche in den Formeln verzichtet werden; die Zielfunktionen sind nichtlinear.

Eine *lineare Variante* des Goal-Programming-Ansatzes wird z.B. in Dinkelbach und Kleine (1996, S. 56 ff.) beschrieben. Dabei sind für jede Zielsetzung i eine untere Schranke $\underline{d}_i$, die möglichst nicht unterschritten, und eine obere Schranke $\bar{d}_i$, die möglichst nicht überschritten werden soll, vorzugeben. In der Zielfunktion $\Phi(\mathbf{x}, \underline{\mathbf{d}}, \bar{\mathbf{d}})$ werden das Unterschreiten von $\underline{d}_i$ pro Einheit durch eine Größe $\underline{w}_i$ und das Überschreiten von $\bar{d}_i$ pro Einheit durch eine Größe $\bar{w}_i$ bestraft. $\Phi(\mathbf{x}, \underline{\mathbf{d}}, \bar{\mathbf{d}}) = \sum_i (\underline{w}_i \cdot \underline{d}_i + \bar{w}_i \cdot \bar{d}_i)$ ist linear.

Vgl. zu Goal-Programming auch die Bibliographie Schniederjans (1995).

2.8 Spieltheorie und lineare Optimierung

Bei der Spieltheorie handelt es sich um eine mathematische Theorie, die sich mit Wettbewerbssituationen befasst und Handlungsempfehlungen für Entscheidungen gegnerischer Parteien entwickelt. In Abhängigkeit vom betrachteten Modell (2 oder allgemein n Parteien, im Falle $n > 2$ mit oder ohne Kooperationsmöglichkeit der Parteien etc.) liegen mathematisch mehr oder weniger schwierig lösbare Problemstellungen vor. Zu den am leichtesten handhabbaren Modellen gehören *2-Personen-Nullsummen-Matrixspiele*.[17] Wir werden sehen, dass die Bestimmung optimaler Vorgehensweisen für beide Spieler mit Hilfe der linearen Optimierung möglich ist. Dabei werden wir erneut Vorzüge der Dualitätstheorie erkennen.

Die beiden Spieler nennen wir A und B. Spiele heißen **Nullsummenspiele**, wenn die Summe der Zahlungen pro Spiel gleich 0 ist. Spieler A zahlt an Spieler B einen bestimmten Betrag oder umgekehrt; der Gewinn des einen Spielers ist gleich dem Verlust des anderen. Spiele heißen **Matrixspiele**, wenn alle Informationen über die Bedingungen eines solchen Spieles in Form einer Matrix (siehe Tab. 2.22) angegeben werden können.

Spieler B

	b_1	$\cdots$	b_j	$\cdots$	b_n	
a_1	e_{11}	$\cdots$	e_{1j}	$\cdots$	e_{1n}	
$\vdots$	$\vdots$		$\vdots$		$\vdots$	
a_i	e_{i1}	$\cdots$	e_{ij}	$\cdots$	e_{in}	
$\vdots$	$\vdots$		$\vdots$		$\vdots$	
a_m	e_{m1}	$\cdots$	e_{mj}	$\cdots$	e_{mn}	Tab. 2.22

Spieler A

---

17 Weitere Ausführungen zur Spieltheorie findet man z.B. in Beuermann (1993), Borgwardt (2001, Kap. 27 ff.), Bamberg und Coenenberg (2002) oder Holler und Illing (2003).

$\sum$ der Zahlungen pro Spiel gleich null

Matrizen von dem in Tab. 2.22 gezeigten Typ sind dem Leser aus der betriebswirtschaftlichen Entscheidungslehre geläufig; siehe z.B. Bamberg und Coenenberg (2002) oder Domschke und Scholl (2003, Kap. 2). Dort ist ein Entscheidungsträger (hier Spieler A) mit unterschiedlichen Umweltsituationen b_j konfrontiert. Im Falle eines 2-Personen-Matrixspieles steht der Spieler A einem (bewusst handelnden) Gegenspieler B gegenüber.

Die Eintragungen in Tab. 2.22 besitzen folgende Bedeutung:

	b_1	b_2	$\underline{e}_i$
a_1	2	3	2
a_2	3	4	3*
$\bar{e}_j$	3*	4	

a_i Strategien (Alternativen) des Spielers A

b_j Strategien (Alternativen) des Spielers B

e_{ij} Zahlung von B an A, falls Spieler A seine Strategie a_i und Spieler B seine Strategie b_j spielt

Tab. 2.23

Tab. 2.23 zeigt u.a. die Auszahlungen eines Spieles, bei dem jeder Spieler zwei Strategien besitzt. Offensichtlich handelt es sich um ein ungerechtes Spiel, da Spieler B in jeder Situation verliert. Dessen ungeachtet kann man sich aber überlegen, welche Strategien man wählen würde, falls man bei diesem Spiel als Spieler A bzw. B agiert.

Wählt Spieler A die Strategie a_i, so erhält er mindestens eine Auszahlung von $\underline{e}_i :=$ min $\{e_{ij} \mid j = 1,...,n\}$.

Eine Strategie a_{i*}, für die $\underline{e}_{i*} := $ max $\{\underline{e}_i \mid i = 1,...,m\}$ gilt, nennt man **Maximinstrategie** des Spielers A.

$\underline{e}_{i*}$ heißt **unterer Spielwert** eines Spieles. Es ist der garantierte Mindestgewinn, den Spieler A erzielen kann, sofern er an seiner Maximinstrategie festhält.

Wählt Spieler B die Strategie b_j, so zahlt er höchstens $\bar{e}_j := $ max $\{e_{ij} \mid i = 1,...,m\}$.

Eine Strategie b_{j*}, für die $\bar{e}_{j*} := $ min $\{\bar{e}_j \mid j = 1,...,n\}$ gilt, heißt **Minimaxstrategie** des Spielers B.

$\bar{e}_{j*}$ nennt man **oberen Spielwert** eines Spieles. Es ist der *garantierte Höchstverlust*, den Spieler B in Kauf nehmen muss, sofern er an seiner Minimaxstrategie festhält.

Wählt Spieler A eine Strategie a_{i*} und Spieler B eine Strategie b_{j*}, so gilt für die Auszahlung e_{i*j*} die Beziehung: $\underline{e}_{i*} \leq e_{i*j*} \leq \bar{e}_{j*}$

Definition 2.13: Falls für ein Spiel die Gleichung $\underline{e}_{i*} = e_{i*j*} = \bar{e}_{j*}$ erfüllt ist, so sagt man:

1) e_{i*j*} ist der **Wert des Spieles in reinen Strategien**.
2) Das Strategienpaar (a_{i*}, b_{j*}) stellt einen **Sattelpunkt** des Spieles dar.
3) Das Spiel ist **determiniert**.
4) a_{i*} und b_{j*} nennt man **Gleichgewichtsstrategien** des betrachteten Spieles.

Bemerkung 2.14: Es rentiert sich für keinen Spieler, von seiner Gleichgewichtsstrategie abzuweichen. Besitzt ein Spieler mehr als eine Gleichgewichtsstrategie, so kann er davon eine beliebige wählen oder auch unter diesen abwechseln.

Die Aussage, dass sich die Abweichung von einer Gleichgewichtsstrategie für keinen der Spieler auszahlt, kann auch durch die Beziehung

$$e_{ij*} \leq e_{i*j*} \leq e_{i*j}$$

ausgedrückt werden. Vgl. hierzu die Definition des Sattelpunktes einer Funktion in Kap. 8.4.1.

Beispiel: Das in Tab. 2.23 angegebene Spiel besitzt beim Strategiepaar (a_2, b_1) einen Sattelpunkt; das Spiel ist determiniert mit dem Spielwert 3. Wenn A an seiner Strategie a_2 festhält, so zahlt es sich für B nicht aus, von b_1 abzuweichen. Analoges gilt für A, wenn B an seiner Strategie b_1 festhält.

Wir betrachten nun das Spiel in Tab. 2.24. Es besitzt den <u>unteren Spielwert</u> $\underline{e}_{i*} = -2$ und den <u>oberen Spielwert</u> $\bar{e}_{i*} = 1$. Es ist also nicht determiniert. Dass es keine Gleichgewichtsstrategien besitzt, kann man sich auf die folgende Weise überlegen:

	b_1	b_2	$\underline{e}_i$
a_1	1	-2	$-2*$
a_2	-7	8	-7
$\bar{e}_j$	$1*$	8	

Tab. 2.24

Wählt A die Strategie a_1, so wird B dem die Strategie b_2 entgegensetzen. Stellt A nach einer Weile fest, dass B stets b_2 spielt, so wird er auf seine dazu günstigere Strategie a_2 übergehen. Dies wiederum wird B dazu veranlassen, auf b_1 zu wechseln usw.

Diese Überlegung führt allgemein zu der Erkenntnis, dass bei nicht-determinierten Spielen ein Wechsel zwischen den verfügbaren Strategien stattfindet. Mit welcher relativen Häufigkeit dabei die einzelnen Strategien gewählt werden sollten, kann man sich für Spiele mit nur zwei Strategien für mindestens einen der Spieler graphisch veranschaulichen.

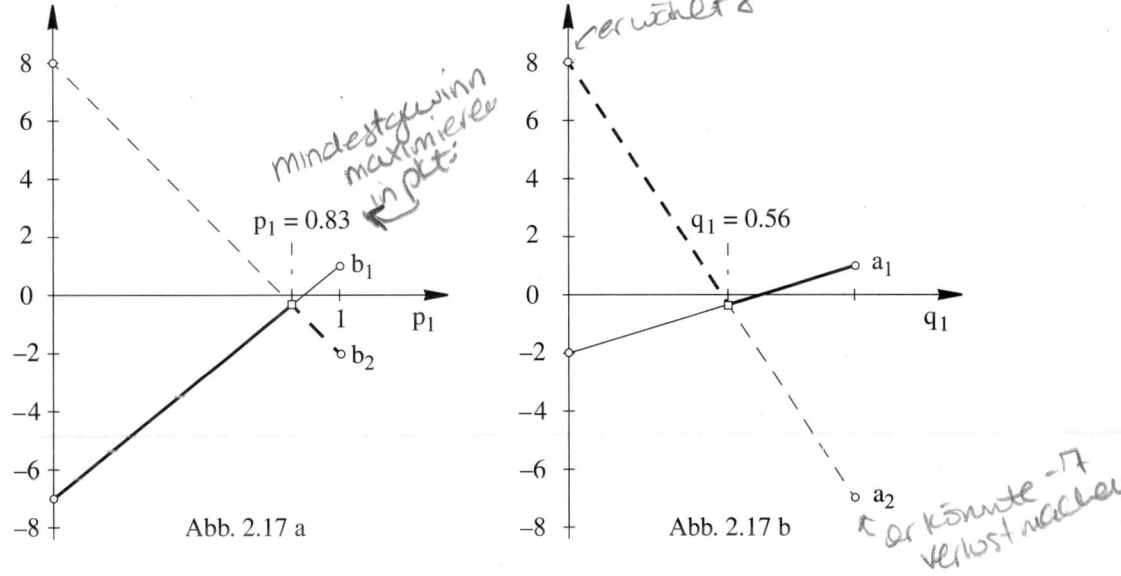

Abb. 2.17 a   Abb. 2.17 b

Wir betrachten wiederum das Spiel in Tab. 2.24 und gehen zunächst davon aus, dass B stets seine Strategie b_1 spielt. Wählt A mit der Wahrscheinlichkeit $p_1 = 1$ (also stets) seine Strategie a_1, so erzielt er eine Auszahlung von 1. Wählt er dagegen $p_1 = 0$ (also stets Strategie a_2), so erzielt er eine Auszahlung von -7. Wählt er Wahrscheinlichkeiten $0 < p_1 < 1$, so kann er durchschnittliche Auszahlungen erzielen, wie sie auf der die Punkte $(0,-7)$ und $(1,1)$ verbindenden

Strecke in Abb. 2.17 a abzulesen sind. Unter der Annahme, dass B stets seine Strategie b_2 wählt, erhält man aufgrund derselben Überlegung die gestrichelte Gerade durch die Punkte $(0,8)$ und $(1,-2)$.

Spieler A kann nun die Wahrscheinlichkeit für die Wahl seiner Strategien so festlegen (seine Strategien so mischen), dass er (über eine größere Anzahl durchgeführter Spiele gerechnet) einen größtmöglichen Mindestgewinn erzielt. In unserem Beispiel (Abb. 2.17 a) ist das der Schnittpunkt der beiden Geraden. Er besagt, dass die Strategien (a_1, a_2) von A mit den Wahrscheinlichkeiten $(p_1, p_2) = (0.83, 0.17)$ gewählt werden sollten. Der (durchschnittliche) *garantierte* Mindestgewinn ist $-1/3$.

Für Spieler B können, ebenso wie für A, Wahrscheinlichkeiten für die Strategienwahl graphisch ermittelt werden (siehe Abb. 2.17 b); man erhält die Wahrscheinlichkeiten $(q_1, q_2) = (0.56, 0.44)$. Der (durchschnittliche) *garantierte Höchstverlust* von B ist gleich dem (durchschnittlichen) garantierten Mindestgewinn von A. Da dies stets gilt, bezeichnet man diese Zahlung auch als **Wert des Spieles in der gemischten Erweiterung**. Die ermittelten Wahrscheinlichkeiten p_i bzw. q_j bezeichnet man als **Gleichgewichtsstrategien in der gemischten Erweiterung** von Spieler A bzw. B.

Gleichgewichtsstrategien und Wert eines Spieles in der gemischten Erweiterung lassen sich auch für Matrixspiele mit jeweils mehr als zwei Strategien durch Formulierung und Lösung eines LPs ermitteln. Wir erläutern dies für unser obiges Beispiel, und zwar für Spieler A.

Seien z der gesuchte Spielwert und p_1 bzw. p_2 die zu bestimmenden Wahrscheinlichkeiten (bei nur 2 Strategien käme man auch mit p und $(1-p)$ aus), dann ist folgendes Problem zu lösen:

Maximiere $F(p_1, p_2, z) = z$

unter den Nebenbedingungen

$$① \quad z \leq \quad p_1 - 7\,p_2$$
$$② \quad z \leq -2\,p_1 + 8\,p_2$$
$$ \quad p_1 + p_2 = 1$$
$$p_1, p_2 \geq 0; \quad z \text{ beliebig aus } \mathbb{R}$$

Die rechte Seite der ersten (zweiten) Ungleichung gibt den Erwartungswert des Gewinns von Spieler A für den Fall an, dass Spieler B seine Strategie b_1 (b_2) spielt. z ist eine unbeschränkte Variable des Problems. Wir beschränken sie auf den nichtnegativen reellen Bereich, indem wir zu allen Auszahlungen der Matrix den Absolutbetrag des Minimums (in unserem Beispiel = 7) hinzuaddieren. Dadurch wird die Lösung hinsichtlich der p_i nicht verändert. Wir lösen somit (alle Variablen auf die linke Seite gebracht) das Problem:

Maximiere $F(p_1, p_2, z) = z$

unter den Nebenbedingungen

$$z - 8\,p_1 \leq 0$$
$$z - 5\,p_1 - 15\,p_2 \leq 0$$

$$p_1 \; + \; p_2 \; = \; 1$$
$$z, p_1, p_2 \; \geq \; 0$$

Formulieren wir ein LP für Spieler B, so wird deutlich, dass wir dadurch das duale zu obigem Problem erhalten. Unter Verwendung des Satzes vom komplementären Schlupf können wir uns darüber hinaus Folgendes überlegen: Eine optimale Lösung des Problems für Spieler A liefert uns zugleich eine optimale Lösung des Problems für Spieler B; die Werte der Schattenpreise der Schlupfvariablen der Nebenbedingungen von A sind die optimalen Wahrscheinlichkeiten für B.

BV	z	p_1	p_2	p_4	p_5	b_i
p_2			1	$\frac{1}{18}$	$-\frac{1}{18}$	$\frac{1}{6}$
z	1			$\frac{5}{9}$	$\frac{4}{9}$	$6\frac{2}{3}$
p_1		1		$-\frac{1}{18}$	$\frac{1}{18}$	$\frac{5}{6}$
F				$\frac{5}{9}$	$\frac{4}{9}$	$6\frac{2}{3}$

Optimale Basislösung:

$$p_1 = \frac{5}{6}, p_2 = \frac{1}{6} \, ;$$

$$z = 6\frac{2}{3} - 7 = -\frac{1}{3}$$

Tab. 2.25

In Tab. 2.25 ist das Optimaltableau für das oben formulierte Spiel wiedergegeben. Spieler A *verliert* dabei durchschnittlich $\frac{1}{3}$ GE pro Spiel. Die optimalen Wahrscheinlichkeiten q_1 bzw. q_2 für die Wahl der Strategien b_1 bzw. b_2 seitens des Spielers B entsprechen den Schattenpreisen der Schlupfvariablen p_4 bzw. p_5. Es gilt also $q_1 = \frac{5}{9}$ und $q_2 = \frac{4}{9}$. Spieler B gewinnt durchschnittlich $\frac{1}{3}$ GE je Spiel.

Softwarehinweise zu Kapitel 2

Hinweise auf Software zur Lösung von linearen Optimierungsproblemen auf Personal Computern und Workstations sowie Vergleiche ausgewählter Pakete findet man u.a. bei Stadtler et al. (1988), Moré und Wright (1993), Bixby (2002) sowie Fourer (2003). Zu LINDO und zur Modellierungssprache LINGO vgl. Haase und Kolisch (1997); zu MOPS vgl. Suhl (1994). Weit verbreitete Softwarepakete zur linearen und gemischt-ganzzahligen Optimierung sind CPLEX und XPRESS MP. Letzteres verwenden wir auch im Rahmen unserer Übungen; vgl. Domschke et al. (2005, Kap. 11). Ein interaktives Softwarepaket zur Optimierung bei mehrfacher Zielsetzung ist in Hansohm und Hähnle (1991) enthalten.

Weiterführende Literatur zu Kapitel 2

Bastian (1980)

Bazaraa et al. (1990)

Beisel und Mendel (1987)

Berens und Delfmann (2004)

Bol (1980)

Borgwardt (2001)

Dantzig und Thapa (1997), (2003)

Dinkelbach und Lorscheider (1994)

Domschke et al. (2005) – *Übungsbuch*

Ellinger et al. (2003)

Hillier und Lieberman (1997)

Holler und Illing (2003)

Martin (1999)

Nemhauser (1994)

Neumann und Morlock (2002)

Papadimitriou und Steiglitz (1982)

Rommelfanger (2001)

Scholl (2001)

Schrijver (1998)

Winston (2004)

Zimmermann (2004)

Kapitel 3: Graphentheorie

Zu Beginn definieren wir wichtige Begriffe aus der Graphentheorie und beschreiben Speichermöglichkeiten für Graphen in Rechenanlagen. In Kap. 3.2 schildern wir Verfahren zur Bestimmung kürzester Wege in Graphen. Schließlich beschreiben wir in Kap. 3.3 Methoden zur Ermittlung minimaler spannender Bäume und minimaler 1-Bäume von Graphen. Bedeutsam aus dem Gebiet der Graphentheorie sind darüber hinaus v.a. Verfahren zur Bestimmung maximaler oder kostenminimaler Flüsse in Graphen. Vgl. zu allen genannten Fragestellungen etwa Bertsekas (1992), Ahuja et al. (1993), Domschke (1995) oder Neumann und Morlock (2002).

3.1 Grundlagen

3.1.1 Begriffe der Graphentheorie

Definition 3.1: Ein **Graph** G besteht aus einer nichtleeren **Knotenmenge** V, einer **Kanten-** oder **Pfeilmenge** E sowie einer auf E definierten Abbildung ω *(Inzidenzabbildung)*, die jedem Element aus E genau ein Knotenpaar i und j aus V zuordnet. → *keine Richtung wird angegeben.*
Ist das jedem Element aus E zugewiesene Knotenpaar *nicht geordnet*, so bezeichnen wir G als **ungerichteten Graphen**; die Elemente von E nennen wir **Kanten**. Ist das jedem Element aus E zugewiesene Knotenpaar *geordnet*, so bezeichnen wir G als **gerichteten Graphen**; die Elemente von E nennen wir **Pfeile**.

Bemerkung 3.1: Für eine Kante, die die Knoten i und j miteinander *verbindet*, verwenden wir die Schreibweise [i, j]; die Knoten i und j nennen wir **Endknoten** der Kante.
Für einen Pfeil, der von einem Knoten i zu einem Knoten j *führt*, verwenden wir die Schreibweise (i, j); i nennt man **Anfangs-** und j **Endknoten** des Pfeiles.
Wir verzichten auf die explizite Angabe der Inzidenzabbildung ω und schreiben bei ungerichteten Graphen G = [V, E], bei gerichteten Graphen G = (V, E). Knoten bezeichnen wir zumeist durch natürliche Zahlen i = 1,2,...,n.

Pfeile geben die Richtung an

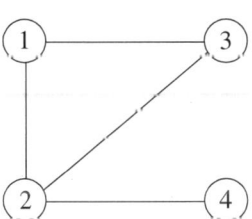

Abb. 3.1: Ungerichteter Graph

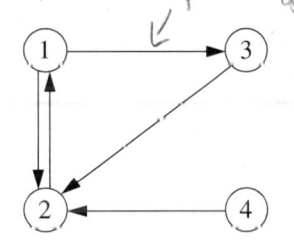

Abb. 3.2: Gerichteter Graph

Beispiele: Abb. 3.1 zeigt einen ungerichteten Graphen G = [V, E] mit der Knotenmenge V = {1, 2, 3, 4} und der Kantenmenge E = {[1, 2], [1, 3], [2, 3], [2, 4]}. Abb. 3.2 enthält einen

V = vertex (Knoten)
E = Edge (Kanten)
g = graph

werden für gerichtete Graphen benutzt

gerichteten Graphen G = (V, E) mit der Knotenmenge V = {1, 2, 3, 4} und der Pfeilmenge
E = {(1, 2), (1, 3), (2, 1), (3, 2), (4, 2)}. *gerichtete Grafiken*
Notation

Definition 3.2: Zwei Pfeile mit identischen Anfangs- und Endknoten nennt man **parallele
Pfeile**. Analog lassen sich **parallele Kanten** definieren.

Einen Pfeil (i, i) bzw. eine Kante [i, i] nennt man **Schlinge**.

Einen Graphen ohne parallele Kanten bzw. Pfeile und ohne Schlingen bezeichnet man als
schlichten Graphen.

Abb. 3.3 zeigt parallele Kanten und Pfeile sowie Schlingen. In Abb. 3.4 ist ein schlichter
gerichteter Graph dargestellt.

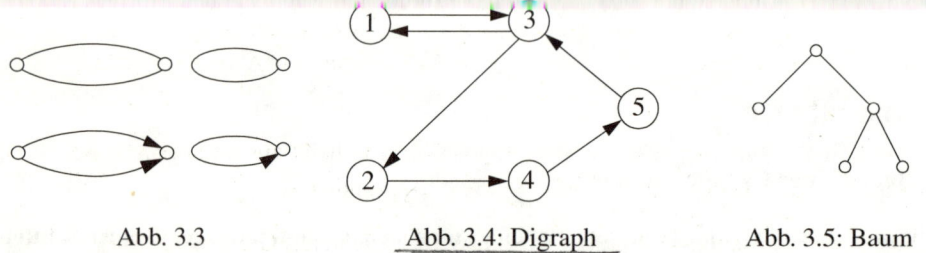

Abb. 3.3   Abb. 3.4: Digraph   Abb. 3.5: Baum

Definition 3.3: In einem *gerichteten* Graphen G heißt ein Knoten j (unmittelbarer) **Nachfolger**
eines Knotens i, wenn in G ein Pfeil (i, j) existiert; i bezeichnet man entsprechend als (unmittelbaren) **Vorgänger** von j. Man sagt ferner, i und j seien mit dem Pfeil *inzident.*

Die Menge aller Nachfolger eines Knotens i bezeichnen wir mit $N(i)$, die Menge seiner
Vorgänger mit $V(i)$. Vorgänger und Nachfolger eines Knotens i bezeichnet man auch als dessen
Nachbarn, ausgedrückt durch NB(i).

Ein Knoten i mit $V(i) = \emptyset$ heißt **Quelle**, ein Knoten i mit $N(i) = \emptyset$ **Senke** des Graphen.

Analog dazu nennen wir in einem *ungerichteten* Graphen G Knoten i und j **Nachbarn**, wenn
[i, j] eine Kante von G ist. Die Menge der Nachbarn eines Knotens i bezeichnen wir mit NB(i).
Die Anzahl g_i der mit einem Knoten i inzidenten Kanten bezeichnet man als **Grad des
Knotens** oder **Knotengrad**. In einem schlichten Graphen gilt $g_i = |NB(i)|$ für alle Knoten i.

Beispiele: In Abb 3.1 gilt NB(1) = {2, 3} und NB(2) = {1, 3, 4}. In Abb. 3.2 ist $N(2) = \{1\}$,
$V(2) = \{1, 3, 4\}$ und NB(2) = {1, 3, 4}.

Definition 3.4: Ein schlichter gerichteter Graph G = (V, E) mit endlicher Knotenmenge V
heißt **Digraph**.

Definition 3.5: Ein Digraph heißt **vollständig**, wenn für jedes Knotenpaar i, j ein Pfeil (i, j)
und ein Pfeil (j,i) existieren. Ein vollständiger Digraph mit n Knoten besitzt also $n \cdot (n-1)$
Pfeile.

Entsprechend nennt man einen schlichten ungerichteten Graphen **vollständig**, wenn für jedes
Knotenpaar i, j eine Kante [i, j] existiert. Besitzt er n Knoten, so sind damit $n \cdot (n-1)/2$
Kanten vorhanden.

Definition 3.6: Sei $G = (V, E)$ ein gerichteter Graph.

Eine Folge $p_1, ..., p_t$ von Pfeilen heißt **Weg** von G, wenn eine Folge $j_0, ..., j_t$ von Knoten mit $p_h = (j_{h-1}, j_h)$ für alle $h = 1, ..., t$ existiert. Einen Weg symbolisieren wir durch die in ihm enthaltenen Knoten, z.B. $w = (j_0, ..., j_t)$.

Eine Folge $p_1, ..., p_t$ von Pfeilen heißt **Kette** von G, wenn eine Folge $j_0, ..., j_t$ von Knoten mit $p_h = (j_{h-1}, j_h)$ oder $p_h = (j_h, j_{h-1})$ für alle $h = 1, ..., t$ existiert. In einer Kette ist somit der Richtungssinn der Pfeile beliebig. Für eine Kette schreiben wir $k = [j_0, ..., j_t]$.

Ganz analog lässt sich eine Kette in einem ungerichteten Graphen definieren.

Ein Weg bzw. eine Kette mit identischen Anfangs- und Endknoten $j_0 = j_t$ heißt **geschlossener Weg** oder **Zyklus** bzw. **geschlossene Kette** oder **Kreis**.

Beispiele: Der Graph in Abb. 3.4 ist ein Digraph. Er enthält u.a. den Weg $w = (1,3,2,4)$, die Kette $k = [2,3,1]$ und den Zyklus $\zeta = (3,2,4,5,3)$. Der Graph von Abb. 3.2 enthält z.B. die Kette $k = [4,2,3]$.

Definition 3.7: Ein gerichteter oder ungerichteter Graph G heißt **zusammenhängend**, wenn jedes Knotenpaar von G durch mindestens eine Kette verbunden ist.

Definition 3.8: Ein zusammenhängender kreisloser (ungerichteter) Graph heißt **Baum**.

Bemerkung 3.2: Für einen Baum gibt es zahlreiche weitere Definitionsmöglichkeiten. Beispiele hierfür sind:

a) Ein ungerichteter Graph mit n Knoten und $n-1$ Kanten, der keinen Kreis enthält, ist ein Baum.

b) Für jedes Knotenpaar i und j (mit $i \neq j$) eines Baumes existiert genau eine diese beiden Knoten verbindende Kette.

Abb. 3.5 zeigt einen Baum.

Definition 3.9: Ein **1-Baum** ist ein zusammenhängender, ungerichteter Graph mit genau einem Kreis. Ein vorgegebener Knoten i_0 gehört zum Kreis und besitzt den Knotengrad 2.

In Kap. 6 interessieren uns bei der Lösung von Traveling Salesman - Problemen Bäume und 1-Bäume als *Teilgraphen* eines ungerichteten Graphen. Wir definieren daher zusätzlich:

Definition 3.10: Sei $G = [V, E]$ ein zusammenhängender, ungerichteter Graph mit $|V| = n$ Knoten.

a) Einen Graphen $G' = [V', E']$ mit $V' \subseteq V$ und $E' \subseteq E$ nennt man **Teilgraph** von G.

b) Einen zusammenhängenden, kreisfreien Teilgraphen $T = [V, \overline{E}]$ von G nennt man **spannenden Baum** oder *Gerüst* von G.

c) Besitzt ein zusammenhängender Teilgraph T von G die Eigenschaften eines 1-Baumes gemäß Def. 3.9, so bezeichnen wir ihn als **1-Baum** von G.

Bei der Anwendung graphentheoretischer Methoden im OR spielen bewertete Graphen eine wichtige Rolle.

Definition 3.11: Einen gerichteten bzw. ungerichteten Graphen G, dessen sämtliche Pfeile bzw. Kanten eine Bewertung c(i,j) bzw. c[i,j] besitzen, bezeichnet man als **(pfeil- bzw. kanten-) bewerteten Graphen.** c interpretieren wir hierbei als eine Abbildung, die jedem Pfeil bzw. jeder Kante die Kosten für den Transport einer ME von i nach j (bzw. zwischen i und j), die Länge der Verbindung, eine Fahrzeit für die Verbindung oder dergleichen zuordnet. Bewertete Graphen bezeichnen wir mit G = (V, E, c) bzw. G = [V, E, c]. Für die Bewertung c(i, j) eines Pfeils bzw. c[i, j] einer Kante verwenden wir zumeist die Indexschreibweise c_{ij}.

Bemerkung 3.3: Anstatt oder zusätzlich zu Pfeil- bzw. Kantenbewertungen kann ein Graph eine oder mehrere Knotenbewertungen $t : V \to \mathbb{R}$ besitzen. Knotenbewertete Graphen sind z.B. in der Netzplantechnik von Bedeutung (siehe Kap. 5).

Definition 3.12: Seien G = (V, E, c) ein bewerteter, gerichteter Graph und $w = (j_0, ..., j_t)$ ein Weg von G. Die Summe aller Pfeilbewertungen $c(w) := \sum_{h=1}^{t} c_{j_{h-1}j_h}$ bezeichnet man als **Länge des Weges** w.

Einen Weg w_{ij}^* von G bezeichnet man als **kürzesten Weg** von Knoten i nach Knoten j, falls in G kein anderer Weg w_{ij} von i nach j mit $c(w_{ij}) < c(w_{ij}^*)$ existiert. $c(w_{ij}^*)$ nennt man **(kürzeste) Entfernung** von i nach j in G.

Bemerkung 3.4: Analog zu Def. 3.12 lassen sich kürzeste Ketten und (kürzeste) Entfernungen in ungerichteten Graphen definieren. Def. 3.12 lässt sich auch unmittelbar auf knotenbewertete Graphen oder pfeil- und knotenbewertete Graphen übertragen; siehe Kap. 5.2.2.

Beispiel: Im Graphen der Abb. 3.6 besitzt der Weg w = (4,2,3) die Länge c(w) = 40. Er ist zugleich der kürzeste Weg von Knoten 4 nach Knoten 3. Die kürzeste Entfernung von 4 nach 3 ist also 40.

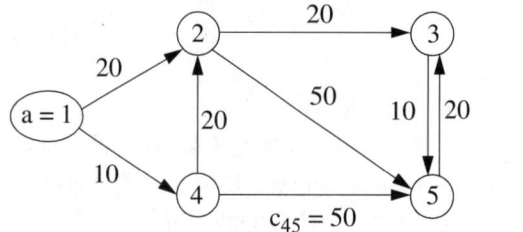
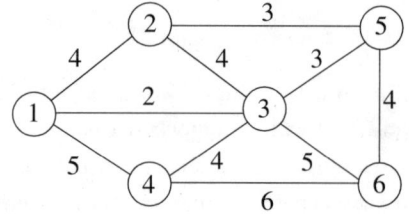

Abb. 3.6: Bewerteter Digraph   Abb. 3.7: Bewerteter Graph

interpretation : Kosten von Pfeil 4, 5
bot 50

Definition 3.13: Sei G = [V, E, c] ein bewerteter, zusammenhängender, ungerichteter Graph.

a) Einen spannenden Baum $T^* = [V, \overline{E}^*]$ von G mit minimaler Summe der Kantenbewertungen bezeichnet man als **minimalen spannenden Baum** von G.

b) Einen 1-Baum T von G (mit vorgegebenem Knoten i_0) nennen wir **minimalen 1-Baum** von G (mit i_0), wenn die Summe seiner Kantenbewertungen kleiner oder gleich derjenigen aller anderen 1-Bäume von G (mit i_0) ist. Das Problem der Bestimmung eines minimalen 1-Baumes von G bezeichnen wir als **1-Baum-Problem**.

Beispiele: Gegeben sei der Graph G in Abb. 3.7. Abb. 3.8 zeigt den minimalen spannenden Baum, Abb. 3.9 den minimalen 1-Baum von G mit $i_0 = 1$. Die Summe der Kantenbewertungen ist 16 bzw. 20. Zu Bestimmung dieser Teilgraphen vgl. Kap. 3.3.2.

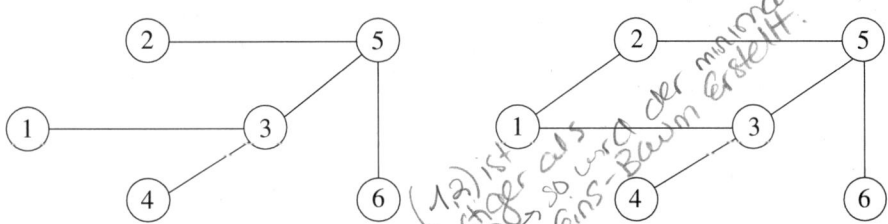

Abb. 3.8: Minimal spannender Baum   Abb. 3.9: Minimaler 1-Baum

Bemerkung 3.5: Eine interessante Verallgemeinerung des Problems der Bestimmung minimaler spannender Bäume ist dasjenige der Bestimmung minimaler *Steiner-Bäume*. In einem gegebenen Graphen ist dabei eine vorgegebene Teilmenge der Knoten durch Auswahl von Kanten mit minimaler Summe ihrer Bewertungen aufzuspannen. Derartige Probleme treten z.B. bei der Bestückung von Platinen (VLSI-Design) auf. Modelle und Lösungsverfahren hierzu sind z.B. in Voß (1990) enthalten.

3.1.2 Speicherung von Knotenmengen und Graphen

Für die in Kap. 3.2 und 3.3, aber auch in Kap. 5 beschriebenen Algorithmen und deren Implementierung muss man sich insbesondere überlegen, wie Knotenmengen und Graphen geeignet abgespeichert werden können, d.h. welche Datenstrukturen zu verwenden sind. Wir beschreiben v.a. Speichermöglichkeiten, die in den folgenden Kapiteln benötigt werden; vgl. darüber hinaus z.B. Aho et al. (1983), Wirth (1986) sowie Domschke (1995).

Beim FIFO-Algorithmus in Kap. 3.2.1 benötigen wir die Datenstruktur „Schlange" zur Speicherung einer sich im Laufe des Verfahrens ändernden *Menge markierter Knoten*.

Definition 3.14: Eine <u>Schlange</u> ist eine Folge von Elementen, bei der nur am Ende Elemente hinzugefügt und am Anfang Elemente entfernt werden können. Das erste Element einer Schlange bezeichnet man als **Schlangenkopf**, das letzte als **Schlangenende**.

Eine Schlange kann man sich unmittelbar am Beispiel von Kunden, die vor einem Postschalter auf Bedienung warten, veranschaulichen. Bedient wird immer der Kunde am Schlangenkopf, neu hinzukommende Kunden stellen sich am Ende der Schlange an. Bedient wird also in der Reihenfolge des Eintreffens (First In First Out = FIFO).

Im Rechner speichern wir eine aus höchstens n Knoten bestehende Menge als Schlange in einem eindimensionalen Feld S[1..n] der Länge n so, dass von jedem Knoten auf den in der Schlange *unmittelbar nachfolgenden* verwiesen wird. Ein *Anfangszeiger* SK bezeichnet den Schlangenkopf, ein *Endzeiger* SE das Schlangenende.

Beispiel: Betrachtet werde eine Knotenmenge V = {1,...,8}, wobei die Knoten 3, 6, 1 und 5 in dieser Reihenfolge in einer (Warte-) Schlange, symbolisiert durch < 3, 6, 1, 5], enthalten sein mögen. Wir speichern sie wie folgt:

(handwritten margin note top-left: zeigt der erste Knoten in der Schlange)

(handwritten top: SK = 3, 2)

i	1	2	3	4	5	6	7	8	
S[i]	5		6			1			

SK = 3; SE = 5

(handwritten right: SK = 3 / SE = 5)

Gehen wir nun davon aus, dass Knoten 2 hinzukommt, so speichern wir S[SE] := 2 und SE := 2. Wird Knoten 3 entfernt (bedient), so speichern wir lediglich SK := S[SK]. Beide Veränderungen führen zu der neuen Schlange < 6, 1, 5, 2] und zu folgenden Speicherinhalten:

(handwritten margin left: SE = Schlangen-ende ; SK = Schlangenkopf)

i	1	2	3	4	5	6	7	8
S[i]	5		(6)		2	1		

SK = 6; SE = 2

Der Eintrag in S[3] muss nicht gelöscht werden.

Graphen lassen sich in Rechenanlagen insbesondere in Form von Matrizen, Standardlisten und knotenorientierten Listen speichern. Wir beschreiben diese Möglichkeiten nur für gerichtete Graphen; auf ungerichtete Graphen sind sie leicht übertragbar.

Matrixspeicherung: Die Speicherung von Graphen in Form von Matrizen eignet sich nur für schlichte Graphen (Schlingen wären jedoch einbeziehbar). Der Tripel-Algorithmus in der von uns in Kap. 3.2.2 beschriebenen Version verwendet zur Speicherung eines bewerteten Digraphen $G = (V, E, c)$ die **Kostenmatrix** $C(G) = (c_{ij})$, deren Elemente wie folgt definiert sind:

$$c_{ij} := \begin{cases} 0 & \text{falls } i = j \\ c(i,j) & \text{für alle } (i,j) \in E \\ \infty & \text{sonst} \end{cases}$$

Die quadratische Kostenmatrix mit der Dimension $n \times n$ ist ausreichend, einen Digraphen mit n Knoten vollständig zu beschreiben. Dagegen dient die ebenfalls quadratische **Vorgängermatrix** $VG(G) = (vg_{ij})$ mit den Elementen

$$vg_{ij} := \begin{cases} i & \text{falls } i = j \quad \text{oder} \quad (i,j) \in E \\ 0 & \text{sonst} \end{cases}$$

nur der Speicherung der Struktur, nicht aber der Bewertungen eines Digraphen. Sie wird beim Tripel-Algorithmus zusätzlich verwendet, um nicht nur kürzeste Entfernungen, sondern auch die zugehörigen kürzesten Wege entwickeln zu können.

Beispiel: Der Graph in Abb. 3.6 besitzt die folgende Kosten- bzw. Vorgängermatrix:

(handwritten graph diagram to the left with nodes 1,2,3,4,5 and edge weights 20, 20, 50, 10, 20, 10, 20; label $C_{45} = 50$; caption: Graph in Abb. 3.6)

$$C(G) = \begin{bmatrix} 0 & 20 & \infty & 10 & \infty \\ \infty & 0 & 20 & \infty & 50 \\ \infty & \infty & 0 & \infty & 10 \\ \infty & 20 & \infty & 0 & 50 \\ \infty & \infty & 20 & \infty & 0 \end{bmatrix} \qquad VG(G) = \begin{bmatrix} 1 & 1 & 0 & 1 & 0 \\ 0 & 2 & 2 & 0 & 2 \\ 0 & 0 & 3 & 0 & 3 \\ 0 & 4 & 0 & 4 & 4 \\ 0 & 0 & 5 & 0 & 5 \end{bmatrix}$$

Standardliste: Die Speicherung eines bewerteten, gerichteten Graphen $G = (V, E, c)$ in Form der so genannten Standardliste sieht vor, für jeden Pfeil seinen Anfangs-, seinen Endknoten und seine Bewertung zu speichern. Ein Graph mit n Knoten und m Pfeilen lässt sich durch Angabe von n, m und den drei genannten Angaben je Pfeil vollständig beschreiben.

(handwritten at bottom: n; m; i; j; c_ij)
(handwritten: 5; 8; 1,2,20; 1,4,10; 2,3,20; 2,5,50; 3,5,10; 4,2,20; 4,5,50; 5,3,20)

Auch Knotenorientierte Nachfolgerliste

Knotenorientierte Listen: Für die Anwendung der in Kap. 3.2.1 beschriebenen Baumalgorithmen eignen sich so genannte knotenorientierte Listen. Ein unbewerteter, gerichteter Graph G = (V, E) mit n Knoten und m Pfeilen wird dabei wie folgt charakterisiert:

Die Pfeile des Graphen werden so von 1 bis m nummeriert, dass die von Knoten 1 ausgehenden Pfeile die kleinsten Nummern besitzen, die von Knoten 2 ausgehenden die nächsthöheren usw. Zur Speicherung des Graphen verwenden wir das Endknotenfeld EK[1..m] und das Zeigerfeld ZEP[1..n+1]. In EK[j] steht die Nummer des Endknotens von Pfeil j. In ZEP[1..n+1] wird an der Stelle ZEP[i] mit i = 1,...,n die Nummer des ersten von Knoten i ausgehenden Pfeiles gespeichert. ZEP[i] ist damit eine Positionsangabe bzw. ein Index im Feld EK. Ferner setzen wir ZEP[n+1] := m + 1.

Beispiel: Die Struktur des Graphen in Abb. 3.6 mit n = 5 Knoten und m = 8 Pfeilen lässt sich damit (wenn man die von jedem Knoten i ausgehenden Pfeile nach wachsender Nummer ihrer Endknoten sortiert) wie folgt wiedergeben:

Falls von einem Knoten i kein Pfeil ausgeht, so gilt ZEP[i] = ZEP[i+1].

Für die Pfeilbewertung eines Graphen wird ein weiteres Feld C[1..m] benötigt. Somit sind für einen Graphen G = (V, E, c) genau n+1+2m Speicherplätze erforderlich.

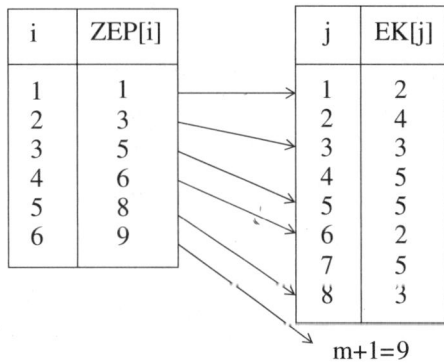

i	ZEP[i]		j	EK[j]
1	1		1	2
2	3		2	4
3	5		3	3
4	6		4	5
5	8		5	5
6	9		6	2
			7	5
			8	3

m+1=9

Bemerkung 3.6: Bei der *Eingabe* eines Graphen durch den Programmbenutzer ist die Standardliste leichter handhabbar, für die *interne Verarbeitung* ist jedoch i.Allg. eine knotenorientierte Listendarstellung besser geeignet.

Die Menge aller unmittelbaren Nachfolger *N*(i) eines Knotens i lässt sich bei knotenorientierter Listendarstellung leicht durch die folgende Laufanweisung ermitteln:[1]

   for j := ZEP[i] **to** ZEP[i+1] – 1 **do** drucke EK[j]

3.2 Kürzeste Wege in Graphen

Die Verfahren zur Bestimmung kürzester Wege in Graphen lassen sich unterteilen in solche, die

- kürzeste Entfernungen und Wege von einem vorgegebenen Startknoten a zu allen anderen Knoten des Graphen liefern (Baumalgorithmen, siehe Kap. 3.2.1), und in solche, die
- simultan kürzeste Entfernungen und Wege zwischen jedem Knotenpaar eines gerichteten Graphen liefern (siehe Kap. 3.2.2).

---

1 „**for** j := p **to** q **do**" bedeutet, dass j nacheinander die (ganzzahligen) Werte p, p+1 bis q annehmen soll.

Wir beschreiben sämtliche Verfahren nur für *Digraphen*. Sie sind jedoch mit geringfügigen Modifikationen auch für die Ermittlung kürzester Entfernungen und kürzester Wege bzw. Ketten in beliebigen gerichteten sowie in ungerichteten Graphen verwendbar.

3.2.1 Baumalgorithmen

Die Verfahren dieser Gruppe sind dazu geeignet, kürzeste Entfernungen und Wege von einem *Startknoten* a zu allen Knoten eines bewerteten (gerichteten) Graphen G = (V, E, c) zu ermitteln.[2] Besitzt der Graph n Knoten, so speichern wir die berechneten Werte in eindimensionalen Feldern der Länge n, nämlich

D[1..n], wobei D[i] die kürzeste Entfernung von a nach i angibt, und

R[1..n], wobei R[i] den (unmittelbaren) Vorgänger von i in einem kürzesten Weg von a
nach i bezeichnet.

Die Verfahren heißen Baumalgorithmen, weil sie einen Baum kürzester Wege, gespeichert im Feld R[1..n], liefern. Sie lassen sich als *Iterationsverfahren* wie folgt beschreiben:

Zu Beginn ist D[a] = 0 und D[i] = ∞ für alle Knoten i ≠ a. Knoten a ist einziges Element einer Menge MK *markierter Knoten*.

In jeder Iteration wählt man genau ein Element h aus der Menge MK markierter Knoten aus, um für dessen (unmittelbare) Nachfolger j zu prüfen, ob D[h] + c_{hj} kleiner ist als die aktuelle Entfernung D[j]. Kann D[j] verringert werden, so wird j Element von MK.

Die Verfahren enden, sobald MK leer ist.

Die verschiedenen Baumalgorithmen unterscheiden sich im Wesentlichen durch die Reihenfolge, in der sie Knoten h aus der Menge MK auswählen.

Der **Dijkstra-Algorithmus** (vgl. Dijkstra (1959)), den wir zunächst beschreiben, wählt aus MK stets denjenigen Knoten h mit der kleinsten aktuellen Entfernung von a.

Beim **FIFO-Algorithmus** (siehe v.a. Pape (1974)) werden dagegen die Knoten aus MK in Form einer (Warte-) Schlange angeordnet. Ausgewählt wird stets derjenige Knoten von MK, der als erster in die Schlange gelangt ist. Neu in die Schlange kommende Knoten werden an deren Ende angefügt; vgl. Kap. 3.1.2.

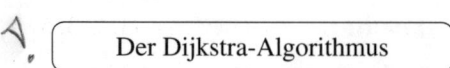

Der Dijkstra-Algorithmus

Voraussetzung: Ein Digraph G = (V, E, c) mit n Knoten und Bewertungen $c_{ij} \geq 0$ für alle Pfeile (i, j);[3] Felder D[1..n] und R[1..n] zur Speicherung kürzester Entfernungen und Wege; MK := Menge markierter Knoten.

Start: Setze MK := {a}, D[a] := 0 sowie D[i] := ∞ für alle Knoten i ≠ a ;

---

2   Zwei zueinander duale *lineare Optimierungsmodelle* zur Bestimmung kürzester Wege von einem zu allen Knoten betrachten wir in Kap. 11.2 sowie im Übungsbuch Domschke et al. (2005, Aufgabe 3.10).

3   Für die gewählte Beschreibung des Verfahrens ist die einschränkende Annahme nichtnegativer c_{ij} nicht erforderlich, wohl aber für die Aussagen in Bem. 3.7.

Iteration μ (= 1, 2, ...):

(1) Wähle den Knoten h aus MK mit D[h] = min {D[i] | i ∈ MK };

(2) **for** (all) j ∈ N(h) **do**

  if D[j] > D[h] + c_{hj} **then**

   begin D[j] := D[h] + c_{hj}; R[j] := h; MK := MK ∪ {j} **end**;

(3) Eliminiere h aus MK;

Abbruch: MK = ∅ ;

Ergebnis: In D[1..n] ist die kürzeste Entfernung von a zu jedem anderen Knoten gespeichert (gleich ∞, falls zu einem Knoten kein Weg existiert). Aus R[1..n] ist, sofern vorhanden, ein kürzester Weg von a zu jedem Knoten rekursiv entwickelbar.

* * * * *

Beispiel: Wir wenden den Dijkstra-Algorithmus auf den Graphen in Abb. 3.10 an und wählen a = 1. Nach *Iteration 1* gilt:

i	1	2	3	4	5
D[i]	0	20	∞	10	∞
R[i]		1		1	

MK = {2, 4}

Iteration 2: h = 4; keine Änderung für Knoten 2, D[5] := 60; R[5] := 4; MK = {2, 5};

Iteration 3: h = 2; D[3] := 40; R[3] := 2; MK = {3, 5};

Iteration 4: h = 3; D[5] := 50; R[5] := 3; MK = {5};

Iteration 5: keine Entfernungsänderung; MK = ∅ ; nach Abbruch des Verfahrens ist Folgendes gespeichert:

i	1	2	3	4	5
D[i]	0	20	40	10	50
R[i]		1	2	1	3

Aus R lässt sich z.B. der kürzeste Weg w_{15}^{*} von 1 nach 5 rekursiv, bei Knoten 5 und R[5] = 3 beginnend, gemäß w_{15}^{*} = (R[2] = 1, R[3] = 2, R[5] = 3, 5) = (1, 2, 3, 5) bestimmen. Den Baum kürzester Wege zeigt Abb. 3.11.

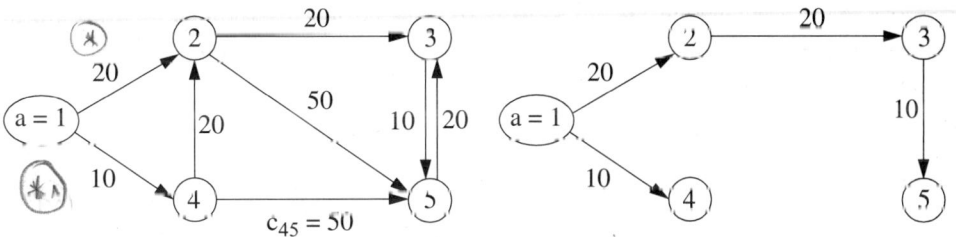

Abb. 3.10: Digraph   Abb. 3.11: Baum kürzester Wege

Bemerkung 3.7: Zur Erleichterung des Verständnisses haben wir die Iterationen des Dijkstra-Algorithmus ohne Verwendung von Fallunterscheidungen beschrieben. Man kann sich überlegen, dass Folgendes gilt:

(1) Aufgrund der Annahme $c_{ij} \geq 0$ für alle Pfeile wird jeder von a aus erreichbare Knoten h *genau einmal* in MK aufgenommen und daraus ausgewählt. Zum Zeitpunkt seiner Auswahl aus MK ist seine kürzeste Entfernung von a bekannt.

(2) Unter Berücksichtigung von Aussage (1) können bei der Entfernungsbestimmung für einen Knoten $j \in N(h)$ drei Fälle unterschieden werden:
   (a) Wurde j schon zuvor aus MK eliminiert, so ist D[j] über h nicht reduzierbar.
   (b) Gilt D[j] = ∞, so ist D[j] über h reduzierbar und j nach MK aufzunehmen
   (c) Ist j bereits Element von MK, so kann seine Entfernung evtl. reduziert werden.

Aufgrund obiger Aussagen ist der Dijkstra-Algorithmus auch besonders effizient zur Bestimmung kürzester Entfernungen und Wege von einem Knoten a zu einer (ein- oder mehrelementigen) Teilmenge V' der Knotenmenge in Graphen mit nichtnegativen Pfeil- oder Kantenbewertungen. Sobald alle Knoten aus V' markiert und auch aus MK wieder eliminiert wurden, kann das Verfahren beendet werden.

Wir beschreiben nun den **FIFO-Algorithmus**. Neben den Feldern D[1..n] und R[1..n] verwenden wir zur Speicherung der markierten Knoten in einer Warteschlange das Feld S[1..n]. Durch S[i] = j wird ausgedrückt, dass der Knoten j unmittelbarer Nachfolger von Knoten i in der Warteschlange ist. Ein Zeiger SK verweist auf den Schlangenkopf (das erste Element), ein Zeiger SE auf das Schlangenende (das letzte Element) der Warteschlange; siehe Kap. 3.1.2.

$$\boxed{\text{Der FIFO-Algorithmus}}$$

Voraussetzung: Ein Digraph G = (V, E, c) mit n Knoten, ohne Zyklus mit negativer Länge; Felder D[1..n] und R[1..n] zur Speicherung kürzester Entfernungen und Wege; ein Feld S[1..n] zur Speicherung der Menge der markierten Knoten als Warteschlange mit SK als Anfangs- und SE als Endzeiger.

Start: Setze SK := SE := a; D[a] := 0 sowie D[i] := ∞ für alle Knoten i ≠ a ;

Iteration μ (= 1, 2, ...):

  for (all) $j \in N(\text{SK})$ **do**

    if D[j] > D[SK] + $c_{\text{SK}, j}$ **then**

    begin D[j] := D[SK] + $c_{\text{SK}, j}$; R[j] := SK;

      if $j \notin S$ **then begin** S[SE] := j; SE := j **end**

    end;

  if SK = SE **then** Abbruch;

  SK := S[SK];

Ergebnis: Wie beim Dijkstra-Algorithmus.

$$* \; * \; * \; * \; *$$

Bemerkung 3.8: Um festzustellen, ob ein Knoten j Element von S ist oder nicht (Abfrage **if** $j \notin S$ **then**), muss die Schlange, beginnend bei SK, durchsucht werden.

Beispiel: Wir wenden auch den FIFO-Algorithmus auf den Graphen von Abb. 3.10 an und wählen a = 1. Nachfolger j von SK werden in aufsteigender Nummerierung ausgewählt.

Nach *Iteration 1* gilt:

i	1	2	3	4	5	
D[i]	0	20	∞	10	∞	SK := 2; SE := 4;
R[i]		1		1		aktuelle Schlange < 2,4]
S[i]	(2)	4				

Iteration 2: D[3] := 40; R[3] := 2; S[4] := 3; SE := 3; D[5] := 70; R[5] := 2; S[3] := 5; SE := 5; die Schlange hat am Ende der Iteration folgendes Aussehen: < 4, 3, 5]; SK := 4; der Inhalt des Feldes S sieht nun folgendermaßen aus (S[2] bleibt erhalten, ist aber nicht mehr relevant):

i	1	2	3	4	5
S[i]		(4)	5	3	

Iteration 3: D[5] := 60; R[5] := 4; Schlange: < 3, 5]; SK := 3; SE = 5;

Iteration 4: D[5] := 50; R[5] := 3; Schlange: < 5];   SK := 5; SE = 5;

Iteration 5: Keine Entfernungsänderung; Abbruch wegen SK = SE.

Die Felder D[1..n] und R[1..n] enthalten am Ende dieselben Eintragungen wie beim Dijkstra-Algorithmus.

Bemerkung 3.9: Hinsichtlich des erforderlichen Rechenaufwands ist der FIFO-Algorithmus dem Dijkstra-Algorithmus dann überlegen, wenn der betrachtete Graph relativ wenige Pfeile enthält. Bei Digraphen ist das der Fall, wenn die tatsächliche Anzahl m an Pfeilen kleiner als etwa 30 % der maximal möglichen Pfeilzahl $n \cdot (n-1)$ ist. Graphen, die Verkehrsnetze repräsentieren, besitzen i.Allg. diese Eigenschaft.

Zu Aussagen über effiziente Modifikationen und Implementierungen beider Verfahren siehe v.a. Gallo und Pallottino (1988), Bertsekas (1992), Ahuja et al. (1993) sowie Domschke (1995). Beim Dijkstra-Algorithmus spielt dabei insbesondere die (Teil-) **Sortierung** der markierten Knoten mit dem Ziel einer Auswahl des Knotens h mit möglichst geringem Aufwand eine entscheidende Rolle. Beim FIFO-Algorithmus erweist es sich im Hinblick auf den erforderlichen Rechenaufwand als günstig, die Menge der markierten Knoten nicht in einer, sondern in zwei (Teil-) Schlangen abzuspeichern, so dass diejenigen Knoten, die sich bereits einmal in der Schlange befanden, später bevorzugt ausgewählt werden.

3.2.2 Der Tripel-Algorithmus

Das Verfahren wird nach seinem Autor Floyd (1962) auch als *Floyd-Algorithmus* bezeichnet.[4] Mit ihm können simultan kürzeste Entfernungen (und Wege) zwischen jedem Knotenpaar i und j eines Graphen $G = (V, E, c)$ bestimmt werden. Er startet mit der **Kostenmatrix** $C(G) = (c_{ij})$ und der **Vorgängermatrix** $VG(G) = (vg_{ij})$ des Graphen, deren Elemente für Digraphen in Kap. 3.1.2 definiert sind.

Im Laufe des Verfahrens werden systematisch (durch geeignete Laufanweisungen; siehe unten) alle Tripel (i, j, k) von Knoten dahingehend überprüft, ob c_{ik} durch den evtl. kleineren Wert $c_{ij} + c_{jk}$ ersetzt werden kann. Nach Abschluss des Verfahrens enthält c_{ij} (für alle i und j) die kürzeste Entfernung von i nach j, und vg_{ij} gibt den unmittelbaren Vorgänger von Knoten j in einem kürzesten Weg von i nach j an; d.h. der Algorithmus liefert die **Entfernungsmatrix** $D(G) = (d_{ij})$ und die **Routenmatrix** $R(G) = (r_{ij})$. Bezeichnen wir mit w_{ij}^* den (bzw. einen) kürzesten Weg von i nach j, dann sind die Elemente dieser beiden Matrizen wie folgt definiert:

$$d_{ij} := \begin{cases} 0 & \text{falls } i = j \\ c(w_{ij}^*) & \text{falls ein Weg von i nach j existiert} \\ \infty & \text{sonst} \end{cases}$$

$$r_{ij} := \begin{cases} h & h \text{ ist (unmittelbarer) Vorgänger von j in } w_{ij}^* \\ 0 & \text{falls kein Weg von i nach j existiert} \end{cases}$$

Der Tripel-Algorithmus

Voraussetzung: Die Kostenmatrix $C(G)$ und die Vorgängermatrix $VG(G)$ eines bewerteten Digraphen $G = (V, E, c)$ ohne Zyklus mit negativer Länge.

Durchführung:

```
for j := 1 to n do
    for i := 1 to n do
        for k := 1 to n do
            begin  su := cij + cjk;
                if  su < cik then
                    begin  cik := su;  vgik := vgjk end
        end;
```

Ergebnis: C enthält die Entfernungsmatrix $D(G)$, VG eine Routenmatrix $R(G)$ des betrachteten Graphen.

$* * * * *$

---

4 In manchen Lehrbüchern wird er auch als *Floyd-Warshall-Algorithmus* bezeichnet. Dabei beziehen sich die Autoren zusätzlich auf eine Arbeit von Warshall, die ebenfalls aus dem Jahre 1962 stammt.

In unserer algorithmischen Beschreibung wird für jeden Knoten j genau einmal geprüft, ob über ihn zwischen jedem Paar von Knoten i und k ein kürzerer Weg als der aktuell bekannte existiert.

Beispiel: Der Graph in Abb. 3.10 besitzt die folgende Kosten- bzw. Vorgängermatrix:

$$C(G) = \begin{bmatrix} 0 & 20 & \infty & 10 & \infty \\ \infty & 0 & 20 & \infty & 50 \\ \infty & \infty & 0 & \infty & 10 \\ \infty & 20 & \infty & 0 & 50 \\ \infty & \infty & 20 & \infty & 0 \end{bmatrix} \qquad VG(G) = \begin{bmatrix} 1 & 1 & 0 & 1 & 0 \\ 0 & 2 & 2 & 0 & 2 \\ 0 & 0 & 3 & 0 & 3 \\ 0 & 4 & 0 & 4 & 4 \\ 0 & 0 & 5 & 0 & 5 \end{bmatrix}$$

Wenden wir darauf den Tripel-Algorithmus an, so erhalten wir folgende Entfernungs- bzw. Routenmatrix:

$$D(G) = \begin{bmatrix} 0 & 20 & 40 & 10 & 50 \\ \infty & 0 & 20 & \infty & 30 \\ \infty & \infty & 0 & \infty & 10 \\ \infty & 20 & 40 & 0 & 50 \\ \infty & \infty & 20 & \infty & 0 \end{bmatrix} \qquad R(G) = \begin{bmatrix} 1 & 1 & 2 & 1 & 3 \\ 0 & 2 & 2 & 0 & 3 \\ 0 & 0 & 3 & 0 & 3 \\ 0 & 4 & 2 & 4 & 4 \\ 0 & 0 & 5 & 0 & 5 \end{bmatrix}$$

Aus R(G) lasst sich z.B. der kürzeste Weg w_{15}^* von 1 nach 5 rekursiv, bei Knoten 5 und r_{15} beginnend, bestimmen: $w_{15}^* = (r_{12} = 1, r_{13} = 2, r_{15} = 3, 5) = (1, 2, 3, 5)$ mit $c(w_{15}^*) = 50$.

3.3 Minimale spannende Bäume und minimale 1-Bäume

Die folgende Beschreibung von Verfahren zur Bestimmung minimaler spannender Bäume und minimaler 1-Bäume zielt in erster Linie darauf ab, Methoden zur Lösung von Relaxationen für symmetrische Traveling Salesman - Probleme bereitzustellen (vgl. Kap. 6.6.2).

Über diese Anwendungsgebiete hinaus sieht eine typische Problemstellung, bei der Methoden zur Bestimmung minimaler spannender Bäume eingesetzt werde können, wie folgt aus (vgl. Domschke (1995, Kap. 4)):

Für n Orte ist ein Versorgungsnetz (z.B. ein Netz von Wasser-, Gas- oder Telefonleitungen) so zu planen, dass je zwei verschiedene Orte – entweder direkt oder indirekt – durch Versorgungsleitungen miteinander verbunden sind. Verzweigungspunkte des Netzes befinden sich nur in den Orten. Die Baukosten (oder die Summe aus Bau- und Betriebskosten für einen bestimmten Zeitraum) für alle Direktleitungen zwischen je zwei verschiedenen Orten seien bekannt. Gesucht ist ein Versorgungsnetz, dessen Gesamtkosten minimal sind.

Eine Lösung des Problems ist mit graphentheoretischen Hilfsmitteln wie folgt möglich:

Man bestimmt zunächst einen (kanten-) bewerteten, ungerichteten Graphen G, der für jeden Ort einen Knoten und für jede mögliche Direktverbindung eine Kante enthält. Die Kanten werden mit den Baukosten oder den Betriebskosten pro Periode bewertet.

Das gesuchte Versorgungsnetz ist ein minimaler spannender Baum des Graphen G.

Wir beschreiben im Folgenden zunächst einen Algorithmus zur Bestimmung eines minimalen spannenden Baumes. Anschließend erweitern wir die Vorgehensweise zur Ermittlung eines minimalen 1-Baumes.

3.3.1 Bestimmung eines minimalen spannenden Baumes

Wir beschreiben das Verfahren von Kruskal (1956), das neben den Algorithmen von Prim (1957) und Dijkstra (1959) zu den ältesten, bekanntesten und effizientesten Methoden zur Lösung des betrachteten Problems gehört; zum neuesten Stand der Forschung auf diesem Gebiet vgl. vor allem Camerini et al. (1988) sowie Ahuja et al. (1993).

Da die Vorgehensweise leicht zu verstehen ist, gehen wir unmittelbar eine algorithmische Beschreibung.

$$\boxed{\text{Der Kruskal-Algorithmus}}$$

Voraussetzung: Ein bewerteter, zusammenhängender, schlingenfreier, ungerichteter Graph $G = [V, E, c]$ mit n Knoten und m Kanten; mit $\overline{E}$ sei die zu bestimmende Kantenmenge des gesuchten minimalen spannenden Baumes $T = [V, \overline{E}]$ bezeichnet.

Start: Sortiere bzw. nummeriere die Kanten k_i von G in der Reihenfolge k_1, k_2, ..., k_m nach nicht abnehmenden Bewertungen $c(k_i)$, so dass gilt: $c(k_1) \leq c(k_2) \leq ... \leq c(k_m)$.

Setze $\overline{E} := \varnothing$ und $T := [V, \overline{E}]$ (zu Beginn ist also T ein kantenloser Teilgraph von G, der nur die n Knoten enthält).

Iteration $\mu = 1, 2, ..., m$:

Wähle die Kante k_μ aus und prüfe, ob ihre Aufnahme in $T = [V, \overline{E}]$ einen Kreis erzeugt.

Entsteht durch k_μ kein Kreis, so setze $\overline{E} := \overline{E} \cup \{k_\mu\}$.

Gehe zur nächsten Iteration.

Abbruch: Das Verfahren bricht ab, sobald $\overline{E}$ genau n – 1 Kanten enthält.

Ergebnis: $T = [V, \overline{E}]$ ist ein minimaler spannender Baum von G.

$$* \ * \ * \ * \ *$$

Beispiel: Gegeben sei der Graph in Abb. 3.7. Wenden wir darauf den Kruskal-Algorithmus an, so ist von folgender Sortierung der Kanten auszugehen (dabei sind bei gleicher Bewertung die Kanten nach steigenden Nummern der mit ihnen inzidenten Knoten sortiert):

[1, 3], [2, 5], [3, 5], [1, 2], [2, 3], [3, 4], [5, 6], [1, 4], [3, 6], [4, 6].

Der Kruskal-Algorithmus endet nach sieben Iterationen mit dem in Abb. 3.8 angegebenen minimalen spannenden Baum von G. Die Summe seiner Kantenbewertungen ist 16.

Bemerkung 3.10: Die beim Kruskal-Algorithmus angewendete Vorgehensweise versucht stets, die jeweils niedrigstbewertete Kante einzubeziehen. Verfahren dieses Typs bezeichnet man auch als *„Greedy-Algorithmen"*. Trotz dieser „gierigen" Vorgehensweise bietet der Kruskal-Algorithmus (im Gegensatz zu Greedy-Algorithmen für die meisten anderen OR-

Probleme, siehe z.B. Kap. 6.6.1.1) die Gewähr dafür, dass eine optimale Lösung gefunden wird.

Vgl. zur mathematischen Modellierung des Problems als ganzzahliges lineares Optimierungsproblem und zu dessen speziellen Eigenschaften z.B. Lucena und Beasley in Beasley (1996, Kap. 5); in Wolsey (1998, Kap. 3.5) findet man zusätzlich einen Beweis für die Optimalität der mit dem Kruskal-Algorithmus erhältlichen Lösung.

Bemerkung 3.11: Der Rechenaufwand für den Kruskal-Algorithmus hängt wesentlich von der Art der Implementierung, insbesondere von den gewählten Datenstrukturen für die Speicherung von T und dem verwendeten Sortierverfahren, ab; siehe hierzu Domschke (1995).

3.3.2 Bestimmung eines minimalen 1-Baumes

Aufbauend auf dem Algorithmus von Kruskal, lässt sich ein Verfahren zur Bestimmung eines minimalen 1-Baumes mit vorgegebenem Knoten i_0 unmittelbar angeben.

> Bestimmung eines minimalen 1-Baumes

Voraussetzung: Ein bewerteter, zusammenhängender, schlingenfreier, ungerichteter Graph $G = [V, E, c]$ mit von 1 bis n nummerierten Knoten; der vorgegebene Knoten i_0 besitze einen Grad ≥ 2 und sei kein Artikulationsknoten.[5]

Schritt 1: Bestimme mit dem Kruskal-Algorithmus einen minimalen spannenden Baum T' für den Graphen G', der aus G durch Weglassen des Knotens i_0 und aller mit ihm inzidenten Kanten entsteht.

Schritt 2: Erweitere T' um den Knoten i_0 und die beiden niedrigstbewerteten Kanten, mit denen dieser Knoten in G inzident ist.

Ergebnis: Ein minimaler 1-Baum von G.

$$* \; * \; * \; * \; *$$

Beispiel: Gegeben sei der Graph in Abb. 3.7. Wenden wir darauf obigen Algorithmus an, so erhalten wir den in Abb. 3.9 angegebenen minimalen 1-Baum mit Knoten $i_0 = 1$ und 20 als Summe der Kantenbewertungen.

Softwarehinweise zu Kapitel 3

Codes zu Kürzeste-Wege-Verfahren findet man u.a. bei Pape (1974), Gallo und Pallottino (1988) oder Bertsekas (1992).

---

5 Ein **Artikulationsknoten** i in einem Graphen G besitzt die Eigenschaft, dass der Graph unzusammenhängend wird, falls man i und alle mit ihm inzidenten Kanten aus G entfernt.

Weiterführende Literatur zu Kapitel 3

Aho et al. (1983)

Ahuja et al. (1993)

Bertsekas (1992)

Camerini et al. (1988)

Domschke (1995)

Habenicht (1984)

Jungnickel (1994)

Neumann und Morlock (2002)

Schrijver (2003, Vol. A und B)

Voß (1990)

Wirth (1986)

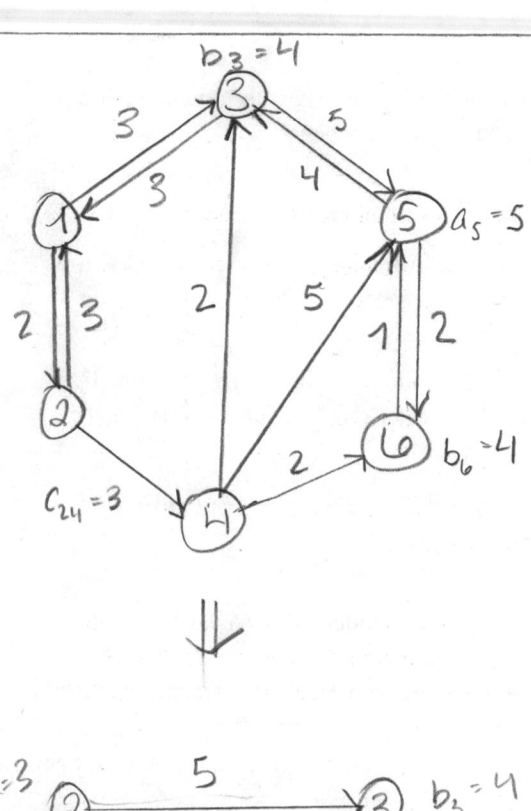

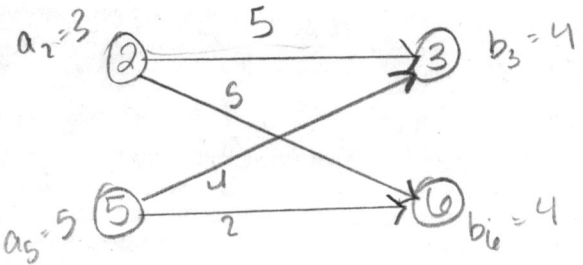

Kapitel 4: LP mit spezieller Struktur

Es gibt eine Reihe von linearen Optimierungsproblemen, die aufgrund ihrer Nebenbedingungen eine spezielle Struktur aufweisen. Zu ihrer Lösung sind demgemäß auch spezielle Verfahren entwickelt worden, die durch Ausnutzung der gegebenen Struktur die Probleme effizienter lösen, als dies mit dem Simplex-Algorithmus möglich ist. Im Folgenden beschreiben wir das klassische Transportproblem und Lösungsverfahren, das lineare Zuordnungsproblem sowie das Umladeproblem.

4.1 Das klassische Transportproblem

4.1.1 Problemstellung und Verfahrensüberblick

Das klassische Transportproblem (**TPP**) lässt sich wie folgt formulieren (siehe auch Abb. 4.1):

Im Angebotsort (oder beim Anbieter) A_i (i = 1,...,m) sind a_i ME eines bestimmten Gutes verfügbar. Im Nachfrageort (oder beim Nachfrager) B_j (j = 1,...,n) werden b_j ME dieses Gutes benötigt. Hinsichtlich der Angebots- und Nachfragemengen gelte die Beziehung $\sum_i a_i = \sum_j b_j$. Die Kosten für den Transport einer ME von A_i nach B_j betragen c_{ij} GE. Gesucht ist ein kostenminimaler Transportplan so, dass alle Bedarfe befriedigt (und damit zugleich alle Angebote ausgeschöpft) werden.

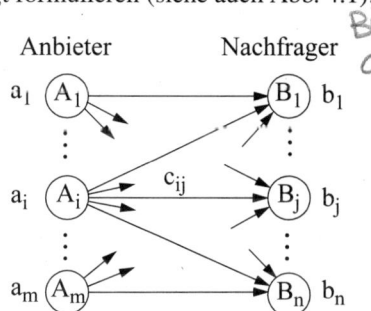

Abb. 4.1: Transportbeziehungen

Bezeichnen wir mit x_{ij} die von A_i nach B_j zu transportierenden ME, so lässt sich das Problem als lineares Optimierungsmodell wie folgt formulieren (in den linken Kästchen befinden sich die mit den Nebenbedingungen korrespondierenden Dualvariablen, die wir in Kap. 4.1.3 verwenden):

$$\text{Minimiere } F(\mathbf{x}) = \sum_{i=1}^{m} \sum_{j=1}^{n} c_{ij} x_{ij} \tag{4.1}$$

unter den Nebenbedingungen

$$\boxed{u_i} \quad \sum_{j=1}^{n} x_{ij} = a_i \qquad \text{für i = 1,...,m} \tag{4.2}$$

$$\boxed{v_j} \quad \sum_{i=1}^{m} x_{ij} = b_j \qquad \text{für j = 1,...,n} \tag{4.3}$$

$$x_{ij} \geq 0 \qquad \text{für alle i und j} \tag{4.4}$$

Die Forderung nach Gleichheit der Summe der Angebots- und Nachfragemengen bzw. der Gleichungen in (4.2) und (4.3) stellt keine Beschränkung der Anwendbarkeit des TPPs dar. Wie z.B. in Domschke (1995, Kap. 6.4) gezeigt wird, lassen sich zahlreiche TPPe, bei denen diese Bedingungen nicht erfüllt sind, in obige Form bringen.

Die spezielle Struktur der Nebenbedingungen (NB) des TPPs wird anhand des Beispiels von Tab. 4.1 mit <u>zwei Anbietern</u> und <u>drei Nachfragern</u> deutlich erkennbar.

NB	x_{11}	x_{12}	x_{13}	x_{21}	x_{22}	x_{23}	a_i / b_j
A_1	1	1	1				$a_1 = 75$
A_2				1	1	1	$a_2 = 65$
B_1	1			1			$b_1 = 30$
B_2		1			1		$b_2 = 50$
B_3			1			1	$b_3 = 60$

Tab. 4.1

(handschriftliche Anmerkungen: 2 anbieter; 3 Nachfragern; $= (B_1 + B_2 + B_3) - A_2$; $m+n-1 =$ Rang der Koeff. matrix; $F \quad C_{11} \, C_{12} \, C_{13} \, C_{21} \, C_{22} \, C_{23}$)

Die zur Lösung des klassischen TPPs verfügbaren Verfahren lassen sich unterteilen in

(1) **Eröffnungsverfahren zur Bestimmung einer zulässigen Basislösung**[1] und

(2) **Optimierungsverfahren**, die – ausgehend von einer zulässigen Basislösung – die (oder eine) optimale Lösung des Problems liefern.

Zu (1) gehören die Nordwesteckenregel, die Vogel'sche Approximations- und die Spaltenminimum-Methode; siehe Kap. 4.1.2.

Zu (2) zählen die Stepping-Stone-Methode und die in Kap. 4.1.3 beschriebene MODI- (MOdifizierte DIstributions-) Methode.

Der folgende Satz beschreibt eine wesentliche Eigenschaft von Basislösungen des TPPs, die für die unten beschriebenen Verfahren von Bedeutung ist.

(handschriftlich: Formel)

Satz 4.1: Jede zulässige Basislösung eines TPPs mit m Anbietern und n Nachfragern besitzt genau $m+n-1$ Basisvariablen.

Begründung: Eine beliebige der m + n Nebenbedingungen kann weggelassen werden, da sie redundant ist; sie ist durch die übrigen linear kombinierbar. Dies wird aus Tab. 4.1 unmittelbar ersichtlich.

Zur Beschreibung der genannten Verfahren und für „Handrechnungen" ist es vorteilhaft, ein **Transporttableau** der in Tab. 4.2 dargestellten Art zu verwenden. Hier wie im Folgenden bezeichnen wir die Anbieter bzw. Nachfrager häufig der Einfachheit halber mit Hilfe der Indizes i = 1,...,m bzw. j = 1,...,n.

(handschriftlich: Duales TPP: $\max FD(u,v) = \sum_{i=1}^{m} a_i u_i + \sum_{j=1}^{n} b_j v_j$ (von 4.1) — NB: $x_{ij}\ u_i + v_j \le c_{ij}$ für alle i und j; $u_i, v_j \in \mathbb{R}$ für alle i und j)

---

1   Gehen wir von positiven Angebots- und Nachfragemengen für alle Anbieter und Nachfrager aus, so ist $x_{ij} = 0$ für alle i und j keine zulässige Lösung des Problems.

Nachfrager

i $\diagdown$ j	1	2	...	n	a_i
1	x_{11}	x_{12}	...	x_{1n}	a_1
2	x_{21}	x_{22}	...	x_{2n}	a_2
$\vdots$	$\cdot$	$\cdot$	...	$\cdot$	$\cdot$
m	x_{m1}	x_{m2}	...	x_{mn}	a_m
b_j	b_1	b_2	...	b_n	

(Anbieter — vertical label at left)

Tab. 4.2 *(Transporttableau)*

4.1.2 Eröffnungsverfahren *(Heuristischen Verfahren)*

Im Folgenden beschreiben wir die Nordwesteckenregel, die Vogel'sche Approximations- und die Spaltenminimum-Methode. Sie zählen zur Klasse der (heuristischen) Eröffnungsverfahren, die eine erste zulässige Basislösung, i.Allg. jedoch keine optimale Lösung liefern. Weitere Eröffnungsverfahren für das klassische TPP sind z.B. die Zeilenminimum- und die Matrixminimum-Methode; vgl. Ohse (1989) und Domschke (1995) sowie allgemein zu Heuristiken Kap. 6.3.

Die Nordwesteckenregel benötigt wenig Rechenaufwand; sie berücksichtigt die Kostenmatrix $C = (c_{ij})$ nicht und liefert in der Regel schlechte Lösungen. Die Vogel'sche Approximations-Methode ist deutlich aufwendiger, sie liefert jedoch i.Allg. gute Lösungen. Die Spaltenminimum-Methode stellt hinsichtlich beider Kriterien einen Kompromiss dar. Zur Effizienz von Eröffnungsverfahren in Kombination mit der MODI-Methode siehe Bem. 4.4.

Der Name der **Nordwesteckenregel** ergibt sich daraus, dass sie im Transporttableau von links oben (Nordwestecke) nach rechts unten (Südostecke) fortschreitend Basisvariablen ermittelt.

> Die Nordwesteckenregel

Start: $i := j := 1$.

Iteration:

$x_{ij} := \min\{a_i, b_j\}$; $a_i := a_i - x_{ij}$, $b_j := b_j - x_{ij}$;

if $a_i = 0$ **then** $i := i + 1$ **else** $j := j + 1$,

gehe zur nächsten Iteration.

Abbruch: Falls $i = m$ und $j = n$ gilt, wird nach Zeile 1 der Iteration abgebrochen.

Ergebnis: Eine zulässige Basislösung mit $m + n - 1$ Basisvariablen.

* * * * *

Heuristiken! (S. 127)
Methoden die bestimmen einen ersten Eckpunkt liefern

Beispiel: Gegeben sei ein Problem mit drei Anbietern, vier Nachfragern, den Angebotsmengen $\mathbf{a} = (10,8,7)$, den Nachfragemengen $\mathbf{b} = (6,5,8,6)$ und der Kosten-matrix C aus Tab. 4.4.

i \ j	1	2	3	4	a_i
1	6	4			10
2		1	7		8
3			1	6	7
b_j	6	5	8	6	

Tab. 4.3

Mit der Nordwesteckenregel erhalten wir dafür die in Tab. 4.3 angegebene zulässige Basislösung mit den Basisvariablen $x_{11} = 6$, $x_{12} = 4$, $x_{22} = 1$, $x_{23} = 7$, $x_{33} = 1$, $x_{34} = 6$ (in Kästchen) und Nichtbasisvariablen $x_{ij} = 0$ sonst. Sie besitzt den Zielfunktionswert $F = 126$.

Im Gegensatz zur Nordwesteckenregel berücksichtigt die **Vogel'sche Approximations-Methode** die Transportkosten während des Verfahrensablaufs. Sie wendet das in der betriebswirtschaftlichen Entscheidungslehre bekannte *Regret-Prinzip*[2] an.

Wir beschreiben das Verfahren als Iterations- und Markierungsprozess. In jeder Iteration wird genau eine Basisvariable x_{pq} geschaffen und eine Zeile p oder Spalte q, deren Angebots- bzw. Nachfragemenge durch die Fixierung erschöpft bzw. befriedigt ist, markiert. In einer markierten Zeile bzw. Spalte können später keine weiteren Basisvariablen vorgesehen werden.

Hauptkriterien für die Auswahl der Variablen x_{pq} sind bei dieser Methode Kostendifferenzen zwischen zweitbilligster und billigster Liefermöglichkeit für jeden Anbieter bzw. Nachfrager. Man bestimmt zunächst die Zeile oder Spalte mit der größten Kostendifferenz. Dort wäre die Kostensteigerung (Maß des Bedauern = Regret) besonders groß, wenn statt der günstigsten Lieferbeziehung eine andere gewählt würde. Daher realisiert man hier die preiswerteste Liefermöglichkeit (zugehöriger Kostenwert c_{pq}) so weit wie möglich, indem man ihre Transportvariable x_{pq} mit dem größten noch möglichen Wert belegt (Minimum aus Restangebot a_p und Restnachfrage b_q).

> Die Vogel'sche Approximations-Methode

Start: Alle Zeilen und Spalten sind unmarkiert, alle $x_{ij} := 0$.

Iteration:

1. Berechne für jede unmarkierte Zeile i die Differenz $dz_i := c_{ih} - c_{ik}$ zwischen dem zweitkleinsten Element c_{ih} und dem kleinsten Element c_{ik} aller in einer noch unmarkierten Spalte (und in Zeile i) stehenden Elemente der Kostenmatrix.

2. Berechne für jede unmarkierte Spalte j die Differenz $ds_j := c_{hj} - c_{kj}$ zwischen dem zweitkleinsten Element c_{hj} und dem kleinsten Element c_{kj} aller in einer noch unmarkierten Zeile (und in Spalte j) stehenden Elemente der Kostenmatrix.

3. Wähle unter allen unmarkierten Zeilen und Spalten diejenige Zeile oder Spalte, welche die größte Differenz dz_i oder ds_j aufweist.[3] Das bei der Differenzbildung berücksichtigte kleinste Kostenelement der Zeile oder Spalte sei c_{pq}.

---

2 Vgl. hierzu z.B. Domschke und Scholl (2003, Kap. 2.3.2.2).

4. Nimm die Variable x_{pq} mit dem Wert $x_{pq} := \min\{a_p, b_q\}$ in die Basis auf und reduziere die zugehörigen Angebots- und Nachfragemengen $a_p := a_p - x_{pq}$ sowie $b_q := b_q - x_{pq}$. Falls danach $a_p = 0$ ist, markiere die Zeile p, ansonsten markiere die Spalte q und beginne erneut mit der Iteration.[4]

Abbruch: n−1 Spalten oder m−1 Zeilen sind markiert. Den in einer unmarkierten Zeile und einer unmarkierten Spalte stehenden Variablen werden die verbliebenen Restmengen zugeordnet.

Ergebnis: Eine zulässige Basislösung mit m + n − 1 Basisvariablen.

$$* \quad * \quad * \quad * \quad *$$

Beispiel: Wir lösen dasselbe Problem wie mit der Nordwesteckenregel mit den Angebotsmengen $\mathbf{a} = (10,8,7)$, den Nachfragemengen $\mathbf{b} = (6,5,8,6)$ und der Kostenmatrix in Tab. 4.4.

$$C = (c_{ij}) = \begin{bmatrix} 7 & 7 & 4 & 7 \\ 9 & 5 & 3 & 3 \\ 7 & 2 & 6 & 4 \end{bmatrix} \quad \text{Tab. 4.4}$$

Bis zur dritten Iteration ergibt sich der in Tab. 4.5 wiedergegebene Lösungsgang mit den in Kästchen angegebenen Basisvariablen. Danach ist das Abbruchkriterium erfüllt (n−1 Spalten sind markiert) und die restlichen Basisvariablen $x_{11} = x_{21} = x_{31} = 2$ werden geschaffen. Alle übrigen Variablen sind Nichtbasisvariablen mit Wert 0. Die erhaltene zulässige Basislösung besitzt den Zielfunktionswert F = 106.

i \ j	1	2	3	4	a_i	dz_i 1.It.	2.It.	3.It.
1	[2]		8		10 2	3	0	0
2	[2]			6	8 2	0	2	6
3	[2]	5			7 2	2	2	3
b_j	6	5	8	6				

ds_j		1	2	3	4	
	1.It.	0	3	1	1	1. It.: $x_{13} = 8$, Spalte 3 markiert
	2.It.	0	3	■	1	2. It.: $x_{32} = 5$, Spalte 2 markiert
	3.It.	0	■		1	3. It.: $x_{24} = 6$, Spalte 4 markiert
					■	Abbruch: $x_{11} = x_{21} = x_{31} = 2$ Tab. 4.5

In Kombination mit der MODI-Methode, welche die Startlösung in eine optimale Lösung überführt, ist die **Spaltenminimum-Methode** hinsichtlich des Gesamtrechenaufwands den beiden bislang beschriebenen Heuristiken vorzuziehen; vgl. Domschke (1995, Kap. 8). Im Folgenden beschreiben wir eine mögliche Variante dieses Verfahrens, bei der von Spalte 1 bis

---

3 Wähle unter mehreren Zeilen bzw. Spalten mit gleicher (größter) Differenz die Zeile mit dem kleinsten Zeilenindex, stehen nur Spalten zur Wahl diejenige mit dem kleinsten Index.

4 In jeder Iteration wird also genau eine Zeile oder Spalte markiert, in Tab. 4.5 mit ■ versehen.

(handwritten: $a = (10, 8, 7)$, $b = (6, 5, 8, 6)$)

n fortschreitend jeweils in einer Spalte so lange Basisvariablen geschaffen werden, bis die entsprechende Nachfrage verplant ist.

(handwritten: $c = c_{ij} = \begin{pmatrix} 7 & 7 & 4 & 7 \\ 9 & 5 & 3 & 3 \\ 7 & 2 & 6 & 4 \end{pmatrix}$)

> ### Die Spaltenminimum-Methode

Start: Alle Zeilen sind unmarkiert, alle $x_{ij} := 0$.

Iteration j = 1,...,n:

1. Suche in Spalte j unter denjenigen Kostenelementen c_{ij}, die in einer nicht markierten Zeile stehen, das kleinste[5] Element c_{hj}.

2. Nimm die Variable x_{hj} mit dem Wert $x_{hj} := \min \{a_h, b_j\}$ in die Basis auf und reduziere die zugehörigen Angebots- und Nachfragemengen $a_h := a_h - x_{hj}$ sowie $b_j := b_j - x_{hj}$.

   Falls danach $a_h = 0$ ist, markiere die Zeile h und beginne erneut bei 1.; ansonsten gehe zu Iteration (Spalte) j+1.

Abbruch und Ergebnis: Spalte n ist erreicht und $m + n - 1$ Basisvariablen sind bestimmt.

* * * * *

Beispiel: Wir lösen wiederum das obige Problem. Der Lösungsgang ist Tab. 4.6 zu entnehmen. Der Zielfunktionswert der erhaltenen Basislösung ist F = 112.

i＼j	1	2	3	4	a_i
1	6		0	4	10 4
2			8		8 0
3		5		2	7 2
b_j	6	5	8 0	6	

Tab. 4.6

(handwritten: $F = 7 \cdot 6 + 4 \cdot 0 + 7 \cdot 4 + 3 \cdot 8 + 2 \cdot 5 + 4 \cdot 2 = 112$)

Wir formulieren nun eine Aussage, die es uns erlaubt, eine zulässige Basislösung des klassischen TPPs sehr anschaulich darzustellen.

Satz 4.2: Jede zulässige Basislösung eines TPPs ist als Baum darstellbar mit den m+n Anbietern und Nachfragern als Knoten und den $m + n - 1$ Basisvariablen als Kanten.

Abb. 4.2 zeigt die Struktur der für unser Beispiel mit der Spaltenminimum-Methode erhaltenen Basislösung; in Abb. 4.3 ist sie deutlicher als Baum erkennbar.

Zur Begründung von Satz 4.2: Die Spaltenvektoren aus der Matrix der Nebenbedingungen von Variablen des TPPs, die (beim Versuch der Darstellung einer Basislösung als Baum) einen Kreis bilden würden, sind voneinander linear abhängig. In Abb. 4.3 würde z.B. durch die Einbeziehung der Variablen x_{33} (gestrichelte Kante $[A_3, B_3]$) ein Kreis entstehen. Der

---

5   Wähle unter mehreren gleich großen Elementen mit kleinstem Wert dasjenige mit niedrigstem Zeilenindex.

zugehörige Spaltenvektor ließe sich durch die Spaltenvektoren der zum Kreis gehörenden Variablen x_{23}, x_{24} und x_{34} linear kombinieren. Zusammen mit der Aussage von Satz 4.1 folgt somit die Aussage von Satz 4.2.

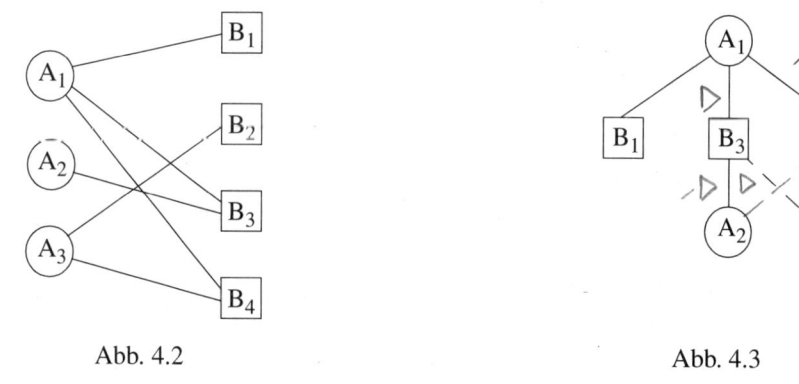

Abb. 4.2   Abb. 4.3

4.1.3 Die MODI-Methode

Ausgehend von einer zulässigen Basislösung eines TPPs, liefert die MODI-Methode in endlich vielen Iterationen eine optimale Basislösung. Sie verwendet Optimalitätsbedingungen, die sich aus dem Satz 2.6 vom komplementären Schlupf ergeben. Für deren Formulierung benötigen wir zunächst das zu (4.1) – (4.4) **duale Problem** (zum Verständnis der Herleitung des dualen Problems ist das Beispiel in Tab. 4.1 nützlich):

$$\text{Maximiere } FD(\mathbf{u,v}) = \sum_{i=1}^{m} a_i u_i + \sum_{j=1}^{n} b_j v_j \tag{4.5}$$

unter den Nebenbedingungen

$$\boxed{x_{ij}} \qquad u_i + v_j \leq c_{ij} \qquad \text{für alle i und j} \tag{4.6}$$

$$u_i, v_j \in \mathbb{R} \qquad \text{für alle i und j} \tag{4.7}$$

Aufgrund des <u>Satzes vom komplementären Schlupf</u> muss für optimale Lösungen $\mathbf{x}$ des primalen und $\{\mathbf{u,v}\}$ des dualen Problems gelten:[6]

$$x_{ij} \cdot (c_{ij} - u_i - v_j) = 0 \qquad \text{für alle } i = 1,...,m \text{ und } j = 1,...,n \tag{4.8}$$

Bei positiven x_{ij} bzw. positivem Schlupf in einer Nebenbedingung des dualen Problems folgt aus (4.8):

$$x_{ij} > 0 \; \Rightarrow \; u_i + v_j = c_{ij} \quad \text{bzw.} \quad u_i + v_j < c_{ij} \; \Rightarrow \; x_{ij} = 0$$

Die MODI-Methode ermittelt, ausgehend von einer zulässigen Basislösung $\mathbf{x}$ des TPPs, zunächst Dualvariablen u_i und v_j so, dass für alle Basisvariablen x_{ij} gilt:

---

6   Zur Bezeichnungsweise: $\mathbf{x} = (x_{11}, x_{12}, ..., x_{mn})$, $\mathbf{u} = (u_1, u_2, ..., u_m)$ und $\mathbf{v} = (v_1, v_2, ..., v_n)$

x_{ij} ist Basisvariable $\Rightarrow$ $u_i + v_j = c_{ij}$ (4.9)

Danach wird geprüft, ob für alle Nichtbasisvariablen die Nebenbedingungen des dualen Problems ($u_i + v_j \leq c_{ij}$) eingehalten werden. Ist dies der Fall, so sind beide Lösungen (die des primalen TPPs und die des dualen Problems) optimal. Ansonsten wählt man diejenige Nichtbasisvariable x_{pq} mit den kleinsten (negativen)

Reduzierten Kosten[7] $\bar{c}_{pq} := c_{pq} - u_p - v_q$ (4.10)

(negativer Schlupf in der Nebenbedingung des dualen Problems) und nimmt sie an Stelle einer bisherigen Basisvariablen in die Basis auf. Die zur Bestimmung der Dualvariablen und zur Ausführung des Basistausches erforderlichen Schritte betrachten wir im Folgenden.

Bestimmung von Dualvariablenwerten: Ausgehend von einer zulässigen Basislösung **x**, bildet man, um die Bedingung (4.9) zu erfüllen, ein lineares Gleichungssystem

$u_i + v_j = c_{ij}$ für alle i und j, deren x_{ij} Basisvariable ist.

Es enthält m + n Variablen u_i und v_j sowie m + n – 1 Gleichungen (= Anzahl der Basisvariablen). Nutzt man den vorhandenen Freiheitsgrad, indem man einer der Dualvariablen den Wert 0 zuordnet, so lässt sich das verbleibende System sukzessive leicht lösen.

Berechnung der Reduzierten Kosten für Nichtbasisvariablen x_{ij}: Man berechnet in den Nebenbedingungen (4.6) des dualen Problems den Schlupf

$\bar{c}_{ij} := c_{ij} - u_i - v_j$ für alle i und j, deren x_{ij} Nichtbasisvariable ist.

Die Reduzierten Kosten $\bar{c}_{ij}$ sind ein Maß für den Kostenanstieg bei Erhöhung von x_{ij} um eine ME; vgl. auch Bem. 4.2.

Sind alle $\bar{c}_{ij} \geq 0$, so ist die Lösung $\{\mathbf{u}, \mathbf{v}\}$ zulässig für das duale Problem. Da auch die Lösung **x** des primalen Problems zulässig ist und die Optimalitätsbedingungen (4.8) erfüllt sind, hat man mit **x** eine optimale Lösung des TPPs gefunden.

Falls ein $\bar{c}_{ij} < 0$ existiert, ist dort die Nebenbedingung $u_i + v_j \leq c_{ij}$ verletzt. Durch Ausführung eines Basistausches wird i.d.R.[8] eine neue, verbesserte zulässige Lösung des primalen Problems bestimmt.

Basistausch: Es wird genau eine Nichtbasisvariable an Stelle einer bisherigen Basisvariablen in die Basis aufgenommen. Wie beim Simplex-Algorithmus wählt man diejenige Nichtbasisvariable x_{pq} mit den kleinsten (negativen) Reduzierten Kosten $\bar{c}_{pq}$. Die Variable x_{pq} sollte einen möglichst großen Wert annehmen, um eine größtmögliche Verbesserung des Zielfunktionswertes herbeizuführen. Dazu ist es erforderlich, die Transportmengen einiger Basisvariablen umzuverteilen; es muss jedoch darauf geachtet werden, dass keine dieser Variablen negativ wird.

---

7   Vgl. zu deren Erläuterung und Bedeutung Bem. 4.2 und 4.3.

8   Eine Verbesserung entsteht genau dann, wenn den neuen Basisvariablen ein positiver Wert zugeordnet werden kann.

Man findet im Transporttableau (ebenso wie in dem der Basislösung entsprechenden Baum nach Hinzufügen einer Verbindung [p,q]) genau einen Kreis, zu dem außer x_{pq} ausschließlich Basisvariablen gehören; genau diese sind von der Transportmengenänderung betroffen. Soll x_{pq} den Wert Δ erhalten, so sind die Werte der Variablen im Kreis abwechselnd um Δ zu senken bzw. zu erhöhen. Δ wird so groß gewählt, dass die kleinste der von einer Mengenreduzierung betroffenen Basisvariablen 0 wird. Diese Basisvariable verlässt für x_{pq} die Basis (bei mehreren zu 0 gewordenen Basisvariablen verlässt unter diesen eine beliebige die Basis). Auch die übrigen Variablen des Kreises sind durch Addition bzw. Subtraktion von Δ zu korrigieren. Man erhält dadurch eine neue zulässige Basislösung $\mathbf{x}$ für das TPP.

Nach dem Basistausch beginnt die MODI-Methode erneut mit der Bestimmung von Dualvariablenwerten.

Beispiel: Zur Veranschaulichung der MODI-Methode verwenden wir das Problem, für das wir in Kap. 4.1.2 bereits mit den heuristischen Eröffnungsverfahren zulässige Basislösungen bestimmt haben. Tab. 4.7 enthält erneut die Kostenmatrix C des Problems.

In Tab. 4.8 sind die Werte der Basisvariablen (Zahlen in Kästchen) der mit der Spaltenminimum-Methode erhaltenen zulässigen Basislösung wiedergegeben. Die übrigen Felder, in denen im Transporttableau gemäß Tab. 4.2 Nichtbasisvariablen mit dem Wert 0 stehen würden, nutzen wir zur Darstellung der Reduzierten Kosten (Zahlen ohne Kästchen), deren Ermittlung unten erläutert wird.

Ergebnis der Spaltenminimum Methode

$$C_{ij} = C = \begin{bmatrix} 7 & 7 & 4 & 7 \\ 9 & 5 & 3 & 3 \\ 7 & 2 & 6 & 4 \end{bmatrix}$$

Tab. 4.7

i \ j	1	2	3	4	u_i
1	$\boxed{6}$	2	$\boxed{0}^{+\Delta}$	$\boxed{4}^{-\Delta}$	0 u_1
2	3	1	$\boxed{8}^{-\Delta}$	$-3^{+\Delta}$	-1
3	3	$\boxed{5}$	5	$\boxed{2}$	-3
v_j	7 v_1	5	4	7	

Tab. 4.8

$\square$ - Werte werden von vorige Tabelle (4.6) übernommen

Bestimmung von Dualvariablenwerten: Ausgehend von den Basisvariablen der in Tab. 4.8 enthaltenen Lösung, bilden wir das Gleichungssystem ($u_i + v_j = c_{ij}$):

$$u_1 + v_1 = 7, \quad u_1 + v_3 = 4, \quad u_1 + v_4 = 7,$$
$$u_2 + v_3 = 3, \quad u_3 + v_2 = 2, \quad u_3 + v_4 = 4.$$

Wählen wir $u_1 = 0$ (i.Allg. wird man diejenige Variable gleich 0 setzen, die im Gleichungssystem am häufigsten auftritt), so erhalten wir ferner $v_1 = 7$, $v_3 = 4$, $v_4 = 7$, $u_2 = -1$, $u_3 = -3$ und $v_2 = 5$.

Berechnung von Reduzierten Kosten: Die $\bar{c}_{ij} := c_{ij} - u_i - v_j$ aller Nichtbasisvariablen x_{ij} sind in Tab. 4.8 (Zahlen ohne Kästchen) wiedergegeben.

Basistausch: Die bisherige Lösung $\mathbf{x}$ ist nicht optimal. Die Nichtbasisvariable x_{24} besitzt negative Reduzierte Kosten $\bar{c}_{24} = -3$. Sie wird neue Basisvariable. Soll sie einen positiven Wert Δ erhalten, so ändert sich zugleich der Wert aller Basisvariablen, mit denen sie (bzw. die für sie einzeichenbare Kante) im Baum der bisherigen Basislösung einen Kreis bildet. Der

Variablenwert reduziert sich um Δ für x_{14} und x_{23} und steigt um Δ für x_{13}. Da keine der Variablen negativ werden darf, ist $\Delta = \min\{x_{14}, x_{23}\} = 4$ der größtmögliche Wert für x_{24}. Nach Veränderung der Variablenwerte im Kreis entfernen wir x_{14} aus der Basis.

Die neue zulässige Basislösung ist in Tab. 4.9 wiedergegeben. Nach Neuberechnung der Dualvariablen sowie der Reduzierten Kosten zeigt sich, dass die Lösung optimal ist; denn keine der Nichtbasisvariablen besitzt negative $\bar{c}_{ij}$. Der Zielfunktionswert der optimalen Lösung ist $F = 100$.

	1	2	3	4	u_i
1	$\boxed{6}^{-\Delta}$	5	$\boxed{4}^{+\Delta}$	3	0
2	3	4	$\boxed{4}^{-\Delta}$	$\boxed{4}^{+\Delta}$	−1
3	$0^{+\Delta}$	$\boxed{5}$	2	$\boxed{2}^{-\Delta}$	0
v_j	7	2	4	4	

Tab. 4.9

	1	2	3	4	u_i
1	$\boxed{4}$	5	$\boxed{6}$	3	0
2	3	4	$\boxed{2}$	$\boxed{6}$	−1
3	$\boxed{2}$	$\boxed{5}$	2	0	0
v_j	7	2	4	4	

Tab. 4.10

Bemerkung 4.1: Im obigen Beispiel sind zwei Sonderfälle enthalten.

1. Tab. 4.8 zeigt eine *primal degenerierte* Basislösung, da die Basisvariable x_{13} den Wert 0 besitzt.

2. Im Optimaltableau Tab. 4.9 besitzt die Nichtbasisvariable x_{31} die Reduzierten Kosten 0 (*duale Degeneration*). Somit existiert eine weitere optimale Basislösung. Führt man einen Basistausch unter Aufnahme von x_{31} in die Basis aus, so ergeben sich Änderungen entlang des ebenfalls in diesem Tableau veranschaulichten Kreises. x_{31} nimmt den Wert $\Delta = \min\{x_{11}, x_{23}, x_{34}\} = 2$ an. Die neue optimale Basislösung zeigt Tab. 4.10.

Bemerkung 4.2: Die Reduzierten Kosten einer Nichtbasisvariablen, die wir über die Formel (4.10) berechnet haben, erhält man ebenso durch Betrachtung der Kosten der sich in ihrem Kreis befindlichen Variablen. Für obiges Beispiel erhalten wir in der in Tab. 4.8 ausgeführten Iteration:

$$\bar{c}_{24} = c_{24} - c_{23} + c_{13} - c_{14} = 3 - 3 + 4 - 7 = -3$$

Dass Formel (4.10) und diese alternative Berechnungsweise stets zu denselben Ergebnissen führen, erkennt man durch Substitution von c_{ij} durch $(u_i + v_j)$ – wegen (4.9) – für alle Basisvariablen x_{ij}:

$$\bar{c}_{24} = c_{24} - (u_2 + v_3) + (u_1 + v_3) - (u_1 + v_4) = c_{24} - u_2 - v_4$$

Bemerkung 4.3 (*zur Bedeutung der Reduzierten Kosten*):
Wie im Rahmen der allgemeinen linearen Optimierung stellt der Eintrag $\bar{c}_{ij} = 0$ für Basisvariablen weder Opportunitätskosten noch -nutzen im Sinne von Def. 2.11 und 2.12 in Kap. 2.5.3 dar. Für Nichtbasisvariablen ist jedoch der Anteil $u_i + v_j$ des Terms $\bar{c}_{ij} := c_{ij} - (u_i + v_j)$ als Opportunitätsnutzen zu interpretieren, der dadurch entsteht, dass 1 ME unmittelbar von i nach j transportiert wird. $u_i + v_j$ sind (in der Summe positive oder negative) „Ersparnisse" entlang der Kette, die im Baum der Basislösung den Zeilenknoten i und den Spaltenknoten j verbinden.

Im Beispiel der Bem. 4.2 gilt $u_2 + v_4 = c_{23} - c_{13} + c_{14} = 6$. Diesem Opportunitätsnutzen stehen lediglich unmittelbare Kosten in Höhe von 3 GE entgegen, so dass die Reduzierten Kosten -3 GE betragen.

Bemerkung 4.4: Effiziente Implementierungen von Verfahren zur Lösung des klassischen TPPs (Eröffnungsverfahren und MODI-Methode) speichern jede Basislösung des TPPs als Baum. Als Eröffnungsverfahren werden dabei die Spaltenminimum- oder alternativ dazu die Zeilenminimum-Methode verwendet. Weitere Hinweise zu effizienten Implementierungen findet man in Domschke (1995, Kap. 6 und 8).

4.1.4 Transportprobleme bei ganzzahligen Angebots- und Nachfragemengen

Im Folgenden formulieren wir Eigenschaften von LPs, die garantieren, dass Basislösungen stets ganzzahlig sind. Diese Eigenschaften erfüllt z.B. das Nebenbedingungssystem vieler Netzwerkfluss- oder Umladeprobleme (siehe Kap. 4.3) sowie vieler Instanzen des klassischen TPPs und des linearen Zuordnungsproblems (siehe Kap. 4.2)).

Satz 4.3: Jede Basislösung eines LPs (2.1) – (2.5) ist ganzzahlig, wenn bei ganzzahligen (rechten Seiten) b_i die Koeffizientenmatrix $A = (a_{ij})$ die Eigenschaft der **totalen Unimodularität** aufweist. Sie liegt dann vor, wenn die Determinante jeder quadratischen Teilmatrix von A nur einen der Werte -1, 0 oder $+1$ annimmt.

Es ist recht aufwendig, die in Satz 4.3 geforderten Eigenschaften nachzuprüfen. Eine bei weitem nicht ausreichende Forderung ist, dass sämtliche a_{ij} nur die Werte -1, 0 oder $+1$ besitzen. In der Literatur findet man jedoch leicht überprüfbare, *hinreichende,* aber *nicht notwendige Bedingungen* für die Ganzzahligkeit von Basislösungen; vgl. z.B. Williams (1999, S. 192 f.).

Satz 4.4: Unter den folgenden Bedingungen ist bei ganzzahligen rechten Seiten jede Basislösung eines LPs ganzzahlig:

- Jedes Element von A besitzt den Wert -1, 0 oder $+1$.

- Jede Spalte von A enthält maximal zwei Nichtnullelemente.

- Die Zeilen von A lassen sich so in zwei Teilmengen M_1 und M_2 unterteilen, dass gilt: Besitzt eine Spalte von A zwei Nichtnullelemente, so befinden sie sich bei gleichem Vorzeichen in verschiedenen Teilmengen, bei ungleichem Vorzeichen in derselben Teilmenge.

Die Bedingungen aus Satz 4.4 lassen sich analog so formulieren, dass in jeder *Zeile* maximal zwei Nichtnullelemente enthalten sein dürfen und die *Spalten* sich – wie oben für die Zeilen geschildert – in zwei Teilmengen separieren lassen.

Das Nebenbedingungssystem des klassischen TPPs und des linearen Zuordnungsproblems besitzt in jeder Spalte der Koeffizientenmatrix genau zwei Nichtnullelemente mit dem Wert $+1$ und erfüllt damit die Bedingungen von Satz 4.4. Bei ganzzahligen Angebots- und Nachfragemengen (beim linearen Zuordnungsproblem alle = 1) liefern der Simplex-Algorithmus und daraus abgeleitete Vorgehensweisen wie die MODI-Methode stets ganzzahlige Lösungen.

4.2 Das lineare Zuordnungsproblem

Beim linearen Zuordnungsproblem handelt es sich um ein spezielles klassisches TPP mit $m = n$ und $a_i = 1$ sowie $b_j = 1$ für alle i und j. Es lässt sich verbal z.B. wie folgt formulieren:

n Arbeitern sollen n Tätigkeiten bei bekannten (Ausführungs-) Kosten c_{ij} so zugeordnet werden, dass gilt:

1) Jeder Arbeiter führt genau eine Tätigkeit aus; umgekehrt muss jede Tätigkeit genau einem Arbeiter zugeordnet werden.

2) Der ermittelte Arbeitsplan ist kostenminimal unter allen bzgl. 1) zulässigen Plänen.

Wählen wir Variablen x_{ij} mit der Bedeutung

$$x_{ij} = \begin{cases} 1 & \text{falls dem Arbeiter i die Tätigkeit j zugeordnet wird} \\ 0 & \text{sonst,} \end{cases}$$

so lässt sich das lineare Zuordnungsproblem mathematisch wie folgt formulieren:

$$\text{Minimiere } F(\mathbf{x}) = \sum_{i=1}^{n} \sum_{j=1}^{n} c_{ij}\, x_{ij} \tag{4.11}$$

unter den Nebenbedingungen

$$\sum_{j=1}^{n} x_{ij} = 1 \qquad \text{für i} = 1,...,n \tag{4.12}$$

$$\sum_{i=1}^{n} x_{ij} = 1 \qquad \text{für j} = 1,...,n \tag{4.13}$$

$$x_{ij} \in \{0, 1\} \qquad \text{für i, j} = 1,...,n \tag{4.14}$$

Aufgrund unserer Ausführungen in Kap. 4.1.4 kann (4.14) durch Nichtnegativitätsbedingungen $x_{ij} \geq 0$ für alle i und j ersetzt werden. Auch in diesem Fall liefern der Simplex-Algorithmus oder (mit weniger Aufwand) Verfahren zur Lösung des klassischen TPPs stets ganzzahlige und somit für (4.11) – (4.14) zulässige Lösungen.

Als der speziellen Modellstruktur des linearen Zuordnungsproblems angepasste, effiziente Lösungsverfahren sind v.a. die **Ungarische Methode** und Shortest Augmenting Path -Verfahren zu nennen; vgl. dazu Burkard und Derigs (1980), Carpaneto et al. (1988), Derigs (1988) sowie Domschke (1995). Weitere Vorgehensweisen enthält Bertsekas (1992).

4.3 Umladeprobleme

Ein Umladeproblem lässt sich allgemein wie folgt formulieren:

Gegeben sei ein bewerteter, gerichteter Graph $G = (V, E, c)$; siehe Abb. 4.4. Seine Knotenmenge sei $V = V_a \cup V_b \cup V_u$ mit disjunkten Teilmengen V_a (Angebotsknoten), V_b (Nachfrageknoten) und V_u (Umladeknoten). Elemente aus V_a und V_b können zugleich als Umladeknoten dienen.

In Knoten $i \in V_a$ mögen a_i ME eines bestimmten Gutes angeboten und in Knoten $i \in V_b$ genau b_i ME dieses Gutes nachgefragt werden; in jedem Knoten $i \in V_u$ möge das Gut weder angeboten noch nachgefragt werden. Ferner gelte $\sum\limits_{i \in V_a} a_i = \sum\limits_{i \in V_b} b_i$.

Die Kosten für den Transport einer ME des Gutes von Knoten i nach Knoten j, mit $(i, j) \in E$, sollen c_{ij} GE betragen.

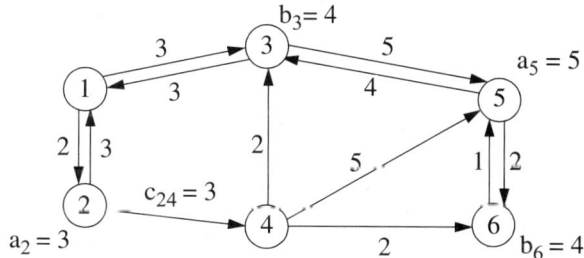

Abb. 4.4: Digraph eines Umladeproblems

Gesucht sei ein kostenminimaler Transportplan so, dass alle Nachfragen befriedigt und alle Angebote ausgeschöpft werden.

Bezeichnen wir mit x_{ij} die von i nach j zu transportierenden ME, so lässt sich das Problem mathematisch wie folgt formulieren:

$$\text{Minimiere } F(\mathbf{x}) = \sum_{(i,j) \in E} c_{ij} x_{ij} \tag{4.15}$$

unter den Nebenbedingungen

$$\sum_{(h,i) \in E} x_{hi} + \sum_{(i,j) \in E} x_{ij} = \begin{cases} a_i & \text{für alle } i \in V_a \\ -b_i & \text{für alle } i \in V_b \\ 0 & \text{für alle } i \in V_u \end{cases} \tag{4.16}$$

$$x_{ij} \geq 0 \qquad \text{für alle } (i, j) \in E \tag{4.17}$$

(4.15) minimiert die Summe der auf allen Pfeilen $(i, j) \in E$ des Graphen anfallenden Transportkosten. (4.16) formuliert Flusserhaltungsbedingungen für alle Knoten des Graphen. Im Einzelnen muss also für jeden Angebotsknoten $i \in V_a$ gelten, dass a_i ME (ggf. vermehrt um von anderen Angebotsknoten zu Knoten i transportierte ME) über die Pfeile $(i, j) \in E$ abtransportiert werden.

Analog müssen zu jedem Nachfrageknoten $i \in V_b$ genau b_i ME über die Pfeile $(h, i) \in E$ gelangen. In Umladeknoten $i \in V_u$ muss die Summe der eingehenden ME der Summe der ausgehenden entsprechen.

Beispiel: Wir betrachten ein sehr einfaches, auf dem Digraphen in Abb. 4.5 definiertes Umladeproblem mit $V_a = \{1\}$, $V_u = \{2, 3\}$ und $V_b = \{4\}$. Dessen Modellformulierung lautet:

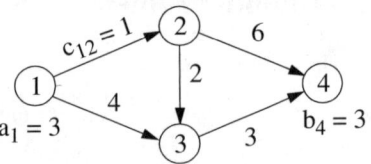

Abb. 4.5: Umladeproblem

$$\text{Minimiere } F(\mathbf{x}) = 1x_{12} + 4x_{13} + 2x_{23} + 6x_{24} + 3x_{34}$$

unter den Nebenbedingungen

$$
\begin{array}{rcrcrcrcrclll}
x_{12} & + & x_{13} & & & & & & & = & 3 & \text{für Knoten 1} \\
-x_{12} & & & + & x_{23} & + & x_{24} & & & = & 0 & \text{für Knoten 2} \\
& & -x_{13} & - & x_{23} & & & + & x_{34} & = & 0 & \text{für Knoten 3} \\
& & & & & - & x_{24} & - & x_{34} & = & -3 & \text{für Knoten 4}
\end{array}
$$

$$x_{ij} \geq 0 \quad \text{für alle } i \text{ und } j$$

Bemerkung 4.5: Ein Spezialfall des Umladeproblems ist das *zweistufige Transportproblem*. Der Graph G besitzt in diesem Fall die Eigenschaft, dass ausschließlich Transportverbindungen (h,i) mit $h \in V_a$ und $i \in V_u$ sowie Verbindungen (i,j) mit $i \in V_u$ und $j \in V_b$ existieren.

Das hier beschriebene (unkapazitierte) Umladeproblem lässt sich leicht in ein klassisches TPP überführen und als solches lösen. Das TPP enthält lediglich die Angebots- und Nachfrageknoten. Bewertungen von Verbindungen von Anbietern zu Nachfragern ergeben sich durch Ermittlung kürzester Wege im ursprünglichen Graphen.

Zur Lösung von kapazitierten Umladeproblemen (mit Beschränkungen $x_{ij} \leq \kappa_{ij}$ für einzelne Pfeile des Graphen) wurden zahlreiche Verfahren entwickelt; vgl. z.B. Bertsekas und Tseng (1988), Derigs (1988), Bazaraa et al. (1990), Ahuja et al. (1993), Arlt (1994) oder Domschke (1995):

- primale Verfahren (analog zur MODI-Methode für klassische Transportprobleme; Implementierungen dieser Verfahren nutzen die Baumstruktur von Basislösungen aus),
- Inkrementgraphen-Algorithmen,
- primal-duale Vorgehensweisen wie der Out-of-Kilter-Algorithmus oder der Relaxation-Algorithmus.

Softwarehinweise zu Kapitel 4

Transport- und Umladeprobleme können beispielsweise mit Methoden, die in der CPLEX Library von ILOG zur Verfügung stehen, gelöst werden; vgl. hierzu auch Moré und Wright (1993). Einen Code für das lineare Zuordnungsproblem enthält Burkard und Derigs (1980); Codes für Umlade- bzw. Netzwerkflussprobleme sind in Bertsekas und Tseng (1988),

Bertsekas (1992) sowie Goldberg (1997) veröffentlicht. Weitere Hinweise auf Software findet man in Domschke (1995, Kap. 8).

Weiterführende Literatur zu Kapitel 4

Ahuja et al. (1993)

Arlt (1994)

Bazaraa et al. (1990)

Bertsekas (1992)

Bertsekas und Tseng (1988)

Burkard und Derigs (1980)

Carpaneto et al. (1988)

Derigs (1988)

Domschke (1995)

Neumann und Morlock (2002)

Ohse (1989)

Schrijver (2003, Vol. A)

Williams (1999)

Kapitel 5: Netzplantechnik

und Projektmanagement.

Die Netzplantechnik ist eines der für die Praxis wichtigsten Teilgebiete des Operations Research. Nach einer kurzen Einführung und der Darstellung wichtiger Definitionen beschreiben wir in Kap. 5.2 bzw. in Kap. 5.3 die grundlegenden Vorgehensweisen der Struktur- und Zeitplanung in Vorgangsknoten- bzw. Vorgangspfeilnetzplänen. Anschließend schildern wir in Kap. 5.4 bzw. in Kap. 5.5 jeweils ein klassisches Modell der Kosten- bzw. Kapazitätsoptimierung.

5.1 Einführung und Definitionen

↱ Planung, Steuerung u. Kontrolle

Netzplantechnik (NPT) dient dem Management (d.h. der Planung und der Kontrolle) komplexer Projekte. Beispiele hierfür sind:

- Projekte im Bereich Forschung und Entwicklung (eines neuen Kraftfahrzeugs, eines neuen Flugzeugs, ...)

- Bauprojekte (Schiffe, Kraftwerke, Fabriken, ...)

- Projekte der betrieblichen Organisation (Einführung von EDV, ...)

- Kampagnen (Werbe- oder Wahlkampagnen, ...)

- Planung von Großveranstaltungen (Olympiaden, Weltmeisterschaften, ...)

Die ersten Methoden der NPT wurden in den 50-er Jahren entwickelt, nämlich:

→ - CPM (Critical Path-Method), USA 1956

→ - MPM (Metra Potential-Method), Frankreich 1957

→ - PERT (Program Evaluation and Review Technique), 1956 in den USA für die Entwicklung der Polarisrakete eingeführt

Diese Methoden wurden seitdem auf vielfältige Weise modifiziert, und neue kamen hinzu. Im Folgenden wollen wir keine dieser Methoden im Detail darstellen; vielmehr erläutern wir die ihnen gemeinsamen Grundlagen und Elemente.

Mit NPT zu planende Projekte lassen sich in der Regel in zahlreiche einzelne Aktivitäten (Tätigkeiten, Arbeitsgänge) unterteilen. Man bezeichnet diese Aktivitäten als Vorgänge. In Normblatt DIN 69900 wird festgelegt:

Ein **Vorgang** ist ein zeiterforderndes Geschehen mit definiertem Anfang und Ende.

Ein **Ereignis** ist ein Zeitpunkt, der das Eintreten eines bestimmten Projektzustandes markiert.

Zu jedem Vorgang gehören ein Anfangs- und ein Endereignis. Ein Projekt beginnt mit einem **Startereignis** (Projektanfang) und endet mit einem **Endereignis** (Projektende).

Projekte → Vorgänge (Tätigkeiten, Aktivitäten, Jobs) und Reihenfolgen Beziehungen

Pfeil → technologisch bedingte Reihenfolgebeziehung (zwischen Vorgang h und i)

Ereignisse, denen bei der Projektdurchführung eine besondere Bedeutung zukommt, werden als **Meilensteine** bezeichnet. Bei einem Bauprojekt ist z.B. die Fertigstellung des Rohbaus ein Meilenstein.

Vorgänge und Ereignisse bezeichnet man als **Elemente** eines Netzplans.

Außer Elementen sind bei der Durchführung eines Projektes **Reihenfolgebeziehungen** (Anordnungs- oder Vorgänger-Nachfolger-Beziehungen) zwischen Vorgängen bzw. Ereignissen zu berücksichtigen.

Ein **Netzplan** ist, falls man parallele Pfeile vermeidet, ein Digraph mit Pfeil- und/oder Knotenbewertungen. Er enthält die vom Planer als wesentlich erachteten Elemente und deren Reihenfolgebeziehungen, d.h. er gibt die *Struktur* des Projektes wieder. Was dabei als Knoten und was als Pfeil des Graphen dargestellt wird, erläutern wir, wenn wir uns in Kap. 5.2.1 bzw. in Kap. 5.3.1 mit der **Strukturplanung** in Vorgangsknoten- bzw. -pfeilnetzplänen beschäftigen.

Neben Knoten und Pfeilen enthält ein Netzplan Knoten- und/oder Pfeilbewertungen in Form von Bearbeitungszeiten für Vorgänge und von evtl. einzuhaltenden minimalen oder maximalen Zeitabständen zwischen aufeinander folgenden Vorgängen. Sie sind wichtige Inputgrößen der **Zeit-** oder **Terminplanung** (vgl. Kap. 5.2.2. bzw. Kap. 5.3.2). Darüber hinaus ist es mit Hilfe der NPT möglich, eine **Kosten-** und/oder **Kapazitätsplanung** für Projekte durchzuführen; vgl. Kap. 5.4 und 5.5.

Methoden der NPT lassen sich unterteilen in deterministische und stochastische Vorgehensweisen (siehe auch Abb. 5.1).

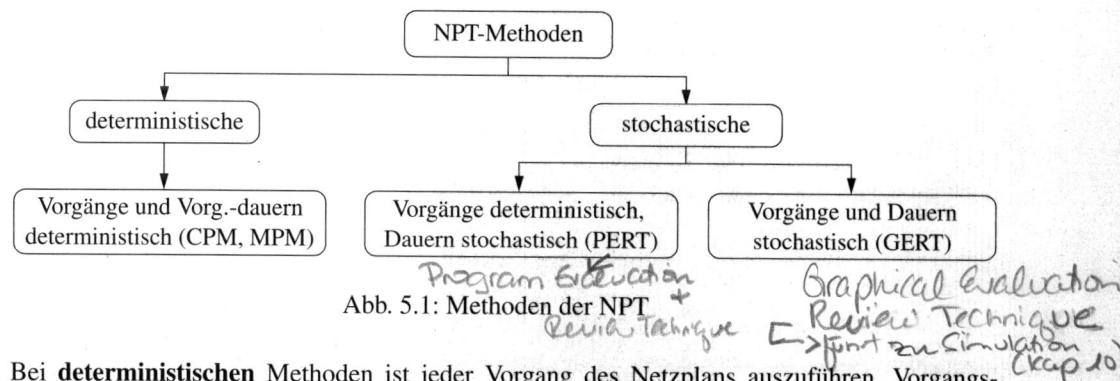

Abb. 5.1: Methoden der NPT

Bei **deterministischen** Methoden ist jeder Vorgang des Netzplans auszuführen. Vorgangsdauern und minimale bzw. maximale zeitliche Abstände zwischen Vorgängen werden als bekannt vorausgesetzt. Zu dieser Gruppe zählen z.B. CPM und MPM.

Stochastische Methoden lassen sich weiter unterteilen in

a) Methoden, die deterministische Vorgänge (jeder Vorgang ist auszuführen) und stochastische Vorgangsdauern (bzw. zeitliche Abstände) berücksichtigen, und

b) Methoden, bei denen im Gegensatz zu a) jeder Vorgang nur mit einer gewissen Wahrscheinlichkeit ausgeführt werden muss.

Zur Gruppe a) zählt z.B. PERT. Zur Gruppe b) gehört ein vor allem bei der Planung und Kontrolle von Forschungs- und Entwicklungsprojekten eingesetztes Verfahren, das unter dem Kürzel GERT (Graphical Evaluation and Review Technique) bekannt ist.

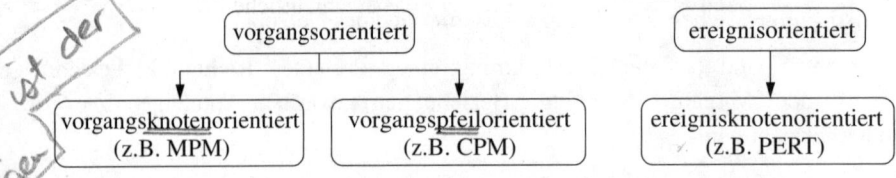

handschriftlich: MPH ist der CPM überlegen

Abb. 5.2: Arten der Darstellung von Netzplänen

Stochastische Methoden der NPT erfordern i.Allg. vergleichsweise umfangreiche (mathematische) Analysen. Aus diesem Grunde überwiegen in der Praxis bei weitem deterministische Methoden. Wir verzichten an dieser Stelle auf die Beschreibung stochastischer Vorgehensweisen. Bzgl. PERT verweisen wir auf Neumann und Morlock (2002, Kap. 2.10.4), bzgl. GERT auf Neumann (1990). In Kap. 10.4.2 zeigen wir, wie die Simulation zur näherungsweisen Auswertung stochastischer Netzpläne eingesetzt werden kann.

Nach der Art der Darstellung des Netzplans lassen sich Methoden der NPT ferner klassifizieren in solche mit *vorgangs-* und solche mit *ereignisorientierten* Netzplänen (vgl. Abb. 5.2). Die vorgangsorientierten Netzpläne lassen sich weiter unterteilen in **Vorgangsknotennetzpläne** (die Vorgänge werden als Knoten des Graphen dargestellt; vgl. Kap. 5.2) und in **Vorgangspfeilnetzpläne** (die Vorgänge werden als Pfeile des Graphen dargestellt; vgl. Kap. 5.3). Die weitere Unterteilung von ereignisorientierten Netzplänen in knoten- und pfeilorientierte Netzpläne wäre ebenfalls denkbar; verwendet wurden bislang jedoch nur knotenorientierte Netzpläne (Ereignisse werden als Knoten dargestellt).

Abb. 5.3 (vgl. auch Schwarze (2001, S. 48)) zeigt die im Rahmen des *Projektmanagements* mittels NPT (ohne Kosten- und Kapazitätsplanung) unterscheidbaren Planungs- und Durchführungsphasen. Die von unten nach oben führenden Pfeile deuten an, dass während einer nachgeordneten Phase unter Umständen Korrekturen der Planung von vorgeordneten Phasen erforderlich sind.

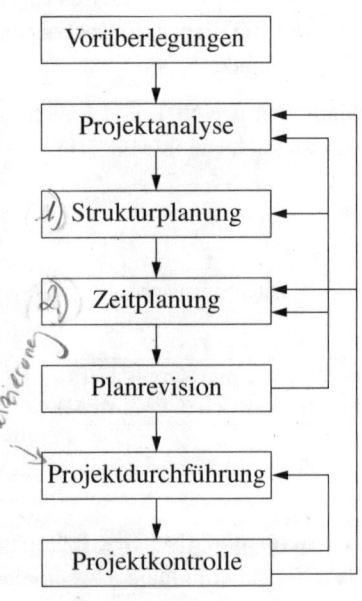

Abb. 5.3: Planungs- und Durchführungsphasen

Insbesondere gilt, dass die Zeitplanung auch Auswirkungen auf die ihr vorgelagerte Strukturplanung besitzt. Aus diesem Grunde werden wir im Folgenden von Anfang an Bearbeitungszeiten für Vorgänge und minimale bzw. maximale Zeitabstände zwischen Vorgängen mit berücksichtigen.

Wir beschreiben nun die Vorgehensweisen der Struktur- und Zeitplanung. Wir beginnen mit Ausführungen über Vorgangsknotennetzpläne und wenden uns anschließend Vorgangspfeil-

handschriftlich: 1.) + 2.) werden gleich vertieft behandelt.

netzplänen zu. Dabei werden wir sehen, dass knotenorientierte Netzpläne gegenüber pfeilorientierten wegen ihrer konzeptionellen Einfachheit deutliche Vorteile besitzen. Dies überrascht angesichts der Tatsache, dass sich Vorgangspfeilnetzpläne nach wie vor großer Beliebtheit in der Praxis erfreuen, und ist nur unter entwicklungsgeschichtlichen Gesichtspunkten zu verstehen.

5.2 Struktur- und Zeitplanung mit Vorgangsknotennetzplänen

5.2.1 Strukturplanung

Wie oben erwähnt, beschäftigen wir uns im Folgenden ausschließlich mit deterministischen Methoden der NPT.

Die *Strukturplanung* für ein Projekt lässt sich in *zwei Phasen* unterteilen:

Phase 1: Zerlegen des Projektes in Vorgänge und Ereignisse und Ermitteln von Reihenfolgebeziehungen zwischen Vorgängen bzw. Ereignissen. In der Regel muss man sich bereits in dieser Phase der Strukturplanung über Vorgangsdauern und gegebenenfalls zeitliche (Mindest- und/oder Maximal-) Abstände zwischen Vorgängen bzw. Ereignissen Gedanken machen.

Die Phase 1 wird wesentlich durch das jeweilige Projekt bestimmt. Sie wird aber auch bereits durch die anzuwendende NPT-Methode beeinflusst. Über die Vorgehensweise in dieser Phase lassen sich kaum allgemeingültige Aussagen treffen.

Den Abschluss der Phase 1 bildet die Erstellung einer *Vorgangsliste*.

Phase 2: Abbildung der Ablaufstruktur durch einen Netzplan.

Die Vorgehensweise in Phase 2 ist von der anzuwendenden NPT-Methode abhängig. Wir beschreiben im Folgenden Grundregeln, die bei der Erstellung von Vorgangsknotennetzplänen zu beachten sind. In Kap. 5.3.1.1 behandeln wir die entsprechenden Regeln für Vorgangspfeilnetzpläne.

5.2.1.1 Grundregeln der MPM

(1) **Vorgänge** werden als **Knoten** dargestellt. Wir zeichnen jeden (Vorgangs-) Knoten als Rechteck. Reihenfolgebeziehungen werden durch Pfeile veranschaulicht.

Die Darstellung rechts drückt aus, dass Vorgang h direkter Vorgänger von Vorgang i und Vorgang i direkter Nachfolger von h ist.

(2) Vorgang j hat die Vorgänge h und i als direkte Vorgänger, d.h.
$V(j) = \{h,i\}$.

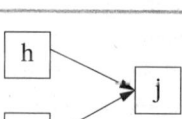

(3) Vorgang h hat die Vorgänge i und j als direkte Nachfolger, d.h.
$N(h) = \{i, j\}$.

(4) Soll der Beginn von Vorgang i mit der Beendigung eines bestimmten
Anteils von Vorgang h gekoppelt sein, so kann h in zwei Teilvorgänge
h_1 (nach dessen Beendigung i beginnen darf) und h_2 unterteilt werden.
→ nicht der vorzügliche darstellung des Prozesses (handschriftlich)
Eine weitere, einfachere Darstellungsmöglichkeit geben wir in Kap.
5.2.1.3 an.

Projekt hat eine Quelle und eine Senke (handschriftlich)

(5) Falls ein Projekt mit mehreren Vorgängen zugleich begonnen und/oder beendet werden
kann, führen wir einen *Scheinvorgang Beginn* und/oder einen *Scheinvorgang Ende*, jeweils
mit der Dauer 0, ein. Diese Vorgehensweise ist nicht unbedingt erforderlich, sie vereinfacht jedoch im Folgenden die Darstellung.

Vorgehensweise der Sache (handschriftlich)

5.2.1.2 Transformation von Vorgangsfolgen

Für zwei Vorgänge h und i mit $i \in N(h)$ lassen sich **zeitliche Mindest-** und/oder **Maximalabstände** angeben. Dabei können die in Tab. 5.1 zusammengefassten Abstandsangaben
unterschieden werden.

Mindest- und maximalabstände (handschriftlich)

d = differenz / distanz (handschriftlich)

Beschreibung	Bezeichnung	Zeitangabe
Mindestabstand von Anfang h bis Anfang i	Anfangsfolge	d_{hi}^{A}
Maximalabstand von Anfang h bis Anfang i	Anfangsfolge	$\bar{d}_{hi}^{A}$
Mindestabstand von Ende h bis Anfang i	Normalfolge	d_{hi}
Maximalabstand von Ende h bis Anfang i	Normalfolge	$\bar{d}_{hi}$
Mindestabstand von Ende h bis Ende i	Endfolge	d_{hi}^{E}
Maximalabstand von Ende h bis Ende i	Endfolge	$\bar{d}_{hi}^{E}$
Mindestabstand von Anfang h bis Ende i	Sprungfolge	d_{hi}^{S}
Maximalabstand von Anfang h bis Ende i	Sprungfolge	$\bar{d}_{hi}^{S}$

Tab. 5.1

Für einen Planer kann es durchaus nützlich sein, über alle oder mehrere der acht Darstellungs-
formen für zeitliche Abstände zwischen Vorgängen zu verfügen. In unseren weiteren Ausführungen werden wir uns jedoch auf Mindestabstände d_{hi} bei Normalfolge beschränken; denn
jede andere Darstellungsform für zeitliche Abstände lässt sich in diese transformieren. Wir
wollen dies anhand dreier Beispiele veranschaulichen (transformierte Pfeile sind gestrichelt
gezeichnet). t_i sei die (deterministische) **Dauer** von Vorgang i.

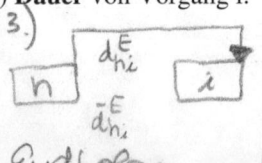

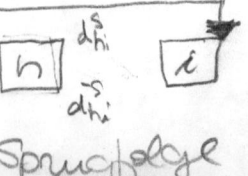

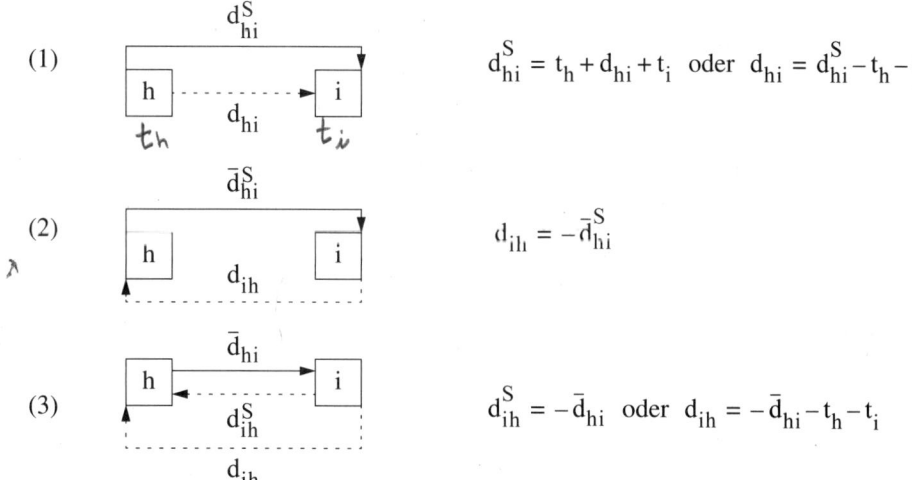

(1) $d_{hi}^S = t_h + d_{hi} + t_i$ oder $d_{hi} = d_{hi}^S - t_h - t_i$

(2) $d_{ih} = - \bar{d}_{hi}^S$

(3) $d_{ih}^S = - \bar{d}_{hi}$ oder $d_{ih} = - \bar{d}_{hi} - t_h - t_i$

Zur Erläuterung: Aus einem Maximalabstand entsteht also ein Mindestabstand durch Umdrehen des Richtungssinnes des Pfeiles und Multiplikation der Pfeilbewertung mit -1. Durch geeignete Korrektur um die Vorgangsdauer(n) lässt sich dann ein Mindestabstand bei Normalfolge herstellen.

In Tab. 5.2 sind sämtliche Umrechnungsformeln wiedergegeben; zu deren Herleitung vgl. auch Kap. 5.2.2.3.

5.2.1.3 Beispiel

Wir betrachteten als Demonstrationsbeispiel für die nachfolgenden Ausführungen das Projekt „Bau einer Garage"; siehe dazu auch Gal und Gehring (1981, S. 106).

Wir wollen *vorgangsorientierte* Netzpläne entwickeln. In Phase 1 der Strukturplanung zerlegen

gegebener Wert	umgerechnet zu
d_{hi}^A	$d_{hi} = d_{hi}^A - t_h$
$\bar{d}_{hi}^A$	$d_{ih} = - \bar{d}_{hi}^A - t_i$
d_{hi}	d_{hi}
$\bar{d}_{hi}$	$d_{ih} = - \bar{d}_{hi} - t_h - t_i$
d_{hi}^E	$d_{hi} = d_{hi}^E - t_i$
$\bar{d}_{hi}^E$	$d_{ih} = - \bar{d}_{hi}^E - t_h$
d_{hi}^S	$d_{hi} = d_{hi}^S - t_h - t_i$
$\bar{d}_{hi}^S$	$d_{ih} = - \bar{d}_{hi}^S$

Tab. 5.2: Umrechnungsformeln

wir daher das Projekt in Vorgänge. Wir ermitteln direkte Vorgänger h jedes Vorgangs i und bestimmen seine Dauer t_i. Ferner überlegen wir uns für jeden Vorgänger h von i, ob zwischen dessen Beendigung und dem Beginn von i ein zeitlicher Mindestabstand d_{hi} und/oder ein zeitlicher Maximalabstand $\bar{d}_{hi}$ einzuhalten ist. Dies führe zu der in Tab. 5.3 angegebenen Vorgangsliste.

Abb. 5.4 enthält einen Vorgangsknotennetzplan für unser Beispiel. In den Knoten notieren wir i/t_i für Vorgangsnummer und -dauer. Die Pfeilbewertungen entsprechen zeitlichen Mindestabständen d_{hi} bei Normalfolge. Transformierte Pfeile sind erneut gestrichelt gezeichnet.

Strktr des geschätzte Zeitdauer Vorgangs (handwritten)

Vorgangsliste / knoten (handwritten)

i	Vorgangsbeschreibung	t_i	$h \in V(i)$	d_{hi}	$\bar{d}_{hi}$
1	Aushub der Fundamente	1	–	–	–
2	Gießen der Fundamente	2	1	0	–
3	Verlegung elektr. Erdleitg.	2	2	– 1	–
4	Mauern errichten	3	2	1	–
5	Dach decken	2	4	0	2
6	Boden betonieren	3	3	0	–
			4	1	–
7	Garagentor einsetzen	1	5	0	–
8	Verputz innen	2	6	1	–
			7	0	–
9	Verputz außen	2	4	–	4
			7	0	–
10	Tor streichen	1	8	0	–
			9	0	–

Knoten (handwritten) — *Dauer* (handwritten)

Tab. 5.3

Bemerkung 5.1: Der Mindestabstand $d_{23} = - 1$ besagt, dass mit der Verlegung der elektrischen Erdleitung bereits begonnen werden kann, wenn das Gießen der Fundamente erst zur Hälfte beendet ist. Durch Berücksichtigung dieser Pfeilbewertung d_{23} können wir darauf verzichten, Vorgang 2 in zwei Teilvorgänge – wie in Punkt (4) von Kap. 5.2.1.1 geschildert – aufzuspalten. Die Maximalabstände $\bar{d}_{45} = 2$ und $\bar{d}_{49} = 4$ führen zu $d_{54} = - 7$ bzw. $d_{94} = - 9$.

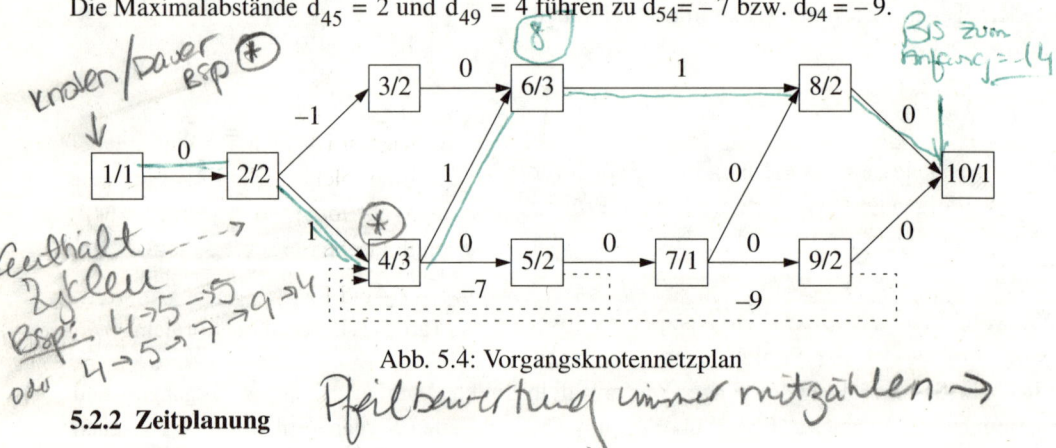

knoten/Dauer Bsp (handwritten)

enthält Zyklen Bsp: 4→5→5→9→4 oder 4→5→7→9→4 (handwritten)

BS zum Anfang = -14 (handwritten)

Abb. 5.4: Vorgangsknotennetzplan

Pfeilbewertung immer mitzählen → (handwritten)

5.2.2 Zeitplanung

Gegenstand der **Zeitplanung** (oder *Terminplanung*) für Vorgangsknotennetzpläne ist die Bestimmung frühester und spätester Anfangs- und Endzeitpunkte für Vorgänge, die Ermittlung der Projektdauer sowie die Berechnung der Zeitreserven (*Pufferzeiten*).

Grundlage der Zeitplanung ist die Schätzung von Vorgangsdauern und zeitlichen Abständen. Sie sollte – wie bereits in Kap. 5.2.1 ausgeführt – in der Regel schon im Zusammenhang mit der Strukturplanung erfolgen. Bei deterministischen Verfahren wird für jede Dauer und für jeden zeitlichen Abstand genau ein Wert geschätzt. Dies kann anhand von Aufzeichnungen für ähnliche Projekte aus der Vergangenheit oder durch subjektive Schätzungen erfolgen.

Wir beschreiben zunächst effiziente Verfahren zur Ermittlung frühester und spätester Zeitpunkte in Netzplänen. Danach folgen Formeln zur Bestimmung von Pufferzeiten sowie eine Formulierung des Problems der Bestimmung frühester Zeitpunkte als lineares Optimierungsproblem.

5.2.2.1 Ermittlung frühester und spätester Zeitpunkte

Wir gehen von folgenden **Annahmen** und **Bezeichnungen** aus:

Der auszuwertende Netzplan enthalte die Knoten (Vorgänge) $i = 1,...,n$. Knoten 1 sei die einzige Quelle, Knoten n die einzige Senke des Netzplans. Ferner gelte:

t_i Dauer des Vorgangs i

d_{hi} zeitlicher Mindestabstand zwischen Vorgang h und Vorgang i bei Normalfolge

FAZ_i frühestmöglicher Anfangszeitpunkt von Vorgang i

FEZ_i frühestmöglicher Endzeitpunkt von Vorgang i

FAZ_1 $:= 0$

Unter der Bedingung, dass das Projekt frühestmöglich (d.h. zum Zeitpunkt FEZ_n) beendet sein soll, definieren wir ferner:

SAZ_i spätestmöglicher Anfangszeitpunkt von Vorgang i

SEZ_i spätestmöglicher Endzeitpunkt von Vorgang i

Das weitere Vorgehen ist nun davon abhängig, ob der Netzplan zyklenfrei ist oder nicht.

Rechenregeln für zyklenfreie Netzpläne: *[handschriftlich: Knoten i so nummerieren, dass auf jeden Fall für (h, i) ∈ E gilt]*

In einem zyklenfreien Netzplan $G = (V, E)$ lassen sich die Knoten i so von 1 bis n nummerieren, dass für alle Pfeile $(h, i) \in E$ die Beziehung $h < i$ gilt. Eine solche Sortierung nennt man **topologisch**; den Netzplan bzw. Graphen bezeichnet man als *topologisch sortiert*. Man überlegt sich leicht, dass bei Vorliegen von Zyklen keine topologische Sortierung möglich ist.

Für topologisch sortierte Netzpläne lassen sich die Zeiten FAZ_i und FEZ_i in einer **Vorwärtsrechnung** wie folgt bestimmen:

$$
\begin{aligned}
FAZ_i &:= \max \{ FEZ_h + d_{hi} \mid h \in V(i) \} \\[2mm]
FEZ_i &:= FAZ_i + t_i
\end{aligned}
\qquad (5.1)
$$

Setzt man $SEZ_n := FEZ_n$, so lassen sich nunmehr die Zeiten SAZ_i und SEZ_i in einer **Rückwärtsrechnung** wie folgt ermitteln:

$$SEZ_i := \min \{SAZ_j - d_{ij} \mid j \in N(i)\}$$

$$SAZ_i := SEZ_i - t_i \qquad\qquad\qquad (5.2)$$

Beispiel: Vernachlässigen wir im Netzplan der Abb. 5.4 die Verbindungen (5,4) und (9,4), so stellt die Knotennummerierung eine topologische Sortierung dar, und wir erhalten folgende Zeiten:

Vorgang i	1	2	3	4	5	6	7	8	9	10	
FAZ_i	0	1	2	4	7	8	9	12	10	14	
FEZ_i	1	3	4	7	9	11	10	14	12	15	
SEZ_i	1	3	8	7	11	11	12	14	14	15	
SAZ_i	0	1	6	4	9	8	11	12	12	14	Tab. 5.4

Verfahren für Netzpläne mit Zyklen nichtpositiver Länge:

Der zeitlich **„längste"** Weg vom Projektanfang bis zum Projektende (Addition der Knoten- und Pfeilbewertungen) bestimmt die Dauer eines Projektes. Dies gilt unter der Voraussetzung $t_i > |d_{hi}|$, falls $d_{hi} < 0$.

Zur Berechnung längster Wege in Netzplänen lassen sich Kürzeste-Wege-Verfahren in modifizierter Form verwenden, wobei sich für Netzpläne mit Zyklen v.a. eine Modifikation des FIFO-Algorithmus eignet; vgl. Kap. 3.2.1. Wir gehen im Folgenden o.B.d.A. davon aus, dass ein eindeutiger Projektanfang mit Vorgang 1 (Quelle) und ein eindeutiges Projektende mit Vorgang n (Senke) gegeben sind. Die Variante „FIFO-knotenorientiert-Vorwärtsrechnung" errechnet längste Wege von der Quelle zu allen anderen Knoten durch Bestimmung von FAZ_i und FEZ_i; „FIFO-knotenorientiert-Rückwärtsrechnung" ermittelt längste Wege von allen Knoten zur Senke durch Bestimmung von SAZ_i und SEZ_i.

$$\boxed{\text{FIFO-knotenorientiert-Vorwärtsrechnung}}$$

Voraussetzung: Ein Vorgangsknotennetzplan mit n Knoten; Knoten 1 sei einzige Quelle und Knoten n einzige Senke des Netzplans; Vorgangsdauern t_i und zeitliche Mindestabstände d_{hi} bei Normalfolge; Felder FAZ[1..n], FEZ[1..n], S[1..n]; Zeiger SK und SE.

Start: FAZ[i] := $-\infty$ für alle i = 2,...,n;

FAZ[1] := 0; FEZ[1] := t_i; SK := SE := 1.

Iteration μ (= 1, 2,...):

  for (all) j ∈ N(SK) **do**

    if FAZ[j] < FEZ[SK] + $d_{SK,j}$ **then**

    begin FAZ[j] := FEZ[SK] + $d_{SK,j}$;

      if j ∉ S **then begin** S[SE] := j; SE := j **end**

    end;

if SK = SE **then** Abbruch;

SK := S[SK]; FEZ[SK] := FAZ[SK] + t_{SK}.

Ergebnis: Früheste Anfangs- und Endzeitpunkte für alle Vorgänge i = 1,...,n.

* * * * *

FIFO-knotenorientiert-Rückwärtsrechnung

Voraussetzung: U.a. Felder SAZ[1..n], SEZ[1..n].

Start: SEZ[i] := ∞ für alle i = 1,...,n–1;

SEZ[n] := FEZ[n]; SAZ[n] := SEZ[n] – t_n; SK := SE := n.

Iteration μ (= 1, 2,...):

for (all) j $\in$ V(SK) **do**

if SEZ[j] > SAZ[SK] – $d_{j,SK}$ **then**

begin SEZ[j] := SAZ[SK] – $d_{j,SK}$;

if j $\notin$ S **then begin** S[SE] := j; SE := j **end**

end;

if SK = SE **then** Abbruch;

SK := S[SK]; SAZ[SK] := SEZ[SK] – t_{SK}.

Ergebnis: Späteste Anfangs- und Endzeitpunkte für alle Vorgänge i = 1,...,n.

* * * * *

Wenden wir beide Algorithmen auf unseren Netzplan in Abb. 5.4 an, so erhalten wir folgende Zeitpunkte:

Vorgang i	1	2	3	4	5	6	7	8	9	10
FAZ_i	0	1	2	4	7	8	9	12	10	14
FEZ_i	1	3	4	7	9	11	10	14	12	15
SEZ_i	1	3	8	7	10	11	11	14	13	15
SAZ_i	0	1	6	4	8	8	10	12	11	14

[handschriftliche Notiz: An diese le positionen sind die Werte anders als in Tabelle 5.4 → wegen FIFo Prinzip]

Tab. 5.5

Wie man durch Vergleich mit Tab. 5.4 erkennt, wirkt sich der Pfeil (9,4) zwar nicht in der Vorwärts-, wohl aber in der Rückwärtsrechnung aus. Der Pfeil (5,4) hat keinerlei Einfluss auf die Ergebnisse, weil die Einhaltung des Mindestabstandes bereits durch die übrigen Anforderungen gesichert ist.

Bemerkung 5.2: Falls ein Netzplan positive Zyklen enthält, sind die zeitlichen Anforderungen nicht konsistent, d.h. es gibt keine *zulässige* Lösung. Das Vorhandensein positiver Zyklen kann man durch eine Modifikation der beschriebenen Verfahren abprüfen, indem die Häufigkeit der Wertänderungen von FAZ[j] bzw. SEZ[j] jedes Knotens j ermittelt wird. Ist diese Zahl für einen Knoten größer als n, so muss ein positiver Zyklus enthalten sein. Zur Ermittlung eines ggf. vorhandenen positiven Zyklus vgl. z.B. Domschke (1995, Kap. 5).

5.2.2.2 Pufferzeiten, kritische Vorgänge und Wege

Einen längsten Weg in einem Netzplan bezeichnet man auch als (zeit-) **kritischen Weg**. Alle Vorgänge in einem solchen Weg heißen (zeit-) **kritische Vorgänge**. Wird ihre Vorgangsdauer überschritten oder verzögert sich der Beginn eines solchen Vorgangs, so erhöht sich auch die Projektdauer um denselben Wert.

Für alle kritischen Vorgänge i eines Vorgangsknotennetzplans gilt

$$FAZ_i = SAZ_i \quad bzw. \quad FEZ_i = SEZ_i.$$

Bei allen übrigen Vorgängen j eines Netzplans ist es in einem gewissen Rahmen möglich, den Beginn des Vorgangs zu <u>verschieben</u> und/oder seine Dauer t_j zu erhöhen, ohne dass sich dadurch die Projektdauer <u>verlängert.</u> Diese Vorgänge besitzen positive Pufferzeit(en).

Pufferzeiten „sind Zeitspannen, um die der Anfang eines Vorgangs und damit natürlich der ganze Vorgang gegenüber einem definierten Zeitpunkt bzw. einer definierten Lage verschoben werden kann bei bestimmter Beeinflussung der zeitlichen Bewegungsmöglichkeiten umgebender Vorgänge bzw. bei bestimmter zeitlicher Lage der umgebenden Vorgänge"; vgl. Altrogge (1994, S. 67).

Man kann vier verschiedene Arten von Pufferzeiten unterscheiden. Gehen wir von einem Netzplan mit Vorgangsdauern t_i und zeitlichen Mindestabständen d_{hi} bei Normalfolge aus, so können wir definieren:

Die **gesamte Pufferzeit** eines Vorgangs i (= 1,...,n) ist

$$GP_i := SAZ_i - FAZ_i. \tag{5.3}$$

Sie ist die maximale Zeitspanne, um die ein Vorgang i verschoben und/oder verlängert werden kann, ohne dass sich die Projektdauer erhöht. Aus Abb. 5.5 wird anhand der Vorgänge 3 und 4 ersichtlich, dass GP_i u.U. keinerlei Möglichkeit zur Erhöhung der Dauer t_i eines Vorgangs eröffnet; vielmehr sind in diesem Beispiel nur beide gemeinsam um maximal 3 ZE verschiebbar.

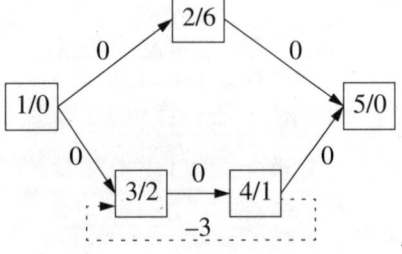

Abb. 5.5: Veranschaulichung der gesamten Pufferzeit

Die **freie Pufferzeit** eines Vorgangs i (= 1,...,n) ist

$$FP_i := \min \{FAZ_j - d_{ij} \mid j \in N(i)\} - FEZ_i. \tag{5.4}$$

Sie ist derjenige zeitliche Spielraum, der für Vorgang i verbleibt, wenn i und alle seine Nachfolger frühestmöglich beginnen.

Die **freie Rückwärtspufferzeit** eines Vorgangs i (= 1,...,n) ist

$$FRP_i := SAZ_i - \max \{SEZ_h + d_{hi} \mid h \in V(i)\}. \tag{5.5}$$

Sie ist derjenige zeitliche Spielraum, der für Vorgang i verbleibt, wenn i und alle seine Vorgänger spätestmöglich beginnen.

Zur Definition der _unabhängigen Pufferzeit_ eines Vorgangs i formulieren wir zunächst: *[handwritten: Vorgang selbst]*

$$UP_i := \min \{FAZ_j - d_{ij} \mid j \in N(i)\} - \max \{SEZ_h + d_{hi} \mid h \in V(i)\} - t_i \tag{5.6}'$$

[handwritten: dauer des Vorgangs]

Das ist (diejenige Zeit) derjenige zeitliche Spielraum, der für i verbleibt, wenn alle Nachfolger von i frühestmöglich und alle Vorgänger spätestmöglich beginnen. Da dieser Spielraum auch negativ sein kann, definiert man als **unabhängige Pufferzeit** eines Vorgangs i (= 1,...,n):

$$UP_i := \max \{0, UP_i\} \tag{5.6}$$

Durch Ausnutzung von UP_i werden weder die Projektdauer noch die Pufferzeit eines anderen Vorgangs beeinflusst; vgl. zu einer ausführlicheren Diskussion der beiden Pufferzeiten UP_i und UP_i Ziegler (1985).

Bemerkung 5.3: Es gilt $GP_i \geq FP_i \geq UP_i$ sowie $GP_i \geq FRP_i \geq UP_i$.

Beispiel: Für unser Projekt „Bau einer Garage" erhalten wir, ausgehend von Tab. 5.5, bei der die „Rückwärtspfeile" berücksichtigt sind, folgende Pufferzeiten:

[handwritten: wenn GP_i positiv ist, können alle anderen Werte beliebig sein]

Vorgang i	1	2	3	4	5	6	7	8	9	10	
GP_i	0	0	4	0	1	0	1	0	1	0	
FP_i	0	0	4	0	0	0	0	0	1	0	
FRP_i	0	0	4	0	1	0	0	0	0	0	
UP_i	0	0	4	0	0	0	0	0	0	0	Tab. 5.6

[handwritten left margin: wenn 0_i → dann müssen alle andere weil 0 sein]

Die Vorgänge 1, 2, 4, 6, 8 und 10 sind kritisch. Da der jeweils einzige Vorgänger bzw. Nachfolger von Vorgang 3 kritisch ist, sind seine sämtlichen Pufferzeiten gleich groß.

Zur Verdeutlichung geben wir den Vorgangsknotennetzplan des Beispiels noch einmal in Abb. 5.6 wieder. Dabei wählen wir nebenstehende Darstellungsform für die Knoten, die alle wesentlichen zeitlichen Werte des Netzplans (vgl. Tab. 5.5 und 5.6) umfasst.

i	t_i
FAZ_i	FEZ_i
SAZ_i	SEZ_i
GP_i	

Pfeile, die auf dem kritischen Weg liegen, sind fett gezeichnet.

5.2.2.3 Zeitplanung mit linearer Optimierung

Wir werden nun zeigen, wie das Problem der Bestimmung frühester Zeitpunkte recht einfach als lineares Optimierungsproblem formuliert werden kann. Diese Formulierung soll nicht als Basis zur Lösung der Probleme dienen, da die oben geschilderten Vorgehensweisen wesentlich effizienter sind. Die Ausführungen dienen vielmehr ganz allgemein dem Verständnis der bei der Zeitplanung vorliegenden Probleme. Zudem lassen sich daran die in Kap. 5.2.1.2 eingeführten Umrechnungsformeln sehr anschaulich erläutern. Zur Einbeziehung spätester Zeitpunkte und Pufferzeiten in ein lineares Optimierungsproblem siehe Wäscher (1988).

[handwritten bottom: Rechnung: $FP_2 = \min \{2+1, 4-1\} - 3 = 0$]

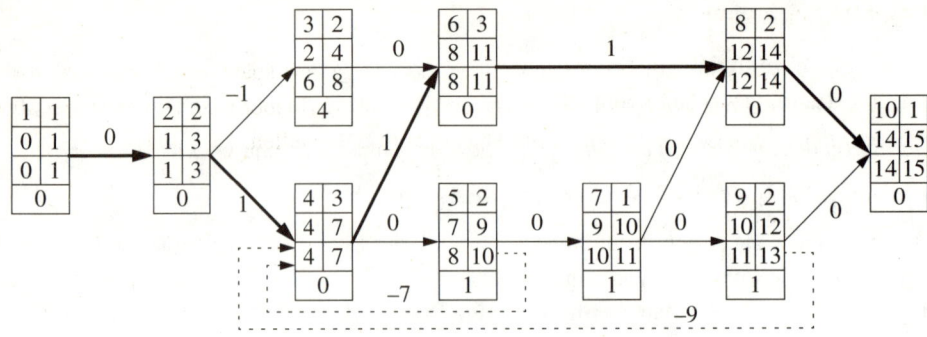

Abb. 5.6: Vorgangsknotennetzplan

Wir gehen von einem Vorgangsknotennetzplan mit n Knoten aus, wobei Knoten 1 die einzige Quelle und Knoten n die einzige Senke sei. Unter Verwendung von Vorgangsdauern t_i, zeitlichen Mindestabständen bei Normalfolge d_{hi} und von *Variablen* FAZ_i für die zu ermittelnden frühesten Anfangszeitpunkte der Vorgänge erhalten wir folgende Formulierung:

$$\text{Minimiere } F(\mathbf{FAZ}) = \sum_{i=1}^{n} FAZ_i$$

unter den Nebenbedingungen

$$FAZ_h + t_h + d_{hi} \leq FAZ_i \qquad \text{für } i = 2,...,n \text{ und für alle } h \in V(i)$$

$$FAZ_1 = 0$$

Aus den FAZ_i ergeben sich die FEZ_i gemäß (5.1). Nach dieser „Vorwärtsrechnung" lassen sich die spätesten Zeitpunkte ganz analog bestimmen. Vgl. zur Bestimmung kürzester Wege mit Hilfe von Methoden der linearen Optimierung auch Kap. 11.2.

Man überlegt sich leicht, dass man in ein derartiges lineares Optimierungsmodell jede beliebige der Abstandsangaben von Tab. 5.1 einbeziehen kann. Wir betrachten ein Beispiel für die Einbeziehung eines Maximalabstandes $\bar{d}_{hi}$ bei Normalfolge; vgl. Darstellung (3) in Kap. 5.2.1.2. Die Nebenbedingung zur Berücksichtigung eines solchen Abstandes lautet:

$$FAZ_i - (FAZ_h + t_h) \leq \bar{d}_{hi}$$

Die Ungleichung lässt sich wie folgt umformen:

$$FAZ_i + t_i - t_i - FAZ_h - t_h \leq \bar{d}_{hi}$$

$$FAZ_i + t_i - \bar{d}_{hi} - t_h - t_i \leq FAZ_h \qquad \text{oder} \qquad FAZ_i + t_i + d_{ih} \leq FAZ_h$$

Die letzte Ungleichung besitzt die Form einer Nebenbedingung im obigen Modell für $i \in V(h)$. Dabei ist $d_{ih} = -\bar{d}_{hi} - t_h - t_i$ der zwischen dem Ende von i und dem Anfang von h einzuhaltende Mindestabstand; vgl. die Transformationsgleichung in Tab. 5.2.

5.2.3 Gantt-Diagramme

Die bislang in Form von Tabellen angegebenen frühesten und spätesten Zeitpunkte sowie Pufferzeiten für Vorgänge (und Ereignisse) lassen sich für den Planer anschaulicher und übersichtlicher in Form von *Balken-* oder **Gantt-Diagrammen** darstellen.

Abb. 5.7 zeigt ein solches Diagramm für unser Beispiel „Bau einer Garage", wobei wir von den für den Vorgangs-knotennetzplan in Abb. 5.6 angegebenen Zeiten ausgehen. Kritische Vorgänge i sind, beginnend mit FAZ_i und endend mit FEZ_i, <u>voll ausge-zeichnet</u>. Nicht-kritische Vorgänge i sind frühestmöglich eingeplant; ihre gesamte Pufferzeit GP_i wird grau markiert veranschaulicht. Mit d_{24}, d_{46} bzw. d_{68} werden <u>positive Min-destabstände</u> symbolisiert; in unserem Beispiel sind sie jeweils gleich 1.

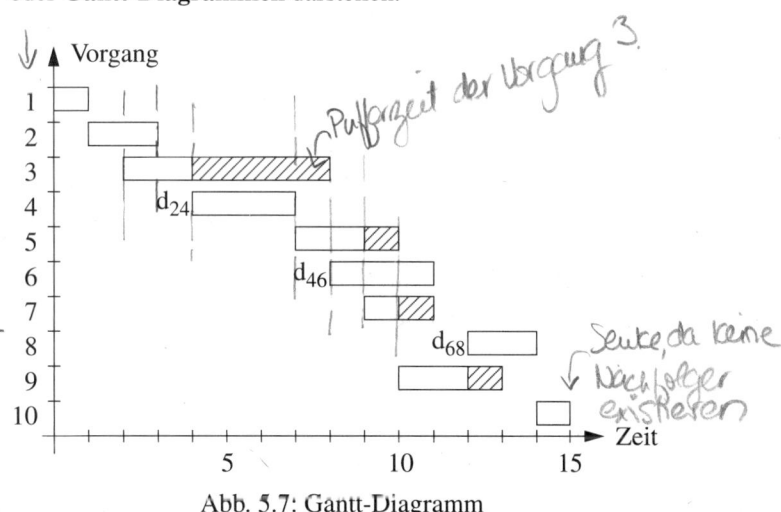

Abb. 5.7: Gantt-Diagramm

5.3 Struktur- und Zeitplanung mit Vorgangspfeilnetzplänen

Wir wenden uns nun Möglichkeiten der Struktur- und Zeitplanung mit Vorgangspfeilnetz-plänen zu. Dabei gehen wir der Einfachheit halber davon aus, dass im ursprünglichen Problem keine Maximalabstände vorliegen und der Netzplan damit zyklenfrei ist.

5.3.1 Strukturplanung

Die allgemeine Vorgehensweise, insbesondere die Einteilung in die Phasen 1 und 2, entspricht derjenigen bei Vorgangsknotennetzplänen. Wir beschreiben nun die bei der Erstellung von Vorgangspfeilnetzplänen zu beachtenden Grundregeln.

5.3.1.1 Grundregeln

(1) **Vorgänge** werden als **Pfeile** dargestellt. Knoten können als Ereignisse interpretiert werden.

Die Schwierigkeit der Erstellung eines Vorgangspfeilnetzplanes besteht darin, dass in bestimmten Fällen über die in der Vorgangsliste hinaus definierten Vorgänge *Scheinvorgänge* eingeführt werden müssen. Diese Problematik wird in den folgenden Regeln beispielhaft behandelt. Vgl. zur Komplexität des Problems der Bestimmung einer minimalen Anzahl an Scheinvorgängen Syslo (1984).

(2) Sei K eine Teilmenge der Vorgänge eines Projektes. Besitzen sämtliche Vorgänge $k \in K$ dieselbe Vorgängermenge $V(k)$, und hat kein Element aus $V(k)$ ein Element $j \notin K$ als direkten Nachfolger, so lässt sich die Anordnungsbeziehung zwischen K und $V(k)$ **ohne Scheinvorgänge** darstellen.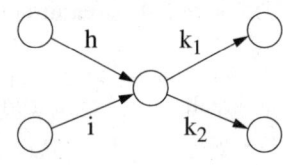

Beispiel: Jeder Vorgang der Menge K = $\{k_1, k_2\}$ besitze die Vorgängermenge $\{h,i\}$, und die Nachfolgermenge von h wie von i sei genau K.

(3) **Scheinvorgänge** sind stets dann **erforderlich**, wenn zwei Mengen K_1 und K_2 von Vorgängen teilweise identische, teilweise aber auch verschiedene Vorgänger besitzen, d.h. wenn $V(K_1) \neq V(K_2)$ und $V(K_1) \cap V(K_2) \neq \emptyset$ gilt, wobei $V(K) := \bigcup_{k \in K} V(k)$ definiert ist.

Beispiel: $K_1 = \{k_1\}$, $K_2 = \{k_2\}$; $V(k_1) = \{h\}$, $V(k_2) = \{h,i\}$.

richtige Darstellung   falsche Darstellung (i als Vorgänger von k_1 interpretiert)

[handschriftlich:] S = Scheinvorgang mit einer dauer von 0.

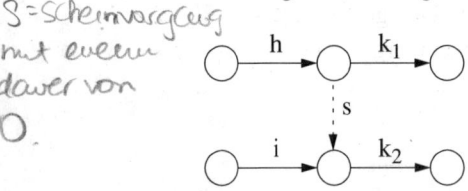 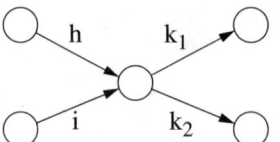

(4) Jedem Vorgang i ordnet man (hier als Pfeilbewertung) seine **Dauer** t_i zu. Scheinvorgänge s erhalten i.Allg. die Dauer $t_s = 0$. Es sind jedoch auch Scheinvorgänge mit positiver oder mit negativer Dauer möglich:

a) Die bei Vorgangsknotennetzplänen berücksichtigten Mindestabstände d_{hi} (bei Normalfolge) lassen sich bei Vorgangspfeilnetzplänen in Form von Scheinvorgängen s mit $t_s = d_{hi}$ berücksichtigen.

b) Da jeder beliebige in Tab. 5.1 definierte Abstand in einen Mindestabstand bei Normalfolge transformierbar ist, lässt sich damit auch jeder von ihnen in einem Vorgangspfeilnetzplan durch Scheinvorgänge (mit negativer Dauer) abbilden.

(5) Soll der Beginn von Vorgang i mit der Beendigung eines bestimmten Anteils von Vorgang h gekoppelt sein, so ist h in zwei (Teil-) Vorgänge h_1 (nach dessen Beendigung i beginnen darf) und h_2 zu unterteilen: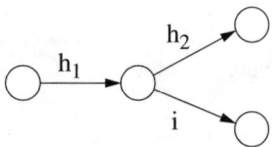

(6) Wie bei Vorgangsknotennetzplänen kann man gegebenenfalls durch Einführung von Scheinvorgängen sowie eines fiktiven Start- bzw. Endereignisses erreichen, dass der Netzplan genau eine Quelle (das Startereignis) und genau eine Senke (das Endereignis) enthält.

Diese Vorgehensweise ist (wie bei Vorgangsknotennetzplänen; vgl. Regel 5 in Kap. 5.2.1.1) nicht unbedingt erforderlich. Aus Gründen einer einfacheren Darstellung gehen wir jedoch stets von Netzplänen mit genau einer Quelle und einer Senke aus.

[handschriftlich:] CPM Problem: minimiere der Anzahl von Scheinvorgänge. [zu 3]

[handschriftlich:] => MPM ist der Methodik der Wahl

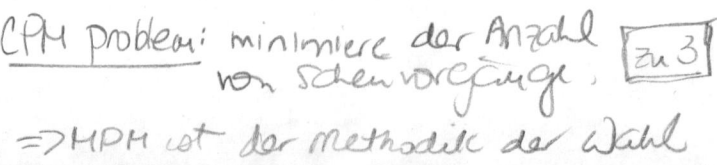

(7) In der Literatur wird oft gefordert, dass der Netzplan keine parallelen Pfeile enthalten darf. Dies ist nötig, wenn man den Graphen in *Matrixform* z.B. mit genau einem Matrixelement c_{ij} für einen möglichen Pfeil (i,j) speichern möchte. Bei *pfeilweiser* Speicherung des Netzplans entstehen jedoch auch mit parallelen Pfeilen grundsätzlich keine Probleme. Um bei algorithmischen Beschreibungen keine Fallunterscheidungen machen zu müssen, werden wir im Folgenden jedoch parallele Pfeile ausschließen, indem wir

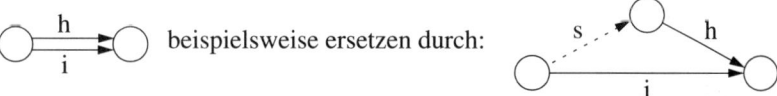

beispielsweise ersetzen durch:

Bemerkung 5.4: Jeder Vorgangsknotennetzplan lässt sich in einen Vorgangspfeilnetzplan überführen und umgekehrt. Dies kann man sich z.B. anhand von Abb. 5.8 veranschaulichen; siehe auch Schwarze (2001, S. 134). Die Rechtecke symbolisieren Knoten im Vorgangsknotennetzplan. Im Vorgangspfeilnetzplan werden sie durch einen einem Pfeil entsprechenden Vorgang mit definiertem Anfangs- und Endereignis ersetzt. Die gestrichelten Pfeile sind Reihenfolgebeziehungen im Vorgangsknotennetzplan und Scheinvorgänge im Vorgangspfeilnetzplan.

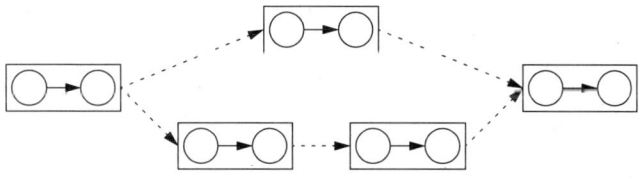

Abb. 5.8: CPM vs. MPM

Bemerkung 5.5: Trotz Bem. 5.4 verzichten wir bei Vorgangspfeilnetzplänen im Folgenden der Einfachheit halber auf die Berücksichtigung von Maximalabständen zwischen Vorgängen, die (durch Transformation in Mindestabstände) zu Zyklen in Netzplänen führen. Die meisten vorgangspfeilorientierten NPT-Methoden (so auch CPM) sehen Maximalabstände ebenfalls nicht vor.

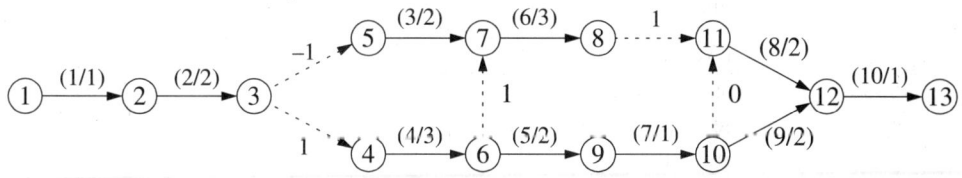

Abb. 5.9: CPM-Beispiel

5.3.1.2 Ein Beispiel

Wir geben für das in Kap. 5.2.1.3 formulierte Projekt „Bau einer Garage" einen Vorgangspfeilnetzplan an (vgl. Abb. 5.9), wobei gemäß Bem. 5.5 auf die Berücksichtigung von Maximalabständen verzichtet wird. An den Pfeilen notieren wir mit (i/t_i) die Vorgangsnummer der in der Vorgangsliste enthaltenen Vorgänge i = 1,...,10 sowie deren Dauer. Für Scheinvorgänge geben wir nur deren Dauer an.

5.3.2 Zeitplanung

5.3.2.1 Ermittlung frühester und spätester Zeitpunkte

Wir gehen von folgenden **Annahmen** und **Bezeichnungen** aus:

Der auszuwertende Netzplan enthalte die Knoten (= Ereignisse) $i = 1,...,n$. Knoten 1 sei die einzige Quelle, Knoten n die einzige Senke des Netzplans. Ferner gelte:[1]

t_{hi} Dauer des Vorgangs (h,i)

FZ_i frühestmöglicher Zeitpunkt für den Eintritt von Ereignis i

$FZ_1 := 0$

FAZ_{hi} frühestmöglicher Anfangszeitpunkt von Vorgang (h,i)

FEZ_{hi} frühestmöglicher Endzeitpunkt von Vorgang (h,i)

Unter der Bedingung, dass das Projekt frühestmöglich (d.h. zur Zeit FZ_n) beendet sein soll, definieren wir ferner:

SZ_i spätestmöglicher Zeitpunkt für den Eintritt von Ereignis i

SAZ_{hi} spätestmöglicher Anfangszeitpunkt von Vorgang (h,i)

SEZ_{hi} spätestmöglicher Endzeitpunkt von Vorgang (h,i)

Da wir nur *zyklenfreie Netzpläne* betrachten, können wir von einer topologischen Sortierung (siehe Kap. 5.2.2.1) der Knoten des Netzplans ausgehen. In diesem Fall lassen sich die Zeitpunkte FZ_i, FAZ_{hi} und FEZ_{hi} in einer **Vorwärtsrechnung** wie folgt bestimmen:

$$FZ_i := \max \{FZ_h + t_{hi} \mid h \in V(i) \}$$

$$FAZ_{hi} := FZ_h; \quad FEZ_{hi} := FAZ_{hi} + t_{hi}$$

$$(5.7)$$

Setzt man $SZ_n := FZ_n$, so können anschließend die Zeitpunkte SZ_i, SAZ_{hi} und SEZ_{hi} in einer **Rückwärtsrechnung** wie folgt ermittelt werden:

$$SZ_h := \min \{SZ_i - t_{hi} \mid i \in N(h)\}$$

$$SEZ_{hi} := SZ_i; \quad SAZ_{hi} := SEZ_{hi} - t_{hi}$$

$$(5.8)$$

Beispiel: Im Netzplan der Abb. 5.9 stellt die Knotennummerierung eine topologische Sortierung dar. Wir erhalten die Zeitpunkte FZ_i sowie SZ_i für die Ereignisse von Tab. 5.7.

Das Beispiel $FZ_7 := \max\{FZ_5 + t_{57}, FZ_6 + t_{67}\} = 8$ zeigt, dass der „späteste" früheste Beendigungszeitpunkt aller unmittelbar vorausgehenden (Schein-) Vorgänge den frühestmöglichen

---

1   Einen Vorgang bezeichnen wir hier wie einen Pfeil (h,i) durch die mit ihm inzidenten Knoten h und i.

Ereignis i	1	2	3	4	5	6	7	8	9	10	11	12	13	
FZ_i	0	1	3	4	2	7	8	11	9	10	12	14	15	
SZ_i	0	1	3	4	6	7	8	11	11	12	12	14	15	Tab. 5.7

Zeitpunkt für den Eintritt von Ereignis 7 bestimmt. Früheste und späteste Anfangs- und Endzeitpunkte für Vorgänge sind Tab. 5.8 zu entnehmen.

Vorgang (i,j)	(1,2)	(2,3)	(4,6)	(5,7)	(6,9)	(7,8)	(9,10)	(10,12)	(11,12)	(12,13)	
FAZ_{ij}	0	1	4	2	7	8	9	10	12	14	
FEZ_{ij}	1	3	7	4	9	11	10	12	14	15	
SEZ_{ij}	1	3	7	8	11	11	12	14	14	15	
SAZ_{ij}	0	1	4	6	9	8	11	12	12	14	Tab. 5.8

5.3.2.2 Pufferzeiten, kritische Vorgänge und Wege

Ebenso wie in Vorgangsknotennetzplänen sind längste Wege (zeit-) **kritische Wege**. Für Ereignisse i auf einem kritischen Weg gilt $FZ_i = SZ_i$. Entsprechend besitzen kritische Vorgänge (i,j) die Eigenschaft $FAZ_{ij} - SAZ_{ij}$.

Analog zu Kap. 5.2.2.2 erhalten wir die **gesamte Pufferzeit** eines Ereignisses i bzw. eines Vorgangs (i,j) gemäß

$$GP_i := SZ_i - FZ_i \quad \text{bzw.} \quad GP_{ij} := SAZ_{ij} - FAZ_{ij}. \tag{5.9}$$

Wegen (5.7) und (5.8) gilt auch $GP_{ij} := SZ_j - FZ_i - t_{ij}$.

Die folgenden in der Literatur häufig vorzufindenden Definitionen für FP, FRP und UP liefern bei Vorhandensein von Scheinvorgängen nicht immer sinnvolle und richtige zeitliche Spielräume (Pufferzeiten).

Die **freie Pufferzeit** eines Vorgangs (i,j) wird zumeist definiert als:

$$FP_{ij} := \min \{FAZ_{jk} \mid k \in N(j)\} - FEZ_{ij} = FZ_j - FEZ_{ij} = FZ_j - FZ_i - t_{ij} \tag{5.10 a}$$

Die **freie Rückwärtspufferzeit** eines Vorgangs (i,j) wird angegeben als:

$$FRP_{ij} := SAZ_{ij} - \max \{SEZ_{hi} \mid h \in V(i)\} = SAZ_{ij} - SZ_i = SZ_j - SZ_i - t_{ij} \tag{5.10 b}$$

Schließlich wird die **unabhängige Pufferzeit** eines Vorgangs (i,j) definiert:

$$UP_{ij} := \max \{FZ_j - SZ_i - t_{ij}, 0\} \tag{5.10 c}$$

Bemerkung 5.6: Man überlegt sich leicht, dass auch bei Vorgangspfeilnetzplänen

$$GP_{ij} \geq FP_{ij} \geq UP_{ij} \quad \text{sowie} \quad GP_{ij} \geq FRP_{ij} \geq UP_{ij} \text{ gilt.}$$

Bemerkung 5.7: Die Definitionen (5.10 a – c) haben z.B. zur Folge, dass für den Vorgang (5,7) in Abb. 5.9 $GP_{57} = FP_{57} = 4$, aber $FRP_{57} = UP_{57} = 0$ ermittelt wird. Da sich auf dem Weg (3,5,7) zwischen den beiden kritischen Ereignissen 3 und 7 aber neben dem Scheinvorgang

(3,5) nur der eine „effektive" Vorgang (5,7) befindet, steht ihm eigentlich auch $FRP_{57} = UP_{57}$ = 4 zur Verfügung.

Alternativen zur obigen Berechnung der Pufferzeiten FP, FRP und UP werden z.B. in Altrogge (1994, S. 84 ff.) formuliert. Werners (2000) diskutiert Möglichkeiten der Projektsteuerung durch Zuweisung von Pufferzeiten zu Vorgängen.

Beispiel: Wir betrachten zur oben angegebenen Ermittlung von Pufferzeiten den Netzplan in Abb. 5.9 und die frühesten und spätesten Ereigniszeitpunkte in Tab. 5.7. Die ermittelten Pufferzeiten sind in Tab. 5.9 enthalten. Wegen der Nichtberücksichtigung von Zyklen unterscheiden sich einige Zeiten von denjenigen in Tab. 5.6.

Vorgang (i,j)	(1,2)	(2,3)	(4,6)	(5,7)	(6,9)	(7,8)	(9,10)	(10,12)	(11,12)	(12,13)	
GP_{ij}	0	0	0	4	2	0	2	2	0	0	
FP_{ij}	0	0	0	4	0	0	0	2	0	0	
FRP_{ij}	0	0	0	0	2	0	0	0	0	0	
UP_{ij}	0	0	0	0	0	0	0	0	0	0	Tab. 5.9

5.4 Kostenplanung

In den bisherigen Ausführungen ging es ausschließlich um die Ermittlung von Struktur und zeitlichem Ablauf in Netzplänen. Nun werden wir (aufbauend auf der Strukturplanung sowie unter Einschluss der Zeitplanung) Kostengesichtspunkte einbeziehen.

Das folgende Modell ist geeignet zur *Kostenplanung bei unbeschränkten Kapazitäten*. Bei der Beschreibung des Modells gehen wir, wie in der Literatur üblich, von einem Vorgangspfeilnetzplan aus; eine auf einem Vorgangsknotennetzplan basierende Darstellung wäre ebenso möglich.

Gegeben sei ein Projekt in Form eines zyklenfreien Netzplans G = (V,E). Die Pfeilmenge E repräsentiert die Vorgänge bzw. Aktivitäten des Projektes. Die Knotenmenge V ist als Menge der Ereignisse zu interpretieren.

Gehen wir nun davon aus, dass die Dauer einer Aktivität keine konstante, unveränderliche Größe ist, sondern dass sie innerhalb gewisser Grenzen variiert werden kann, so stellt sich die Frage, bei welchen Vorgangsdauern sich die kostenminimale Projektdauer ergibt. Zwei **Kostenfaktoren** sind gegeneinander abzuwägen:

a) *Vorgangsdauerabhängige Kosten*: Durch Beschleunigung jedes einzelnen Vorgangs erhöhen sich seine Bearbeitungskosten.

b) *Projektdauerabhängige Kosten*: Das sind Kosten, die mit der Projektdauer anwachsen (z.B. Opportunitätskosten hinsichtlich weiterer Aufträge oder Konventionalstrafen bei Terminüberschreitungen).

Die den Faktoren a) bzw. b) entsprechenden Kostenfunktionen sind in Abhängigkeit von der Gesamtprojektdauer T einander gegenläufig; vgl. Abb. 5.10. Es existiert mindestens eine optimale Lösung, welche die Summe aus vorgangsdauerabhängigen und projektdauerabhängigen Kosten (K_{ges} = Projektkosten insgesamt) minimiert.

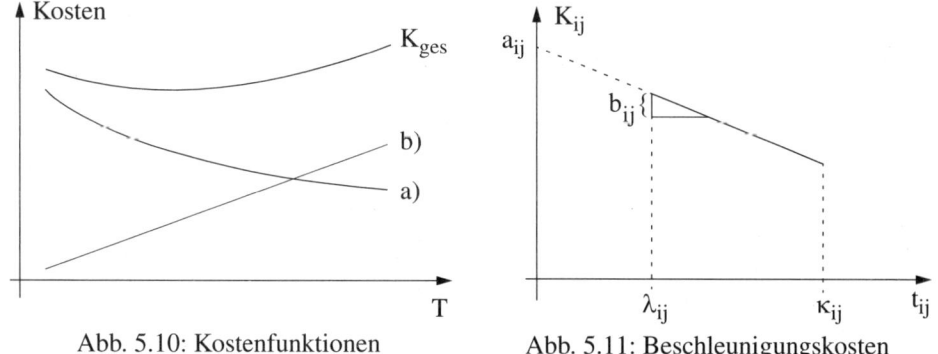

Abb. 5.10: Kostenfunktionen   Abb. 5.11: Beschleunigungskosten

Das Problem der **Minimierung der vorgangsdauerabhängigen Kosten** bei *gegebener* Projektdauer T kann unter bestimmten Annahmen als lineares Optimierungsproblem formuliert werden: Wir bezeichnen die Dauer der Bearbeitung von Vorgang (i,j) mit t_{ij} und den Zeitpunkt des Eintritts von Ereignis i mit FZ_i. Die Dauer t_{ij} jedes Vorgangs (i,j) sei innerhalb einer Bandbreite $\lambda_{ij} \leq t_{ij} \leq \kappa_{ij}$ mit λ_{ij} als unterer und κ_{ij} als oberer Zeitschranke variierbar. Im Gegensatz zu unseren bisherigen Betrachtungen ist t_{ij} also nunmehr eine Variable. Die Kosten der Durchführung von Vorgang (i,j) lassen sich durch die lineare Funktion $K_{ij}(t_{ij}) := a_{ij} - b_{ij}\,t_{ij}$ mit $a_{ij} > 0$ und $b_{ij} \geq 0$ beschreiben. $a_{ij} - b_{ij} \cdot \kappa_{ij}$ sind die minimalen, $a_{ij} - b_{ij} \cdot \lambda_{ij}$ die maximalen Kosten, b_{ij} bezeichnet man als **Beschleunigungskosten** des Vorgangs (i,j); vgl. Abb. 5.11.

Bezeichnen wir ferner mit V = {1,2,...,n} die Menge der Ereignisse (Knoten), wobei Knoten 1 (einziges) Start- und Knoten n (einziges) Endereignis sei, so führt das Problem der Minimierung der vorgangsdauerabhängigen Kosten bei gegebener Projektdauer zum folgenden linearen Optimierungsproblem:

$$\text{Minimiere } F_1(\mathbf{FZ}, t) = \sum_{(i,j)\, \in\, E} (a_{ij} - b_{ij} t_{ij}) \qquad (5.11)$$

unter den Nebenbedingungen

$$-FZ_i + FZ_j - t_{ij} \geq 0 \qquad\qquad \text{für alle } (i,j) \in E \qquad (5.12)$$

$$-FZ_1 + FZ_n = T \qquad\qquad\qquad\qquad\qquad (5.13)$$

$$\lambda_{ij} \leq t_{ij} \leq \kappa_{ij} \qquad\qquad\qquad \text{für alle } (i,j) \in E \qquad (5.14)$$

$$FZ_i,\ t_{ij} \geq 0 \qquad\qquad\qquad \text{für alle } i \in V \text{ bzw. } (i,j) \in E \qquad (5.15)$$

In dieser Formulierung wird die Projektdauer T (vorübergehend) als Konstante behandelt. Variabilisiert man T, so kann man die projektdauerabhängigen Kosten z.B. mit Hilfe der linearen Funktion $F_2(T) = f + g \cdot T$ (mit f als Fixkosten und g als Opportunitätskosten pro Zeiteinheit) ausdrücken. Das Minimum der Projektkosten insgesamt ist dann z.B. mit dem

Simplex-Algorithmus bzw. mit für die spezielle Problemstellung effizienteren Methoden ermittelbar; vgl. z.B. Küpper et al. (1975, S. 210 ff.), Morlock und Neumann (1973) sowie Murty (1992, Kap. 7.2).

Ein Beispiel hierzu ist in Aufgabe 5.8 des Übungsbuches Domschke et al. (2005) zu finden.

5.5 Kapazitätsplanung

Die Bearbeitung von Vorgängen beansprucht **Ressourcen** (Betriebsmittel, Kapazitäten). Stehen diese Ressourcen (was nur selten der Fall sein dürfte) in unbeschränkter Höhe zur Verfügung, dann kann man sich ausschließlich auf eine Struktur-, Zeit- und ggf. Kostenplanung beschränken. Anderenfalls ist der Projektablauf unter Berücksichtigung knapper Ressourcen zu planen.

Gegeben sei nun ein Projekt in Form eines zyklenfreien Vorgangsknotennetzplans mit $i = 1,...,n$ Vorgängen bzw. Aktivitäten. Vorgänge werden als Knoten, Pfeile als Reihenfolgebeziehungen (bei Normalfolge) interpretiert. Mindestabstände zwischen Vorgängen haben die Dauer 0, Maximalabstände werden nicht betrachtet. Aktivität 1 sei der einzige Startvorgang und n der einzige Endvorgang.

Die Durchführung von Vorgang i dauert t_i Zeiteinheiten (fest vorgegeben) und beansprucht die *erneuerbare* Ressource $r (= 1,...,R)$ mit k_{ir} Kapazitätseinheiten pro Periode, wobei von Ressource r in jeder Periode κ_r ($= \kappa_{r\tau}$ für alle $\tau = 1, ..., \overline{T}$) Einheiten zur Verfügung stehen (k_{ir} und κ_r können jeden beliebigen *diskreten* Wert ≥ 0 annehmen). $\overline{T}$ ist dabei eine obere Schranke für die Projektdauer.

Zu bestimmen ist die minimale Projektdauer T so, dass Reihenfolge- und Kapazitätsrestriktionen eingehalten werden.

Für die mathematische Formulierung des Modells ist es zur Reduzierung der Anzahl erforderlicher Variablen sinnvoll, eine möglichst kleine obere Schranke $\overline{T}$ für die Projektdauer T, etwa durch Anwendung einer Heuristik, zu ermitteln. Bei gegebenem $\overline{T}$ kann man dann früheste Anfangs- und Endzeitpunkte FAZ_i und FEZ_i mit Hilfe der Vorwärtsrekursion sowie nach Setzen von $SEZ_n := \overline{T}$ auch späteste Anfangs- und Endzeitpunkte SAZ_i und SEZ_i durch Rückwärtsrekursion berechnen (vgl. Kap. 5.2.2.1). Dies geschieht unter Vernachlässigung der Kapazitätsrestriktionen. Daher umfasst das Intervall $[FEZ_i, SEZ_i]$ auch die unter Einbeziehung der Kapazitätsrestriktionen tatsächlich realisierbaren Endzeitpunkte. Zur Vereinfachung der Notation sei $\varepsilon_i := \{FEZ_i, ..., SEZ_i\}$ die Menge aller Perioden, in denen Vorgang i zulässig beendet werden kann. Ferner sei $Q_{iq} = \{q, ..., q + t_i - 1\}$; Vorgang i ist in Periode q in Bearbeitung, wenn er in einer der in Q_{iq} enthaltenen Perioden beendet wird.

Verwenden wir Binärvariablen $x_{i\tau}$ mit der Bedeutung

$$x_{i\tau} = \begin{cases} 1 & \text{falls die Bearbeitung von Vorgang i am Ende von Periode } \tau \text{ beendet wird} \\ 0 & \text{sonst} \end{cases}$$

so können wir, mit $V(i)$ als der Menge aller unmittelbaren Vorgängeraktivitäten von Vorgang i, das **(Grund-) Modell der Kapazitätsplanung** wie folgt formulieren; vgl. zu alternativen Formulierungen u.a. Klein (2000, Kap. 3.2.1):

$$\text{Minimiere } F(\mathbf{x}) = \sum_{\tau \in \varepsilon_n} \tau \cdot x_{n\tau} \qquad (5.16)$$

unter den Nebenbedingungen

$$\sum_{\tau \in \varepsilon_i} x_{i\tau} = 1 \qquad \text{für } i = 1,...,n \qquad (5.17)$$

$$\sum_{\tau \in \varepsilon_h} \tau \cdot x_{h\tau} \le \sum_{\tau \in \varepsilon_i} (\tau - t_i) x_{i\tau} \qquad \text{für } i = 2,...,n \text{ und alle } h \in V(i) \qquad (5.18)$$

$$\sum_{i=1}^{n} \sum_{\tau \in Q_{iq} \cap \varepsilon_i} k_{ir} x_{i\tau} \le \kappa_r \qquad \text{für } r = 1,...,R \text{ und } q = 1,...,SAZ_n \qquad (5.19)$$

$$x_{i\tau} \in \{0,1\} \qquad \text{für alle } i \text{ und } \tau \qquad (5.20)$$

Die Zielfunktion (5.16) forciert die frühestmögliche Bearbeitung des letzten Vorgangs und damit das frühestmögliche Projektende. (5.17) erzwingt die einmalige Bearbeitung jeder Aktivität. (5.18) sichert die Einhaltung der Reihenfolgebeziehungen zwischen Vorgängen. (Binär-) Variablen sind ausschließlich für Perioden τ im Intervall $[FEZ_i, SEZ_i]$ vorzusehen. (5.19) verhindert wie folgt Überschreitungen der Kapazität κ_r:

Wird ein Vorgang i am Ende der Periode τ beendet (es gilt $x_{i\tau} = 1$), so ist er in den Perioden $\tau - t_i + 1,..., \tau$ *aktiv*, d.h. er wird in diesen Perioden bearbeitet. In einer Periode q sind all jene Vorgänge i aktiv, die in einer der Perioden aus Q_{iq} (daher die Durchschnittsbildung mit ε_i) enden; sie konkurrieren um die knappen Kapazitäten.

Zur Erläuterung der Formel (5.19) betrachten wir den in Abb. 5.12 wiedergegebenen einfachen Netzplan mit einer fiktiven Quelle (Knoten i = 1) und einer fiktiven Senke (Knoten i = 5). Die Vorgänge 2 bis 4 benötigen eine erneuerbare Ressource r (= R) = 1, von der in jeder Periode 4 ME verfügbar seien. Aufgrund der Kapazitätsbedarfe k_{i1} ist Vorgang 3 nicht parallel zu 2 und 4 einplanbar. Führt man die Vorgänge 2 und 4 parallel aus (was letztlich auch in einer optimalen Lösung der Fall sein wird), so ergeben sich die in der Abbildung wiedergegebenen frühesten und spätesten Anfangs- bzw. Endzeitpunkte.

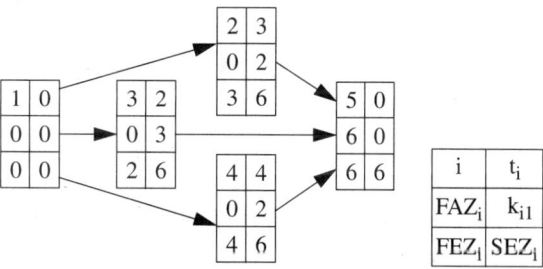

Abb. 5.12: Vorgangsknotennetzplan

Es gilt $\varepsilon_2 = \{3,...,6\}$, $\quad \varepsilon_3 = \{2,...,6\}$, $\quad \varepsilon_4 = \{4,...,6\}$.
Ferner ist z.B. $Q_{21} = \{1,...,3\}$, $\quad Q_{31} = \{1,2\}$, $\quad Q_{41} = \{1,...,4\}$;
$Q_{22} = \{2,...,4\}$, $\quad Q_{32} = \{2,3\}$, $\quad Q_{42} = \{2,...,5\}$.

Damit hat (5.19) für q = 1 bzw. q = 2 folgendes Aussehen:

$$2x_{23} + 3x_{32} + 2x_{44} \leq 4 \quad \text{bzw.} \quad 2(x_{23} + x_{24}) + 3(x_{32} + x_{33}) + 2(x_{44} + x_{45}) \leq 4$$

In Periode q = 1 konkurrieren die drei Vorgänge nur dann um die knappe Kapazität, wenn sie (innerhalb ihres Intervalls ε_i) in Periode 3, 2 bzw. 4 beendet werden. In q = 2 konkurrieren sie darüber hinaus auch dann miteinander, wenn sie erst in Periode 4, 3 bzw. 5 enden.

(5.16) – (5.20) besitzt eine zulässige Lösung, wenn einerseits zumindest jeder Vorgang i bearbeitbar ist ($k_{ir} \leq \kappa_r$ für alle i und r) und andererseits κ_r für hinreichend viele Perioden ($\geq \overline{T}$) zur Verfügung steht.

Durch die geforderte Binarität der Variablen $x_{i\tau}$ ist das Modell (5.16) – (5.20) nicht mehr mit Methoden der linearen Optimierung bei kontinuierlichen Variablen lösbar. Im Gegensatz z.B. zum linearen Zuordnungsproblem, zum Transport- und Umladeproblem ist die Ganzzahligkeit nicht durch die übrigen Nebenbedingungen gewährleistet. Das Modell gehört zur Klasse der schwer lösbaren, ganzzahligen und kombinatorischen Optimierungsprobleme, die wir in Kap. 6 behandeln.

Exakte Verfahren, mit deren Prinzip wir uns in Kap. 6 beschäftigen, sind zur optimalen Lösung von Problemen mit in der Regel nicht mehr als etwa 50 Vorgängen geeignet. Für die Lösung größerer Probleme verwendet man heuristische Verfahren, die auf verschiedenen der in Kap. 6.3 beschriebenen Prinzipien basieren. Vgl. Kolisch et al. (1995), Sprecher (2000) sowie Möhring et al. (2003).

Einen Überblick über Lösungsverfahren sowie über Verallgemeinerungen des Modells (5.16) – (5.20) findet man in Drexl (1991), Brucker et al. (1999), Hartmann (1999), Klein (2000), Kimms (2001) sowie in mehreren Beiträgen, die in dem von Weglarz (1999) herausgegebenen Sammelband enthalten sind.

Softwarehinweise zu Kapitel 5

Zur Unterstützung der Projektplanung gibt es zahlreiche Softwarepakete. Die Mehrzahl der Pakete enthält deterministische, knotenorientierte Methoden zur Struktur- und Zeitplanung. Zur Kosten- und Kapazitätsoptimierung sind jedoch i.d.R. nur einfachste Heuristiken implementiert.

Hinweise auf Software zur Projektplanung findet man u.a. bei De Wit und Herroelen (1990) sowie Dworatschek und Hayek (1992). Die Leistungsfähigkeit integrierter Verfahren zur Kapazitätsplanung untersuchen Kolisch und Hempel (1996).

Weiterführende Literatur zu Kapitel 5

Altrogge (1994)

Brucker et al. (1999)

De Wit und Herroelen (1990)

Domschke et al. (2005) – *Übungsbuch*

Drexl (1991)

Dworatschek und Hayek (1992)

Hartmann (1999)

Kimms (2001)

Klein (2000)

Kolisch und Hempel (1996)

Kolisch et al. (1995)

Küpper et al. (1975)

Möhring et al. (2003)

Neumann (1990)

Neumann und Morlock (2002)

Neumann et al. (2003)

Schwarze (2001)

Sprecher (2000)

Weglarz (1999)

Werners (2000)

Ziegler (1985)

Kapitel 6: Ganzzahlige und kombinatorische Optimierung

Die meisten der in den Kapiteln 2 bis 5 betrachteten Probleme sind als lineare Optimierungsprobleme formulierbar und mit dem Simplex-Algorithmus oder spezialisierten Vorgehensweisen lösbar. Wesentliche Eigenschaft dieser Probleme ist neben der Linearität von Zielfunktion und Nebenbedingungen, dass ausschließlich kontinuierliche Variablen vorkommen. Im Gegensatz dazu wenden wir uns nun einer Klasse von Problemen zu, bei der auch binäre oder ganzzahlige Variablen zugelassen sind.

Kap. 6.1 enthält Beispiele für ganzzahlige lineare Optimierungsprobleme. Ferner werden dort Probleme der kombinatorischen Optimierung charakterisiert und klassifiziert. Kap. 6.2 stellt elementare Grundlagen der Komplexitätstheorie dar und gibt einen Überblick über Lösungsprinzipien. In Kap. 6.3 bzw. 6.4 beschreiben wir Grundprinzipien von Heuristiken bzw. von Branch-and-Bound-Verfahren. In Kap. 6.5 und 6.6 behandeln wir zwei wichtige Vertreter ganzzahliger und kombinatorischer Optimierungsprobleme, das Knapsack-Problem und das Traveling Salesman - Problem, ausführlicher.

6.1 Klassifikation und Beispiele

Wir betrachten zu Beginn ein Beispiel für ein lineares Optimierungsproblem mit ganzzahligen Variablen:

$$\text{Maximiere } F(x_1, x_2) = x_1 + 2 x_2 \tag{6.1}$$

unter den Nebenbedingungen

$$x_1 + 3 x_2 \leq 7 \tag{6.2}$$
$$3 x_1 + 2 x_2 \leq 10 \tag{6.3}$$
$$x_1, x_2 \geq 0 \quad \text{und ganzzahlig} \tag{6.4}$$

Abb. 6.1 zeigt die Menge der *zulässigen Lösungen* des Problems (eingekreiste Punkte). Der Schnittpunkt der sich aus (6.2) und (6.3) ergebenden Geraden ist nicht zulässig, da dort die Ganzzahligkeit nicht erfüllt wird. Die optimale Lösung ist $\mathbf{x}^* = (1,2)$ mit $F(\mathbf{x}^*) = 5$.

Ganzzahlige lineare Probleme treten u.a. bei der Optimierung in den Bereichen Investitions- und Produktionsplanung auf; vgl. hierzu z.B. Inderfurth (1982) sowie Zäpfel (2000). Zu den ganzzahligen Optimierungsproblemen zählt man auch solche mit binären Variablen. Beispiele dafür sind Knapsack-Probleme (siehe Kap. 6.5) oder Standortprobleme in Netzen (siehe Domschke und Drexl (1996), Klose (2001) sowie Mayer (2001)).

Auch bei Modellen zur Investitionsplanung treten eher Binärvariablen als (allgemeine) ganzzahlige Variablen auf. Eine ganzzahlige Variable x_i würde z.B. bedeuten, dass von einer Maschine des Typs i eine zu bestimmende Anzahl x_i (= 0 oder 1 oder 2 ...) zu beschaffen ist. Dagegen würde eine Binärvariable x_i bedeuten, dass in eine Maschine vom Typ i entweder zu investieren ist ($x_i = 1$) oder nicht ($x_i = 0$).

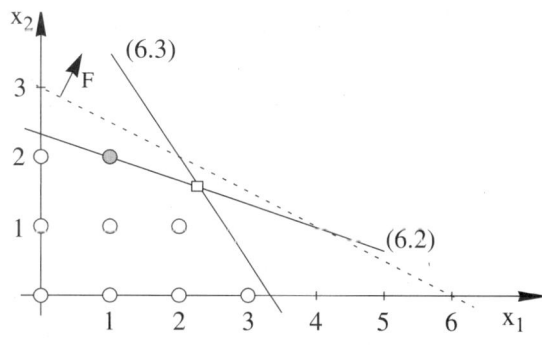

Abb. 6.1: Ganzzahliges Optimierungsproblem

Zu den **Problemen der kombinatorischen Optimierung** zählen v.a. Zuordnungs-, Reihenfolge-, Gruppierungs- und Auswahlprobleme. Beispiele für diese Problemgruppen sind:

a) **Zuordnungsprobleme**

   – das *lineare* Zuordnungsproblem, siehe Kap. 4.2.

   – das *quadratische* Zuordnungsproblem, siehe unten.

   – *Stundenplanprobleme*: Bestimmung einer zulässigen Zuordnung von Lehrern zu Klassen und Räumen zu bestimmten Zeiten; siehe etwa Drexl und Salewski (1997).

b) **Reihenfolgeprobleme**

   – *Traveling Salesman - Probleme*, siehe unten.

   – *Briefträger - Probleme* (Chinese Postman - Probleme): Ein Briefträger hat in einem Stadtteil Briefe auszutragen. Um die Post zuzustellen, muss er jede Straße seines Bezirks einmal durchlaufen. Manche Straßen wird er ein zweites Mal begehen müssen, um zu Gebieten zu gelangen, die er zuvor noch nicht bedient hat. In welcher Reihenfolge soll er die Straßen bedienen und welche Straßen muss er mehrfach durchlaufen, so dass die insgesamt zurückzulegende Entfernung minimal wird? Vgl. z.B. Domschke (1997, Kap. 4).

   – *Allgemeine Tourenplanungsprobleme*: Ein Beispiel ist die Belieferung von Kunden durch mehrere Fahrzeuge eines Möbelhauses so, dass die insgesamt zurückzulegende Strecke minimale Länge besitzt. Vgl. hierzu z.B. Domschke (1997, Kap. 5).

   – *Maschinenbelegungsprobleme*: In welcher Reihenfolge sollen Aufträge auf einer Maschine ausgeführt werden, so dass z.B. die Summe zeitlicher Überschreitungen zugesagter Fertigstellungstermine minimal wird? Vgl. hierzu z.B. Domschke et al. (1997, Kap. 5), Kistner und Steven (2001, Kap. 2.1), Blazewicz et al. (2001) sowie Brucker (2004).

c) **Gruppierungsprobleme**

   – Probleme der *Fließbandabstimmung*: Zusammenfassung und Zuordnung von Arbeitsgängen zu Bandstationen, vgl. z.B. Domschke et al. (1997, Kap. 4), Scholl und Klein (1997) sowie Scholl (1999).

- *Losgrößenplanung*: Zusammenfassung periodenbezogener Nachfragen zu Beschaffungs- bzw. Fertigungslosen; vgl. hierzu z.B. Fleischmann (1990), Domschke et al. (1997, Kap. 3), Drexl und Kimms (1997), Meyr (2002) sowie Tempelmeier (2003).

- *Clusteranalyse*: Bildung von hinsichtlich eines bestimmten Maßes möglichst ähnlichen Kundengruppen; vgl. dazu z.B. Backhaus et al. (2003).

- *Zuschnitt- und Verpackungsprobleme* (*Cutting* and *Packing*): Siehe hierzu etwa Dyckhoff (1990), Martello et al. (2000) sowie die Aufgaben 1.5 und 6.3 im Übungsbuch Domschke et al. (2005).

d) **Auswahlprobleme**

- *Knapsack-Probleme*, siehe unten sowie Kap. 6.5.

- *Set Partitioning- und Set Covering - Probleme*: Vor allem Zuordnungs- und Reihenfolgeprobleme sind als Set Partitioning - Probleme formulierbar. Beispiel: Auswahl einer kostenminimalen Menge von Auslieferungstouren unter einer großen Anzahl möglicher Touren; siehe dazu etwa Domschke (1997, Kap. 5).

Viele kombinatorische Optimierungsprobleme lassen sich mathematisch als ganzzahlige oder binäre (lineare) Modelle formulieren. Wir betrachten im Folgenden drei Beispiele dafür.

Das Knapsack - Problem:

Wir beginnen mit dem bereits in Kap. 1.2.2.2 formulierten binären Knapsack-Problem. Der auswählbare Gegenstand $j = 1,...,n$ besitze den Nutzen c_j und das Gewicht w_j. Bezeichnen wir das Höchstgewicht der mitnehmbaren Gegenstände mit b und verwenden wir für Gut j die Binärvariable x_j (= 1, falls das Gut mitzunehmen ist, und 0 sonst), so lässt sich das Modell mathematisch wie folgt formulieren:

$$\text{Maximiere } F(\mathbf{x}) = \sum_{j=1}^{n} c_j x_j \tag{6.5}$$

unter den Nebenbedingungen

$$\sum_{j=1}^{n} w_j x_j \leq b \tag{6.6}$$

$$x_j \in \{0, 1\} \qquad \text{für } j = 1,...,n \tag{6.7}$$

Das Traveling Salesman - Problem (TSP) in gerichteten Graphen:

Ein dem TSP zugrunde liegendes praktisches Problem lässt sich wie folgt schildern: Ein Handlungsreisender möchte, in seinem Wohnort startend und am Ende dorthin zurückkehrend, n Orte (Kunden) aufsuchen. In welcher Reihenfolge soll er dies tun, damit die insgesamt zurückzulegende Strecke minimal wird?

Als graphentheoretisches Problem wird es wie folgt formuliert: Gegeben sei ein bewerteter, vollständiger Digraph G = (V, E, c) mit n Knoten. Gesucht ist ein kürzester geschlossener Weg, in dem jeder Knoten *genau einmal* enthalten ist (in der Literatur auch als kürzester **Hamiltonkreis** bezeichnet).

Für die mathematische Formulierung verwenden wir Variablen x_{ij} mit folgender Bedeutung:

$$x_{ij} = \begin{cases} 1 & \text{falls nach Knoten i unmittelbar Knoten j aufgesucht wird} \\ 0 & \text{sonst} \end{cases}$$

Damit erhalten wir:

$$\text{Minimiere} \quad F(\mathbf{x}) = \sum_{i=1}^{n} \sum_{j=1}^{n} c_{ij} x_{ij} \tag{6.8}$$

unter den Nebenbedingungen

$$\sum_{j=1}^{n} x_{ij} = 1 \qquad \text{für } i = 1,...,n \tag{6.9}$$

$$\sum_{i=1}^{n} x_{ij} = 1 \qquad \text{für } j = 1,...,n \tag{6.10}$$

$$x_{ij} \in \{0, 1\} \qquad \text{für } i, j = 1,...,n \tag{6.11}$$

Diese Formulierung ist noch nicht vollständig. Bis hierhin ist sie identisch mit derjenigen zum linearen Zuordnungsproblem. Es fehlen noch so genannte *Zyklusbedingungen* zur Verhinderung von Kurzzyklen. *Kurzzyklen* sind geschlossene Wege, die nicht alle Knoten des Graphen enthalten. In einem Graphen mit n = 5 Knoten sind z.B. die Wege (1,2,1) und (3,4,5,3) Kurzzyklen; siehe Abb. 6.2.

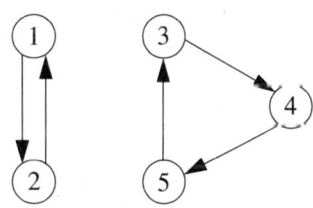

Abb. 6.2: Kurzzyklen

Um Kurzzyklen zu vermeiden, ist für jede Permutation $(i_1, i_2, ..., i_k)$ von k der n Knoten eines

Graphen und für alle $k = 2, 3, ...$ $\begin{cases} \dfrac{n-1}{2} & \text{falls n ungerade} \\ \dfrac{n}{2} & \text{sonst} \end{cases}$ zu fordern:

$$x_{i_1 i_2} + x_{i_2 i_3} + ... + x_{i_k i_1} \le k-1 \tag{6.12}$$

(6.12) verhindert nicht, dass eine Variable x_{ii} den Wert 1 annimmt. Dies lässt sich am einfachsten dadurch ausschließen, dass man in der Kostenmatrix $C = (c_{ij})$ die Hauptdiagonalelemente c_{ij} hoch bewertet ($c_{ij} = M$ mit hinreichend großem M).

Beispiel zum Ausschluss von Kurzzyklen: Gegeben sei ein Digraph mit 7 Knoten. Benötigt werden Zyklusbedingungen der Art:

$$x_{12} + x_{21} \le 1, \qquad\qquad x_{13} + x_{31} \le 1, ...$$
$$x_{12} + x_{23} + x_{31} \le 2, \qquad x_{12} + x_{24} + x_{41} \le 2, ...$$

Durch Verbot von Zyklen mit bis zu zwei Knoten kann (bei $n = 7$) auch kein Zyklus mit fünf Knoten auftreten. Zyklusbedingungen für bis zu drei Knoten schließen (bei $n = 7$) zugleich Zyklen mit vier Knoten aus.

Die Zyklusbedingungen machen das TSP zu einem „schwer lösbaren" Problem. Schon ein Problem mit $n = 14$ Knoten besitzt etwa drei Millionen Bedingungen vom Typ (6.12).

Das quadratische Zuordnungsproblem:

Es ist u.a. anwendbar im Bereich der innerbetrieblichen Standortplanung bei Werkstattfertigung: Unterstellt wird, dass n gleich große Maschinen auf n gleich großen Plätzen so angeordnet werden sollen, dass die Summe der Transportkosten zwischen den Maschinen (bzw. Plätzen) minimal ist. Dabei nimmt man an, dass die Transportkosten proportional zur zurückzulegenden Entfernung (d_{jk} zwischen Platz j und Platz k) und zur zu transportierenden Menge (t_{hi} zwischen den Maschinen h und i) sind; vgl. z.B. Wäscher (1982) sowie Domschke und Drexl (1996, Kap. 6).

Für die mathematische Formulierung verwenden wir Binärvariablen x_{hj} mit der Bedeutung:

$$x_{hj} = \begin{cases} 1 & \text{falls Maschine h auf Platz j anzuordnen ist} \\ 0 & \text{sonst} \end{cases}$$

Damit erhalten wir das mathematische Modell:

$$\text{Minimiere } F(\mathbf{x}) = \sum_{\substack{h = 1}}^{n} \sum_{\substack{i = 1 \\ i \neq h}}^{n} \sum_{\substack{j = 1}}^{n} \sum_{\substack{k = 1 \\ k \neq j}}^{n} t_{hi}\, d_{jk}\, x_{hj}\, x_{ik} \qquad (6.13)$$

unter den Nebenbedingungen

$$\sum_{j = 1}^{n} x_{hj} = 1 \qquad\qquad \text{für } h = 1,...,n \qquad (6.14)$$

$$\sum_{h = 1}^{n} x_{hj} = 1 \qquad\qquad \text{für } j = 1,...,n \qquad (6.15)$$

$$x_{hj} \in \{0, 1\} \qquad\qquad \text{für } h, j = 1,...,n \qquad (6.16)$$

In der Zielfunktion gibt das Produkt $t_{hi}\, d_{jk}$ die Kosten für Transporte zwischen den Maschinen h und i an, die entstehen, falls h auf Platz j und i auf Platz k angeordnet werden. Diese Kosten fallen genau dann an, wenn x_{hj} und x_{ik} gleich 1 sind.

Diese quadratische Funktion macht das Problem „schwer lösbar"; das Nebenbedingungssystem ist dagegen identisch mit dem des linearen Zuordnungsproblems (vgl. Kap. 4.2).

6.2 Komplexität und Lösungsprinzipien

Sowohl beim TSP als auch beim quadratischen Zuordnungsproblem haben wir von einem „schwer lösbaren" Problem gesprochen, ohne dies näher zu erläutern. In Kap. 6.2.1 konkretisieren wir diese Eigenschaften. In Kap. 6.2.2 skizzieren wir Prinzipien exakter und heuristischer Verfahren.

6.2.1 Komplexität von Algorithmen und Optimierungsproblemen

Zur Ausführung eines Algorithmus (genauer: eines Programms für einen Algorithmus) auf einer Rechenanlage wird neben Speicherplatz vor allem Rechenzeit benötigt. Definieren wir „eine Zeiteinheit" (= ein *Elementarschritt*, z.B. eine Addition oder ein Vergleich), so können wir den Rechenzeitverbrauch – wir sprechen auch vom *Rechenaufwand* – eines Algorithmus A zur Lösung eines Problems P ermitteln. Dies kann durch Abzählen der erforderlichen Elementarschritte oder durch einen Rechentest geschehen. Interessanter als der Rechenaufwand für jedes einzelne Problem sind globale Aussagen über den Rechenaufwand eines Algorithmus A oder von Algorithmen zur Lösung von Problemen eines bestimmten Typs.

Beispiele für Problemtypen sind:

- Die Menge aller klassischen Transportprobleme (TPPe, siehe Kap. 4.1)

- Die Menge aller Traveling Salesman - Probleme (siehe Kap. 6.1).

Bei solchen globalen Aussagen muss man die Größe der Probleme berücksichtigen. Bei klassischen TPPen wird sie durch die Anzahl m der Anbieter und die Anzahl n der Nachfrager bestimmt, bei TSPen ist sie von der Anzahl n der Knoten des Graphen abhängig. Im Folgenden gehen wir vereinfachend davon aus, dass die Größe eines Problems nur durch *einen* Parameter n messbar ist.

Definition 6.1: Man sagt, der Rechenaufwand R(n) eines Algorithmus sei von der (Größen-) **Ordnung f(n)**, in Zeichen **O(f(n))**, wenn Folgendes gilt:
Es gibt ein $n_0 \in \mathbb{R}_+$ und ein $c \in \mathbb{R}_+$, so dass für jedes $n \geq n_0$ der Rechenaufwand $R(n) \leq c \cdot f(n)$ ist.
Statt vom Rechenaufwand O(f(n)) spricht man auch von der **Komplexität O(f(n))**. Ist die Funktion f(n) ein Polynom von n, so nennt man den Aufwand *polynomial*, ansonsten *exponentiell*.

Beispiele:

a) Ein Algorithmus benötige zur Lösung eines Problems der Größe n genau $3n^2 + 10n + 50$ Elementarschritte. Da dieser Aufwand für hinreichend großes n proportional zum Polynom $f(n) = n^2$ ist, sagt man, er sei von der Ordnung $f(n) = n^2$ oder er sei $O(n^2)$.

b) $O(2^n)$ ist ein Beispiel für exponentiellen Aufwand.

In der Komplexitätstheorie (vgl. dazu z.B. Garey und Johnson (1979), Papadimitriou und Steiglitz (1982) oder Domschke et al. (1997, Kap. 2.4)) hat man auch für einzelne Problemtypen untersucht, welchen Rechenaufwand sie im ungünstigsten Fall verursachen, um eine optimale Lösung zu ermitteln. Dabei hat man alle Optimierungsprobleme im Wesentlichen in zwei Klassen unterteilt:

a) Die mit **polynomialem Aufwand** lösbaren Probleme gehören zur **Klasse P.**

b) Probleme, für die man bislang keinen Algorithmus kennt, der auch das am schwierigsten zu lösende Problem desselben Typs mit polynomialem Aufwand löst, gehören zur **Klasse der NP-schweren Probleme.**

Bemerkung 6.1: Man sagt, die Probleme aus P seien „effizient lösbar". Dagegen bezeichnet man NP-schwere Probleme als „schwierige" oder „schwer lösbare" Probleme.

Beispiele:

a) Zur Klasse P gehören Kürzeste-Wege- und lineare Zuordnungsprobleme. Der Tripel-Algorithmus (Kap. 3.2.2) beispielsweise hat die Komplexität $O(n^3)$.

b) Die meisten ganzzahligen und kombinatorischen Problemtypen gehören zu den NP-schweren Problemen. Für „große" Probleme dieser Klasse lässt sich eine optimale Lösung häufig nicht mit vertretbarem Aufwand bestimmen. Bei ihnen ist man daher oft auf die Anwendung von Heuristiken angewiesen.

Innerhalb der Klasse der NP-schweren Probleme gibt es große Unterschiede hinsichtlich der Lösbarkeit mit den besten bekannten Verfahren. Dies gilt auch für die in Kap. 6.1 beispielhaft formulierten NP-schweren Probleme. Beim binären Knapsack-Problem sind in der Regel sehr große Instanzen mit bis zu 100 000 Variablen mit geringem Rechenaufwand lösbar. Beim quadratischen Zuordnungsproblem ist man dagegen trotz erheblicher Forschungsanstrengungen nach wie vor nicht dazu in der Lage, Instanzen mit mehr als ca. n = 20 anzuordnenden Maschinen in vertretbarer Zeit zu lösen. Das TSP liegt zwischen diesen beiden Extremen.

6.2.2 Lösungsprinzipien

Im vorherigen Abschnitt sind wir davon ausgegangen, dass eine optimale Lösung bestimmt oder – mit anderen Worten – das Problem exakt gelöst werden soll. Verfahren, die dies in endlich vielen Schritten gewährleisten, werden **exakte Verfahren** genannt. Zur Lösung ganzzahliger und kombinatorischer Optimierungsprobleme sind sie unterteilbar in:

(1) Entscheidungsbaumverfahren

    (a) Vollständige Enumeration

    (b) Unvollständige (begrenzte) Enumeration; hierzu zählen *Branch-and-Bound-Verfahren*, deren Prinzip wir in Kap. 6.4 beschreiben und die wir in Kap. 6.5 und 6.6 auf Knapsack- und Traveling Salesman-Probleme anwenden.

    (c) Verfahren der dynamischen Optimierung

(2) Schnittebenenverfahren: Erste Schnittebenenverfahren stammen von Gomory (1958) sowie Benders (1962). Monographien hierzu sind z.B. Parker und Rardin (1988), Burkard (1989), Wolsey (1998) und Martin (1999). Umfassende Darstellungen zum Thema Schnittebenen (*cuts*) findet man in Schrijver (2003).

(3) Kombinationen aus (1) und (2); hierzu zählt v.a. die Vorgehensweise *Branch-and-Cut*, die wir beispielhaft anhand des binären Knapsack-Problems in Kap. 6.5.1.2 beschreiben.

Dieser Klassifikation sind so genannte *„primal integer"*-Verfahren nicht zuordenbar; siehe hierzu z.B. Schulz und Weismantel (2002).

Im Hinblick auf das Laufzeitverhalten exakter Verfahren zur Lösung NP-schwerer Probleme muss man sich häufig damit zufrieden geben, lediglich gute zulässige Lösungen zu bestimmen. Verfahren, die für diesen Zweck entwickelt werden, nennt man **heuristische Verfahren** oder kürzer **Heuristiken**; vgl. zu einer aktuellen Übersicht z.B. Silver (2004). Sie bieten im Allg. keinerlei Garantie, dass ein Optimum gefunden (bzw. als solches erkannt) wird. Heuristiken beinhalten „Vorgehensregeln", die für die jeweilige Problemstruktur sinnvoll und erfolgversprechend sind. Sie lassen sich unterteilen in:

(1) *Eröffnungsverfahren* zur Bestimmung einer (ersten) zulässigen Lösung

(2) *Lokale Such-* bzw. *Verbesserungsverfahren* zur Verbesserung einer gegebenen zulässigen Lösung

(3) *Unvollständig exakte Verfahren*, z.B. vorzeitig abgebrochene Branch-and-Bound-Verfahren

(4) Kombinationen aus (1) – (3)

Einige Möglichkeiten zur Ausgestaltung von Eröffnungs- und Verbesserungsverfahren skizzieren wir in Kap. 6.3. Spezielle Heuristiken zur Lösung des TSPs beschreiben wir in Kap. 6.6.1.

Wenn wir oben ausführen, dass Heuristiken keinerlei Garantie für das Auffinden bzw. Erkennen einer optimalen Lösung bieten, so ist jedoch auch zu erwähnen, dass für eine Reihe von Heuristiken eine *Worst-Case-Abschätzung* vorgenommen werden kann. D.h. man kann einen Faktor für die Abweichung des mit einem Verfahren schlechtestmöglich erhältlichen Zielfunktionswertes vom optimalen Wert angeben. In Domschke (1997, Kap. 3.2.1.2) ist z.B. eine Heuristik von Christofides für asymmetrische TSPe wiedergegeben, für die recht leicht der Faktor 1.5 nachgewiesen werden kann (d.h. die schlechteste damit erhältliche Rundreise ist höchstens 50 % länger als die kürzeste Rundreise). Die Worst-Case-Abschätzung gibt jedoch i.d.R. keinen Anhaltspunkt für die bei praktischen Anwendungen interessantere durchschnittliche Abweichung erhältlicher Lösungen vom Optimum.

Approximationsverfahren bilden eine spezielle Gruppe von Heuristiken zur Lösung NP-schwerer Optimierungsprobleme. Sie erzielen mit polynomialem Aufwand eine Lösung, für die eine Worst-Case-Schranke angegeben werden kann. Das oben genannte Verfahren von Christofides, das maximal einen Rechenaufwand von $O(n^3)$ erfordert, zählt zu dieser Gruppe; vgl. hierzu allgemein v.a. Vazirani (2001).

6.3 Grundprinzipien heuristischer Lösungsverfahren

Im Folgenden betrachten wir Eröffnungs- und lokale Such- bzw. Verbesserungsverfahren sowie die Metastrategien Simulated Annealing, Tabu Search und genetische Algorithmen etwas ausführlicher.

Eröffnungsverfahren dienen der Bestimmung einer (ersten) zulässigen Lösung des betrachteten Problems. Die Güte der erzielten Lösung (gemessen am Optimum) ist häufig von der „Ausgestaltung" des Verfahrens und – damit verbunden – vom investierten Rechenaufwand abhängig. Anschauliche Beispiel dafür bieten die in Kap. 4 beschriebenen Eröffnungsverfahren für das klassische Transportproblem: Die schlichte, wenig Rechenaufwand benötigende Nordwesteckenregel liefert in der Regel sehr schlechte Lösungen, während die wesentlich aufwendigere Vogel'sche Approximations-Methode oft nahezu optimale Lösungen erzielt.

Eröffnungsverfahren können in jedem Verfahrensschritt nach geringstmöglicher Erhöhung oder größtmöglicher Verbesserung des Zielfunktionswertes (der bisherigen Teillösung) trachten; man bezeichnet sie dann als **greedy** oder **myopisch** (gierig, kurzsichtig). Den Gegensatz dazu bilden **vorausschauende Verfahren**, die in jedem Schritt abschätzen, welche Auswirkungen z.B. eine Variablenfixierung auf die in nachfolgenden Schritten noch erzielbare Lösungsgüte besitzt. Das in Kap. 6.6.1.1 beschriebene Verfahren des besten Nachfolgers ist in diesem Sinne greedy, die Vogel'sche Approximations-Methode repräsentiert ein Beispiel für ein vorausschauendes Verfahren.

Lokale Such- bzw. **Verbesserungsverfahren** starten zumeist mit einer zulässigen Lösung des Problems, die entweder zufällig oder durch Anwendung eines Eröffnungsverfahrens bestimmt wird. In jeder Iteration wird von der gerade betrachteten Lösung x zu einer Lösung aus der *Nachbarschaft* NB(x) fortgeschritten. NB(x) enthält sämtliche Lösungen, die sich aus x durch (einmalige) Anwendung einer zu spezifizierenden Transformationsvorschrift ergeben. Dabei werden v.a. folgende Typen von *Transformationsvorschriften* eingesetzt:

1) Veränderung einer Lösung an genau einer Stelle, z.B. durch Umschalten einer Position eines binären Lösungsvektors von 0 auf 1 oder umgekehrt („Kippen eines Bits")

2) Vertauschen von Elementen, z.B. innerhalb einer Reihenfolge

3) Verschieben von Elementen, z.B. innerhalb einer Reihenfolge

Eine Transformation, bei der aus einer Lösung x eine Lösung $x' \in$ NB(x) entsteht, bezeichnet man auch als **Zug**.

Beispiele für Transformationsvorschriften:

- Bei Knapsack-Problemen können Züge z.B. so definiert sein, dass ein in x gewähltes Gut aus dem Rucksack entfernt wird oder umgekehrt. Also enthält NB(x) alle Lösungen, die sich von x in genau einer Komponente unterscheiden.

- Bei einem 2-optimalen Verfahren für TSPe (vgl. Kap. 6.6.1.2) enthält NB(x) alle diejenigen Lösungen (Rundreisen), die aus x durch den Austausch von zwei Kanten gegen zwei bislang nicht in der Rundreise enthaltene Kanten entstehen. Denkbar ist auch eine *Verschiebung* eines Knotens oder mehrerer Knoten an eine andere Stelle der Rundreise.

Neben der Definition der Nachbarschaft NB(**x**) lassen sich Verfahren v.a. hinsichtlich der folgenden Strategien zur Untersuchung der Nachbarschaft und Auswahl eines Zuges unterscheiden:

- In welcher Reihenfolge werden die Nachbarlösungen **x'** ∈ NB(**x**) untersucht? Die Reihenfolge kann zufällig oder systematisch gewählt werden.

- Zu welcher der untersuchten Nachbarlösungen wird übergegangen, um von ihr aus in der nächsten Iteration die Suche fortzusetzen? Zwei Extreme sind die *First fit-* und die *Best fit-Strategie*. Bei First fit wird jeweils zur ersten gefundenen verbessernden Nachbarlösung übergegangen; bei Best fit wird die Nachbarschaft vollständig untersucht und die beste Möglichkeit realisiert.

Eröffnungs- und lokale Such- bzw. Verbesserungsverfahren lassen sich in deterministische und stochastische Vorgehensweisen unterteilen.

Deterministische Verfahren ermitteln bei mehrfacher Anwendung auf ein und dasselbe Problem und bei gleichen Startbedingungen stets dieselbe Lösung. Beispiele für deterministische Eröffnungsverfahren sind die in Kap. 4.1.2 für das TPP beschriebenen Heuristiken.

Stochastische (oder *randomisierte*) *Verfahren* enthalten demgegenüber eine zufällige Komponente, die bei wiederholter Anwendung des Algorithmus auf ein und dasselbe Problem in der Regel zu unterschiedlichen Lösungen führt. Eine zufällige Untersuchungsreihenfolge der Nachbarschaft z.B. (gekoppelt mit einer First Fit - Strategie) führt zu einem stochastischen Verfahren.

Reine Verbesserungsverfahren enden, sobald in einer Iteration keine verbessernde Nachbarlösung existiert bzw. gefunden wird. Die beste erhaltene Lösung stellt für die gewählte Nachbarschaftsdefinition ein lokales Optimum dar, dessen Zielfunktionswert deutlich schlechter als der eines globalen Optimums sein kann. Um ein solches lokales Optimum wieder verlassen zu können, müssen Züge erlaubt werden, die zwischenzeitlich zu Verschlechterungen des Zielfunktionswertes führen. Heuristiken, die diese Möglichkeit vorsehen, nennen wir *lokale Suchverfahren* (im engeren Sinne). Hierzu zählen Simulated Annealing und Tabu Search, die wir im Folgenden etwas ausführlicher behandeln. Man bezeichnet derartige Vorgehensweisen als *Metastrategien*, weil das jeweilige Grundprinzip zur Steuerung des Suchprozesses auf eine Vielzahl von Problemen und Nachbarschaftsdefinitionen anwendbar ist.

Zur Verdeutlichung der prinzipiellen Vorgehensweise lokaler Suchverfahren betrachten wir das folgende Knapsack-Problem:

Maximiere $F(\mathbf{x}) = 3x_1 + 4x_2 + 2x_3 + 3x_4$

unter den Nebenbedingungen

$$3x_1 + 2x_2 + 4x_3 + x_4 \leq 9$$

$$x_j \in \{0, 1\} \qquad \text{für } j = 1,...,4$$

Eine zulässige Lösung ist $\mathbf{x} = (1,0,1,1)$. Erlauben wir lediglich die Veränderung einer Position des Vektors, so ist (veränderte Position fett und unterstrichen) z.B. (**0**, 0, 1, 1) eine Nachbarlösung von **x**. Lassen wir dagegen paarweise Vertauschungen zu (ein Gut durch ein anderes ersetzen), so ist $(\underline{0}, \underline{1}, 1, 1)$ eine Nachbarlösung von **x**.

Simulated Annealing geht so vor, dass eine Nachbarlösung **x'** ∈ NB(**x**) z.B. zufällig gewählt wird. Führt **x'** zu einer Verbesserung des Zielfunktionswertes, so wird **x** durch **x'** ersetzt. Führt **x'** dagegen zu einer Verschlechterung des Zielfunktionswertes, so wird **x** durch **x'** nur mit einer bestimmten Wahrscheinlichkeit ersetzt. Diese ist abhängig vom Ausmaß der Verschlechterung; ferner wird die Wahrscheinlichkeit durch einen so genannten Temperaturparameter so kontrolliert, dass sie mit fortschreitendem Lösungsprozess gegen null geht. In Kap. 6.6.1.3 beschreiben wir Simulated Annealing zur Lösung von TSPen, wobei das Prinzip kombiniert wird mit einem 2-optimalen Verfahren, das in jedem Schritt den Austausch von zwei Kanten der Lösung gegen zwei bislang nicht in der Lösung befindliche vorsieht. Vgl. zu Simulated Annealing auch die ausführlicheren Darstellungen in Aarts und Korst (1989) sowie Kuhn (1992).

Eine vereinfachte Variante von Simulated Annealing ist **Threshold Accepting**. Hierbei wird jede Lösung akzeptiert, die den Zielfunktionswert höchstens um einen vorzugebenden Wert Δ verschlechtert. Im Laufe des Verfahrens wird Δ sukzessive auf 0 reduziert.

In der einfachsten Version von **Tabu Search** wird in jeder Iteration die Nachbarschaft NB(**x**) vollständig untersucht. Unter allen (nicht verbotenen) Nachbarn wird derjenige mit dem besten Zielfunktionswert – auch wenn er eine Verschlechterung darstellt – ausgewählt und als Ausgangspunkt für die nächste Iteration verwendet. Dabei wird bei Maximierungsproblemen[1] das *Prinzip des steepest ascent / mildest descent* zugrunde gelegt, d.h. es wird versucht, eine größtmögliche Verbesserung oder – wenn es keine bessere Nachbarlösung gibt – eine geringstmögliche Verschlechterung des Zielfunktionswertes zu realisieren. Im Gegensatz zum stochastischen Simulated Annealing wird also eine schlechtere Lösung nicht zufällig, sondern nur dann akzeptiert, wenn es keine Verbesserungsmöglichkeit gibt.

Um nun jedoch immer dann, wenn eine Verschlechterung akzeptiert wurde, nicht (unmittelbar) wieder zu einer zuvor besuchten, besseren Lösung zurückzukehren, müssen derartige Lösungen verboten – *tabu gesetzt* – werden. Da das Speichern und Überprüfen von vollständigen Lösungen aber in vielen Fällen zu aufwendig ist, kann man sich u.U. mit der Speicherung bereits erzielter Zielfunktionswerte begnügen. Zumeist ist es jedoch günstiger, Informationen über die in zurückliegenden Iterationen ausgeführten Züge zu speichern.

Wir veranschaulichen das Prinzip anhand des obigen Knapsack-Problems und verwenden als Nachbarschaft einer Lösung **x** nur solche Lösungen, die durch Verändern von einer Position des Vektors **x** entstehen. Ersetzen wir in **x** an der Position q eine 0 durch eine 1, so symbolisieren wir diesen Zug durch q; ersetzen wir an derselben Position eine 1 durch eine 0, so symbolisieren wir dies durch $\bar{q}$. Einen Zug $\bar{q}$ bezeichnet man als zu q komplementär und umgekehrt. Wie man leicht sieht, wäre es bei dieser Nachbarschaftsdefinition auch ausreichend, stets nur die Positionen q, deren Einträge verändert wurden, zu notieren.

---

1 Bei Minimierungsproblemen handelt es sich um das *Prinzip steepest descent/mildest ascent*.

Wir verbieten stets die beiden zuletzt ausgeführten Züge, indem wir deren *komplementäre Züge* in eine *Tabuliste* aufnehmen. Starten wir mit der Lösung $x = (0,0,1,1)$, so ergibt sich der in Tab. 6.1 wiedergegebene Lösungsgang.

Die vierte Lösung des Tableaus ist die (einzige) optimale Lösung des Problems.

Im nächsten Schritt würde die zweite Lösung wieder erreicht und das Verfahren ins Kreisen geraten. Grundsätzlich gilt: Je kürzer die Tabuliste gewählt wird, umso eher gerät das Verfahren ins Kreisen. Je länger sie gewählt wird, umso größer ist die Gefahr, dass es keine erlaubten zulässigen Nachbarlösungen mehr gibt. Die geeignete Tabulistenlänge ist abhängig von der Art und Größe des betrachteten Problems. Gelegentlich wird in der Literatur empfohlen, diese Zahl im Laufe eines Verfahrens in bestimmten Intervallgrenzen zu modifizieren.

Iter.	Lösung	Tabuliste	Zf.-wert
0	$(0,0,1,1)$	–	5
1	$(0,\mathbf{1},1,1)$	$\bar{2}$	9
2	$(0,1,\mathbf{0},1)$	$\bar{2}, 3$	7
3	$(\mathbf{1},1,0,1)$	$3, \bar{1}$	10
4	$(1,1,0,\mathbf{0})$	$\bar{1}, 4$	7
5	$(1,1,\mathbf{1},0)$	$4, \bar{3}$	9
6	$(\mathbf{0},1,1,0)$	$\bar{3}, 1$	6

Tab. 6.1

Nähere Informationen zu Tabu Search und dessen Einsatzmöglichkeiten findet man in de Werra und Hertz (1989), Domschke et al. (1996 a und b) sowie Glover und Laguna (1997).

Auch **genetische Algorithmen**, die in den letzten Jahren auf zahlreiche kombinatorische Optimierungsprobleme angewendet wurden, kann man zu den heuristischen Metastrategien zählen. Ihr Prinzip besteht in der Erzeugung ganzer Populationen (Mengen) von Lösungen, wobei durch Kreuzung guter Lösungen neue erzeugt werden. Kreuzen wir für unser Knapsack-Problem z.B. die Lösungen (Individuen) (0,1,0,1) sowie (1,1,0,0), indem wir sie jeweils nach der zweiten Position durchtrennen und die erste Hälfte des ersten Elternteils mit der zweiten Hälfte des zweiten Elternteils kombinieren und umgekehrt, so erhalten wir die beiden zulässigen Lösungen (Nachkommen) (0,1,0,0) sowie (1,1,0,1). Weitere genetische Operatoren sind Mutation und Selektion. *Mutation* bedeutet z.B., eine Lösung an einer oder mehreren Positionen zu verändern, indem aus einer 1 eine 0 entsteht und umgekehrt. *Selektion* bedeutet, aus einer Elterngeneration besonders „fitte" Individuen, d.h. besonders gute Lösungen, auszuwählen und in die nachkommende Generation (Population) aufzunehmen.

Die geschilderten Vorgehensweisen sind wie oben einfach, wenn Lösungen in Form von Binärvektoren angegeben (kodiert) werden können. Andernfalls muss man sich geeignete Möglichkeiten der Kodierung von Lösungen überlegen oder die prinzipiellen Vorgehensweisen geeignet modifizieren. Ein Beispiel für ein Problem, bei dem zulässige Lösungen nicht unmittelbar in Form von Binärvektoren vorliegen, ist das TSP. Aber auch hierfür wurden zahlreiche Ideen präsentiert. Vgl. zu genetischen Algorithmen u.a. Pesch (1994) sowie Michalewicz (1999).

Eine ausführlichere Darstellung der geschilderten Metastrategien ist in Domschke (1997, Kap. 1) enthalten. Zu diesem Themenkreis ist in den letzten Jahren eine unüberschaubare Fülle von Arbeiten erschienen. In diesen wird zum Teil über sehr erfolgreiche Anwendungen, insbesondere von Tabu Search, auf unterschiedlichste Problemtypen der ganzzahligen und kombinatorischen Optimierung berichtet. Aus didaktischen und Platzgründen gehen wir darauf nicht im Detail ein und verweisen stellvertretend auf Reeves (1993), Pesch und Voß (1995), Laporte und Osman (1996), Aarts und Lenstra (1997), Voß et al. (1999) sowie Biethahn et al. (2004).

6.4 Branch-and-Bound-Verfahren

6.4.1 Das Prinzip

Wir erläutern im Folgenden das Prinzip von Branch-and-Bound- (**B&B**-) Verfahren für **Maximierungsprobleme**; für Minimierungsprobleme müssen einige Aussagen modifiziert werden.

B&B beinhaltet die beiden Lösungsprinzipien Branching und Bounding. Sie lassen sich wie folgt skizzieren:

1. Branching: Ein zu lösendes Problem P_0 (*Ausgangsproblem*) wird in k Teilprobleme $P_1,...,P_k$ so *verzweigt* (to branch) bzw. zerlegt, dass

$$X(P_0) = \bigcup_{i=1}^{k} X(P_i) \quad \text{und möglichst} \quad X(P_i) \cap X(P_j) = \varnothing \quad \text{für alle } i \neq j \text{ gilt.}$$

Dabei bezeichnen wir mit $X(P_i)$ die Menge der zulässigen Lösungen von Problem P_i.

Die Bedingungen besagen, dass P_0 in k Teilprobleme so unterteilt wird, dass die Vereinigung der Lösungsmenge der k Probleme diejenige von P_0 ergibt und dass deren paarweise Durchschnitte nach Möglichkeit leer sind.

Die Probleme $P_1,...,P_k$ sind analog zu P_0 weiter verzweigbar. Dadurch entsteht ein (Lösungs-) Baum von Problemen, wie ihn Abb. 6.3 zeigt. P_0 und P_1 sind dort jeweils in

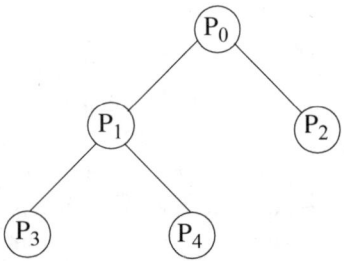

Abb. 6.3: Lösungsbaum

k = 2 Teilprobleme verzweigt. Das Ausgangsproblem P_0 bezeichnet man als *Wurzel* des Baumes. Entsprechend ist P_1 Wurzel des aus den Knoten P_1, P_3 und P_4 bestehenden Teilbaumes.

2. Bounding (Berechnen von Schranken für Zielfunktionswerte, Ausloten von Problemen):

Das Boundingprinzip dient zur Beschränkung des geschilderten Verzweigungsprozesses. Es werden Schranken für Zielfunktionswerte berechnet, mit deren Hilfe man entscheiden kann, ob Teilprobleme verzweigt werden müssen oder nicht.

Es lässt sich stets eine (globale) **untere Schranke** $\underline{F}$ für den Zielfunktionswert einer optimalen Lösung des Ausgangsproblems angeben. Vor Ausführung des B&B-Verfahrens kann man entweder $\underline{F} := -\infty$ setzen oder ein i.Allg. besseres $\underline{F}$ durch Anwendung einer Heuristik bestimmen. Im Laufe des B&B-Verfahrens liefert jeweils die beste bekannte zulässige Lösung des Problems die (aktuelle, beste) untere Schranke.

Darüber hinaus lässt sich für jedes Problem P_i (i = 0,1,...) eine (lokale) **obere Schranke** $\overline{F}_i$ für den Zielfunktionswert einer optimalen Lösung von P_i ermitteln. Dazu bildet und löst man eine **Relaxation** P'_i von P_i. Sie ist ein gegenüber P_i (häufig wesentlich) vereinfachtes Problem mit der Eigenschaft $X(P_i) \subseteq X(P'_i)$. Man erhält sie durch Lockerung oder durch Weglassen von Nebenbedingungen.

Bei ganzzahligen linearen Optimierungsproblemen wie (6.1) – (6.4) erhält man eine Relaxation z.B. durch Weglassen der Ganzzahligkeitsbedingungen, beim TSP durch Weglassen der Zyklusbedingungen.

Ein Problem P_i heißt **ausgelotet** (es braucht nicht weiter betrachtet, also auch nicht weiter verzweigt zu werden), falls einer der drei sich gegenseitig ausschließenden Fälle zutrifft:

Fall a ($\overline{F}_i \leq \underline{F}$): Die optimale Lösung des Teilproblems kann nicht besser als die beste bekannte zulässige Lösung sein.

Fall b ($\overline{F}_i > \underline{F}$ und die optimale Lösung von P'_i ist zulässig für P_i und damit auch für P_0): Es wurde eine neue beste zulässige Lösung des Problems P_0 gefunden. Man speichert sie und setzt $\underline{F} := \overline{F}_i$.

Fall c ($X(P'_i) = \varnothing$): P'_i besitzt keine zulässige Lösung; damit ist auch $X(P_i) = \varnothing$.

6.4.2 Erläuterung anhand eines Beispiels

Wir wenden das B&B-Prinzip zur Lösung unseres Beispiels (6.1) – (6.4) an.

$$\text{Maximiere } F(x_1, x_2) = x_1 + 2x_2 \tag{6.1}$$

unter den Nebenbedingungen

$$x_1 + 3x_2 \leq 7 \tag{6.2}$$
$$3x_1 + 2x_2 \leq 10 \tag{6.3}$$
$$x_1, x_2 \geq 0 \quad \text{und ganzzahlig} \tag{6.4}$$

Da der Ursprung $(x_1, x_2) = (0,0)$ zulässig ist, starten wir mit $\underline{F} = 0$.

Problem P_0: Als Relaxation P'_0 bilden und lösen wir (6.1) – (6.4) ohne Ganzzahligkeitsbedingungen (graphisch oder mit Hilfe des Simplex-Algorithmus). Die optimale Lösung für P'_0 ist $(x_1, x_2) = (2.29, 1.57)$ mit dem Zielfunktionswert $F = 5.43$. Diese Lösung ist für P_0 nicht zulässig, liefert aber die obere Schranke $\overline{F}_0 = 5.43$ für den Zielfunktionswert einer optimalen Lösung von P_0. Wegen $\underline{F} < \overline{F}_0$ muss P_0 verzweigt werden.

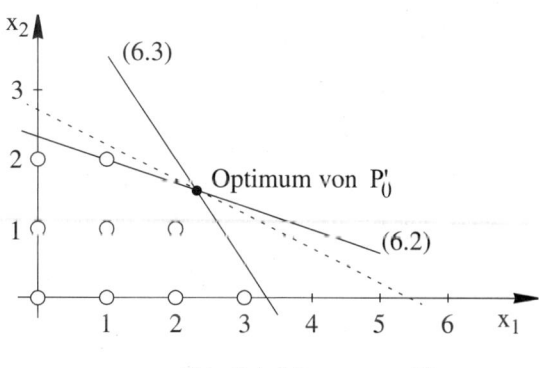

Abb. 6.4: Lösung von P'_0

Es bietet sich dabei an, von der Lösung für P'_0 auszugehen und genau zwei Teilprobleme P_1 und P_2 zu bilden. In P_1 fordern wir $x_1 \leq 2$ zusätzlich zu (6.1) – (6.4), in P_2 fordern wir stattdessen zusätzlich $x_1 \geq 3$; siehe Abb. 6.5.

Problem P_1: Die Relaxation P_1' entsteht wiederum durch Weglassen der Ganzzahligkeitsbedingungen. Die optimale Lösung von P_1' ist $(x_1, x_2) = (2, 1.667)$ mit dem Zielfunktionswert $\bar{F}_1 = 5.33$. Problem P_1 wird weiter verzweigt, und zwar in die Teilprobleme P_3 mit der zusätzlichen Nebenbedingung $x_2 \leq 1$ und P_4 mit der zusätzlichen Nebenbedingung $x_2 \geq 2$.

Problem P_2: Die Relaxation P_2' besitzt die optimale Lösung $(x_1, x_2) = (3, 0.5)$ mit dem Zielfunktionswert $\bar{F}_2 = 4$. Das Problem P_2 ist damit momentan nicht auslotbar. Bevor wir es evtl. verzweigen, betrachten wir zunächst die Teilprobleme P_3 und P_4 von P_1.

Problem P_3: Es besteht aus der Zielfunktion (6.1), den Nebenbedingungen (6.2) – (6.4) sowie den durch das Verzweigen entstandenen Restriktionen $x_1 \leq 2$ und $x_2 \leq 1$.
Die optimale Lösung für die Relaxation P_3' wie für P_3 ist $(x_1, x_2) = (2, 1)$ mit $F = 4$. Wir erhalten somit eine verbesserte zulässige Lösung für P_0 und die neue untere Schranke $\underline{F} = 4$. P_3 ist ausgelotet (Fall b).

Problem P_4: Die optimale Lösung für P_4' wie für P_4 ist $(x_1, x_2) = (1, 2)$ mit $F = 5$. Dies ist wiederum eine verbesserte zulässige Lösung für P_0 und damit eine neue untere Schranke $\underline{F} = 5$. P_4 ist ausgelotet (Fall b).

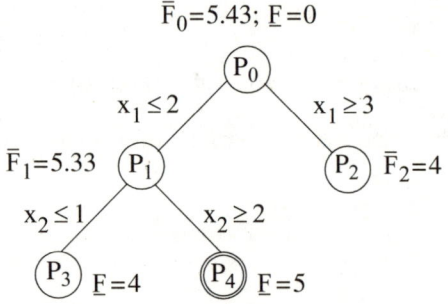

Indem wir erneut *Problem P_2* betrachten, erkennen wir wegen $\bar{F}_2 < \underline{F}$, dass eine optimale Lösung dieses Problems nicht besser sein kann als unsere aktuell beste zulässige Lösung. P_2 ist damit ebenfalls ausgelotet (nachträgliches Ausloten nach Fall a).

Abb. 6.5: Lösungsbaum

Da im Lösungsbaum (siehe Abb. 6.5) nunmehr alle Knoten (Teilprobleme) ausgelotet sind, ist die Lösung $(x_1, x_2) = (1, 2)$ mit dem Zielfunktionswert $F = 5$ optimal.

6.4.3 Komponenten von B&B-Verfahren

Zum Abschluss von Kap. 6.4 betrachten wir das in Abb. 6.6 angegebene Flussdiagramm. Es enthält die wichtigsten Komponenten, die in den meisten B&B-Verfahren auftreten:

[1] Start des Verfahrens, z.B. durch Anwendung einer Heuristik

[2] Regeln zur Bildung von Relaxationen P_i'

[3] Regeln zum Ausloten von Problemen P_i

[4] Regeln zur Reihenfolge der Auswahl von zu verzweigenden Problemen P_k

[5] Regeln zur Bildung von Teilproblemen (zum Verzweigen) eines Problems P_k

Im Folgenden erläutern wir diese Komponenten ausführlicher.

Zu Komponente [1]: In neueren Verfahren bestimmt man i.d.R. eine untere Schranke durch Anwendung einer Heuristik. Dies kann – wie im Flussdiagramm dargestellt – vor Betrachtung einer Relaxation für P_0 geschehen. Oft bietet es sich jedoch an, die optimale Lösung der Relaxation *jedes* Teilproblems P_i (und damit auch für P_0) zu verwenden, um eine zulässige Lösung zu bestimmen; siehe hierzu Kap. 6.5.1.

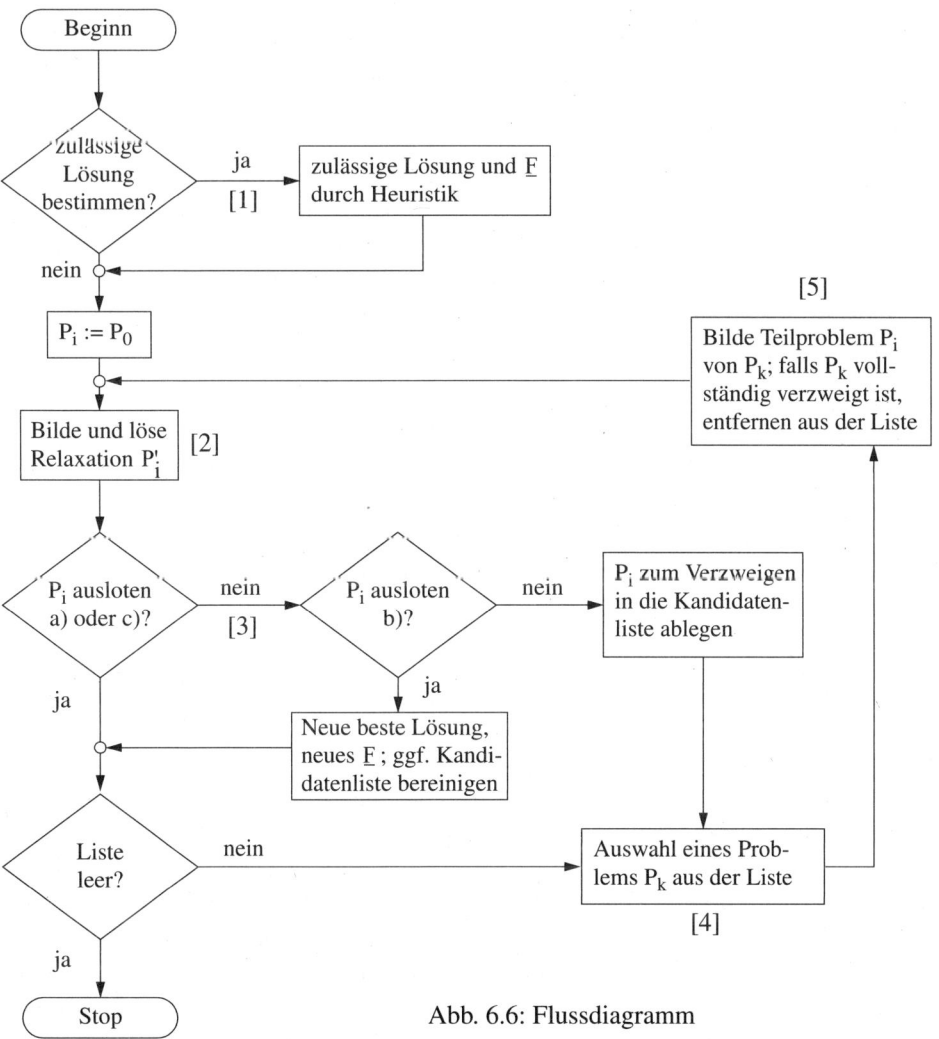

Abb. 6.6: Flussdiagramm

Zu Komponente [2]: Wir skizzieren die wichtigsten Relaxationsmöglichkeiten.

- Die **LP-Relaxation** entsteht durch Weglassen der Ganzzahligkeitsbedingungen von Variablen wie im obigen Beispiel. Für den Fall der LP-Relaxation von Binärvariablen $x_j \in \{0, 1\}$ führt dies zu $0 \leq x_j \leq 1$.

- Eine **Lagrange-Relaxation** entsteht dadurch, dass man aus dem Restriktionensystem eliminierte Nebenbedingungen, mit vorzugebenden oder geeignet zu bestimmenden Parametern (*Lagrange-Multiplikatoren*, Dualvariablen) gewichtet, in die Zielfunktion aufnimmt.

Beispiele für Lagrange-Relaxationen behandeln wir in Kap. 6.5 und 6.6; eine erste grundlegende Arbeit hierzu stammt von Geoffrion (1974).

- Eine weitere Relaxationsmöglichkeit besteht im **Weglassen von Nebenbedingungen** (Gleichungen oder Ungleichungen, jedoch nicht Typbedingungen für Variablen), die die Lösung des Problems besonders erschweren. Ein Beispiel hierfür ist das Weglassen der Zyklusbedingungen beim TSP.

- Von **Surrogate-Relaxation** spricht man, wenn mehrere Nebenbedingungen $g_i(\mathbf{x}) \leq 0$ eines Optimierungsproblems ersetzt werden durch ein Summenprodukt der Bedingungen mit Faktoren $u_i \geq 0$. Wählt man die Faktoren so, dass ihre Summe den Wert 1 besitzt, so werden die Bedingungen durch ihre Konvexkombination ersetzt.

  Dass es sich bei dem entstehenden Problem um eine Relaxation des ursprünglichen Problems handelt, erkennt man unmittelbar an folgendem Beispiel:

  Jede Lösung, welche die Restriktionen (6.2) und (6.3) erfüllt, verletzt auch die mit $u_1 = u_2 = 1$ entstehende aggregierte Nebenbedingung

  $$(x_1 + 3x_2) + (3x_1 + 2x_2) \leq 7 + 10 \text{ nicht.}$$

  Die Güte der damit erzielbaren Schranken ist jedoch i.d.R. derjenigen der beiden erstgenannten Relaxationen unterlegen.

  Als Spezialfall erhalten wir bei $u_i = 0$ für einige i die zuvor genannte Relaxation.

Welche Relaxationsmöglichkeiten gewählt werden sollten, hängt i.Allg. stark vom zu lösenden Problemtyp ab.

Zu Komponente [3]: Bei der Lösung zahlreicher Optimierungsprobleme ist es sinnvoll, auf ein Problem P_i vor dessen Ablegen in der Kandidatenliste *logische Tests* anzuwenden. Diese können zu einer Verbesserung der Schranken und damit zum Ausloten des Teilproblems führen. Beispielhafte Ausführungen hierzu bzgl. des TSPs finden sich in Kap. 6.6.2.2. Ferner ist es möglich, Schranken durch Hinzufügen von Restriktionen (Schnitte, Cuts) zu verschärfen. Vorgehensweisen dieser Art werden auch als *Branch-and-Cut-Verfahren* bezeichnet.

Alternativ hat es sich vor allem bei der Lösung von Maschinenbelegungsproblemen bewährt, so genannte *Constraint Propagation - Techniken* anzuwenden. Trifft man etwa im Rahmen des Branching die Entscheidung, dass Auftrag a vor Auftrag b einzuplanen ist, so verkleinert das die zulässigen Startzeitpunkte all derjenigen Aufträge, die erst nach Beendigung von Auftrag b begonnen werden können. Diese Reduktion der Zeitfenster für die zulässige Einplanung von Aufträgen kann dazu führen, dass für ein Teilproblem keine zulässige Lösung mehr existiert; vgl. zu grundlegenden Techniken des Constraint Propagation z.B. Brucker et al. (1999).

Wird eine neue beste Lösung und damit eine erhöhte untere Schranke $\underline{F}$ gefunden (Fall b), so kann man aus der Kandidatenliste all diejenigen Teilprobleme P_i entfernen, deren obere Schranke $\overline{F}_i$ das neue $\underline{F}$ nicht mehr überschreitet.

Zu Komponente [4]: Zur Auswahl von Problemen aus einer so genannten Kandidatenliste der noch zu verzweigenden Probleme sind v.a. zwei mögliche Regeln zu nennen:

- Bei der **LIFO - (Last In - First Out-) Regel** wird jeweils das zuletzt in die Kandidatenliste aufgenommene Problem zuerst weiter bearbeitet (*depth first search*). Dabei gibt es zwei mögliche Varianten:

a) Bei der *reinen Tiefensuche* (*laser search*) wird für jedes betrachtete Problem zunächst nur ein Teilproblem gebildet und das Problem selbst wieder in der Kandidatenliste abgelegt. Diese Vorgehensweise ist im Flussdiagramm der Abb. 6.6 enthalten.

b) Bei der *Tiefensuche mit vollständiger Verzweigung* wird jedes betrachtete Problem vollständig in Teilprobleme zerlegt und somit aus der Kandidatenliste entfernt. Eines der gebildeten Teilprobleme wird unmittelbar weiterbearbeitet, die anderen werden in der Kandidatenliste abgelegt. Dabei kann die Reihenfolge der Betrachtung dieser Teilprobleme durch eine zusätzliche Auswahlregel (z.B. die MUB-Regel) gesteuert werden.

Die Regel hat den Vorteil, dass man relativ schnell zu einer ersten zulässigen Lösung gelangt und sich stets vergleichsweise wenige Probleme in der Kandidatenliste befinden. Die ersten erhaltenen zulässigen Lösungen sind zumeist jedoch noch relativ schlecht.

- Die **MUB - (Maximum Upper Bound-) Regel**: Danach wird aus der Liste stets das Problem P_i mit der größten oberen Schranke $\bar{F}_i$ ausgewählt. Dies geschieht in der Hoffnung, dass sich die oder eine optimale Lösung von P_0 am ehesten unter den zulässigen Lösungen von P_i befindet. Die Suche ist in die Breite gerichtet (*breadth first search*).
  Bei Anwendung dieser Regel hat man gegenüber der LIFO-Regel zumeist mehr Probleme in der Kandidatenliste (evtl. Speicherplatzprobleme). Die erste erhaltene zulässige Lösung ist jedoch i.Allg. sehr gut.

Es sind verschiedene Kombinationen beider Regeln möglich. Bei zu minimierenden Problemen würde der MUB-Regel eine MLB- (Minimum Lower Bound-) Regel entsprechen.

Der in Abb. 6.5 wiedergegebene Lösungsbaum kommt durch Anwendung der MUB-Regel zustande. Bei der Anwendung der LIFO-Regel wäre P_2 zuletzt gebildet und gelöst worden.

Zu Komponente [5]: Die Vorgehensweise zur Zerlegung eines Problems P_i in Teilprobleme hängt wesentlich von der Art des zu lösenden ganzzahligen oder kombinatorischen Optimierungsproblems ab.

Man wird jeweils von der für die Relaxation P_i' erhaltenen optimalen Lösung ausgehen. Bei ganzzahligen linearen Problemen vom Typ (6.1) – (6.4) kann man dann z.B. diejenige Variable x_j mit dem kleinsten (oder mit dem größten) nicht-ganzzahligen Anteil auswählen und mit Hilfe dieser Variablen, wie in Kap. 6.4.2 ausgeführt, das Problem P_i in genau zwei Teilprobleme P_{i_1} und P_{i_2} zerlegen.

Ausführlichere Darstellungen zum Themenbereich Branch-and-Bound findet man in Scholl und Klein (1997), Scholl et al. (1997) sowie Martin (1999).

6.5 Knapsack-Probleme

Im Folgenden behandeln wir zunächst das in Kap. 6.3 beschriebene binäre Knapsack-Problem mit einer einzigen Restriktion. Anhand dieses Problems lassen sich nicht nur Heuristiken (wie in Kap. 6.3), sondern auch das Branch-and-Bound- und das Branch-and-Cut-Prinzip sehr einfach und anschaulich darstellen. In Kap. 6.5.2 gehen wir kurz auf Lösungsmöglichkeiten des mehrfach restringierten binären Knapsack-Problems ein.

6.5.1 Das binäre Knapsack-Problem

Wir betrachten die folgende Probleminstanz (vgl. zur allgemeinen Formulierung Kap. 1.2.2.2):

Maximiere $F(\mathbf{x}) = 10x_1 + 9x_2 + 12x_3 + 5x_4 + 9x_5$

unter den Nebenbedingungen

$5x_1 + 6x_2 + 12x_3 + 10x_4 + 12x_5 \leq 25$

$x_j \in \{0, 1\}$ für $j = 1,...,5$

Wir lösen das Problem zunächst mit dem oben geschilderten B&B-Prinzip. In Kap. 6.5.1.2 zeigen wir, wie sich der Lösungsbaum durch das Hinzufügen von Restriktionen (Schnitten, Schnittebenen) verkleinern lässt.

6.5.1.1 Lösung mittels Branch-and-Bound

Wir lösen dieses Beispiel unter Verwendung von B&B mit der folgenden Ausprägung der Komponenten:

- Zur Bestimmung von *oberen Schranken* verwenden wir die LP-Relaxation. Sie entsteht, indem man die Bedingung $x_j \in \{0, 1\}$ für alle j zu $0 \leq x_j \leq 1$ relaxiert.[2] Diese Relaxation kann grundsätzlich mit dem Simplex-Algorithmus gelöst werden. Im hier vorliegenden Fall von nur einer Restriktion (etwa eines Engpasses in der Produktion) kann man sich jedoch überlegen, dass die folgende Vorgehensweise die Relaxation optimal löst:

  Man bildet die Quotienten c_j/w_j (Nutzen pro Gewichtseinheit) und sortiert sie nach monoton abnehmenden Werten. Die zugehörigen Variablen erhalten in der Reihenfolge dieser Sortierung den Wert 1, so lange die Summe der w_j das Höchstgewicht b nicht überschreitet. Das erste nicht mehr voll aufnehmbare Gut wird anteilig eingeplant.

- Ausgehend von der optimalen Lösung der LP-Relaxation lässt sich eine zulässige Lösung und damit eine *untere Schranke* sehr einfach ermitteln, indem man die ggf. einzige nicht ganzzahlige Variable zu 0 fixiert.

- Zum *Verzweigen* eines nicht ausgeloteten Teilproblems P_i verwenden wir die LIFO-Regel. Dabei wird jeweils die einzige in der optimalen Lösung von P'_i nicht ganzzahlige Variable x_j verwendet. Ein Teilproblem entsteht durch die Fixierung $x_j = 0$, ein zweites durch die Fixierung $x_j = 1$.

---

2 Man erkennt leicht, dass die Relaxation $x_j \geq 0$ deutlich schlechtere (d.h. höhere) Schranken liefert.

Für obiges Beispiel ergibt sich folgender Lösungsverlauf; siehe auch Abb. 6.7.

Problem P_0: Der Vektor der Quotienten c_j/w_j ist (2, 3/2, 1, 1/2, 3/4). Die optimale Lösung der LP-Relaxation $\mathbf{x}$ = (1, 1, 1, 0, 1/6) besitzt den Zielfunktionswert $\bar{F}_0$ = 32.5. Ordnet man der nicht ganzzahligen Variablen x_5 den Wert 0 zu, so erhält man eine zulässige Lösung und damit die untere Schranke $\underline{F}$ = 31. Das Problem ist nicht auslotbar und wird durch Fixierung der Variablen x_5 verzweigt.

Problem P_1: Wir erhalten eine nicht ganzzahlige Lösung mit der verbesserten oberen Schranke $\bar{F}_1$ = 32. Auch dieses Problem kann nicht ausgelotet werden.

Problem P_2: Die optimale Lösung der LP-Relaxation ist ganzzahlig und entspricht der bereits in P_0 ermittelten zulässigen Lösung. Das Problem kann ausgelotet werden.

Problem P_3: Auch die optimale Lösung der LP-Relaxation dieses Teilproblems ist ganzzahlig, aber schlechter als die beste bislang bekannte zulässige Lösung.

Problem P_4: Die optimale Lösung der LP-Relaxation ist nicht ganzzahlig. Das Problem kann wegen $\bar{F}_4 < \underline{F}$ ausgelotet werden. Somit handelt es sich bei der in P_0 ermittelten zulässigen zugleich um eine optimale Lösung.

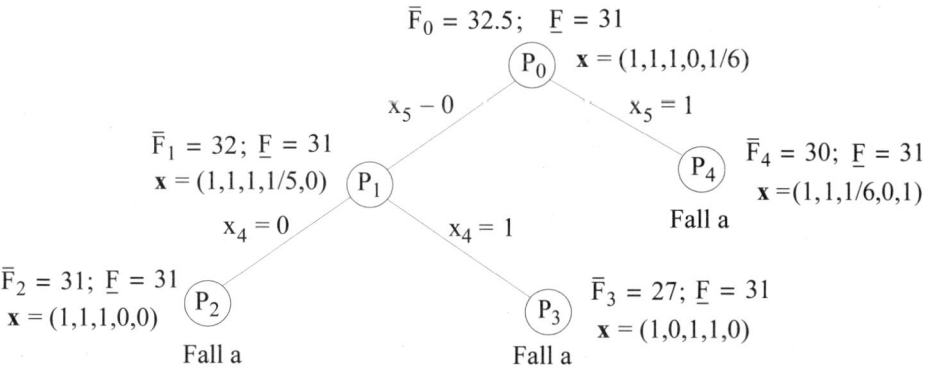

Abb. 6.7: Knapsack-Lösungsbaum

6.5.1.2 Lösung mittels Branch-and-Cut

Am Beispiel des binären Knapsack-Problems lässt sich die Vorgehensweise und Wirkung der Erzeugung zusätzlicher Nebenbedingungen sehr einfach veranschaulichen. Wir erläutern dies zunächst beispielhaft anhand obiger Probleminstanz.

Ausgehend von der optimalen, nicht ganzzahligen Lösung $\mathbf{x}$ = (1, 1, 1, 0, 1/6) der LP-Relaxation P_0' ist unmittelbar ersichtlich, dass die Summe der Gewichte der Güter 1, 2, 3 und 5 das Gesamtgewicht b = 25 übersteigt. Damit können wir die Ungleichung $x_1 + x_2 + x_3 + x_5 \leq 3$ dem Nebenbedingungssystem hinzufügen. Sie eliminiert $\mathbf{x}$ = (1, 1, 1, 0, 1/6) aus der Menge der zulässigen Lösungen der LP-Relaxation; alle ganzzahligen Lösungen bleiben jedoch zulässig.

Lösen wir die LP-Relaxation unter Berücksichtigung dieser Ungleichung, so erhalten wir die wiederum nicht ganzzahlige Lösung $\mathbf{x}$ = (1, 1, 1, 0.2, 0), jedoch mit der verbesserten oberen Schranke $\bar{F}_0$ = 32. Daraus wird erkennbar, dass auch die Güter 1, 2, 3 und 4 das Gesamtgewicht $b = 25$ überschreiten und somit die Ungleichung $x_1 + x_2 + x_3 + x_4 \leq 3$ dem Nebenbedingungssystem hinzufügt werden kann. Lösen wir das LP erneut, so erhalten wir $\mathbf{x} = (1, 0.875, 1, 0.125, 0.125)$ mit $\bar{F}_0 = 31.625$.

Aufgrund der Tatsache, dass alle Zielfunktionskoeffizienten ganzzahlig sind, muss auch eine optimale Lösung einen ganzzahligen Zielfunktionswert besitzen. Wir können $\bar{F}_0$ somit auf den Wert 31 abrunden und daraus – bereits im Ausgangsproblem – die Optimalität der zulässigen Lösung $\mathbf{x} = (1, 1, 1, 0, 0)$ folgern.

Im vorliegenden Beispiel gelingt es also, das Problem ohne Verzweigung optimal zu lösen. Im Allg. ist dies jedoch nicht der Fall und man verzweigt nach dem Hinzufügen einiger Schnitte. Verfahren dieses Typs nennt man daher *Branch-and-Cut-Verfahren*.

Für binäre Knapsack-Probleme lässt sich leicht eine allgemeine auf dem Begriff des Cover basierende Definition für derartige Ungleichungen geben.

Definition 6.2: Sei $N = \{1, ..., n\}$ die Menge der Indizes der Variablen eines binären Knapsack-Problems. Eine Indexmenge $C \subseteq N$ nennt man **Cover**, wenn $\sum_{j \in C} a_j > b$ gilt. Ein Cover $C \subseteq N$ ist **minimal**, wenn für jedes $j \in C$ gilt, dass $C - \{j\}$ kein Cover darstellt.

Bezeichnen wir mit X die Menge aller zulässigen (also auch die Binärbedingungen erfüllenden) Lösungen und ist C ein Cover, so stellt $\sum_{j \in C} x_j \leq |C| - 1$ eine gültige Ungleichung (Schnittebene) dar. Diese wird als **Cover-Ungleichung** bezeichnet. Sie besagt, dass nicht alle Variablen des Cover gleichzeitig den Wert 1 besitzen können.

Erweiterungen und Verschärfungen von Cover-Bedingungen für Knapsack-Probleme werden z.B. in Wolsey (1998, Kap. 9.3) beschrieben.

Ein äußerst leistungsfähiges exaktes Verfahren zur Lösung des binären Knapsack-Problems findet man in Martello et al. (1999); vgl. ferner die Monographien Martello und Toth (1990) sowie Kellerer et al. (2004).

6.5.2 Das mehrfach restringierte Knapsack-Problem

Das mehrfach restringierte Knapsack-Problem ist eine Verallgemeinerung des oben behandelten Problems. Ökonomische Bedeutung besitzt es im Bereich der **Investitionsprogrammplanung**. Hierbei geht es darum, aus einer Anzahl n möglicher Projekte (Investitionsmöglichkeiten) mit gegebenen Kapitalwerten c_j einige so auszuwählen, dass die Summe der Kapitalwerte maximiert wird. Der Planungshorizont umfasst T Perioden. Zur Finanzierung des Investitionsprogramms steht in jeder Periode des Planungszeitraumes ein gewisses Budget b_t zur Verfügung. a_{jt} sind die bei Projekt j in Periode t anfallenden Nettozahlungen. Für jedes Projekt wird zum Zeitpunkt $t = 0$ entschieden, ob es durchgeführt wird oder nicht.[3] Im Hinblick auf diese Anwendung wird dieses Problem zumeist als **mehrperiodiges** Knapsack-Problem bezeichnet.

---

3 Eine genauere Darstellung der Prämissen des Problems findet man z.B. bei Blohm und Lüder (1995, S. 299 f.). Komplexere Probleme dieses Typs werden bei Kruschwitz (2003) behandelt.

Formal lässt sich eine derartige Problemstellung unter Verwendung von Binärvariablen

$$x_j = \begin{cases} 1 & \text{Projekt j wird durchgeführt} \\ 0 & \text{sonst} \end{cases}$$

folgendermaßen formulieren:

$$\text{Maximiere } F(\mathbf{x}) = \sum_{j-1}^{n} c_j\, x_j \qquad\qquad (6.17)$$

unter den Nebenbedingungen

$$\sum_{j=1}^{n} a_{jt}\, x_j \leq b_t \qquad\qquad \text{für } t = 1,...,T \qquad\qquad (6.18)$$

$$x_j \in \{0, 1\} \qquad\qquad \text{für } j = 1,...,n \qquad\qquad (6.19)$$

(6.17) – (6.19) beschreibt ein sehr *allgemeines, binäres Optimierungsproblem*. Aus diesem Grunde sind leistungsfähige Verfahren zu seiner Lösung von besonders großem Interesse.

Wir skizzieren nun die prinzipielle Vorgehensweise eines von Gavish und Pirkul (1985) entwickelten exakten Verfahrens. Dieses Verfahren ist (wie das TSP, auf das wir unten ausführlich eingehen) ein Beispiel dafür, wie man durch geeignete Lagrange Relaxation zu effizienten Verfahren gelangen kann. Darüber hinaus basiert es auf der wiederholten Generierung und Lösung binärer Knapsack-Probleme, die wir oben behandelt haben.

Eine Lagrange-Relaxation von (6.17) – (6.19) entsteht dadurch, dass man nur die Einhaltung einer einzigen Restriktion (6.18) strikt fordert und den Schlupf der restlichen Nebenbedingungen, mit Lagrange-Multiplikatoren u_t gewichtet, zur Zielfunktion addiert.

Wir bezeichnen die einzige (aktive) Budgetrestriktion bzw. Periode mit τ und mit $M_\tau := \{1,...,\tau-1,\tau+1,...,T\}$ die Menge der restlichen Periodenindizes. Formen wir die übrigen Restriktionen von (6.18) um zu

$$b_t - \sum_{j=1}^{n} a_{jt}\, x_j \geq 0 \qquad\qquad \text{für alle } t \in M_\tau,$$

multiplizieren jede dieser T–1 Nebenbedingungen mit der korrespondierenden Dualvariablen u_t (Lagrange-Multiplikator) und summieren über alle $t \in M_\tau$ auf, so erhalten wir:

$$\text{Maximiere } FL(\mathbf{x}) = \sum_{j=1}^{n} c_j\, x_j + \sum_{t \in M_\tau} u_t \left(b_t - \sum_{j=1}^{n} a_{jt}\, x_j \right) \qquad\qquad (6.20)$$

unter den Nebenbedingungen

$$\sum_{j=1}^{n} a_{j\tau}\, x_j \leq b_\tau \qquad\qquad (6.21)$$

$$x_j \in \{0, 1\} \qquad\qquad \text{für } j = 1,...,n \qquad\qquad (6.22)$$

Einfache Umformungen liefern die **Lagrange-Relaxation**:

$$\text{Maximiere } FL(\mathbf{x}) = \sum_{j=1}^{n} \left(c_j - \sum_{t \in M_\tau} u_t\, a_{jt} \right) x_j + \sum_{t \in M_\tau} u_t\, b_t \qquad (6.20')$$

unter den Nebenbedingungen (6.21) – (6.22).

Diese Umformungen haben zweierlei **Konsequenzen**:

- Bei gegebenen Dualvariablen u_t mit $t \in M_\tau$ ist (6.20) – (6.22) ein binäres Knapsack-Problem.

- Das Relaxieren von (6.18) hat zur Folge, dass die strikte Einhaltung von $|M_\tau|$ Restriktionen nicht mehr gewährleistet ist. Bei definitionsgemäß positiven Dualvariablen u_t wird allerdings die Verletzung einer derartigen Restriktion in der Zielfunktion (6.20) „bestraft". (6.20) – (6.22) liefert infolge des Relaxierens eine *obere Schranke* $\bar{F}$ für den optimalen Zielfunktionswert F^* von (6.17) – (6.19). Ein Beweis hierzu findet sich in Parker und Rardin (1988, S. 206).

Offensichtlich hängt das Maximum der Zielfunktion (6.20) von der Wahl geeigneter Dualvariablen u_t ab. Zu ihrer Bestimmung schlagen Gavish und Pirkul (1985) ein Subgradientenverfahren vor; vgl. hierzu eine analoge Vorgehensweise, die wir in Kap. 6.6.2.1 für das TSP schildern.

Bemerkung 6.2: Eines der besten exakten Verfahren zur Lösung des mehrfach restringierten Knapsack-Problems stammt von Osorio et al. (2002). Es basiert auf einer Surrogate-Relaxation (s. Kap. 6.4.3) und verwendet Schnittebenen. Eines der besten heuristischen Verfahren wurde von Hanafi und Fréville (1998) veröffentlicht. Es ist ein Tabu Search-Verfahren, das – basierend auf Informationen, die von einer Surrogate-Relaxation abgeleitet werden – am Rande des zulässigen Bereiches sucht, d.h. Züge ausführt, die zulässige Lösungen in unzulässige verwandeln und umgekehrt. Eine aktuelle Übersicht ist in Fréville (2004) zu finden.

6.6 Traveling Salesman - Probleme

Das Traveling Salesman - Problem (**TSP**) gehört zu den in der kombinatorischen Optimierung am intensivsten untersuchten Problemen. Entsprechend zahlreich und vielfältig sind die heuristischen und exakten Lösungsverfahren, die dafür entwickelt wurden. Unter den Heuristiken zum TSP existieren alle von uns in Kap. 6.3 skizzierten Varianten. An exakten Verfahren gibt es sowohl B&B-Verfahren als auch Branch-and-Cut-Verfahren. Der Grund für die Behandlung des TSP liegt einerseits in der Vielfalt der bislang entwickelten Vorgehensweisen, aber natürlich auch in der Bedeutung des Problems – v.a. als Spezialfall (Teilproblem, Relaxation) von in der betrieblichen Praxis auftretenden allgemeinen **Tourenplanungsproblemen**; vgl. hierzu u.a. Domschke (1997, Kap. 5).

In Kap. 6.1 befinden sich eine verbale Beschreibung des TSPs sowie eine mathematische Formulierung für TSPe in gerichteten Graphen (**asymmetrische TSPe**). Im Folgenden beschränken wir uns aus folgenden Gründen auf die *Betrachtung von Problemen in ungerichteten Graphen* (**symmetrische TSPe**):

1) Für derartige Probleme lassen sich verschiedenartige Heuristiken besonders einfach beschreiben (Kap. 6.6.1). Die Vorgehensweisen sind jedoch auch auf Probleme in gerichteten Graphen übertragbar.

2) Anhand symmetrischer TSPe kann das Prinzip der Lagrange-Relaxation relativ leicht und anschaulich geschildert werden (Kap. 6.6.2.1). Bei asymmetrischen TSPen gestalten sich die Lagrange-Relaxationen nicht so einfach und/oder sie sind im Hinblick auf den erforderlichen Rechenaufwand weniger erfolgreich anwendbar.

Aus Gründen einer einfacheren Beschreibung gehen wir bei den Heuristiken und bei der mathematischen Formulierung in Kap. 6.6.2.1 von einem vollständigen, ungerichteten Graphen $G = [V, E, c]$ aus, für dessen Kantenbewertung die *Dreiecksungleichung* $c_{ik} \leq c_{ij} + c_{jk}$ für alle Knoten i, j und k gilt. Zwischen jedem Knotenpaar i und k des Graphen soll also eine Kante existieren, deren Bewertung c_{ik} gleich der kürzesten Entfernung zwischen i und k ist.

Besitzt ein zunächst gegebener ungerichteter Graph G' diese Eigenschaften nicht, so kann man ihn durch Hinzufügen von Kanten vervollständigen und z.B. mit dem Tripel-Algorithmus die gewünschte Kantenbewertung ermitteln.

Im Rahmen einer effizienten Implementierung zur Anwendung auf praktische Probleme kann es jedoch sinnvoll sein, keine Vervollständigung des Graphen vorzunehmen, sondern die Entfernungsbestimmung für jeden Knoten auf vergleichsweise wenige „benachbarte" Knoten zu beschränken.

6.6.1 Heuristiken

Wie bereits erwähnt, gibt es zahlreiche heuristische Verfahren zur Lösung von TSPen. Zu nennen sind Eröffnungsverfahren, wie wir sie im Folgenden zunächst beschreiben. Hinzu kommen Verbesserungsverfahren, wie sie in Kap. 6.6.1.2 zu finden sind. Über die dort enthaltenen *r*-optimalen Verfahren hinaus sei neben Verfahren, die auf Prinzipien des Tabu Search, genetischer Algorithmen und des Simulated Annealing basieren, v.a. die Vorgehensweise von Lin und Kernighan (1973) genannt. Wir beschreiben in Kap. 6.6.1.3 eine Variante des Simulated Annealing unter Verwendung von 2-opt. Besonders gute Ergebnisse lassen sich mit genetischen Algorithmen erzielen, bei denen einzelne Lösungen mit dem Algorithmus von Lin und Kernighan verbessert werden; vgl. z.B. Pesch (1994). Eine umfassende Darstellung von Heuristiken für das TSP findet man in Reinelt (1994).

6.6.1.1 Deterministische Eröffnungsverfahren

Unter den in der Literatur beschriebenen Eröffnungsverfahren sind v.a. das Verfahren des besten (oder nächsten) Nachfolgers sowie dasjenige der sukzessiven Einbeziehung zu nennen.

Das **Verfahren des besten** (oder **nächsten**) **Nachfolgers** beginnt die Bildung einer Rundreise mit einem beliebigen Knoten $t_0 \in V$. In der 1. Iteration fügt man dieser „Rundreise" denjenigen Knoten t_1 hinzu, der von t_0 die geringste Entfernung hat. Allgemein erweitert man in

Iteration i (= 1,...,n–1) die Rundreise stets um denjenigen noch nicht in ihr befindlichen Knoten t_i, der zu Knoten t_{i-1} die geringste Entfernung besitzt. t_i wird Nachfolger von t_{i-1}.

Für den vollständigen ungerichteten Graphen mit der in Tab. 6.2 angegebenen Kostenmatrix liefert das Verfahren, beginnend mit $t_0 = 1$, die Rundreise r = [1,3,5,6,4,2,1] mit der Länge c(r) = 20.

Bemerkung 6.3: Das Verfahren zählt, wie der Kruskal-Algorithmus zur Bestimmung minimaler spannender Bäume in Kap. 3.3.1, zu den Greedy-Algorithmen, die in jeder Iteration stets die augenblicklich günstigste Alternative auswählen. Im Gegensatz zum Kruskal-Algorithmus liefert das Verfahren des besten Nachfolgers jedoch i.Allg. suboptimale Lösungen. Für einige Klassen von TSPen erhält man mit dem Verfahren des besten Nachfolgers, wie Hurkens und Woeginger (2004) zeigen, jedoch sehr schlechte Lösungen.

	1	2	3	4	5	6
1	∞	4	3	4	4	6
2	4	∞	2	6	3	5
3	3	2	∞	4	1	3
4	4	6	4	∞	5	4
5	4	3	1	5	∞	2
6	6	5	3	4	2	∞

Tab. 6.2

	1	2	3	4	5	6
1			3	4	4	
2			2	6	3	
6			3	4	2	
min			2	4	2	

Tab. 6.3

Das **Verfahren der sukzessiven Einbeziehung** beginnt mit zwei beliebigen Knoten t_0 und t_1 aus V und dem Kreis r = [t_0,t_1,t_0]. In jeder Iteration i (= 2,...,n–1) fügt man der Rundreise genau einen der noch nicht in ihr enthaltenen Knoten t_i hinzu. Man fügt ihn so (d.h. an der Stelle) in den Kreis r ein, dass die Länge von r sich dadurch möglichst wenig erhöht.

Eine mögliche Vorgehensweise besteht darin, mit zwei weit voneinander entfernten Knoten t_0 und t_1 zu starten. In jeder Iteration i wählt man dann denjenigen Knoten t_i zur Einbeziehung in die Rundreise, dessen kleinste Entfernung zu einem der Knoten von r am größten ist. Durch diese Art der Auswahl einzubeziehender Knoten wird die wesentliche Struktur der zu entwickelnden Rundreise schon in einem sehr frühen Stadium des Verfahrens festgelegt. Die erhaltenen Lösungen sind i.Allg. besser als bei anderen Auswahlmöglichkeiten.

Wir wenden auch dieses Verfahren auf das **Beispiel** in Tab. 6.2 an und beginnen mit den Knoten $t_0 = 1$, $t_1 = 6$ sowie der Rundreise r = [1,6,1] mit c(r) = 12.

Iteration i = 2: Wir beziehen den Knoten $t_2 = 2$ ein (nach obigen Regeln wäre auch Knoten 4 möglich). Wir bilden den Kreis r = [1,2,6,1] mit der Länge c(r) = 15; der Kreis [1,6,2,1] besitzt dieselbe Länge.

Iteration i = 3: Wir beziehen den Knoten $t_3 = 4$ ein, weil er die größte kürzeste Entfernung zu den Knoten im aktuellen Kreis r besitzt (siehe Tab. 6.3). Wir berechnen diejenige Stelle von r, an der Knoten 4 am günstigsten einzufügen ist. Zu diesem Zweck werden die folgenden Längenänderungen verglichen:

$c_{14} + c_{42} - c_{12} = 6$ (wenn Knoten 4 zwischen Knoten 1 und 2 eingefügt wird)

$c_{24} + c_{46} - c_{26} = 5$ (wenn Knoten 4 zwischen Knoten 2 und 6 eingefügt wird)

$c_{64} + c_{41} - c_{61} = 2$ (wenn Knoten 4 zwischen Knoten 6 und 1 eingefügt wird)

Das Verfahren wird mit r = [1,2,6,4,1] mit der Länge c(r) = 17 fortgesetzt.

In *Iteration i = 4* beziehen wir den Knoten $t_4 = 3$ ein (nach obigen Regeln wäre auch Knoten 5 möglich). Die Länge des Kreises r bleibt unverändert, wenn wir den Knoten 3 zwischen den Knoten 2 und 6 einfügen. Das Verfahren wird mit r = [1,2,3,6,4,1] mit der Länge c(r) = 17 fortgesetzt.

In *Iteration i = 5* beziehen wir den Knoten $t_5 = 5$ ein und erhalten damit die Rundreise r = [1,2,3,5,6,4,1] mit der Länge c(r) = 17.

6.6.1.2 Deterministische Verbesserungsverfahren

Hier sind v.a. die so genannten *r*-optimalen Verfahren zu nennen. Sie gehen von einer zulässigen Lösung (Rundreise) aus und versuchen, diese durch Vertauschung von *r* in ihr befindlichen Kanten gegen *r* andere Kanten zu verbessern.

Demzufolge prüft ein **2-optimales Verfahren** (kurz: 2-opt) systematisch alle Vertauschungsmöglichkeiten von jeweils 2 Kanten einer gegebenen Rundreise gegen 2 andere. Kann die Länge der gegebenen Rundreise durch eine Vertauschung zweier Kanten verringert werden, so nimmt man die Vertauschung vor und beginnt erneut mit der Überprüfung. Das Verfahren bricht ab, wenn bei der letzten Überprüfung aller paarweisen Vertauschungsmöglichkeiten keine Verbesserung mehr erzielt werden konnte.

Das Verfahren 2-opt lässt sich algorithmisch wie folgt beschreiben:

> Das Verfahren 2-opt

Voraussetzung: Die Kostenmatrix $C = (c_{ij})$ eines ungerichteten, vollständigen, schlichten, bewerteten Graphen G mit n Knoten. Eine zulässige Rundreise $[t_1,...,t_n, t_{n+1} = t_1]$. Der einfacheren Darstellung halber wird Knoten 1 zugleich als (n+1)-ter Knoten interpretiert; entsprechend ist ein mit t_{n+1} bezeichneter Knoten identisch mit t_1.

Iteration μ (= 1, 2, ...):

for i := 1 **to** n−2 **do**

begin

  for j := i+2 **to** n **do**

  begin berechne $\Delta := c_{t_i t_j} + c_{t_{i+1} t_{j+1}} - c_{t_i t_{i+1}} - c_{t_j t_{j+1}}$;

    falls $\Delta < 0$, bilde eine neue Rundreise $[t_1,...,t_n, t_1] :=$

    $[t_1,...,t_i, t_j, t_{j-1},...,t_{i+1}, t_{j+1},...,t_n, t_1]$ und gehe zu Iteration μ + 1

  end

end;

Ergebnis: Eine 2-optimale Rundreise.

* * * * *

Abb. 6.8 zeigt *allgemein* die durch 2-opt vorgenommenen Überprüfungen. Für i = 2 und j = 5 wird dabei der Austausch der Kanten [2,3] und [5,6] gegen die Kanten [2,5] und [6,3] untersucht.

Abb. 6.9 zeigt die mit dem Verfahren des besten Nachfolgers für unser obiges Beispiel erzielte Rundreise r = [1,3,5,6,4,2,1] mit der Länge c(r) = 20. Durch Austausch der Kanten [1,3] und [2,4] gegen die Kanten [1,4] und [2,3] erhält man die mit dem Verfahren der sukzessiven Einbeziehung ermittelte Rundreise r = [1,4,6,5,3,2,1] mit der Länge c(r) = 17.

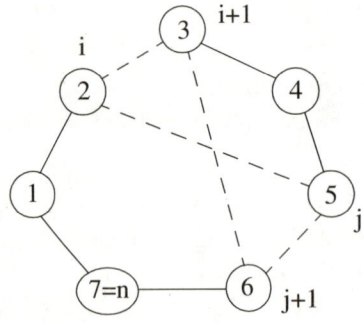
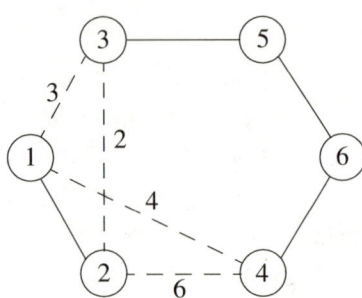

Abb. 6.8: 2-opt   Abb. 6.9: Bester Nachfolger

V.a. mit einem 3-optimalen Verfahren (3-opt) erhält man in der Regel gute Lösungen. Hinsichtlich des Rechenaufwandes empfiehlt es sich, vor dessen Anwendung zunächst 2-opt einzusetzen. 3-opt findet auch alle paarweisen Verbesserungsmöglichkeiten; es benötigt aber pro Iteration Rechenaufwand der Ordnung n^3, während 2-opt mit Aufwand der Ordnung n^2 auskommt. Vgl. zu einer algorithmischen Beschreibung von 3-opt z.B. Domschke (1997, Kap. 3).

6.6.1.3 Ein stochastisches Verfahren

Zur Gruppe der stochastischen (oder randomisierten) Heuristiken zählen u.a. solche Verfahren, die sich des Prinzips des Simulated Annealing (der simulierten Abkühlung) bedienen. Dieses Verfahrensprinzip wurde erfolgreich zur Lösung zahlreicher komplexer Optimierungsprobleme angewendet. Es lässt sich wie folgt skizzieren:

Beginnend mit einer (häufig zufällig bestimmten) Anfangslösung, wird ein Verbesserungsverfahren (z.B. 2-opt) durchgeführt. Im Unterschied zu deterministischen Verbesserungsverfahren lässt man dabei jedoch auch vorübergehende Verschlechterungen des Zielfunktionswertes zu. Die Entscheidung darüber, ob eine Verschlechterung in Kauf genommen wird, erfolgt stochastisch; die Wahrscheinlichkeit dafür ist abhängig vom Ausmaß Δ der Verschlechterung. Außerdem wird diese Wahrscheinlichkeit im Laufe des Verfahrens nach und nach reduziert, das System wird durch sukzessive Reduktion des Temperaturparameters α „abgekühlt".

Im Folgenden beschreiben wir eine mögliche Variante eines 2-optimalen Verfahrens mit Simulated Annealing.

> 2-opt mit Simulated Annealing

Voraussetzung: Die Kostenmatrix $C = (c_{ij})$ eines ungerichteten, vollständigen, schlichten, bewerteten Graphen G mit n Knoten. Der einfacheren Darstellung halber wird Knoten 1 zugleich als (n+1)-ter Knoten interpretiert.

Speicherplatz für eine zulässige und die aktuell beste Rundreise r und r* sowie deren Längen c(r) und c(r*).

Vorzugebende reellwertige Parameter $\alpha > 0$ und $0 < \beta < 1$;

it : = Anzahl der bei unverändertem α durchzuführenden Iterationen.

Durchführung:

Teil 1 (Zulässige Rundreise): Ermittle zufällig oder mit Hilfe eines Eröffnungsverfahrens eine zulässige Rundreise $r = [t_1,...,t_n, t_{n+1} = t_1]$.

Teil 2 (Verbesserungsverfahren):

Iteration $\mu = 1,...,$ it:

for i := 1 **to** n−2 **do**

begin

  for j := i+2 **to** n **do**

  begin berechne $\Delta := c_{t_i t_j} + c_{t_{i+1} t_{j+1}} - c_{t_i t_{i+1}} - c_{t_j t_{j+1}}$;

    if $\Delta > 0$ **then**

    begin berechne $P(\Delta, \alpha) := \exp(-\Delta/\alpha)$ und eine im Intervall (0,1) gleichverteilte

      Zufallszahl γ ;[4]

      if $\gamma \geq P(\Delta, \alpha)$ **then goto** M1

    end;

    bilde eine neue Rundreise $r = [t_1,...,t_n, t_1] := [t_1,...,t_i, t_j, t_{j-1},...,t_{i+1}, t_{j+1},...,t_n, t_1]$;

    falls c(r) < c(r*), setze r* := r sowie c(r*) := c(r);

    gehe zu Iteration $\mu + 1$;

  M1: **end**;

end;

Setze $\alpha := \alpha \ \beta$ und beginne erneut mit Iteration $\mu = 1$.

Abbruch: Ein mögliches Abbruchkriterium ist: Beende das Verfahren, wenn in den letzten it Iterationen keine neue Rundreise gebildet wurde.

---

4 Vgl. hierzu Kap. 10.3.2.

Ergebnis: r* mit der Länge c(r*) ist die beste gefundene Rundreise.

$$* \quad * \quad * \quad * \quad *$$

Bemerkung 6.4: Es gilt $P(\Delta, \alpha) = \exp(-\Delta/\alpha) = e^{-\Delta/\alpha}$. $P(\Delta, \alpha)$ ist die Wahrscheinlichkeit dafür, dass eine Verschlechterung des Zielfunktionswertes um Δ in Kauf genommen wird. Ferner gilt $\lim\limits_{\Delta \to 0} P(\Delta, \alpha) = 1$ und $\lim\limits_{\Delta \to \infty} P(\Delta, \alpha) = 0$.

Entscheidend für das numerische Verhalten von Simulated Annealing ist die Wahl der Parameter α, β und it.

Wählt man α gemessen an den Zielfunktionskoeffizienten c_{ij} groß,

z.B. $\alpha = \max\{c_{ij} \mid \text{für alle } i,j\} - \min\{c_{ij} \mid \text{für alle } i,j\}$,

so ist anfangs die Wahrscheinlichkeit $P(\Delta, \alpha)$ für die Akzeptanz einer Verschlechterung der Lösung ebenfalls groß. Wählt man α dagegen klein, so werden Lösungsverschlechterungen mit kleiner Wahrscheinlichkeit in Kauf genommen.

Bei $\Delta = 1$ ist z.B. für $\alpha = 2$ die Wahrscheinlichkeit für die Akzeptanz einer Verschlechterung $P(\Delta, \alpha) = e^{-1/2} = 0.61$; für $\alpha = 1$ erhält man $P(\Delta, \alpha) = e^{-1} = 0.37$ usw.

Je kleiner β gewählt wird, umso schneller reduziert sich die Wahrscheinlichkeit für die Akzeptanz schlechterer Lösungen.

Neben α und β hat die Anzahl it der bei unverändertem α durchzuführenden Iterationen großen Einfluss auf das Lösungsverhalten. Unter Umständen ist es günstig, bei jeder Erhöhung von α auch it mit einem Parameter $\rho > 1$ zu multiplizieren.

Aufgrund der vielfältigen Möglichkeiten der Vorgabe von Parametern ist es schwierig, besonders günstige Parameterkombinationen zu finden, die bei geringer Rechenzeit zu guten Lösungen führen. Überlegungen hierzu findet man u.a. bei Aarts und Korst (1989).

Unabhängig von der Wahl der Parameter empfiehlt es sich, mehrere Startlösungen (d.h. Rundreisen) zu erzeugen und mit Simulated Annealing zu verbessern.

6.6.2 Ein Branch-and-Bound-Verfahren für TSPe in ungerichteten Graphen

Wie bereits zu Beginn von Kap. 6.6 erwähnt, sind für TSPe zahlreiche exakte Verfahren entwickelt worden.[5] Je nachdem, ob man Probleme in gerichteten Graphen (asymmetrische TSPe) oder in ungerichteten Graphen (symmetrische TSPe) betrachtet, beinhalten die Verfahren unterschiedliche Vorgehensweisen. Bei B&B-Verfahren für asymmetrische TSPe verwendet man zumeist das lineare Zuordnungsproblem als Relaxation; siehe hierzu Domschke (1997, Kap. 3). Bei B&B-Verfahren für symmetrische TSPe werden v.a. die 1-Baum-Relaxation und eine darauf aufbauende Lagrange-Relaxation erfolgreich eingesetzt. Eine mögliche Vorgehensweise dieser Art wollen wir im Folgenden betrachten. Im Vordergrund steht dabei die Art

---

5 Zu Schnittebenenverfahren vgl. z.B. Fleischmann (1988) sowie Grötschel und Holland (1991). Einen umfassenden Überblick findet man in Lawler et al. (1985) oder Gutin und Punnen (2002). Eine neuere Arbeit mit aktuellen Rechenergebnissen ist Applegate et al. (2003).

ch folgt eine knappe Darstellung der übrigen Komponenten eines B&B-

-*Relaxation und Lösungsmöglichkeiten*

r mathematischen Formulierung eines symmetrischen TSPs.

vollständigen, ungerichteten Graphen G = [V, E, c] überlegen wir uns,
on G zugleich ein 1-Baum von G ist (vgl. hierzu Def. 3.9 und 3.10).
icht jeder 1-Baum zugleich eine Rundreise. Gegenüber einem 1-Baum
sätzlich gefordert, dass der Grad *jedes* Knotens (d.h. die Anzahl der
edem Knoten inzidenten Kanten) gleich 2 ist.

ormulierung des symmetrischen TSPs verwenden wir Variablen x_{ij} mit
utung:

$$x_{ij} = \begin{cases} 1 & \text{falls nach Knoten i unmittelbar Knoten j aufgesucht wird oder umgekehrt} \\ 0 & \text{sonst} \end{cases}$$

Berücksichtigt man, dass $\mathbf{x}$ einen 1-Baum bildet, so lässt sich die Bedeutung der x_{ij} auch wie folgt interpretieren:

$$x_{ij} = \begin{cases} 1 & \text{falls die Kante [i, j] im 1-Baum enthalten ist} \\ 0 & \text{sonst} \end{cases}$$

Damit erhalten wir folgende Formulierung:

$$\text{Minimiere } F(\mathbf{x}) = \sum_{i=1}^{n-1} \sum_{j=i+1}^{n} c_{ij} x_{ij} \qquad (6.23)$$

unter den Nebenbedingungen

$\mathbf{x}$ ist ein 1-Baum $\qquad (6.24)$

$$\sum_{h=1}^{i-1} x_{hi} + \sum_{j=i+1}^{n} x_{ij} = 2 \qquad \text{für } i = 1,...,n \qquad (6.25)$$

Eine Lagrange-Relaxation des Problems erhalten wir nun dadurch, dass wir (6.25) aus dem Nebenbedingungssystem entfernen und für jeden Knoten i (jede Bedingung aus (6.25)) den folgenden Ausdruck zur Zielfunktion $F(\mathbf{x})$ addieren:

$$u_i \left(\sum_{h=1}^{i-1} x_{hi} + \sum_{j=i+1}^{n} x_{ij} - 2 \right) \qquad \text{mit } u_i \in \mathbb{R}$$

Die u_i dienen als *Lagrange-Multiplikatoren* (siehe dazu auch Kap. 8.4). Wir bezeichnen sie auch als **Knotenvariablen** oder **Knotengewichte** und den Vektor $\mathbf{u} = (u_1,...,u_n)$ als **Knotenge-wichtsvektor**. u_i *gewichtet* die Abweichung jedes Knotengrades g_i von dem für Rundreisen erforderlichen Wert 2.

Für vorgegebene Knotengewichte u_i lautet damit das **Lagrange-Problem**:

(handschriftlich am Rand: ist problem da NP-komplex?)

$$\text{Minimiere} \ \ FL(\mathbf{x}) = \sum_{i=1}^{n-1} \sum_{j=i+1}^{n} c_{ij} x_{ij} + \sum_{i=1}^{n} u_i \left(\sum_{h=1}^{i-1} x_{hi} + \sum_{j=i+1}^{n} x_{ij} - 2 \right) \tag{6.26}$$

unter der Nebenbedingung　　**x** ist ein 1-Baum　　　　　　　　　　　　　(6.27)

Dies ist eine Relaxation des symmetrischen TSPs. Die Menge ihrer zulässigen Lösungen besteht, wie beim 1-Baum-Problem, aus der Menge aller 1-Bäume des gegebenen Graphen G, und diese enthält sämtliche Rundreisen. Es bleibt lediglich die Frage, ob Min FL(**x**) stets kleiner oder gleich der Länge einer kürzesten Rundreise von G ist, so dass Min FL(**x**) als untere Schranke dieser Länge dienen kann:

Da für jede Rundreise der zweite Summand von (6.26) den Wert 0 besitzt und der erste Summand mit F(**x**) aus (6.23) identisch ist, ist die Länge der kürzesten Rundreise von G eine obere Schranke von Min FL(**x**). Folglich gilt stets: Min FL(**x**) $\leq$ Min F(**x**).

Bei vorgegebenen u_i lässt sich das Lagrange-Problem (6.26) – (6.27) als **1-Baum-Problem** (d.h. als Problem der Bestimmung eines minimalen 1-Baumes; siehe Kap. 3.3.2) darstellen und lösen. Wir erkennen dies, indem wir die Zielfunktion umformen zu:

(handschriftlich am Rand: 6.26 =)

$$\text{Minimiere} \ \ FL(\mathbf{x}) = \sum_{i=1}^{n-1} \sum_{j=i+1}^{n} (c_{ij} + u_i + u_j)\, x_{ij} - 2 \cdot \sum_{i=1}^{n} u_i \tag{6.28}$$

Das 1-Baum-Problem ist zu lösen für den Graphen G mit den Kantenbewertungen

$$c'_{ij} := c_{ij} + u_i + u_j.$$

Subtrahieren wir vom Wert des minimalen 1-Baumes zweimal die Summe der u_i, so erhalten wir Min FL(**x**). Bei **u** = **0** ist ein minimaler 1-Baum für den Ausgangsgraphen (ohne modifizierte Kantenbewertungen) zu bestimmen.

Von mehreren Autoren wurden so genannte **Ascent-** (**Anstiegs-** oder **Subgradienten-**) **Methoden** entwickelt. Sie dienen der Bestimmung von Knotengewichtsvektoren **u**, die – im Rahmen unseres Lagrange-Problems (6.26) – (6.27) verwendet – möglichst gute (d.h. hohe) untere Schranken für die Länge der kürzesten Rundreise liefern sollen. Hat man einen Vektor **u** gefunden, so dass der zugehörige minimale 1-Baum eine Rundreise darstellt, so ist dies eine optimale Lösung für das Ausgangsproblem.

Das durch Ascent-Methoden zu lösende Problem können wir in folgender Form schreiben:

$$\text{Maximiere} \ \ \Phi(\mathbf{u}) = -2 \sum_{i=1}^{n} u_i + \min \left\{ \sum_{i=1}^{n-1} \sum_{j=i+1}^{n} (c_{ij} + u_i + u_j)\, x_{ij} \right\} \tag{6.29}$$

unter der Nebenbedingung　　**x** ist ein 1-Baum　　　　　　　　　　　　　(6.30)

Das Maximum von $\Phi(\mathbf{u})$ kann höchstens gleich der Länge der kürzesten Rundreise sein, d.h. es gilt　　Max $\Phi(\mathbf{u}) \leq$ Min F(**x**).

Anders ausgedrückt: Max $\Phi(\mathbf{u})$ stellt die größte untere Schranke für die Länge der kürzesten Rundreise dar, die mit Hilfe unserer Lagrange-Relaxation erhältlich ist.

Leider gibt es Probleme, für die Max $\Phi(\mathbf{u}) <$ Min F(**x**) ist. Außerdem handelt es sich bei $\Phi(\mathbf{u})$ um keine lineare, sondern eine stückweise lineare, konkave Funktion von **u**, so dass

Max $\Phi(\mathbf{u})$ schwer zu bestimmen ist. Die im Folgenden beschriebene Methode kann daher – für sich genommen – TSPe in der Regel nicht vollständig lösen. Sie dient aber zumindest im Rahmen von B&B-Verfahren zur Berechnung guter unterer Schranken $\underline{F}_\mu$ für Probleme P_μ.

Ascent-Methoden sind Iterationsverfahren zur Lösung nichtlinearer Optimierungsprobleme, die nicht nur im Rahmen der Lösung von TSPen Bedeutung erlangt haben. Wir verzichten auf eine allgemein gehaltene Darstellung dieser Vorgehensweise und verweisen diesbezüglich auf die Literatur zur nichtlinearen Optimierung (siehe z.B. Rockafellar (1970) oder Held et al. (1974)). Wir beschränken uns vielmehr auf die Darstellung einer Ascent-Methode für unser spezielles Problem (6.29) – (6.30).

Ausgehend von einem Knotengewichtsvektor $\mathbf{u}^0$ (z.B. $\mathbf{u}^0 = \mathbf{0}$), werden im Laufe des Verfahrens neue Vektoren $\mathbf{u}^1, \mathbf{u}^2,...$ ermittelt. Zur Beschreibung der Transformationsgleichung für die Überführung von $\mathbf{u}^j$ nach $\mathbf{u}^{j+1}$ verwenden wir folgende Bezeichnungen:

$T(\mathbf{u}^j)$ minimaler 1-Baum, den wir bei Vorgabe von $\mathbf{u}^j$ durch Lösung des Problems (6.26) – (6.27) erhalten

$\mathbf{g}(T)$ Vektor der Knotengrade $g_1,...,g_n$ des 1-Baumes T; wir schreiben auch $g_i(T)$ für $i = 1,...,n$

$\mathbf{g}(T)-2$ Vektor der in jeder Komponente um 2 verminderten Knotengrade

δ_j nichtnegativer Skalar, der nach unten angegebenen Regeln berechnet wird

Die Transformationsgleichung zur Berechnung von $\mathbf{u}^{j+1}$ lautet:

$$\mathbf{u}^{j+1} := \mathbf{u}^j + \delta_j \cdot (\mathbf{g}(T(\mathbf{u}^j)) - 2) \quad \text{für } j = 0, 1, 2,... \tag{6.31}$$

Das Konvergenzverhalten von $\Phi(\mathbf{u})$ gegen das Maximum Φ^* hängt wesentlich von der Wahl der δ_j ab. Eine Arbeit von Poljak zitierend, geben Held et al. (1974, S. 67) an, dass $\Phi(\mathbf{u})$ gegen Φ^* konvergiert, wenn lediglich die Voraussetzungen $\delta_j \to 0$ und $\sum_{j=0}^{\infty} \delta_j = \infty$ erfüllt sind.

Die für unser Problem (6.29) – (6.30) im Rahmen der Lösung des TSPs vorgeschlagenen Ascent-Methoden wählen (bzw. berechnen) δ_j zumeist wie folgt:

$$\delta_j = \gamma \cdot \frac{\overline{F} - \Phi(\mathbf{u}^j)}{\sum_{i=1}^{n} (g_i(T) - 2)^2} \qquad \text{\textit{Beste bekannte Untosschranke}} \tag{6.32}$$

Dabei ist $\overline{F}$ die Länge der bisher kürzesten gefundenen Rundreise des betrachteten Problems. γ ist eine Konstante mit $0 \leq \gamma \leq 2$. Held et al. (1974, S. 68) empfehlen, mit $\gamma = 2$ zu beginnen und den Wert über $2n$ Iterationen unverändert zu lassen. Danach sollten sukzessive γ und die Zahl der Iterationen, für die γ unverändert bleibt, halbiert werden. Mit der geschilderten Berechnung der δ_j wird zwar gegen die Forderung $\Sigma_j \delta_j = \infty$ verstoßen; praktische Erfahrungen zeigen jedoch, dass $\Phi(\mathbf{u})$ in der Regel dennoch gegen Φ^* konvergiert.

Wir beschreiben nun die Ascent-Methode von Smith und Thompson (1977, S. 481 ff.). Ihr Ablauf kann vom Anwender durch vorzugebende Parameter (γ, Toleranzen α, β, τ sowie Iterationszahlen it und itmin) noch in vielen Details beeinflusst werden. Durch die Verwendung von Wertzuweisungen können wir auf den Iterationsindex j bei $\mathbf{u}^j$ und δ_j verzichten.

$$\boxed{\text{Die Ascent-Methode von Smith und Thompson}}$$

Voraussetzung: Ein zusammenhängender, bewerteter, ungerichteter Graph G = [V, E, c] mit n Knoten; eine obere Schranke $\overline{F}$ für die Länge einer kürzesten Rundreise von G; ein Knotengewichtsvektor $\mathbf{u}$ mit vorgegebenen Anfangswerten; Vektor $\mathbf{u}^*$ für die Knotengewichte, der zum aktuellen minimalen 1-Baum T^* mit maximalem Wert $\Phi(\mathbf{u}^*)$ führte; untere Schranke $\underline{F} = \Phi(\mathbf{u}^*)$; vorgegebene Werte für die Parameter γ, α, β, τ, it und itmin.

Start: Iterationszähler j := 0.

Iteration:

j := j+1; berechne den minimalen 1-Baum T($\mathbf{u}$) sowie den Wert $\Phi(\mathbf{u})$, der sich durch T ergibt;

falls $\Phi(\mathbf{u}) > \underline{F}$, setze $\mathbf{u}^* := \mathbf{u}$ und $\underline{F} = \Phi(\mathbf{u})$;

bilde $\delta := \gamma \cdot \dfrac{\overline{F} - \Phi(\mathbf{u})}{\displaystyle\sum_{i=1}^{n} (g_i(T) - 2)^2}$ und berechne einen neuen Vektor $\mathbf{u}$ mit den Komponenten

$u_i := u_i + \delta \cdot (g_i(T) - 2)$ für i = 1,...,n;

falls j = it, setze $\gamma := \gamma/2$, it := max {it/2, itmin} und j := 0;

gehe zur nächsten Iteration.

Abbruch: Das Verfahren bricht ab, sobald einer der folgenden Fälle eintritt:

(1) T($\mathbf{u}^*$) ist eine Rundreise;   (2) Es gilt $\delta < \alpha$;   (3) $\overline{F} - \underline{F} \leq \tau$;

(4) it = itmin, und innerhalb von 4×itmin Iterationen erfolgte keine Erhöhung von $\underline{F}$ um mindestens β.

Ergebnis: Eine kürzeste Rundreise von G (Fall 1 des Abbruchs) oder eine untere Schranke für eine kürzeste Rundreise.

$$* \; * \; * \; * \; *$$

In numerischen Untersuchungen von Smith und Thompson (1977) stellten sich folgende Parameterwerte als besonders empfehlenswert heraus:

$\gamma = 2$; $\alpha = 0.01$; $\beta = 0.1$; itmin $= \left\lfloor \dfrac{n}{8} \right\rfloor$ (größte ganze Zahl $\leq n/8$)

$$\tau = \begin{cases} 0.999 & \text{bei ganzzahligen Kantenbewertungen} \\ 0 & \text{sonst} \end{cases}$$

$$\text{it} = \begin{cases} n & \text{falls im Rahmen eines B\&B-Verfahrens } \underline{F}_0 \text{ zu ermitteln ist} \\ \text{itmin} & \text{sonst} \end{cases}$$

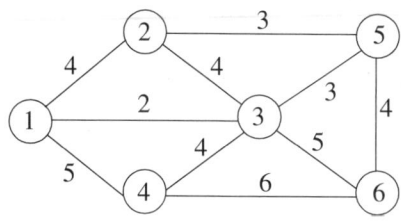

Abb. 6.10: Ungerichteter Graph

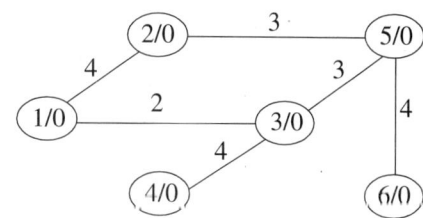

Abb. 6.11: 1-Baum

Beispiel: Wir wenden eine vereinfachte Version der Ascent-Methode mit $\delta = 1$ auf den Graphen aus Abb. 3.7, der in Abb. 6.10 nochmals dargestellt ist, an. Dabei wählen wir $i_0 = 1$ als ausgezeichneten Knoten, der mit Knotengrad 2 zum einzigen Kreis des 1-Baumes gehört.

In Iteration $j = 1$ erhalten wir bei $\mathbf{u} = \mathbf{0}$ den in Abb. 6.11 angegebenen 1-Baum mit $\Phi(\mathbf{u}) = 20$. In jedem Knoten ist dabei die Nummer i und das zugehörige Knotengewicht u_i notiert. Der neue Knotengewichtsvektor ist $\mathbf{u} = (0, 0, 1, -1, 1, -1)$.

Ausgangspunkt der Iteration $j = 2$ ist der in Abb. 6.12 angegebene Graph mit dem neuen Knotengewichtsvektor und den veränderten Kantenbewertungen c'_{ij}. Einer der beiden minimalen 1-Bäume dieses Graphen ist eine optimale Rundreise mit der Länge $c(r) = 23$. Sie ist mit den ursprünglichen Kantenbewertungen in Abb. 6.13 wiedergegeben.

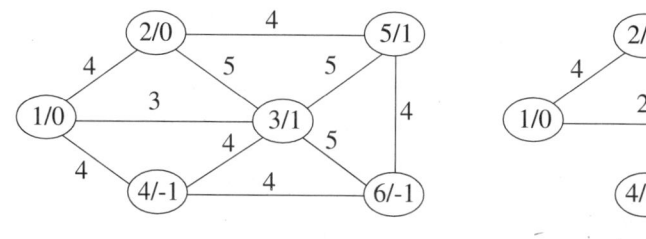

Abb. 6.12: Modifizierter Graph

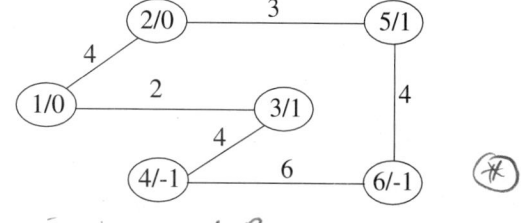

minimaler 1-Baum, $c'_{ij} = c_{ij} + u_i + u_j$

Abb. 6.13: Rundreise

Wie oben bereits angedeutet und aus den Abbruchbedingungen ersichtlich, führt die Ausführung einer solchen Ascent-Methode nicht immer zu einer Rundreise. Das gerade betrachtete Problem muss dann ggf. verzweigt werden; dies wird erforderlich, wenn die untere Schranke kleiner als die aktuelle obere Schranke ist und damit das Problem nicht ausgelotet werden kann. Wir schildern daher im Folgenden die wichtigsten Komponenten eines B&B-Verfahrens, das zur Berechnung unterer Schranken die Ascent-Methode enthält.

6.6.2.2 Das Branch-and-Bound-Verfahren

Zu lösen sei ein symmetrisches TSP für einen bewerteten, schlichten, zusammenhängenden, ungerichteten Graphen $G = [V, E, c]$ mit n Knoten. Die Knoten seien von 1 bis n nummeriert. Vollständigkeit von G setzen wir nicht voraus. Der Graph kann damit so beschaffen sein, dass

(#) jede Rundreise ist zugleich eine 1-Baum *aber*: nicht jeder 1-Baum ist eine Rundreise

er keine Rundreise besitzt (das Verfahren endet dann mit $\overline{F} = \infty$). Wir fordern jedoch, dass der Grad jedes Knotens von G größer oder gleich 2 ist.

Eine mögliche mathematische Formulierung des symmetrischen TSPs (für einen vollständigen Graphen) ist (6.23) – (6.25). Wenn wir im Folgenden von Variablen x_{ij} sprechen, so gehen wir davon aus, dass für *jede Kante* [i,j] des Graphen G genau *eine Variable* x_{ij} vorgesehen ist.

Der folgende Algorithmus ist ein B&B-Verfahren mit der LIFO-Regel zur Auswahl von Problemen aus der Kandidatenliste. Wie in Kap. 6.4.1 allgemein für B&B-Verfahren angegeben, bezeichnen wir das zu lösende TSP als P_0; die im Laufe des Verzweigungsprozesses entstehenden Teilprobleme von P_0 nennen wir P_1, P_2, ...

In P_0 sind alle Variablen x_{ij} noch **freie Variablen**; d.h. sie dürfen in einer zulässigen Lösung des Problems die Werte 0 oder 1 annehmen. In P_1, P_2, ... gibt es dagegen bestimmte Variablen x_{ij}, deren Wert jeweils zu 0 oder 1 **fixiert** ist. Statt von einer zu 0 bzw. zu 1 **fixierten** Variablen x_{ij} sprechen wir im Folgenden häufig von einer **verbotenen** bzw. einer **einbezogenen** Kante [i,j].

Wir behandeln nun die einzelnen Komponenten des Algorithmus (vgl. auch das Flussdiagramm in Abb. 6.6).

Komponente [1]: Durch Einsatz eines heuristischen Verfahrens (oder einer Kombination von Heuristiken) wird eine Rundreise für das zu lösende TSP ermittelt. Ihre Länge liefert eine erste obere Schranke $\overline{F}$ für die Länge einer kürzesten Rundreise.

Wird durch heuristische Verfahren keine Rundreise gefunden – bei unvollständigen Graphen G ist das möglich –, so kann z.B. mit $\overline{F} := n \times$ (Länge c_{ij} der längsten Kante von G) gestartet werden.

Komponente [2] (*Relaxation, Ermittlung unterer Schranken*): Zur Ermittlung unterer Schranken $\underline{F}_v$ für die Probleme P_v ($v = 0,1,...$) wird die oben beschriebene Ascent-Methode verwendet. Dabei sind im Rahmen des Verzweigungsprozesses und der logischen Tests (siehe unten) vorgenommene Variablenfixierungen geeignet zu berücksichtigen; d.h. einbezogene (verbotene) Kanten müssen (dürfen nicht) im minimalen 1-Baum enthalten sein.

Komponente [3] (*Ausloten eines Problems*): Aufgrund unserer Annahmen über den gegebenen Graphen G sowie aufgrund der Verzweigungsregel treten nur die Fälle a) und b) des Auslotens auf. Fall a) tritt ein, sobald bei Durchführung der Ascent-Methode für ein Problem P_v eine untere Schranke $\underline{F}_v \geq \overline{F}$ ermittelt wird; die Ascent-Methode kann dann sofort beendet werden (Abbruch gemäß Fall 3).

Logische Tests: Wie in Kap. 6.4.3 erwähnt, ist es auch beim TSP in ungerichteten Graphen sinnvoll, auf ein Problem P_v vor dem Ablegen in die Kandidatenliste logische Tests anzuwenden. Diese führen unter Umständen zu einer Schrankenerhöhung und zum Ausloten des Problems P_v.

Für viele der nach obigen Verzweigungsregeln gebildeten Teilprobleme P_v ($v = 1,2,...$) lassen sich zusätzlich eine oder mehrere bisher noch freie Kante(n) fixieren (verbieten oder einbeziehen). Dies gilt vor allem dann, wenn der dem TSP zugrunde liegende Graph planar (in der

Ebene ohne Überschneidung von Kanten zeichenbar) ist; wenn also jeder Knoten mit wenigen
anderen Knoten inzident ist.

Eine Kante [i,j] kann *verboten* werden, wenn eine der folgenden Bedingungen erfüllt ist:

- Die Knoten i und j sind Endknoten einer aus mindestens zwei und höchstens n−2, ausschließlich *einbezogenen* Kanten bestehenden Kette k. Die Kante [i,j] würde zusammen
  mit k einen „Kurzzyklus" bilden.

- Der Knoten i und (oder) der Knoten j sind (ist) mit zwei einbezogenen Kanten inzident.

Eine Kante [i,j] kann unter der folgenden Bedingung *einbezogen* werden: Knoten i und (oder)
Knoten j sind (ist) außer mit [i,j] nur mit einer weiteren, nicht verbotenen Kante inzident.

Komponente [4] (*Auswahl von Problemen*): Ein trotz vollständiger Durchführung der Ascent-
Methode nicht auslotbares Problem befindet sich in der Kandidatenliste.

Als Regel zur Auswahl von Problemen aus der Kandidatenliste verwenden wir wie Smith und
Thompson (1977) die LIFO-Regel. Unter allen in der Liste befindlichen Problemen wird also
das zuletzt in sie aufgenommene Problem P_μ als erstes ausgewählt, um (weiter) verzweigt zu
werden. Vor dem (weiteren) Verzweigen von P_μ wird jedoch geprüft, ob das Problem nach-
träglich auslotbar ist; d.h. es wird festgestellt, ob $\overline{F}$ seit dem Ablegen von P_μ in der Kandidatenliste so verringert werden konnte, dass nunmehr $\underline{F}_\mu \geq \overline{F}$ gilt. In diesem Fall kann P_μ unver-
zweigt aus der Liste entfernt werden.

Komponente [5] (*Verzweigungsprozess*): Ein nicht auslotbares Problem P_μ wird verzweigt.
Betrachte hierzu denjenigen 1-Baum $T(\mathbf{u}^*)$, der für P_μ im Rahmen der Ascent-Methode die
maximale untere Schranke $\underline{F}_\mu$ geliefert hat. Suche einen beliebigen Knoten t, der in T den
Grad $g_t \geq 3$ besitzt. Ermittle diejenigen zwei Kanten [h,t] und [k,t] des 1-Baumes T, die unter
allen *mit t inzidenten und noch freien* Kanten [i,t] von T die höchsten Bewertungen
$c'_{it} := c_{it} + u^*_i + u^*_t$ besitzen. Es gelte $c'_{ht} \geq c'_{kt}$. Durch Fixierung dieser beiden Kanten wird
P_μ wie folgt in zwei oder drei Teilprobleme P_{μ_1}, P_{μ_2} und evtl. P_{μ_3} zerlegt.

P_{μ_1} : Fixiere x_{ht} zu 0; d.h. verbiete die Kante [h,t].

P_{μ_2} : Fixiere x_{ht} zu 1 und x_{kt} zu 0; d.h. [h,t] wird einbezogen und [k,t] verboten. Sind damit
   insgesamt zwei mit t inzidente Kanten einbezogen, so verbiete alle übrigen mit t inzidenten Kanten. In diesem Falle wird P_μ nur in P_{μ_1} und P_{μ_2} verzweigt.

P_{μ_3} (Dieses Teilproblem wird nur dann gebildet, wenn in P_{μ_2} unter allen mit Knoten t inzi-
   denten Kanten lediglich [h,t] einbezogen ist):
   Fixiere x_{ht} und x_{kt} zu 1; d.h. beziehe [h,t] und [k,t] ein. Alle übrigen mit t inzidenten
   Kanten werden verboten.

Verbotene Kanten [j,t] erhalten die Kostenbewertung $c_{jt} = c'_{jt} = \infty$. Einbezogene Kanten werden geeignet markiert und bei jeder 1-Baum-Bestimmung als „Äste" des 1-Baumes verwendet.

Softwarehinweise zu Kapitel 6

Zur Lösung gemischt-ganzzahliger, linearer Optimierungsprobleme gibt es zahlreiche Softwarepakete; vgl. z.B. Übersichten in Moré und Wright (1993) oder Fourer (2003).

Zu LINDO und zur Modellierungssprache LINGO vgl. Haase und Kolisch (1997); zu MOPS vgl. Suhl (1994). Weit verbreitete Softwarepakete zur gemischt-ganzzahligen Optimierung sind CPLEX und XPRESS MP. Letzteres verwenden wir auch im Rahmen unserer Übungen; vgl. Domschke et al. (2005, Kap. 11).

Einen Überblick über Modellierungssoftware (für lineare und gemischt-ganzzahlige Optimierungsprobleme) geben Greenberg und Murphy (1992). Die Modellierungssprache AMPL wird in Fourer et al. (1993) beschrieben.

Weiterführende Literatur zu Kapitel 6

Aarts und Lenstra (1997)

Beasley (1996)

Brucker (2004)

Brucker et al. (1999)

Burkard (1989)

Domschke (1997)

Domschke und Drexl (1996)

Domschke et al. (1997)

Domschke et al. (2005) – *Übungsbuch*

Garey und Johnson (1979)

Glover und Laguna (1997)

Gutin und Punnen (2002)

Laporte und Osman (1996)

Lawler et al. (1985)

Martello und Toth (1990)

Martin (1999)

Michalewicz (1999)

Neumann und Morlock (2002)

Papadimitriou und Steiglitz (1982)

Parker und Rardin (1988)

Pesch (1994)

Pesch und Voß (1995)

Reeves (1993)

Reinelt (1994)

Scholl (1999)

Schrijver (2003, Vol. A und B)

Silver (2004)

Vazirani (2001)

Wolsey (1998)

Kapitel 7: Dynamische Optimierung

Bellman entwickelte

Die dynamische Optimierung (**DO**) bietet Lösungsmöglichkeiten für Entscheidungsprobleme, bei denen eine Folge voneinander abhängiger Entscheidungen getroffen werden kann, um für das Gesamtproblem ein Optimum zu erzielen. Das Besondere an der DO liegt also in der sequentiellen Lösung eines in mehrere *Stufen* (bzw. Perioden) aufgeteilten Entscheidungsprozesses, wobei auf jeder Stufe jeweils nur die dort existierenden Entscheidungsalternativen betrachtet werden. Da diese Stufen bei vielen Anwendungen nichts mit (Zeit-) Perioden zu tun haben, wäre die allgemein verwendete Bezeichnung dynamische Optimierung besser durch *Stufen-Optimierung* oder *sequentielle Optimierung* zu ersetzen.

Für den Anwender ist die DO ein weitaus schwieriger zu handhabendes Teilgebiet des OR als etwa die lineare Optimierung. Gründe hierfür liegen sowohl (1) in der geeigneten Modellierung von Optimierungsproblemen als auch (2) in der erforderlichen Gestaltung des Lösungsverfahrens.

Zu (1): Man kann eine allgemeine Form angeben, in der Optimierungsprobleme modellierbar sein müssen, wenn man sie mit DO lösen möchte (siehe Kap. 7.1.1). Für manche Probleme ist die Modellierung allerdings schwierig, so dass es einiger Übung und Erfahrung bedarf, ein korrektes Modell zu entwickeln.

Zu (2): Im Gegensatz etwa zum Simplex-Algorithmus für lineare Optimierungsprobleme gibt es keinen Algorithmus der DO, der (umgesetzt in ein Computer-Programm) alle in der allgemeinen Form modellierten Probleme zu lösen gestattet. Man kann ein allgemeines Lösungsprinzip der DO angeben (siehe Kap. 7.1.2), die Umsetzung in ein Lösungsverfahren ist aber problemspezifisch durchzuführen.

Aus den genannten Gründen empfehlen wir dem Leser, sich anhand verschiedener Probleme, wie wir sie in Kap. 7 sowie im Übungsbuch Domschke et al. (2005) beschreiben, grundsätzlich mit der Modellierung und der Verfahrensgestaltung vertraut zu machen. Diese Vorgehensweisen sollten dann auch auf andere Problemstellungen übertragbar sein.

7.1 Mit dynamischer Optimierung lösbare Probleme

7.1.1 Allgemeine Form von dynamischen Optimierungsproblemen

Wir beschreiben die mathematische Form, in der Optimierungsprobleme darstellbar sein müssen, wenn man sie mit DO lösen möchte. Diese Form wird durch die Art der Variablen und Nebenbedingungen, vor allem aber durch die Art der Zielfunktion charakterisiert. Wir beschränken uns zunächst auf Probleme mit einer zu minimierenden Zielfunktion (**Minimierungsprobleme**). Eine Übertragung auf Maximierungsprobleme ist auch hier leicht möglich.

Die allgemeine Form eines Modells der DO mit zu minimierender Zielfunktion lautet:[1]

Minimiere $F(x_1,...,x_n) = \sum_{k=1}^{n} f_k(z_{k-1}, x_k)$ (7.1)

unter den Nebenbedingungen

$$z_k = t_k(z_{k-1}, x_k) \qquad\qquad \text{für } k = 1,...,n \qquad (7.2)$$

$$z_0 = \alpha \qquad\qquad\qquad\qquad\qquad\qquad (7.3)$$

$$z_k \in Z_k \qquad\qquad\qquad \text{für } k = 1,...,n \qquad (7.4)$$

$$x_k \in X_k(z_{k-1}) \qquad\qquad \text{für } k = 1,...,n \qquad (7.5)$$

Die verwendeten Bezeichnungen besitzen folgende Bedeutung:

n	Anzahl der **Stufen** bzw. **Perioden**, in die der Entscheidungsprozess zerlegt werden kann
z_k	**Zustandsvariable** zur Wiedergabe des Zustands, in dem sich das betrachtete Problem oder System am Ende der Stufe/Periode k befindet
Z_k	**Zustandsmenge** oder **-bereich**: Menge aller Zustände, in denen sich das Problem oder System am Ende der Stufe/Periode k befinden kann
$z_0 = \alpha$	vorgegebener **Anfangszustand** (in Stufe 0, am Ende von Periode 0 oder zu Beginn von Periode 1)
Z_n	Menge möglicher oder vorgegebener **Endzustände** (am Ende von Stufe/Periode n)
x_k	**Entscheidungsvariable** des Modells; Entscheidung in Stufe/Periode k
$X_k(z_{k-1})$	**Entscheidungsmenge** oder -bereich: Menge aller Entscheidungen, aus denen in Stufe/Periode k, vom Zustand z_{k-1} ausgehend, gewählt werden kann
$t_k(z_{k-1}, x_k)$	**Transformationsfunktion**: Sie beschreibt, in welchen Zustand z_k das System in Stufe/Periode k übergeht, wenn es sich am Ende von Stufe/Periode k–1 im Zustand z_{k-1} befindet und die Entscheidung x_k getroffen wird.[2]
$f_k(z_{k-1}, x_k)$	**Stufen-** bzw. **periodenbezogene Zielfunktion**: Sie beschreibt den Einfluss auf den Zielfunktionswert, den die Entscheidung x_k im Zustand z_{k-1} besitzt. Die Schreibweise bringt zum Ausdruck, dass f_k lediglich von z_{k-1} und x_k, nicht aber von „früheren" Zuständen, die das System einmal angenommen hat, oder von „späteren" Zuständen, die es einmal einnehmen wird, abhängt. Dies ist eine wichtige Eigenschaft, die alle mit DO lösbaren Probleme besitzen müssen (siehe auch Kap. 7.2.1). In der Warteschlangentheorie bezeichnet man sie als *Markov-Eigenschaft*; vgl. Kap. 9.3.1.

---

1   Wir beschränken uns auf additive Verknüpfungen der stufenbezogenen Zielfunktion. Daneben sind mit DO vor allem auch multiplikativ verknüpfte Zielfunktionen behandelbar; vgl. hierzu z.B. Hillier und Lieberman (1997, S. 327 ff.). Vgl. allgemein zur DO auch Ahuja et al. (1993), Neumann und Morlock (2002, Kap. 5.1) sowie Winston (2004).

2   Für zwei unmittelbar aufeinander folgende Zustände gibt es in der Regel genau eine Entscheidung, durch die die Zustände ineinander übergehen. Ausnahmen hiervon bilden v.a. stochastische Probleme der DO; siehe hierzu unser Beispiel in Kap. 7.4.

7.1.2 Ein Bestellmengenmodell /Lagerhaltungsbsp.

Wir betrachten ein einfaches Bestellmengenproblem,[3] anhand dessen sich die Vorgehensweise der DO anschaulich beschreiben lässt. Hierbei sind die Stufen, in die der Lösungsprozess unterteilt werden kann, (Zeit-) Perioden.

Die Einkaufsabteilung eines Unternehmens muss für vier aufeinander folgende Perioden eine bestimmte, in jeder Periode gleiche Menge eines Rohstoffes bereitstellen, damit das Produktionsprogramm erstellt werden kann. Die Einkaufspreise des Rohstoffes unterliegen Saisonschwankungen, sie seien aber für jede Periode bekannt. Tab. 7.1 enthält die Preise q_k und die für alle Perioden identischen Bedarfe b_k.

Periode k	1	2	3	4	
Preis q_k	7	9	12	10	
Bedarf b_k	1	1	1	1	Tab. 7.1

Der Lieferant kann (bei vernachlässigbarer Lieferzeit) in einer Periode maximal den Bedarf für zwei Perioden liefern. Die Lagerkapazität ist ebenfalls auf den Bedarf zweier Perioden beschränkt. Zu Beginn der Periode 1 ist das Lager leer ($z_0 = 0$); am Ende der vierten Periode soll der Bestand wieder auf 0 abgesunken sein ($z_4 = 0$). Auf die Erfassung von Kosten der Lagerung verzichten wir der Einfachheit halber. *Kosten, Lieferzeit vernachlässigbar*

Welche Mengen sind zu den verschiedenen Zeitpunkten einzukaufen, so dass möglichst geringe (Beschaffungs-) Kosten entstehen?

Wir wollen für dieses zunächst verbal beschriebene Problem ein mathematisches Modell formulieren. Dazu verwenden wir die in (7.1) – (7.5) eingeführten *Variablen* und *Mengenbezeichnungen*:

z_k Lagerbestand am Ende der Periode k

Z_k Menge möglicher Lagerzustände (Lagermengen) am Ende von Periode k. Die Nebenbedingungen führen bei genauer Analyse zu folgender Beschränkung der Zustandsmengen (siehe Abb. 7.1): $Z_0 = \{0\}$, $Z_1 = \{0, 1\}$, $Z_2 = \{0, 1, 2\}$, $Z_3 = \{0, 1\}$ und $Z_4 = \{0\}$

x_k Zu Beginn von Periode k einzukaufende (und zum selben Zeitpunkt bereits verfügbare) ME des Rohstoffes. Der Bedarf b_k wird ebenfalls zu Beginn der Periode unmittelbar aus der eintreffenden Lieferung x_k oder vom Lagerbestand gedeckt.

$X_k(z_{k-1})$ Mögliche Bestellmengen für Periode k. Durch die Nebenbedingungen werden die X_k im Wesentlichen wie folgt beschränkt: $X_1 = \{0, 1, 2\}$ und
$X_k(z_{k-1}) = \{x_k \mid 0 \le x_k \le 2 - z_{k-1} + b_k$ und $x_k \le 2\}$ für $k = 2, 3, 4$

---

3 Es handelt sich um eine Variante des Problems von Wagner und Whitin (1958), zu dessen Lösung besonders effiziente Verfahren der DO entwickelt wurden; vgl. hierzu etwa Domschke et al. (1997, Kap. 3). Ein ähnliches Problem wird in Fleischmann (1990) als Teilproblem der simultanen Losgrößen- und Ablaufplanung wiederholt gebildet und mit DO gelöst.

Befindet sich das Lager zu Beginn von Periode k = 2, 3, 4 im Zustand z_{k-1}, so ist aufgrund von Liefer- und Lagerbeschränkungen die Menge der zulässigen Entscheidungen (= Bestellungen) wie angegeben beschränkt. Die X_k werden zusätzlich dadurch begrenzt, dass das Lager am Ende der Periode 4 leer sein soll (siehe Abb. 7.1).

Die periodenabhängigen Kostenfunktionen sind $f_k = q_k \cdot x_k$; die Transformationsfunktionen lauten $z_k = z_{k-1} + x_k - b_k$ (für k = 1,...,4).

In die Transformationsfunktionen geht auch der Bedarf b_k ein. Eine solche Größe bezeichnet man in der DO als **Störgröße**. Der Grund hierfür wird aus Punkt b) in Kap. 7.1.3 ersichtlich.

Das Bestellmengenmodell können wir damit mathematisch (korrekt, aber mit Redundanzen in (7.8) und (7.9) – siehe Bem. 7.1) wie folgt formulieren:

$$\text{Minimiere } F(x_1,...,x_4) = \sum_{k=1}^{4} f_k(z_{k-1},x_k) = \sum_{k=1}^{4} q_k \cdot x_k \qquad (7.6)$$

unter den Nebenbedingungen

$$z_k = z_{k-1} + x_k - b_k \qquad \text{für } k = 1,...,4 \qquad (7.7)$$

$$z_k \begin{cases} = 0 & \text{für } k = 0 \\ \in \{0, 1, 2\} & \text{für } k = 1, 2, 3 \\ = 0 & \text{für } k = 4 \end{cases} \qquad (7.8)$$

$$x_k \in \{0, 1, 2\} \qquad \text{für } k = 1,...,4 \qquad (7.9)$$

7.1.3 Klassifizierung und graphische Darstellung von DO-Modellen

Modelle der DO lassen sich vor allem hinsichtlich folgender Gesichtspunkte klassifizieren:

a) Zeitabstände der Perioden (Stufen)

b) Informationsgrad über die Störgrößen b_k

c) Ein- oder Mehrwertigkeit der Zustands- und Entscheidungsvariablen

d) Endlichkeit oder Unendlichkeit der Mengen Z_k bzw. X_k möglicher Zustände bzw. Entscheidungen

Zu a): Man unterscheidet diskrete und kontinuierliche Modelle. Ein **diskretes** Modell liegt vor, wenn Entscheidungen bzw. Zustandsänderungen zu diskreten Zeitpunkten (bzw. in diskreten Stufen oder Schritten) erfolgen; andernfalls spricht man von **kontinuierlichen** Modellen. Bei den durch kontinuierliche Modelle abgebildeten Systemen sind durch fortwährendes Entscheiden (= *Steuern*) Zustandsänderungen möglich. Mit derartigen Fragestellungen beschäftigt sich die Kontrolltheorie; vgl hierzu etwa Feichtinger und Hartl (1986).

Zu b): Wie allgemein bei Entscheidungsmodellen unterscheidet man zwischen deterministischen und stochastischen Modellen. Bei **deterministischen** Modellen geht man davon aus, dass jede Störgröße b_k nur genau einen Wert annehmen kann. Bei **stochastischen**

Modellen wird unterstellt, dass die Störgrößen Zufallsvariablen sind und damit verschiedene Werte mit bekannten Wahrscheinlichkeiten annehmen können.

Zu c): Anders als im obigen Beispiel, können die Zustands- und die Entscheidungsvariablen Vektoren sein; z.B. in Bestellmengenmodellen mit mehreren Produkten.

Zu d): Die Mengen Z_k und X_k möglicher Zustände bzw. Entscheidungen können endlich sein, wie in obigem Beispiel, oder unendlich (siehe das Beispiel in Kap. 7.3.3).

Das in Kap. 7.1.2 beschriebene Bestellmengenmodell gehört zur Klasse der *diskreten, deterministischen DO-Modelle* mit endlichen Zustands- und Entscheidungsmengen. Derartige Modelle lassen sich anschaulich durch einen schlichten gerichteten Graphen G (einen Digraphen) darstellen.

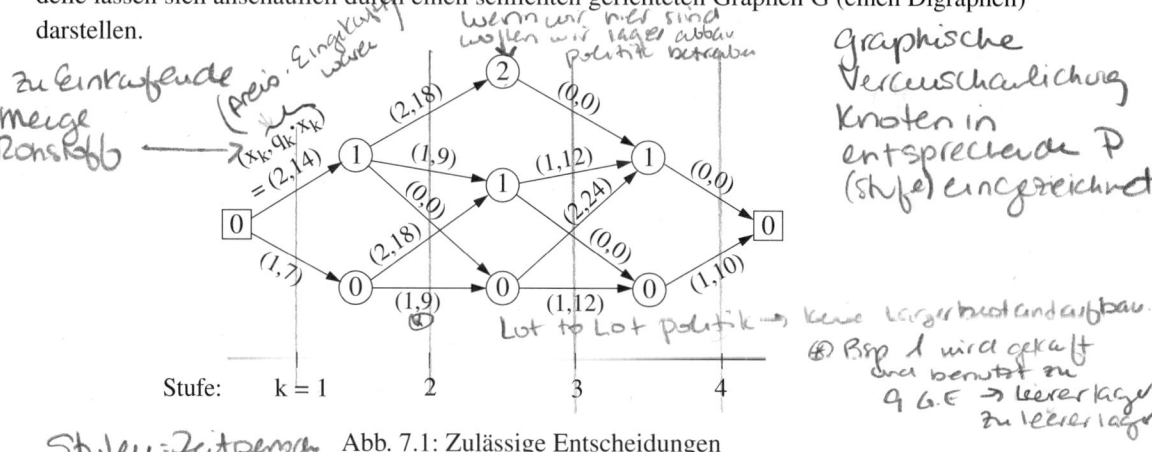

Abb. 7.1: Zulässige Entscheidungen

Abb. 7.1 zeigt den entsprechenden Graphen G für unser obiges Beispiel. Die Darstellung spiegelt folgende Gegebenheiten des Modells wider:

- Die Knotenmenge des Graphen ist $V = (\{\alpha\} = Z_0) \cup Z_1 \cup ... \cup (Z_4 = \{0\})$.[4] Jeder Knoten $z_k \in Z_k$ entspricht einem Zustand, den das betrachtete System (in unserem Fall das System Lager) in Periode/Stufe $k = 0,...,4$ annehmen kann.

- Der Graph enthält nur Pfeile (z_{k-1}, z_k) mit $z_{k-1} \in Z_{k-1}$ und $z_k \in Z_k$ für $k = 1,...,n$. Ein Pfeil (z_{k-1}, z_k) veranschaulicht den durch eine *Entscheidung* $x_k \in X_k$ und eine *Störgröße* b_k hervorgerufenen Übergang des Systems von einem Zustand $z_{k-1} \in Z_{k-1}$ in einen Zustand $z_k \in Z_k$. Dieser Übergang lässt sich durch eine *Transformationsfunktion* $z_k = t_k(z_{k-1}, x_k)$ abbilden. In unserem Beispiel gilt $z_k = z_{k-1} + x_k - b_k$. Da b_k eine Konstante und keine Variable ist, wird b_k bei der allgemeinen Formulierung $z_k = t_k(z_{k-1}, x_k)$ üblicherweise nicht mit angegeben.

- Jeder Übergang von $z_{k-1} \in Z_{k-1}$ nach $z_k \in Z_k$ beeinflusst die (zu minimierende) Zielfunktion. Mit jedem Übergang (z_{k-1}, z_k) von einem Zustand z_{k-1} in einen Zustand z_k

---

4 Die Knotenmenge des Graphen entspricht der (disjunkten) Vereinigung aller Zustände der einzelnen Stufen. Wie Abb. 7.1 zu entnehmen ist, müssen also z.B. die Zustände $\{0\}$ (Lager leer) bzw. $\{1\}$ (Lagerbestand gleich 1) fünfmal bzw. dreimal in V enthalten sein.

sind periodenbezogene Kosten verbunden, deren Höhe durch die Funktion $f_k(z_{k-1}, x_k)$ bestimmt wird. Im Beispiel ist $f_k = q_k \cdot x_k$.

- Als bekannt voraussetzen kann man einen Anfangszustand $z_0 = \alpha$ und einen Endzustand $z_n = 0$ (eine Quelle bzw. eine Senke des Graphen).

Gesucht ist eine Folge (= Sequenz) von Entscheidungen, die das System unter Minimierung der gegebenen Zielfunktion von seinem Anfangs- in den vorgegebenen Endzustand überführt. In unserem Beispiel sind die Beschaffungskosten zu minimieren.

Bemerkung 7.1: Vergleicht man den Graphen in Abb. 7.1 mit unserer Modellformulierung (7.6) – (7.9), so wird deutlich, dass die Modellformulierung Alternativen enthält ($z_1 = z_3 = 2$ sowie einige x_k-Werte), die aufgrund des Zusammenwirkens aller Nebenbedingungen nicht angenommen werden können. Je restriktiver die Z_k und X_k von vornherein gefasst werden, umso geringer ist später der Rechenaufwand. Umgekehrt erfordern auch die Bestimmung und der Ausschluss letztlich nicht möglicher Zustände und Entscheidungen Rechenaufwand. Siehe zu dieser Problematik auch das Beispiel in Kap. 7.3.2.

7.2 Das Lösungsprinzip der dynamischen Optimierung

Wir beschreiben das Lösungsprinzip der dynamischen Optimierung für *diskrete, deterministische Modelle*. Wie in Kap. 7.3 dargestellt, lässt es sich auf andere Modelltypen übertragen. Wir gehen wiederum davon aus, dass ein *Minimierungsproblem* zu lösen ist.

7.2.1 Grundlagen und Lösungsprinzip

Definition 7.1: Eine Folge $(x_h, x_{h+1}, ..., x_k)$ von Entscheidungen, die ein System von einem Zustand $z_{h-1} \in Z_{h-1}$ in einen Zustand $z_k \in Z_k$ überführt, bezeichnet man als eine **Politik**. Entsprechend nennen wir eine Folge $(x_h^*, x_{h+1}^*, ..., x_k^*)$ von Entscheidungen, die ein System unter Minimierung der Zielfunktion von einem Zustand $z_{h-1} \in Z_{h-1}$ in einen Zustand $z_k \in Z_k$ überführt, eine **optimale Politik**.

Aufgrund der in einem DO-Modell vorliegenden Gegebenheiten (v.a. der Funktionen $f_k(z_{k-1}, x_k)$) gilt nun der folgende Satz.

Satz 7.1 (*Bellman'sches Optimalitätsprinzip*): Sei $(x_1^*, ..., x_{k-1}^*, x_k^*, ..., x_n^*)$ eine optimale Politik, die das System vom Anfangszustand $z_0 = \alpha$ in den vorgegebenen oder einen erlaubten Endzustand z_n überführt. Sei ferner z_{k-1}^* der Zustand, den das System dabei in Stufe/Periode $k-1$ annimmt. Dann gilt:

a) $(x_k^*, ..., x_n^*)$ ist eine optimale (Teil-) Politik, die das System vom Zustand z_{k-1}^* in Stufe/Periode $k-1$ in den vorgegebenen oder erlaubten Endzustand z_n überführt.

b) $(x_1^*, ..., x_{k-1}^*)$ ist eine optimale (Teil-) Politik, die das System vom vorgegebenen Anfangszustand in den Zustand z_{k-1}^* in Stufe/Periode $k-1$ überführt.

Diesen auf den Begründer der DO (vgl. Bellman (1957)) zurückgehenden Satz macht sich die DO zunutze, wenn sie entweder durch *Vorwärts-* oder durch *Rückwärtsrekursion* eine optimale (Gesamt-) Politik bestimmt. Bevor wir die Rückwärtsrekursion ausführlich beschreiben, definieren wir in

Definition 7.2: Gegeben sei ein DO-Modell der Form (7.1) – (7.5) mit dem Anfangszustand $z_0 = \alpha$ und der Menge Z_n möglicher Endzustände.

a) Eine optimale Politik hierfür zu bestimmen, bezeichnen wir als **Problem $P_0(z_0 = \alpha)$**. Entsprechend benennen wir die Aufgabe, eine optimale Politik zu bestimmen, die einen Zustand $z_{k-1} \in Z_{k-1}$ in einen der möglichen Endzustände überführt, als **Problem $P_{k-1}(z_{k-1})$**.

b) Den optimalen Zielfunktionswert eines Problems $P_k(z_k)$ bezeichnen wir mit $F_k^*(z_k)$.

> Dynamische Optimierung in Form der Rückwärtsrekursion $\overset{\sim}{=}$ *"Roll-back Verfahren"*

Voraussetzung: Daten eines Minimierungsproblems $P_0(z_0 = \alpha)$.

Start: Bestimme für jedes Problem $P_{n-1}(z_{n-1})$ mit $z_{n-1} \in Z_{n-1}$ diejenige (oder eine) Politik $x_n^*(z_{n-1})$, die z_{n-1} bestmöglich in einen der möglichen Endzustände überführt. Damit erhält man zugleich $F_{n-1}^*(z_{n-1}) = f_n(z_{n-1}, x_n^*(z_{n-1}))$ für alle $z_{n-1} \in Z_{n-1}$.

Iteration k = n–1, n–2, ..., 1:

Bestimme für jedes der Probleme $P_{k-1}(z_{k-1})$ mit $z_{k-1} \in Z_{k-1}$ eine optimale Politik, die z_{k-1} in einen der möglichen Endzustände überführt sowie den zugehörigen Zielfunktionswert $F_{k-1}^*(z_{k-1})$. Dies geschieht mit Hilfe der rekursiven Funktionalgleichung:

$$F_{k-1}^*(z_{k-1}) = \min\left\{ f_k(z_{k-1}, x_k) + F_k^*(z_k = t_k(z_{k-1}, x_k)) \mid x_k \in X_k(z_{k-1}) \right\} \qquad (7.10)$$

Abbruch und Ergebnis: Nach Abschluss von Iteration 1 sind eine optimale Politik für das Gesamtproblem $P_0(z_0 = \alpha)$ und deren Zielfunktionswert berechnet. Diese optimale Politik hat man sich entweder im Laufe der Rückwärtsrekursion geeignet abgespeichert (vgl. etwa Kap. 7.3.1), oder man muss sie in einer sich anschließenden Vorwärtsrechnung explizit ermitteln (siehe das Beispiel in Kap. 7.2.2).

* * * * *

Bemerkung 7.2: Die Gleichung (7.10) nennt man *Bellman'sche Funktionalgleichung*. Wie man der Formel entnehmen kann, sind in Iteration k für jedes Problem $P_{k-1}(z_{k-1})$ lediglich $\left|X_k(z_{k-1})\right|$ verschiedene Entscheidungen (oder „Wege") miteinander zu vergleichen; denn für alle nachfolgenden Probleme P_k liegen die optimalen Politiken bereits fest.

Bei einem Maximierungsproblem ist die Funktionalgleichung (7.10) zu ersetzen durch:

$$F_{k-1}^*(z_{k-1}) = \max\left\{ f_k(z_{k-1}, x_k) + F_k^*(z_k = t_k(z_{k-1}, x_k)) \mid x_k \in X_k(z_{k-1}) \right\} \qquad (7.10')$$

Bemerkung 7.3: Die DO in Form der Vorwärtsrekursion bestimmt in der Reihenfolge $k = 1, 2, ..., n$ jeweils eine optimale Politik und deren Zielfunktionswert, die vom Anfangszustand $z_0 = \alpha$ zu jedem Zustand $z_k \in Z_k$ führt.

7.2.2 Lösung des Bestellmengenmodells

Wir wenden die oben beschriebene Vorgehensweise der DO auf unser Bestellmengenmodell in Kap. 7.1.2 an. Es ist dabei nützlich, die Rechnung für jede Stufe in einer Tabelle zu veranschaulichen; siehe Tab. 7.2. In den Tabellen sind jeweils die besten der von einem Zustand z_k ausgehenden Entscheidungen und die sich dabei ergebenden Zielfunktionswerte mit einem Stern versehen. Man vergleiche die jeweiligen Ergebnisse auch anhand des Graphen in Abb. 7.2.

Es ist $n = 4$ und $z_0 = z_4 = 0$.

z_3	x_4	z_4	$F_3(z_3)$
1	0*	0	0*
0	1*	0	10*

(a) $k = 4$

z_2	x_3	z_3	$f_3(z_2,x_3)$	$F_3^*(z_3)$	$F_2(z_2)$
2	0*	1	0	0	0*
1	1	1	12	0	12
	0*	0	0	10	10*
0	2	1	24	0	24
	1*	0	12	10	22*

(b) $k = 3$

z_1	x_2	z_2	$f_2(z_1,x_2)$	$F_2^*(z_2)$	$F_1(z_1)$
1	2*	2	18	0	18*
	1	1	9	10	19
	0	0	0	22	22
0	2*	1	18	10	28*
	1	0	9	22	31

(c) $k = 2$

z_0	x_1	z_1	$f_1(z_0,x_1)$	$F_1^*(z_1)$	$F_0(z_0)$
0	2*	1	14	18	32*
	1	0	7	28	35

(d) $k = 1$

Tab. 7.2

Die Darstellung für die Stufen $k = 4$ und $k = 3$ lässt sich wie folgt interpretieren:

Auf Stufe $k = 4$ gibt es, ausgehend von den Zuständen $z_3 = 1$ bzw. $z_3 = 0$, jeweils genau eine mögliche (und damit optimale) Entscheidung, um den Zustand $z_4 = 0$ zu erreichen.

Auf Stufe $k = 3$ gilt: Bei $z_2 = 2$ ist nur die Entscheidung $x_3 = 0$ möglich. Bei $z_2 = 1$ sind die Entscheidungen $x_3 = 1$ und $x_3 = 0$ möglich, wobei, wie durch den entsprechenden fetten Pfeil in Abb. 7.2 verdeutlicht wird, die Entscheidung $x_3 = 0$ die kostenoptimale Politik darstellt. Bei $z_2 = 0$ ist von den zulässigen Entscheidungen $x_3 = 2$ und $x_3 = 1$ letztere am kostengünstigsten.

Die optimale Politik für das gesamte Problem $P_0(z_0 = 0)$ lässt sich aus Tab. 7.2, beginnend in (d), zurückverfolgen (in einer „Vorwärtsrechnung" ermitteln). Es gilt:[5]

$x_1^* = 2$, daraus folgt $z_1 = 1$; $x_2^*(z_1 = 1) = 2$, daraus folgt $z_2 = 2$;

$x_3^*(z_2 = 2) = 0$, daraus folgt $z_3 = 1$; $x_4^*(z_3 = 1) = 0$, daraus folgt $z_4 = 0$.

Die Gesamtkosten der optimalen Politik ($x_1^* = x_2^* = 2$, $x_3^* = x_4^* = 0$) sind $F_0^* = 32$.

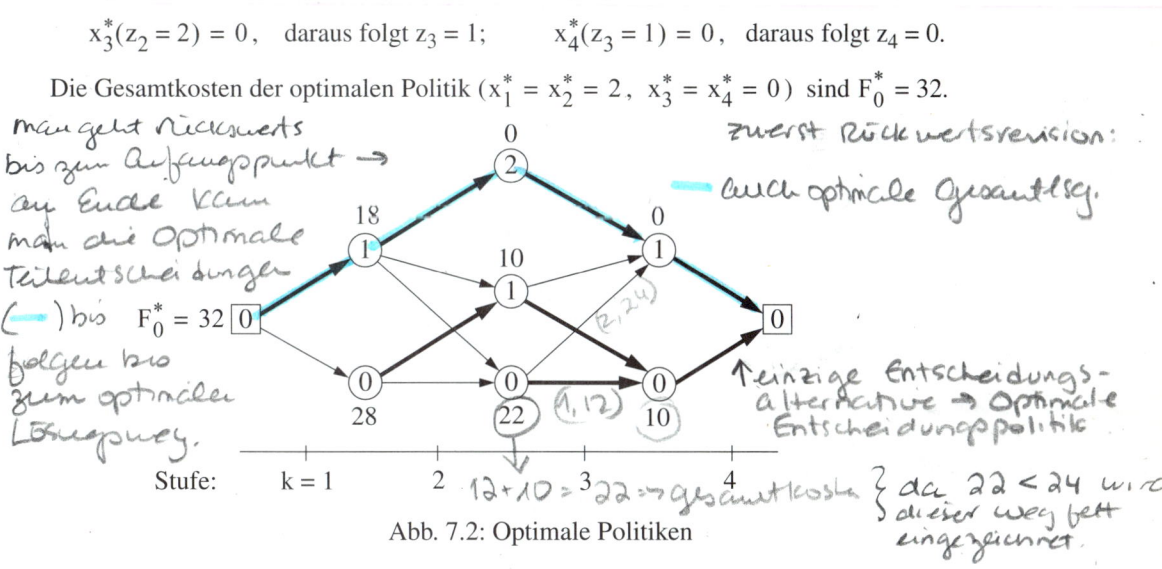

man geht rückwerts bis zum Aufangspunkt → am Ende kann man die Optimale Teilentscheidungen (——) bis $F_0^* = 32$ folgen bis zum optimalen Lösung.

zuerst Rückwertsrevision: — auch optimale Gesamtlsg.

↑einzige Entscheidungs-alternative → Optimale Entscheidungspolitik

Stufe: $k = 1$ 2 *12+10 = * 3 *22 → gesamtkosten* 4 *{ da 22 < 24 wird dieser weg fett eingezeichnet.*

Abb. 7.2: Optimale Politiken

In Abb. 7.2 ist die optimale Politik durch einen fett gezeichneten Weg von der Quelle zur Senke des Graphen kenntlich gemacht. Ebenfalls fett gezeichnet sind die optimalen Politiken sämtlicher übrigen im Laufe des Lösungsprozesses betrachteten Teilprobleme $P_{k-1}(z_{k-1})$.

Diskretes dynamisches Optimierungsproblem

7.3 Weitere deterministische, diskrete Probleme

7.3.1 Bestimmung kürzester Wege

Betrachtet man Abb. 7.1 und 7.2, so sieht man, dass mit DO auch kürzeste Entfernungen und Wege von einem (Start-) Knoten a zu einem (Ziel-) Knoten b in *topologisch sortierten Graphen* ermittelt werden können. Knoten a repräsentiert den Anfangszustand α und Knoten b einen Endzustand $\omega \in Z_n$. Der gegebene Graph G lässt sich vor der Optimierung auf einen Graphen G' reduzieren, indem man Knoten mit einer Nummer kleiner als a und größer als b eliminiert. Ein Knoten i von G' befindet sich auf Stufe k, wenn der von a nach i führende Weg mit den meisten Pfeilen genau k Pfeile enthält. Siehe auch Aufg. 7.1 im Übungsbuch Domschke et al. (2005).

Nach Durchführung der Rückwärtsrekursion kann man sich eine „Vorwärtsrechnung" zur Ermittlung des gefundenen kürzesten Weges dadurch ersparen, dass man ein Feld R[1..n] mitführt. Analog zu unseren Ausführungen in Kap. 3 gibt hier R[i] den unmittelbaren Nachfolger von Knoten i in dem gefundenen kürzesten Weg von Knoten i zu Knoten b an.

---

5 Die funktionale Schreibweise x(z) bringt die Zustandsabhängigkeit (Bedingtheit) der Entscheidungen zum Ausdruck.

7.3.2 Das Knapsack-Problem

Im Folgenden betrachten wir das in Kap. 6.3 beispielhaft beschriebene Knapsack-Problem:

Maximiere $F(\mathbf{x}) = 3x_1 + 4x_2 + 2x_3 + 3x_4$

unter den Nebenbedingungen

$$3x_1 + 2x_2 + 4x_3 + x_4 \leq 9$$

$$x_k \in \{0,1\} \qquad \text{für } k = 1,...,4$$

Es lässt sich wie unser Beispiel in Kap. 7.1.2 als diskretes, deterministisches Modell der DO mit endlichen Zustand- und Entscheidungsmengen formulieren.

Gegenüber Kap. 6.3 haben wir die Variablen x mit (Stufen-) Indizes k statt mit j versehen. Die x_k sind die *Entscheidungsvariablen* des Modells. Wir unterscheiden somit n = 4 Stufen. Auf Stufe k wird über die Variable x_k entschieden; $x_k = 1$ bzw. 0 heißt Mitnahme bzw. Nichtmitnahme des Gutes k. Die Entscheidungsbereiche sind damit $X_k \subseteq \{0,1\}$ für alle k.

Die erste Entscheidung wird für x_4, die zweite für x_3 usw. getroffen.

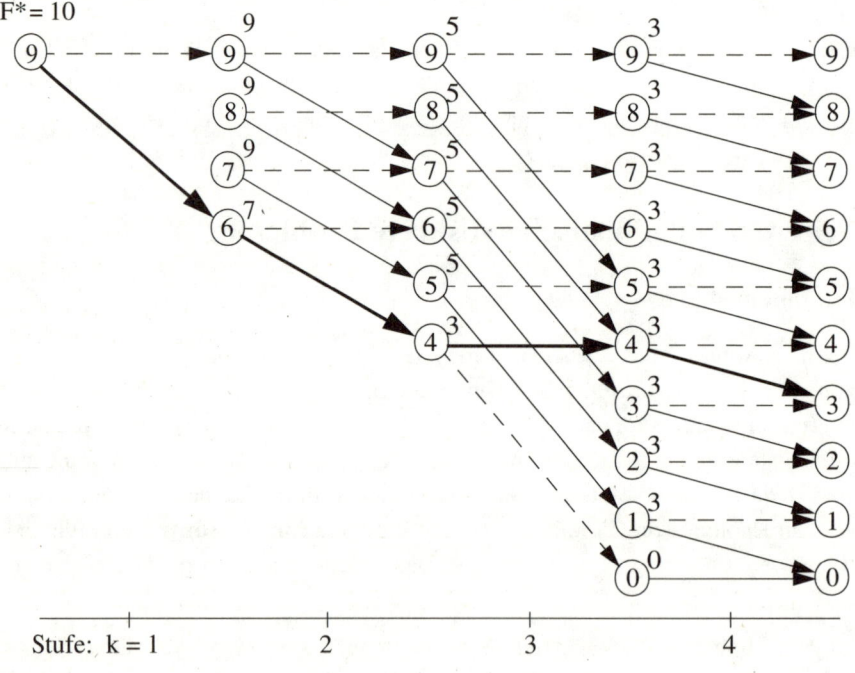

Abb. 7.3: Knapsack-Problem – Lösungsweg 1

Als *Zustand* interpretieren wir jeweils die noch verfügbaren Gewichtseinheiten (GE, Restkapazität des Rucksacks). Somit ist $z_0 = 9$.

Bezeichnen wir mit g_k das Gewicht des Gutes k, so lassen sich die Transformationsfunktionen $z_k = t_k(z_{k-1}, x_k)$ wie folgt formulieren: $z_k = z_{k-1} - g_k x_k$ für k = 1,...,4.

Da es sich bei dem zu lösenden Problem um ein Maximierungsproblem handelt, nennen wir die $f_k(z_{k-1}, x_k)$ stufenabhängige Nutzenfunktionen. Bezeichnen wir mit v_k den Nutzen, den das Gut k bringt, so gilt: $f_k(z_{k-1}, x_k) = v_k x_k$ für k = 1,...,4.

Lösungsweg bei sehr grob gewählten Zustandsmengen:

Bei einem ersten Lösungsversuch wollen wir die auf den Stufen[6] 1 bis 4 möglichen Zustandsmengen der Verständlichkeit halber zunächst sehr grob wählen. Das bedeutet, wir wollen auch Restkapazitäten einbeziehen, von denen bei näherer Voruntersuchung deutlich würde, dass sie auf bestimmten Stufen nicht auftreten können.

Man erkennt leicht, dass selbst bei $x_1 = 1$ am Ende der Stufe 1 noch 6 GE verfügbar sind. Wir wählen $Z_1 = \{6,...,9\}$. Entsprechend wählen wir $Z_2 = \{4,...,9\}$ sowie $Z_3 = Z_4 = \{0,...,9\}$.

Abb. 7.3 zeigt für alle Stufen und alle in Z_0 bis Z_4 enthaltenen Zustände (Zahlen in den Knoten) die Entscheidungsmöglichkeit(en), dargestellt durch einen oder zwei ausgehende Pfeile. Ein horizontal verlaufender (bzw. nach rechts fallender) Pfeil entspricht einer Entscheidung $x_k = 0$ (bzw. $x_k = 1$).

Bei zwei Alternativen ist die jeweils schlechtere gestrichelt dargestellt. An den Knoten ist der maximal erreichbare Zielfunktionswert notiert. Für den Zustand $z_2 = 7$ z.B. ergibt sich der Wert $F_2^*(7)$ wie folgt:

$$F_2^*(7) = \max\{f_3(7, x_3 = 0) + F_3^*(7), f_3(7, x_3 = 1) + F_3^*(3)\} = \max\{0{+}3, 2{+}3\} = 5$$

Die fett eingezeichnete Pfeilfolge repräsentiert die optimale Lösung $x_1^* = x_2^* = 1$, $x_3^* = 0$, $x_4^* = 1$ mit dem Zielfunktionswert $F^* = 10$.

Lösungsweg bei durch Vorüberlegungen eingeschränkten Zustandsmengen:

Ermittelt man zunächst die auf den einzelnen Stufen überhaupt möglichen Zustandsmengen, so gilt: $Z_1 = \{6, 9\}$, falls $x_1 = 1$ bzw. $x_1 = 0$ gewählt wird; $Z_2 = \{4, 6, 7, 9\}$; $Z_3 = \{0, 2, 3, 4, 5, 6, 7, 9\}$ und $Z_4 = \{0,...,9\}$.[7] Weitere Analysen zeigen, dass man durchaus mit Obermengen dieser Zustandsmengen arbeiten könnte; auf den Stufen 1 bis 3 lassen sich diese aber – hinsichtlich der Entscheidung auf der nächsten Stufe – jeweils in zwei Teilmengen unterteilen; vgl. diese Unterteilung sowie den Lösungsweg anhand von Abb. 7.4 und Tab. 7.3.

Zur Erläuterung: Für die Entscheidung über x_4 in Tab. 7.3 (a) existieren wegen $g_4 = 1$ zwei alternative Zustandsbereiche $\subseteq Z_3$, nämlich die Restkapazität $\{0\}$ (dann ist nur die Entscheidung $x_4 = 0$ möglich) oder $\{1..9\}$ (dann sind beide Entscheidungen zulässig). In der zweiten Spalte sind die optimalen Entscheidungen für x_4, in der fünften Spalte die zugehörigen Zielfunktionswerte $F_3(z_3)$ mit einem Stern versehen. Die dritte Spalte enthält die Restkapazitäten z_4. In der vierten Spalte ist mit $f_4(z_3, x_4)$ jeweils die Veränderung des Zielfunktionswertes angegeben.

---

6   Diese Stufen werden im Rahmen der Rückwärtsrekursion in der Reihenfolge 4, 3, 2 und 1 behandelt.

7   Aus Abb. 7.3 wird dies z.B. leicht erkennbar, wenn man alle Knoten und Pfeile löscht, die von Knoten $z_0 = 9$ aus nicht erreichbar sind.

Für die Wahl von x_3 geht man von $Z_2 = \{4, ..., 9\}$ aus. Nur im Falle $z_2 = 4$ kann man durch Festlegung von $x_3 = 1$ den Zustand $z_3 = 0$ erreichen. In allen anderen Fällen gelangt man unabhängig von der Wahl von x_3 in den Zustandsbereich $\{1, ..., 9\}$ für Z_3.

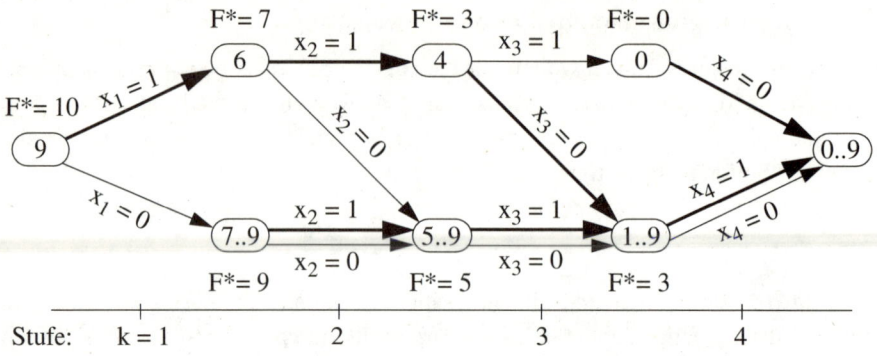

Abb. 7.4: Knapsack-Problem – Lösungsweg 2

Die optimale Politik ist $(x_1^* = x_2^* = 1, x_3^* = 0, x_4^* = 1)$. Sie erbringt einen Nutzen von 10.

$z_3 \in$	x_4	$z_4 \in$	$f_4(z_3,x_4)$	$F_3(z_3)$
$\{0\}$	0*	$\{0\}$	0	0*
$\{1..9\}$	0	$\{1..9\}$	0	0
	1*	$\{0..8\}$	3	3*

(a) $k = 4$

$z_2 \in$	x_3	$z_3 \in$	$f_3(z_2,x_3)$	$F_3^*(z_3)$	$F_2(z_2)$
$\{4\}$	0*	$\{4\}$	0	3	3*
	1	$\{0\}$	2	0	2
$\{5..9\}$	0	$\{5..9\}$	0	3	3
	1*	$\{1..5\}$	2	3	5*

(b) $k = 3$

$z_1 \in$	x_2	$z_2 \in$	$f_2(z_1,x_2)$	$F_2^*(z_2)$	$F_1(z_1)$
$\{6\}$	0	$\{6\}$	0	5	5
	1*	$\{4\}$	4	3	7*
$\{7..9\}$	0	$\{7..9\}$	0	5	5
	1*	$\{5..7\}$	4	5	9*

(c) $k = 2$

$z_0 \in$	x_1	$z_1 \in$	$f_1(z_0,x_1)$	$F_1^*(z_1)$	$F_0(z_0)$
$\{9\}$	0	$\{9\}$	0	9	9
	1*	$\{6\}$	3	7	10*

(d) $k = 1$

Tab. 7.3

Bemerkung 7.4: Im Gegensatz zur allgemeinen Formulierung eines DO-Modells in Kap. 7.1.1 besitzt das Knapsack-Problem keinen eindeutigen Endzustand (d.h. die Restkapazität des Rucksacks ist von vornherein nicht bekannt). Wie man sich überlegen kann, ist die Einführung eines fiktiven Endzustands zwar grundsätzlich möglich, aber aufwendig. Die zunächst naheliegende Anwendung einer Vorwärtsrekursion bringt ebenfalls keine Vorteile.

7.3.3 Ein Problem mit unendlichen Zustands- und Entscheidungsmengen

Ein Unternehmer verfügt über 1000 GE. Ferner kann er für den gesamten Planungszeitraum einen Kredit K_1 in Höhe von maximal 500 GE zum Zinssatz von 8% und einen Kredit K_2 in Höhe von maximal 1000 GE zum Zinssatz von 10% aufnehmen.

Dem Unternehmer stehen zwei Investitionsmöglichkeiten mit folgenden Gewinnen (Einzahlungsüberschüssen) in Abhängigkeit vom eingesetzten Kapital y_1 bzw. y_2 zur Verfügung:

I. $g_1(y_1) = \begin{cases} 0.2y_1 - 50 & \text{falls } y_1 > 0 \\ 0 & \text{sonst} \end{cases}$

II. $g_2(y_2) = 2\sqrt{y_2}$

Wie viel Eigenkapital hat der Unternehmer einzusetzen und wie viel Fremdkapital muss er aufnehmen, damit er den größtmöglichen Gewinn erzielt? Ein negativer Kassenbestand ist nicht erlaubt.

Zur Lösung des Problems formulieren wir ein Modell der DO entsprechend (7.1) – (7.5) mit folgenden Variablen sowie Zustands- und Entscheidungsbereichen:

a) Wir unterscheiden n = 4 Stufen. Auf jeder Stufe wird über genau eine „Investitionsmöglichkeit" entschieden; eine Kreditaufnahme wird als Investitionsmöglichkeit mit negativer Auszahlung und negativem Ertrag (Zinszahlung) interpretiert. Wir vereinbaren:

Stufe 1: Entscheidung über Kredit 1; $|x_1|$ gibt die Höhe des aufgenommenen Kredits an.

Stufe 2: Entscheidung über Kredit 2; $|x_2|$ gibt die Höhe des aufgenommenen Kredits an.

Stufe 3: Entscheidung über Investition I in Höhe von x_3 GE.

Stufe 4: Entscheidung über Investition II in Höhe von x_4 GE.

b) Die Zustandsbereiche $Z_1,...,Z_4$ geben die möglichen Kassenbestände der einzelnen Stufen nach der Ausführung einer Entscheidung an. Es gilt ferner $Z_0 := \{z_0 = 1000\}$.

c) Die Entscheidungsbereiche $X_k(z_{k-1})$ sind durch den Kassenbestand sowie durch die vorgegebenen Kreditschranken begrenzt.

d) Die Transformationsfunktionen sind $z_k = t_k(z_{k-1}, x_k) = z_{k-1} - x_k$.

e) Die stufenbezogenen Zielfunktionen sind:

$f_1(z_0, x_1) = 0.08x_1$, $f_2(z_1, x_2) = 0.1x_2$ und $f_4(z_3, x_4) = 2\sqrt{x_4}$ sowie

$f_3(z_2, x_3) = \begin{cases} 0.2x_3 - 50 & \text{falls } x_3 > 0 \\ 0 & \text{sonst} \end{cases}$

Somit ist das folgende Modell zu lösen:

Maximiere $F(x_1,...,x_4) = \sum_{k=1}^{4} f_k(z_{k-1}, x_k)$

unter den Nebenbedingungen

$$z_k = z_{k-1} - x_k; \quad z_k \geq 0 \qquad \qquad \text{für } k = 1,\dots,4$$

$$z_0 = 1000; \quad x_1 \in X_1 = [-500,0]; \quad x_2 \in X_2 = [-1000,0]$$

$$x_3 \in X_3 = [0,z_2]; \quad x_4 \in X_4 = [0,z_3]\ ^8$$

Wir erhalten folgenden Lösungsgang:

Stufe 4:

$F_3^*(z_3) = \max\ \{2\sqrt{x_4} \mid x_4 \in X_4(z_3)\} = \max\ \{2\sqrt{x_4} \mid x_4 \in [0,z_3]\}$. F_3 erreicht sein Maximum im Punkt $x_4^* = z_3$; der Gewinn ist in diesem Punkt $F_3^*(z_3) = 2\sqrt{z_3}$.

Stufe 3:

$$F_2^*(z_2) = \max\ \{f_3(z_2,x_3) + F_3^*(z_3 = z_2 - x_3) \mid x_3 \in X_3(z_2)\}$$

$$= \max\ \{f_3(z_2,x_3) + 2\sqrt{z_2 - x_3} \mid x_3 \in [0,z_2]\}$$

$$= \max\ \{0 + 2\sqrt{z_2}\ \text{für } x_3 = 0,\ \max\ \{0.2x_3 - 50 + 2\sqrt{z_2 - x_3} \mid x_3 \in (0,z_2]\}\ \}$$

Für den Fall $x_3 > 0$ (zweiter Term) erhält man das Optimum der Funktion durch Bilden der ersten Ableitung nach x_3 und null setzen. Dies ergibt $x_3^* = z_2 - 25$. Da die zweite Ableitung negativ ist, handelt es sich um ein Maximum. Wegen $z_2 \geq z_0 = 1000$ liefert der zweite Term der Funktion das Maximum. Durch Einsetzen von $x_3^* = z_2 - 25$ in diesen Ausdruck erhält man schließlich $F_2^*(z_2) = 0.2\,z_2 - 45$.

Stufe 2:

$$F_1^*(z_1) = \max\ \{f_2(z_1,x_2) + F_2^*(z_2) \mid x_2 \in X_2(z_1)\}$$

$$= \max\ \{0.1\,x_2 + 0.2(z_1 - x_2) - 45 \mid x_2 \in [-1000,0]\}$$

$$= \max\ \{-0.1\,x_2 + 0.2\,z_1 - 45 \mid x_2 \in [-1000,0]\} = 0.2\,z_1 + 55 \quad (\text{für } x_2^* = -1000)$$

Stufe 1:

$$F_0^*(z_0) = \max\ \{f_1(z_0,x_1) + F_1^*(z_1) \mid x_1 \in X_1(z_0)\}$$

$$= \max\ \{0.08\,x_1 + 0.2\,(z_0 - x_1) + 55 \mid x_1 \in [-500,0]\}$$

$$= \max\ \{-0.12\,x_1 + 0.2\,z_0 + 55 \mid x_1 \in [-500,0]\} = 60 + 200 + 55 = 315$$

$$(\text{für } x_1^* = -500)$$

Die optimale Politik umfasst somit die Entscheidungen $x_1^* = -500$ und $x_2^* = -1000$. Damit ist $z_2 = 2500$, so dass $x_3^* = z_2 - 25 = 2475$ GE bzw. $x_4^* = 25$ GE investiert werden. Der maximale Gewinn beträgt 315 GE.

---

8   An dieser Stelle wäre wegen aller übrigen Nebenbedingungen auch $x_4, x_3 \geq 0$ ausreichend.

7.4 Ein stochastisches, diskretes Problem

Wir betrachten erneut unser Bestellmengenmodell aus Kap. 7.1.2. Wir beschränken es jedoch auf 3 Perioden und nehmen an, dass der Bedarf b_k jeder Periode k gleich 1 mit der *Wahrscheinlichkeit* $p_1 = 0.6$ und gleich 0 mit der *Wahrscheinlichkeit* $p_0 = 0.4$ ist. Lagerbestand und Liefermenge sind wie bisher auf zwei ME beschränkt.

Periode k	1		2		3		
Preis q_k	7		9		12		
Bedarf b_k	1	0	1	0	1	0	
Wahrscheinlichkeit	0.6	0.4	0.6	0.4	0.6	0.4	Tab. 7.4

Wir unterstellen ferner, dass bei für die Produktion nicht ausreichendem Bestand Fehlmengenkosten in Höhe von 20 GE entstehen. Eine am Ende des Planungszeitraumes vorhandene Restmenge sei nicht verwertbar. Die wesentlichen Daten des Modells sind in Tab. 7.4 nochmals angegeben.

Wie bei stochastischen Modellen der DO üblich, wollen wir für unser obiges Problem eine Politik bestimmen, die den *Kostenerwartungswert* (hier Erwartungswert aus Beschaffungs- und Fehlmengenkosten) minimiert.[9]

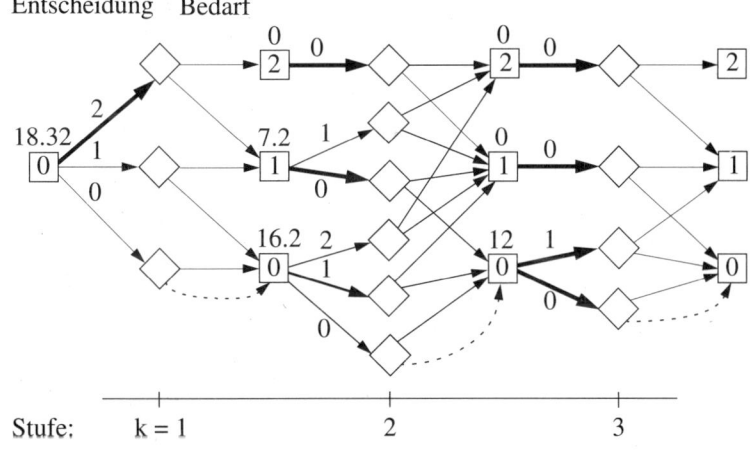

Abb. 7.5: Stochastisches Bestellmengenproblem

Das zu betrachtende Problem können wir anhand des Graphen G in Abb. 7.5 veranschaulichen.[10] Da die entstehenden Kosten nicht allein von Entscheidungen, sondern auch vom Zufall (dem stochastischen Bedarf) abhängig sind, enthält der Graph zwei Arten von Knoten:

---

9   Analoge Vorgehensweisen sind aus dem Bereich der Entscheidungslehre bekannt. Bei der Auswertung stochastischer **Entscheidungsbäume** bestimmt man ebenfalls erwartungswertminimale oder -maximale Politiken; vgl. z.B. Bamberg und Coenenberg (2002, Kap. 9) oder Domschke und Scholl (2003, Kap. 2.3.5).

- *Zustands-* oder *Entscheidungsknoten*: In ihnen ist eine Entscheidung zu treffen, man nennt sie deterministisch; sie sind in Abb. 7.5 als Rechtecke dargestellt.

- *Stochastische Knoten*: Die von ihnen ausgehenden Pfeile entsprechen (im vorliegenden Beispiel) einer zufallsabhängigen Nachfrage; sie sind in Form von Rauten veranschaulicht.

Ausgehend von einem Zustand z_{k-1} gelangen wir durch eine Entscheidung x_k eindeutig in einen stochastischen Knoten. Von dort erreichen wir über die zufallsabhängige Nachfrage b_k (mit dem Wert 0 oder 1) einen von zwei möglichen deterministischen Zustandsknoten z_k. Von jedem stochastischen Knoten gehen zwei Pfeile aus. Der obere Pfeil symbolisiert den mit der Wahrscheinlichkeit von $p_0 = 0.4$ auftretenden Bedarf $b_k = 0$, der untere Pfeil kennzeichnet den mit der Wahrscheinlichkeit von $p_1 = 0.6$ anfallenden Bedarf $b_k = 1$.

In jeder Stufe $k = 1,...,3$ kann man von jedem Zustand z_{k-1} durch eine Entscheidung x_k in höchstens zwei Folgezustände $z_k = t_k(z_{k-1}, x_k, b_k) = z_{k-1} + x_k - b_k$ gelangen. Mit diesen Übergängen (Transformationen) sind die deterministischen Beschaffungskosten $q_k x_k$ und die folgenden zufallsabhängigen Fehlmengenkosten verbunden:

$$f_k(z_{k-1}, x_k, b_k) = \begin{cases} 20 & \text{falls } z_{k-1} = x_k = 0 \text{ und } b_k = 1 \\ 0 & \text{sonst} \end{cases}$$

Im Laufe der Rückwärtsrekursion der DO berechnen wir für jeden Entscheidungsknoten z_{k-1} den minimalen Kostenerwartungswert $F^*_{k-1}(z_{k-1})$ gemäß der *Bellman'schen Funktionalgleichung*:

$$F^*_{k-1}(z_{k-1}) = \min\left\{ q_k x_k + \sum_{i=0}^{1} p_i \cdot [f_k(z_{k-1}, x_k, i) + F^*_k(z_k = t_k(z_{k-1}, x_k, i))] \,\Big|\, x_k \in X_k(z_{k-1}) \right\}$$

In Tab. 7.5 ist der Lösungsgang für das obige Problem im Detail wiedergegeben.

z_2	x_3	$F_2(z_2)$	z_1	x_2	$F_1(z_1)$	z_0	x_1	$F_0(z_0)$
2	0*	0*	2	0*	0*	0	2*	18.32*
1	0*	0*	1	1	9		1	19.6
0	1*	12*		0*	7.2*		0	28.2
	0*	12*	0	2	18			
				1*	16.2*			
				0	24			

Tab. 7.5

In Abb. 7.5 sind die bedingt optimalen Teilpolitiken fett gezeichnet. Das bedeutet, dass auf Stufe 1 auf jeden Fall 2 ME zu beschaffen sind. Im Anschluss an die zufällige Realisation einer Nachfrage ist auf Stufe 2 sowohl in $z_1 = 2$ als auch in $z_1 = 1$ die Entscheidung $x_2 = 0$ zu treffen. Für $z_1 = 0$ stellt $x_2 = 1$ die optimale Politik dar. Auf Stufe 3 ist jede (hinsichtlich der Nebenbedingungen ökonomisch sinnvolle) bedingte Entscheidung optimal. Wegen $x_1 = 2$ wird der

---

10 In Abb. 7.5 wurden einige Pfeile für Entscheidungen weggelassen, für die von vornherein erkennbar ist, dass sie zu keiner optimalen Lösung führen können. Beispiel: Ausgehend von Zustand $z_2 = 1$ kann die Entscheidung $x_3 = 1$ nicht zum Optimum führen, da mindestens eine ME am Ende des Planungszeitraumes ungenutzt bliebe.

Zustand $z_1 = 0$ nicht erreicht. An den Zustandsknoten sind die im Laufe der Rückwärtsrechnung ermittelten minimalen Kostenerwartungswerte angegeben.

Hinsichtlich weiterer Ausführungen zur stochastischen dynamischen Optimierung sei auf Büning et al. (2000, Kap. 9.3) verwiesen. Große praktische Bedeutung hat die stochastische dynamische Optimierung v.a. im Bereich der Lagerhaltung, wobei in jüngster Zeit vermehrt auch der (stochastische) Rückfluss von Gütern untersucht wird; vgl. etwa Inderfurth et al. (2001).

Weiterführende Literatur zu Kapitel 7

Ahuja et al. (1993)

Bellman (1957)

Bertsekas (2000), (2001)

Domschke et al. (2005) – *Übungsbuch*

Domschke et al. (1997)

Feichtinger und Hartl (1986)

Hillier und Lieberman (1997)

Inderfurth et al. (2001)

Neumann und Morlock (2002)

Schneeweiß (1974)

Winston (2004)

Kapitel 8: Nichtlineare Optimierung

Im Gegensatz zur linearen Optimierung (Kap. 2) gibt es für das Gebiet der nichtlinearen Optimierung kein dem Simplex-Algorithmus vergleichbares universelles Verfahren, das alle Probleme zu lösen gestattet. Vielmehr wurden für zahlreiche verschiedene Problemtypen spezielle Verfahren entwickelt.

Wir nennen im Folgenden (Kap. 8.1) verschiedene Problemtypen in der Reihenfolge, in der wir sie anschließend näher behandeln.

In Kap. 8.2 definieren wir eine Reihe von Begriffen und gehen auf *Optimierungsprobleme ohne Nebenbedingungen* ein, die ausschließlich durch Differentiation gelöst werden können.

In Kap. 8.3 folgen *Optimierungsprobleme mit einer bzw. mehreren Variablen ohne Nebenbedingungen*, die nicht ohne weiteres durch Differentiation lösbar sind. Wir beschreiben jeweils ein Lösungsverfahren.

In Kap. 8.4 behandeln wir *allgemeine nichtlineare Optimierungsprobleme mit Nebenbedingungen*. Wir beschäftigen uns mit der Charakterisierung von Maximalstellen (u.a. anhand des Karush-Kuhn-Tucker-Theorems) und skizzieren Prinzipien zur Lösung allgemeiner nichtlinearer Optimierungsprobleme.

Die weiteren Kapitel sind restringierten Problemen mit speziellen Eigenschaften gewidmet. In Kap. 8.5 beschäftigen wir uns mit der *quadratischen Optimierung*. In diesem Teilgebiet der nichtlinearen Optimierung werden Probleme betrachtet, die sich von linearen Optimierungsproblemen nur durch die Zielfunktion unterscheiden. Diese enthält neben linearen Termen $c_j x_j$ auch quadratische Ausdrücke $c_{jj} x_j^2$ und/oder $c_{ij} x_i x_j$ für einige oder alle $i \neq j$.

In Kap. 8.6 folgen *allgemeine konvexe Optimierungsprobleme* (siehe Bem. 8.3) und geeignete Lösungsverfahren.

Im abschließenden Kap. 8.7 betrachten wir Optimierungsprobleme, die durch *stückweise Linearisierung* der nichtlinearen Zielfunktion und/oder Nebenbedingungen in lineare Probleme (mit Binär- und/oder Ganzzahligkeitsbedingungen) transformiert und mit Methoden, wie sie in Kap. 6 beschrieben wurden, gelöst werden können.

8.1 Probleme und Modelle der nichtlinearen Optimierung

8.1.1 Allgemeine Form nichtlinearer Optimierungsprobleme

Wir gehen aus von der allgemeinen Formulierung eines Optimierungsproblems in Kap. 1.2. Sie lautet:

Maximiere (oder Minimiere) $z = F(\mathbf{x})$ (8.1)

unter den Nebenbedingungen

$$g_i(\mathbf{x}) \left\{ \begin{array}{c} \geq \\ = \\ \leq \end{array} \right\} 0 \qquad \text{für } i = 1,...,m \qquad (8.2)$$

$$\mathbf{x} \in W_1 \times W_2 \times ... \times W_n, \quad W_j \in \{\mathbb{R}_+, \mathbb{Z}_+, \mathbb{B}\}, j = 1,...,n \qquad (8.3)$$

Im Gegensatz zu linearen Problemen (Kap. 2) besitzen **nichtlineare Optimierungsprobleme** eine **nichtlineare Zielfunktion** und/oder mindestens eine **nichtlineare Nebenbedingung** des Typs (8.2).

Im Unterschied zu ganzzahligen und kombinatorischen Problemen (Kap. 6), bei denen ganzzahlige oder binäre Variablen vorkommen, geht man bei der nichtlinearen Optimierung in der Regel von (nichtnegativen) **reellwertigen Variablen** aus.

Wie bereits in Kap. 2.3 ausgeführt, lässt sich eine zu minimierende Zielfunktion $F(\mathbf{x})$ durch die zu maximierende Zielfunktion $-F(\mathbf{x})$ ersetzen (und umgekehrt). Wir konzentrieren daher unsere weiteren Ausführungen auf **Maximierungsprobleme**.

Ebenso haben wir bereits in Kap. 2.3 erläutert, dass sich jede $\geq$-Restriktion durch Multiplikation mit -1 in eine $\leq$-Restriktion transformieren lässt. Darüber hinaus kann jede Gleichung durch zwei $\leq$-Restriktionen ersetzt werden.

Zur Vereinfachung der Schreibweise enthalten die Funktionen g_i die in der linearen Optimierung explizit auf der rechten Seite ausgewiesenen Konstanten b_i; aus $f_i(\mathbf{x}) \leq b_i$ wird also z.B. $g_i(\mathbf{x}) := f_i(\mathbf{x}) - b_i \leq 0$.

Aus den genannten Gründen können wir bei unseren weiteren Ausführungen von folgender **Formulierung eines nichtlinearen Optimierungsproblems** ausgehen:

Maximiere $F(\mathbf{x})$ (8.4)

unter den Nebenbedingungen

$g_i(\mathbf{x}) \leq 0$ für $i = 1,...,m$ (8.5)

$x_j > 0$ für $j = 1,...,n$ (8.6)

Gelegentlich benutzen wir auch die zu (8.4) – (8.6) äquivalente Vektorschreibweise:

Maximiere $F(\mathbf{x})$

unter den Nebenbedingungen

$$g(\mathbf{x}) \le 0$$

$$\mathbf{x} \ge 0$$

(8.7)

Bei der *linearen Optimierung* wird vorausgesetzt, dass sowohl die Zielfunktion $F(\mathbf{x})$ als auch die Funktionen $g_i(\mathbf{x})$ der Nebenbedingungen linear sind. Wir haben den Simplex-Algorithmus beschrieben, der grundsätzlich alle linearen Probleme mit reellwertigen Variablen zu lösen gestattet. Wie wir sehen werden, existiert kein (dem Simplex-Algorithmus vergleichbares) universelles Verfahren zur Lösung nichtlinearer Optimierungsprobleme.

8.1.2 Beispiele für nichtlineare Optimierungsprobleme

Wir beschreiben drei Beispiele mit wachsendem Schwierigkeitsgrad. Sie dienen in den folgenden Kapiteln zur Veranschaulichung von Lösungsverfahren.

Beispiel 1: Wir betrachten ein Modell der Produktionsprogrammplanung. Zu maximieren ist die Summe der Deckungsbeiträge zweier Produkte unter Beachtung linearer Kapazitätsrestriktionen. Bei unserer allgemeinen Formulierung in Kap. 1.2.2.2 und dem Zahlenbeispiel in Kap. 2.4.1.2 haben wir vorausgesetzt, dass der Deckungsbeitrag $db_i = p_i - k_i$ jedes Produktes i vorgegeben und von der Absatzmenge x_i unabhängig ist (also ein polypolistischer Markt betrachtet wird).

Im Folgenden nehmen wir jedoch (bei konstanten variablen Kosten $k_i = 2$) an, dass der Preis jedes Produktes eine Funktion seiner Absatzmenge ist, wie das im Falle eines Angebotsmonopolisten unterstellt wird. Die *Preis-Absatz-Funktion* beider Produkte i = 1, 2 sei

$$p_i(x_i) = 7 - x_i \,.$$

Der gesamte Deckungsbeitrag des Produktes i ist dann:

$$D(x_i) = p_i(x_i) \cdot x_i - k_i x_i = (7 - x_i) x_i - 2 x_i = 5 x_i - x_i^2$$

Unter Einbeziehung linearer Nebenbedingungen gehen wir von dem folgenden nichtlinearen Optimierungsproblem aus:

$$\text{Maximiere } F(x_1, x_2) = 5 x_1 - x_1^2 + 5 x_2 - x_2^2 \tag{8.8}$$

unter den Nebenbedingungen

$$[g_1(\mathbf{x}) :=] \qquad x_1 + 2 x_2 - 8 \le 0 \tag{8.9}$$

$$[g_2(\mathbf{x}) :=] \qquad 3 x_1 + x_2 - 9 \le 0 \tag{8.10}$$

$$x_1, x_2 \ge 0 \tag{8.11}$$

Die Nebenbedingungen (8.9) und (8.10) sind zur Verdeutlichung der in (8.5) verwendeten Schreibweise in der dort gewählten Form angegeben.

Abb. 8.1 veranschaulicht das Problem. Der optimale Zielfunktionswert von (8.8) ohne Nebenbedingungen wird im Punkt $(2.5, 2.5)$ angenommen. Die in der Abb. 8.1 enthaltenen konzentrischen Kreise um diesen Punkt stellen Linien gleicher Zielfunktionswerte (Iso-Deckungsbeitragslinien) und ebenso Linien gleicher Abweichung vom Zielfunktionswert $F^* = 12.5$ des unrestringierten Optimums dar. Auf dem äußeren Kreis gilt $F(\mathbf{x}) = 10$, die Abweichung vom unrestringierten Op-

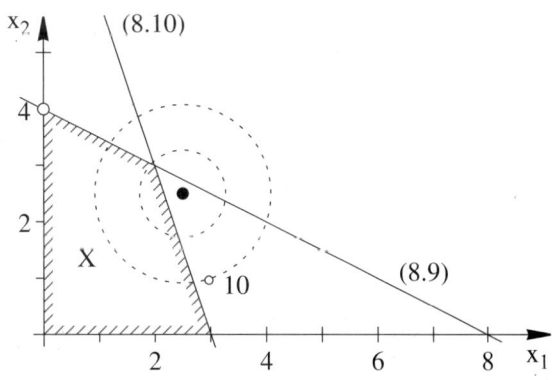

Abb. 8.1: Produktionsprogrammplanung

timum ist somit jeweils 2.5. In Kap. 8.4.1 und 8.5.2 beschäftigen wir uns mit der Lösung des Problems.

Beispiel 2: Wir verallgemeinern Beispiel 1 hinsichtlich der Zielfunktion. Hat man substitutive Güter vorliegen, so sind die Preise jeweils Funktionen beider Absatzmengen. Der Einfachheit halber unterstellen wir folgende Preis-Absatz-Funktionen:

$$p_1(x_1) = 7 - x_1 \quad \text{(wie oben)} \quad \text{und} \quad p_2(x_1, x_2) = 7 - x_1 - x_2$$

Mit variablen Kosten $k_1 = 2$ und $k_2 = 4$ erhalten wir nunmehr als Zielfunktion:

$$\text{Maximiere} \quad F(x_1, x_2) = 5x_1 - x_1^2 + 3x_2 - x_1 x_2 - x_2^2 \qquad (8.12)$$

Auf die Lösung des nichtlinearen Optimierungsproblems mit der Zielfunktion (8.12) (und den Nebenbedingungen (8.9) – (8.11)) gehen wir in Kap. 8.3.2 und 8.6 ein.

Beispiel 3: Die bisherigen Beispiele besitzen jeweils eine nichtlineare Zielfunktion und lineare Nebenbedingungen. So wird z.B. in (8.9) und (8.10) eine linear-limitationale Input-Output-Beziehung (Leontief-Produktionsfunktion) unterstellt. Geht man jedoch von einer Gutenberg'schen Verbrauchsfunktion (zur Messung des Verbrauchs an Betriebsstoffen oder des Verschleißes von Betriebsmitteln) aus, so könnte die Abbildung der Beziehungen (8.9) und (8.10) durch nichtlineare, z.B. quadratische Funktionen, wie in (8.14) und (8.15) angegeben, realistisch sein. Zusammen mit einer linearen Zielfunktion erhielte man z.B. folgendes Optimierungsproblem:

$$\text{Maximiere} \quad F(x_1, x_2) = 6x_1 + 4x_2 \qquad (8.13)$$

unter den Nebenbedingungen

$$\frac{x_1^2}{25} + \frac{x_2^2}{20.25} \leq 1 \qquad (\Leftrightarrow \quad 20.25\, x_1^2 + 25\, x_2^2 \leq 506.25) \qquad (8.14)$$

$$\frac{x_1^2}{100} + \frac{x_2^2}{16} \leq 1 \qquad (\Leftrightarrow \quad 16\, x_1^2 + 100\, x_2^2 \leq 1600) \qquad (8.15)$$

$$x_1, x_2 \geq 0 \qquad (8.16)$$

Die Menge der zulässigen Lösungen ist als Durchschnitt zweier konvexer Mengen auch konvex; siehe Abb. 8.2. Für das Beispiel kann die optimale Lösung durch Parallelverschieben der Zielfunktion, bis sie die Bedingung (8.14) tangiert, ermittelt werden. Vgl. Kap. 8.6.2 zur analytischen Bestimmung der optimalen Lösung.

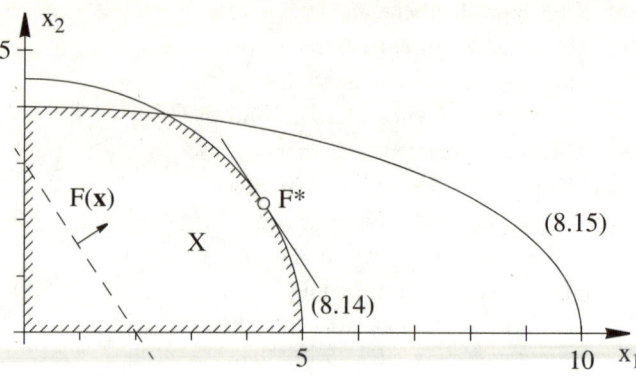

Abb. 8.2: Problem mit nichtlinearen Nebenbedingungen

Weitere Beispiele für nichtlineare Optimierungsprobleme sind:

- Transportprobleme mit nichtlinearen Kostenfunktionen; vgl. Domschke (1997, Kap. 2).
- Losgrößen- oder Bestellmengenprobleme unter Berücksichtigung von Kapazitätsrestriktionen im Fertigungs- oder im Lagerbereich; siehe z.B. Domschke et al. (1997, Kap. 3).

8.2 Grundlagen und Definitionen

Wie bei der linearen Optimierung in Kap. 2 bezeichnen wir die **Menge der zulässigen Lösungen** eines Problems (bzw. Modells) mit X; die **Menge der optimalen Lösungen** analog mit X*. Ist $X = \mathbb{R}^n$, so nennen wir das Problem **unbeschränkt** oder **unrestringiert**.

Während X bei linearen Optimierungsproblemen eine konvexe Menge (in der Regel ein konvexes Polyeder) ist, besitzt X in nichtlinearen Optimierungsproblemen diese Eigenschaft häufig nicht.

Für die folgenden Ausführungen benötigen wir bislang nicht verwendete Begriffe, die sich auf Eigenschaften der Zielfunktion F beziehen.

Definition 8.1: Sei $X \subseteq \mathbb{R}^n$ die Menge der zulässigen Lösungen eines (nichtlinearen) Optimierungsproblems.

a) Ein Punkt $\hat{\mathbf{x}} \in X$ heißt **globale Maximalstelle** der Funktion $F : X \to \mathbb{R}$, falls $F(\mathbf{x}) \leq F(\hat{\mathbf{x}})$ für alle $\mathbf{x} \in X$ gilt. $F(\hat{\mathbf{x}})$ bezeichnet man als **globales Maximum**.

b) Ein Punkt $\bar{\mathbf{x}} \in X$ heißt **lokale Maximalstelle** der Funktion $F : X \to \mathbb{R}$, falls ein $\varepsilon > 0$ existiert, so dass $F(\mathbf{x}) \leq F(\bar{\mathbf{x}})$ für alle $\mathbf{x} \in U_\varepsilon(\bar{\mathbf{x}}) \cap X$, wobei
$U_\varepsilon(\bar{\mathbf{x}}) = \{\mathbf{x} \in \mathbb{R}^n \text{ mit } \|\mathbf{x} - \bar{\mathbf{x}}\| < \varepsilon\}$ die offene ε-Umgebung von $\bar{\mathbf{x}}$ ist.[1]
$F(\bar{\mathbf{x}})$ bezeichnet man als **lokales Maximum**.

---

1    $\|\cdot\|$ bezeichnet eine beliebige Norm im $\mathbb{R}^n$. Wir verwenden im Folgenden stets die so genannte Tschebyscheff- oder Maximum-Norm $\|\mathbf{x}\| = \|\mathbf{x}\|_\infty = \max\{|x_1|, ..., |x_n|\}$. $\|\mathbf{x} - \mathbf{y}\|$ ist ein Maß für den Abstand der Punkte (Vektoren) $\mathbf{x}$ und $\mathbf{y}$ voneinander; vgl. z.B. Opitz (2002, S. 189 ff.).

Bemerkung 8.1: Ein **globales** bzw. **lokales Minimum** lässt sich analog definieren mit $F(\mathbf{x}) \geq F(\hat{\mathbf{x}})$ in a) bzw. $F(\mathbf{x}) \geq F(\bar{\mathbf{x}})$ in b).

Die Bestimmung lokaler und globaler Maxima (bzw. Minima) ist dem Leser zumindest für unrestringierte Probleme mit zweimal stetig differenzierbaren Funktionen F(x) einer Variablen x geläufig.

Satz 8.1: Sci $F : X \rightarrow \mathbb{R}$ eine auf einer offenen Menge $X \subseteq \mathbb{R}$ definierte, zweimal stetig differenzierbare Funktion (einer Veränderlichen x).

a) $F'(\bar{x}) = 0$ ist eine *notwendige* Bedingung dafür, dass F an der Stelle $\bar{x}$ ein lokales Maximum oder Minimum besitzt.

b) $F'(\bar{x}) = 0$ und $F''(\bar{x}) < 0$ (bzw. > 0) ist eine *hinreichende* Bedingung dafür, dass F an der Stelle $\bar{x}$ ein lokales Maximum (bzw. Minimum) besitzt.

Wir erweitern nun die Aussagen von Satz 8.1 auf unrestringierte Probleme mit einer zweimal stetig differenzierbaren Funktion F(**x**) mehrerer Variablen $\mathbf{x} = (x_1,...,x_n)$.[2] Dazu benötigen wir die folgenden Definitionen.

Definition 8.2: Sei $F : X \rightarrow \mathbb{R}$ eine auf einer offenen Menge $X \subseteq \mathbb{R}^n$ definierte, zweimal stetig differenzierbare Funktion.

a) Den Vektor $\nabla F(\mathbf{x}) := \begin{bmatrix} \dfrac{\partial F(\mathbf{x})}{\partial x_1} \\ \vdots \\ \dfrac{\partial F(\mathbf{x})}{\partial x_n} \end{bmatrix}$ der partiellen Ableitungen $\dfrac{\partial F(\mathbf{x})}{\partial x_i}$ an der Stelle $\mathbf{x} \in X$

bezeichnet man als **Gradient** von F; er gibt in jedem Punkt **x** die Richtung des steilsten Anstiegs der Funktion an.

b) Die quadratische Matrix $H(\mathbf{x}) := \begin{bmatrix} \dfrac{\partial F^2(\mathbf{x})}{\partial x_1^2} & \dfrac{\partial F^2(\mathbf{x})}{\partial x_1 \partial x_2} & \cdots & \dfrac{\partial F^2(\mathbf{x})}{\partial x_1 \partial x_n} \\ \dfrac{\partial F^2(\mathbf{x})}{\partial x_2 \partial x_1} & \dfrac{\partial F^2(\mathbf{x})}{\partial x_2^2} & \cdots & \dfrac{\partial F^2(\mathbf{x})}{\partial x_2 \partial x_n} \\ \vdots & \vdots & \vdots & \vdots \\ \dfrac{\partial \Gamma^2(\mathbf{x})}{\partial x_n \partial x_1} & \dfrac{\partial \Gamma^2(\mathbf{x})}{\partial x_n \partial x_2} & \cdots & \dfrac{\partial F^2(\mathbf{x})}{\partial x_n^2} \end{bmatrix}$ der zweiten

partiellen Ableitungen an der Stelle $\mathbf{x} \in X$ nennt man **Hesse-Matrix**.

Wegen $\dfrac{\partial F^2(\mathbf{x})}{\partial x_i \partial x_j} = \dfrac{\partial F^2(\mathbf{x})}{\partial x_j \partial x_i}$ ist die Hesse Matrix symmetrisch.

---

2   In der Regel bezeichnen wir mit **x** einen Spalten- und mit $\mathbf{x}^T$ einen Zeilenvektor. Wir verzichten jedoch auf die Verwendung des Transponierzeichens, sofern dadurch das Verständnis nicht beeinträchtigt wird.

Beispiele:

1) Die Zielfunktion $F(x_1,x_2) = 5x_1 - x_1^2 + 5x_2 - x_2^2$, siehe (8.8), besitzt den Gradienten

$$\nabla F(\mathbf{x}) = \begin{bmatrix} 5 - 2x_1 \\ 5 - 2x_2 \end{bmatrix} \text{ und die Hesse-Matrix } H(\mathbf{x}) = \begin{bmatrix} -2 & 0 \\ 0 & -2 \end{bmatrix}.$$

2) Für die Zielfunktion $F(x_1,x_2) = 5x_1 - x_1^2 + 3x_2 - x_1x_2 - x_2^2$, siehe (8.12), gilt

$$\nabla F(\mathbf{x}) = \begin{bmatrix} 5 - 2x_1 - x_2 \\ 3 - x_1 - 2x_2 \end{bmatrix} \text{ und } H(\mathbf{x}) = \begin{bmatrix} -2 & -1 \\ -1 & -2 \end{bmatrix}.$$

Im Folgenden benötigen wir die Begriffe „positiv semidefinit" und „positiv definit", die wir allgemein für symmetrische Matrizen definieren; vgl. zu den folgenden Ausführungen z.B. Opitz (2002, S. 370 ff.).

Definition 8.3: Eine symmetrische $n \times n$-Matrix C heißt **positiv semidefinit**, wenn $\mathbf{x}^T C \mathbf{x} \geq 0$ für alle $\mathbf{x} \neq \mathbf{0}$ gilt. Im Falle $\mathbf{x}^T C \mathbf{x} > 0$ für alle $\mathbf{x} \neq \mathbf{0}$ heißt sie **positiv definit**.

Die Eigenschaft der positiven (Semi-) Definitheit lässt sich gelegentlich leicht feststellen (z.B. im Falle einer Diagonalmatrix mit ausschließlich positiven Diagonalelementen, d.h. mit $c_{ii} > 0$ und $c_{ij} = 0$ sonst); häufig ist man jedoch zu ihrem Nachweis auf Berechnungen z.B. unter Ausnutzung des folgenden Satzes angewiesen.

Satz 8.2: Eine symmetrische Matrix C ist genau dann positiv semidefinit, wenn alle Eigenwerte[3] von C nichtnegativ sind.

Bemerkung 8.2: Die folgenden Bedingungen sind notwendig, aber noch nicht hinreichend dafür, dass eine symmetrische Matrix C positiv semidefinit ist; siehe hierzu auch Neumann und Morlock (2002, Kap. 4.2.1):

a) Alle Diagonalelemente sind nichtnegativ; d.h. $c_{ii} \geq 0$.

b) Alle Hauptabschnittsdeterminanten (d.h. alle Determinanten von symmetrischen Teilmatrizen aus einem linken oberen Quadrat von C)

$$C_1 = |c_{11}|, \ C_2 = \begin{vmatrix} c_{11} & c_{12} \\ c_{21} & c_{22} \end{vmatrix} = c_{11}c_{22} - c_{12}c_{21}, \ ..., \ C_n = |C| \text{ sind nichtnegativ.}$$

Satz 8.3: Sei $F : X \to \mathbb{R}$ eine zweimal stetig differenzierbare Funktion mehrerer Variablen $\mathbf{x} = (x_1, ..., x_n) \in X$ mit $X \subseteq \mathbb{R}^n$ und offen.

a) $\nabla F(\bar{\mathbf{x}}) = \mathbf{0}$ ist eine *notwendige* Bedingung dafür, dass F an der Stelle $\bar{\mathbf{x}}$ ein lokales Maximum oder Minimum besitzt.

b) $\nabla F(\bar{\mathbf{x}}) = \mathbf{0}$ und $-H(\bar{\mathbf{x}})$ (bzw. $H(\bar{\mathbf{x}})$) positiv definit sind *hinreichende* Bedingungen dafür, dass F an der Stelle $\bar{\mathbf{x}}$ ein lokales Maximum (bzw. Minimum) besitzt.

---

3 Eigenwert einer symmetrischen Matrix C ist jeder Skalar $\lambda \in \mathbb{R}$, für den die Determinante $|C - \lambda I|$ den Wert 0 besitzt. Siehe zur Ermittlung von Eigenwerten einer Matrix z.B. Opitz (2002, S. 353 ff.).

Beispiele:

- Die Funktion $F(x_1, x_2) = 5x_1 - x_1^2 + 5x_2 - x_2^2$ besitzt im Punkt $\bar{x} = (2.5, 2.5)$ ein lokales (und – wie wir mit Hilfe von Satz 8.4 und 8.9 feststellen werden – zugleich globales) Maximum;

  denn es gilt $\nabla F(2.5, 2.5) = \mathbf{0}$ und $-H(\mathbf{x}) = \begin{bmatrix} 2 & 0 \\ 0 & 2 \end{bmatrix}$ ist für alle $\mathbf{x} \in X$ positiv definit.

- Die Funktion $F(x_1, x_2) = 5x_1 - x_1^2 + 3x_2 - x_1 x_2 - x_2^2$ besitzt im Punkt $\bar{x} = (7/3, 1/3)$ ein lokales und zugleich globales Maximum;

  denn es gilt $\nabla F(7/3, 1/3) = \mathbf{0}$ und $-H(\mathbf{x}) = \begin{bmatrix} 2 & 1 \\ 1 & 2 \end{bmatrix}$ ist für alle $\mathbf{x} \in X$ positiv definit.

Bemerkung 8.3: Auch für die zweite Funktion ließe sich die Aussage durch Satz 8.4 und 8.9 belegen. Sie folgt aber für beide Funktionen ebenso aus der Tatsache, dass der Gradient nur an der angegebenen Stelle den Wert 0 annimmt und es sich aufgrund der Hessematrix um eine Maximalstelle handelt. Beide Funktionen sind gemäß Def. 8.4 *konkav*.

Definition 8.4:

a) Eine über einer konvexen Menge X definierte Funktion F heißt **konkav**, wenn für je zwei Punkte $\mathbf{x}_1 \in X$ und $\mathbf{x}_2 \in X$ sowie für alle $\mathbf{x} = \lambda \mathbf{x}_1 + (1-\lambda)\mathbf{x}_2$ mit $0 < \lambda < 1$ gilt:

$$F(\mathbf{x}) \geq \lambda F(\mathbf{x}_1) + (1-\lambda)F(\mathbf{x}_2)$$

  Sie heißt **streng konkav**, wenn gilt: $F(\mathbf{x}) > \lambda F(\mathbf{x}_1) + (1-\lambda)F(\mathbf{x}_2)$

  Sie heißt **quasikonkav**, wenn gilt: $F(\mathbf{x}) \geq \min\{F(\mathbf{x}_1), F(\mathbf{x}_2)\}$

b) Eine über einer konvexen Menge X definierte Funktion F heißt **konvex**, wenn für je zwei Punkte $\mathbf{x}_1 \in X$ und $\mathbf{x}_2 \in X$ sowie für alle $\mathbf{x} = \lambda \mathbf{x}_1 + (1-\lambda)\mathbf{x}_2$ mit $0 < \lambda < 1$ gilt:

$$F(\mathbf{x}) \leq \lambda F(\mathbf{x}_1) + (1-\lambda)F(\mathbf{x}_2)$$

  Sie heißt **streng konvex**, wenn gilt: $F(\mathbf{x}) < \lambda F(\mathbf{x}_1) + (1-\lambda)F(\mathbf{x}_2)$

  Sie heißt **quasikonvex**, wenn gilt: $F(\mathbf{x}) \leq \max\{F(\mathbf{x}_1), F(\mathbf{x}_2)\}$

Beispiele: Die Abbildungen 8.3 bis 8.6 sollen die Begriffe grafisch veranschaulichen:

Die Funktion F in Abb. 8.3 hat auf $X = \mathbb{R}$ zwei lokale Maximalstellen in $x = a$ und $x = b$, wobei sich in b zugleich ein globales Maximum befindet. Die Funktion ist auf X weder konkav noch konvex sowie weder quasikonkav noch quasikonvex. Beschränkt auf das Intervall $[a, b]$ ist die Funktion quasikonvex.

Die Funktion F in Abb. 8.4 hat auf X eine lokale Minimalstelle in $x = a$ und eine lokale Maximalstelle in $x = b$, die beide (gemäß Satz 8.4) zugleich globale Extrema sind. F ist eine streng konkave Funktion.

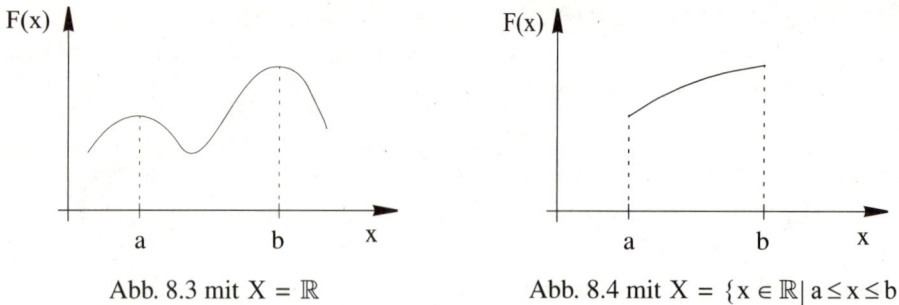

Abb. 8.3 mit $X = \mathbb{R}$ Abb. 8.4 mit $X = \{x \in \mathbb{R} \mid a \leq x \leq b\}$

In Abb. 8.5 ist eine quasikonkave (weder konvexe, noch konkave) Funktion F mit einem lokalen und globalen Maximum an der Stelle a dargestellt. Abb. 8.6 zeigt eine konkave Funktion $F(x_1, x_2)$ zweier Variablen mit einem globalen Maximum an der Stelle (a,b).

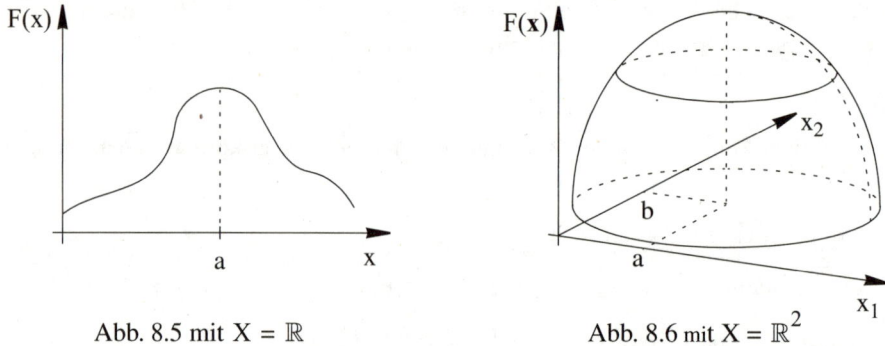

Abb. 8.5 mit $X = \mathbb{R}$ Abb. 8.6 mit $X = \mathbb{R}^2$

Der folgende Satz lässt sich leicht beweisen.

Satz 8.4: Sei $F : X \rightarrow \mathbb{R}$ eine auf einer konvexen Menge $X \subseteq \mathbb{R}^n$ definierte konkave Funktion.

a) Ein lokales Maximum $F(\hat{x})$ ist zugleich globales Maximum von F auf X.

b) Ist F zweimal stetig differenzierbar (und X eine offene Menge), so stellt $\nabla F(\bar{x}) = \mathbf{0}$ eine *notwendige* und zugleich *hinreichende* Bedingung für ein globales Maximum dar. Analoges gilt für Funktionen mit einer Variablen x bezüglich F'(x); siehe auch die Sätze 8.1 und 8.3.

Der Satz 8.4 ist deshalb von großer Bedeutung, weil wir bei jedem die Voraussetzungen des Satzes erfüllenden Maximierungsproblem sicher sein können, dass wir mit Methoden, die lokale Maxima approximieren oder exakt berechnen, zugleich Verfahren haben, die die globalen Maxima auffinden.

Bemerkung 8.4: In der Literatur ist es üblich, von **konvexer Optimierung** zu sprechen, wenn ein Problem mit konvexer Zielfunktion F zu minimieren oder ein Problem mit konkaver Zielfunktion zu maximieren ist. Die Menge X der zulässigen Lösungen wird dabei jeweils als konvex vorausgesetzt.

8.3 Optimierungsprobleme ohne Nebenbedingungen

Die Behandlung von unrestringierten Optimierungsproblemen verdient deshalb einen hohen Stellenwert, weil diese in vielen Verfahren zur Lösung komplexerer Probleme als Teilprobleme auftreten. Im vorigen Kapitel haben wir Sätze und Vorgehensweisen zur Lösung unrestringierter Probleme bei zweimal stetig differenzierbaren Funktionen formuliert; aus zwei Gründen sollen im Folgenden weitere Lösungsmöglichkeiten dafür behandelt werden:

1) Es ist nicht in jedem Falle leicht, die Nullstellen einer Ableitung F'(x) oder eines Gradienten $\nabla F(\mathbf{x})$ analytisch zu berechnen (z.B. Nullstellen eines Polynoms vom Grade ≥ 3).

2) In ökonomischen Anwendungen treten häufig nicht differenzierbare Funktionen auf.

Es ist daher oft unumgänglich, sich numerischer Iterationsverfahren zu bedienen. Diese berechnen sukzessive Punkte $\mathbf{x}$, die unter gewissen Voraussetzungen gegen eine Maximal- oder Minimalstelle der Funktion F konvergieren.

Die hierfür verfügbaren Verfahren lassen sich grob unterteilen in

a) solche, die bei der Suche *keine* Ableitungen bzw. Gradienten benutzen, und

b) solche, die bei der Suche Ableitungen F'(x) bzw. Gradienten $\nabla F(\mathbf{x})$ verwenden und daher die Differenzierbarkeit der Zielfunktion F voraussetzen.

Im Folgenden betrachten wir zunächst unrestringierte Probleme mit einer, danach mit n Variablen. Wir nennen numerische Iterationsverfahren der beiden Gruppen, geben Literaturhinweise und schildern beispielhaft jeweils ein Verfahren.

8.3.1 Probleme mit einer Variablen

Zu lösen sei das nichtlineare Optimierungsproblem: Maximiere F(x) mit $x \in \mathbb{R}$

Zur oben genannten Gruppe a) von numerischen Iterationsverfahren zur Lösung eines solchen Problems zählen die unten beschriebene Methode des goldenen Schnittes und das Fibonacci-Verfahren, zur Gruppe b) gehören das binäre Suchverfahren sowie das Newton-Verfahren (siehe Aufg. 8.6 in Domschke et al. (2005)) und das Sekanten-Verfahren. Beschreibungen findet man in Bazaraa et al. (1993, S. 265 ff.), Geiger und Kanzow (1999) und Borgwardt (2001, Kap. 16); siehe auch Krabs (1983, S. 41 ff.) sowie Eiselt et al. (1987, S. 513 ff.).

Wir beschreiben nun die *Methode des goldenen Schnittes*.[4] Dabei setzen wir voraus, dass F eine konkave Funktion ist. Wegen Satz 8.4 können wir dadurch sicher sein, dass jedes lokale Maximum zugleich ein globales Maximum ist. Die in Kap. 8.2 vorausgesetzte Differenzierbarkeit muss hier nicht gegeben sein.

Ausgegangen wird von einem Intervall $[a_1, b_1]$, in dem sich eine globale Maximalstelle $\hat{x}$ befinden muss. Von Iteration zu Iteration wird das Intervall verkleinert, so dass man sich auf einen beliebig kleinen Abstand einer Maximalstelle der Funktion nähern kann.

---

4   Siehe zum goldenen Schnitt auch unsere Ausführungen im Anhang, Kapitel 8.8.

Von einem Ausgangsintervall der Länge Δ wird stets ein (kleinerer) Teil δ abgeschnitten, so dass sich δ zum Rest ($\Delta - \delta$) ebenso verhält wie ($\Delta - \delta$) zum Gesamtintervall Δ:

$$\frac{\delta}{\Delta - \delta} = \frac{\Delta - \delta}{\Delta}$$

Diese Gleichung ist nur für $\delta \approx 0.382\Delta$ bzw. $\Delta - \delta = 0.618\Delta$ erfüllt.

$$\boxed{\text{Methode des goldenen Schnittes}}$$

Voraussetzung: Eine konkave Funktion $F : \mathbb{R} \to \mathbb{R}$; ferner ein Anfangsintervall $[a_1, b_1]$ der Länge $\Delta = b_1 - a_1$, in dem die (bzw. eine) Maximalstelle von F liegt; ein Parameter $\varepsilon > 0$ als Abbruchschranke und ein Faktor $\delta := 0.382$.

Start: Berechne $\lambda_1 := a_1 + \delta(b_1 - a_1)$ und $\mu_1 := a_1 + (1-\delta)(b_1 - a_1)$ sowie $F(\lambda_1)$ und $F(\mu_1)$.

Iteration k (= 1, 2, ...):

Schritt 1: Falls $b_k - a_k < \varepsilon$, Abbruch des Verfahrens;

Schritt 2:

a) Falls $F(\lambda_k) < F(\mu_k)$, setze $a_{k+1} := \lambda_k$; $b_{k+1} := b_k$; $\lambda_{k+1} := \mu_k$;

   $\mu_{k+1} := a_{k+1} + (1-\delta)(b_{k+1} - a_{k+1})$; $F(\lambda_{k+1}) := F(\mu_k)$ und berechne $F(\mu_{k+1})$.

b) Falls $F(\lambda_k) \geq F(\mu_k)$, setze $a_{k+1} := a_k$; $b_{k+1} := \mu_k$; $\mu_{k+1} := \lambda_k$;

   $\lambda_{k+1} := a_{k+1} + \delta(b_{k+1} - a_{k+1})$; $F(\mu_{k+1}) := F(\lambda_k)$ und berechne $F(\lambda_{k+1})$.

Gehe zur nächsten Iteration.

Ergebnis: Die (bzw. eine) Maximalstelle $\hat{x}$ liegt im Intervall $[a_k, b_k]$; man verwende den größten bekannten Wert aus diesem Intervall als Näherung für das Maximum.

$$* \ * \ * \ * \ *$$

Der Übergang von einem Intervall $[a_k, b_k]$ zu einem Intervall $[a_{k+1}, b_{k+1}]$ soll grafisch anhand von Abb. 8.7 veranschaulicht werden.

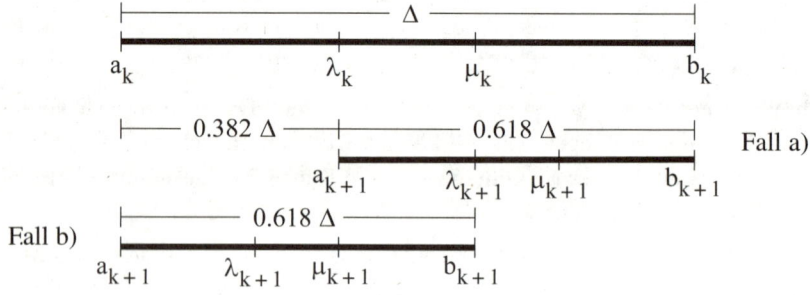

Abb. 8.7: Methode des goldenen Schnittes

Abgetrennt wird jeweils derjenige Teil eines Intervalls, der links bzw. rechts des Punktes λ_k bzw. μ_k mit dem kleineren der beiden Funktionswerte liegt. Würde sich dort ein globales Maximum befinden, so müsste die Funktion – im Widerspruch zur Annahme der Konkavität –

mindestens ein lokales oder globales Minimum besitzen, im abgetrennten Bereich also wieder
ansteigen.

Ein Rechenbeispiel enthält Aufg. 8.6 des Übungsbuches Domschke et al. (2005). Darüber
hinaus wird in dieser Aufgabe das Newton-Verfahren beschrieben und angewendet.

8.3.2 Probleme mit mehreren Variablen

Wir betrachten nun das nichtlineare Optimierungsproblem: Maximiere $F(\mathbf{x})$ mit $\mathbf{x} \in \mathbb{R}^n$

Auch die Verfahren zur Lösung von Problemen mit mehreren Variablen lassen sich in solche
mit und ohne Verwendung von Ableitungen (hier Gradienten) unterteilen; siehe z.B. Eiselt et
al. (1987, S. 536).

Aus der Vielzahl verfügbarer Methoden, die die Differenzierbarkeit der Zielfunktion voraussetzen und verwenden (siehe u.a. Borgwardt (2001, Kap. 17)), beschreiben wir im Folgenden
eine Grundversion, die als **Methode des steilsten Anstiegs** oder als **Gradientenverfahren**
schlechthin bezeichnet wird. Dafür ist es hilfreich, beispielhaft ein Optimierungsproblem
grafisch darzustellen und dabei auf die Bedeutung des Gradienten einzugehen.

Wenn man eine stetige Funktion $F : \mathbb{R}^2 \to \mathbb{R}$ grafisch darstellt, so erhält man eine „Landschaft
mit Bergen und Tälern"; siehe Abb. 8.8.

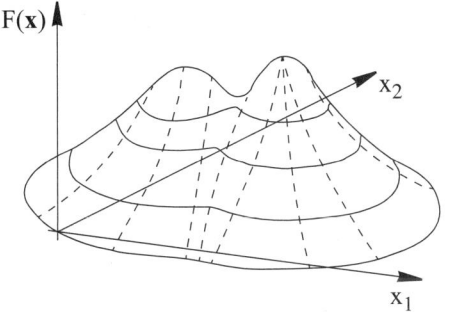

Abb. 8.8: Mehrgipflige Funktion

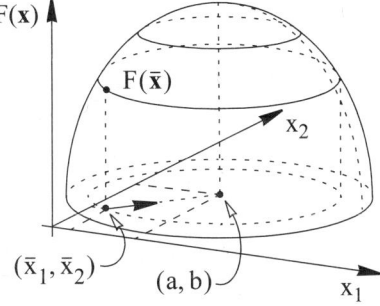

Abb. 8.9: Eingipflige Funktion

Bei einer (streng) konkaven Funktion erhält man einen „eingipfligen Berg". Die in Abb. 8.9
dargestellte Funktion nimmt im Punkt $(x_1, x_2) = (a, b)$ ihr absolutes Maximum an. Die Abbildung enthält darüber hinaus in der dritten Dimension konzentrische Kreise als Linien
gleicher Zielfunktionswerte (Höhenlinien der Zielfunktion). Eine dieser Höhenlinien ist
zudem in die (x_1, x_2)-Ebene projiziert.

Der Gradient $\nabla F(\bar{\mathbf{x}})$ ist nun ein Vektor in der (x_1, x_2)-Ebene, der in die *Richtung des steilsten
Anstiegs* der Funktion F im Punkt $\bar{\mathbf{x}}$ zeigt und dessen „Länge" ein Maß für die Stärke des
Anstiegs ist. Im Falle der Funktion in Abb. 8.9 zeigt jeder Gradient in Richtung der Maximalstelle, so dass man von jedem Punkt aus, dem Gradienten folgend, unmittelbar zum Maximum
gelangt. Im Allg. sind jedoch Richtungsänderungen nötig. Es empfiehlt sich, jeweils so lange
in Richtung des Gradienten zu gehen, bis in der durch ihn vorgegebenen Richtung kein Anstieg
mehr möglich ist. Genauso arbeitet das Gradientenverfahren. Um den in der Richtung des

Gradienten von $\bar{x}$ aus erreichbaren, bezüglich F höchstmöglichen Punkt zu bestimmen, löst man das eindimensionale Teilproblem

Maximiere $H(\lambda) = F(\bar{x} + \lambda \cdot \nabla F(\bar{x}))$ mit $\lambda \geq 0$.

λ stellt ein Maß für die zurückzulegende Strecke dar. Man bezeichnet λ auch als *Schrittweite* und demzufolge eine Regel, nach der λ zu bestimmen ist, als Schrittweitenregel. Wir verwenden im Folgenden die Maximierungsregel. Eine Diskussion verschiedener Schrittweitenregeln findet man z.B. in Kosmol (1989, S. 83 ff.) oder Alt (2002, S. 86 ff.).

Ein Gradientenverfahren lässt sich nun wie folgt algorithmisch beschreiben.

$$\boxed{\text{Gradientenverfahren}}$$

Voraussetzung: Eine stetig differenzierbare, konkave Funktion $F : \mathbb{R}^n \to \mathbb{R}$; ein Parameter $\varepsilon > 0$ als Abbruchschranke.

Start: Wähle einen (zulässigen) Punkt $x^{(0)} \in \mathbb{R}^n$.

Iteration k (= 0, 1, ...):

Schritt 1: Berechne den Gradienten $\nabla F(x^{(k)})$.

Falls $\|\nabla F(x^{(k)})\| < \varepsilon$, Abbruch des Verfahrens.

Schritt 2: Berechne dasjenige λ^*, für das $H(\lambda) := F(x^{(k)} + \lambda \cdot \nabla F(x^{(k)}))$ mit $\lambda \geq 0$ maximal ist;

setze $x^{(k+1)} := x^{(k)} + \lambda^* \cdot \nabla F(x^{(k)})$ und gehe zur Iteration k + 1;

Ergebnis: Falls bei Abbruch gilt:

a) $\nabla F(x^{(k)}) = 0$, so ist $x^{(k)}$ eine Maximalstelle von F;

b) $\|\nabla F(x^{(k)})\| < \varepsilon$, aber $\nabla F(x^{(k)}) \neq 0$, so ist $x^{(k)}$ Näherung für eine Maximalstelle von F.

$$* \; * \; * \; * \; *$$

Bemerkung 8.5: Eine Alternative zum oben verwendeten Abbruchkriterium ist:

Abbruch, falls $\|x^{(k+1)} - x^{(k)}\| < \varepsilon$ gilt.

λ^* kann mit einem Verfahren der eindimensionalen, unrestringierten Optimierung ermittelt werden (in einfachen Fällen durch Differenzieren von H, ansonsten z.B. mit Hilfe der Methode des goldenen Schnittes); vgl. Kap. 8.3.1.

Beispiel: Wir gehen von Beispiel 2 in Kap. 8.1.2 aus und lösen dieses Problem ohne Nebenbedingungen. Wir betrachten also die Funktion (8.12):

Maximiere $F(x_1, x_2) = 5x_1 - x_1^2 + 3x_2 - x_1 x_2 - x_2^2$

Die partiellen Ableitungen von F sind $\dfrac{\partial F}{\partial x_1} = 5 - 2x_1 - x_2$ und $\dfrac{\partial F}{\partial x_2} = 3 - x_1 - 2x_2$.

Starten wir im Punkt $\mathbf{x}^{(0)} = (0,0)$ mit $F(\mathbf{x}^{(0)}) = 0$, so ergibt sich der im Folgenden wiedergegebene Lösungsgang.

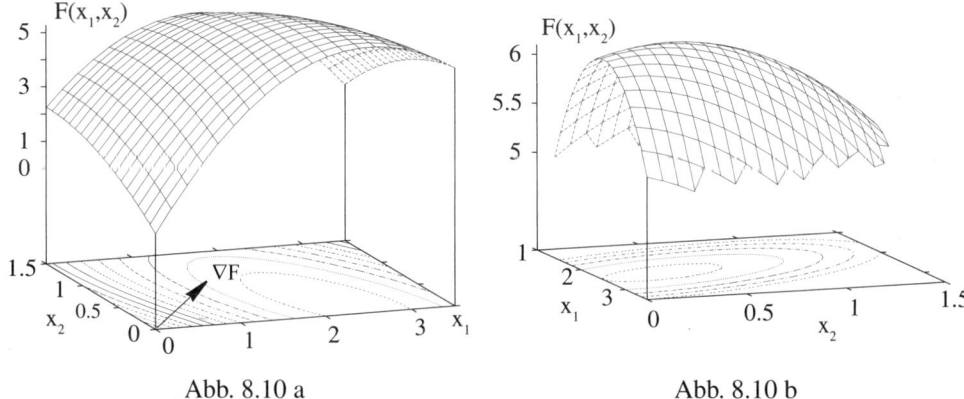

Abb. 8.10 a   Abb. 8.10 b

Iteration 1: Es ist $\nabla F(\mathbf{x}^{(0)}) = (\dfrac{\partial F(0,0)}{\partial x_1}, \dfrac{\partial F(0,0)}{\partial x_2}) = (5,3)$.

$H(\lambda) = F((0,0) + \lambda \cdot (5,3)) = 34\lambda - 49\lambda^2$

Die Funktion H besitzt eine Maximalstelle in $\lambda^* = 0.3469$; damit gelangen wir zum Punkt $\mathbf{x}^{(1)} = (1.7347, 1.0408)$ mit $F(\mathbf{x}^{(1)}) = 5.8980$.

Aus Abb. 8.10 a wird ersichtlich, dass im Punkt $\mathbf{x}^{(0)} = (0,0)$ der steilste Anstieg nicht in Richtung des globalen Maximums erfolgt. Dessen Lage erkennt man besser anhand von Abb. 8.10 b und der in beiden Darstellungen in die Ebene projizierten Höhenlinien der Zielfunktion.

Iteration 2: Nun gilt $\dfrac{\partial F(\mathbf{x}^{(1)})}{\partial x_1} = 0.4898$ und $\dfrac{\partial F(\mathbf{x}^{(1)})}{\partial x_2} = -0.8163$.

$H(\lambda) = F((1.7347, 1.0408) + \lambda (0.4898, -0.8163))$.

Die Funktion H besitzt eine Maximalstelle in $\lambda^* = 0.8947$; damit gelangen wir zum Punkt $\mathbf{x}^{(2)} = (2.1729, 0.3104)$ mit $F(\mathbf{x}^{(2)}) = 6.3034$.

Iteration 3: Es gilt $\dfrac{\partial F(\mathbf{x}^{(2)})}{\partial x_1} = 0.3437$ und $\dfrac{\partial F(\mathbf{x}^{(2)})}{\partial x_2} = 0.2062$.

Bei Wahl des Parameters $\varepsilon = 0.0001$ bricht das Verfahren nach 9 Iterationen mit der Lösung $\mathbf{x} = (7/3, 1/3)$ und dem Zielfunktionswert $F(\mathbf{x}) = 19/3$ ab. Da $\mathbf{x} = (7/3, 1/3)$ bezüglich des Nebenbedingungssystems (8.9) – (8.11) zulässig ist, handelt es sich zugleich um die optimale Lösung von Beispiel 2.

Bemerkung 8.6: Seien $\mathbf{x}^{(0)}$, $\mathbf{x}^{(1)}$,..., $\mathbf{x}^{(n)}$ der zu Beginn vorgegebene bzw. die sukzessive vom Gradientenverfahren ermittelten Punkte. Dann gilt $\nabla F(\mathbf{x}^{(k)})^T \cdot \nabla F(\mathbf{x}^{(k+1)}) = 0$ für $k = 0,...,n-1$. Das heißt, die Gradienten aufeinander folgender Iterationen stehen aufeinander senkrecht; siehe auch obiges Beispiel.

Bemerkung 8.7: Das Gradientenverfahren lässt sich modifizieren für die Minimierung einer konvexen Zielfunktion, indem man lediglich die Formel zur Berechnung von $\mathbf{x}^{(k+1)}$ durch $\mathbf{x}^{(k+1)} := \mathbf{x}^{(k)} - \lambda^* \cdot \nabla F(\mathbf{x}^{(k)})$ ersetzt. Ausgehend vom Punkt $\mathbf{x}^{(k)}$, ist $-\nabla F(\mathbf{x}^{(k)})$ die *Richtung des steilsten Abstiegs*. Vgl. hierzu sowie zu einer Reihe von Rechenbeispielen Alt (2002, S. 97 ff.).

8.4 Allgemeine restringierte Optimierungsprobleme

Bisher haben wir nur unrestringierte nichtlineare Optimierungsprobleme betrachtet. In praktischen Anwendungen sind jedoch häufig Nebenbedingungen unterschiedlicher Art zu berücksichtigen.

Auch an dieser Stelle wollen wir primär von **Maximierungsproblemen** ausgehen. Wir beginnen unsere Ausführungen mit Sätzen zur Charakterisierung von Maximalstellen und skizzieren in Kap. 8.4.2 einige allgemeine Lösungsprinzipien für restringierte Probleme.

8.4.1 Charakterisierung von Maximalstellen

Gegeben sei das allgemeine restringierte nichtlineare Problem (8.4) – (8.6) aus Kap. 8.1.1:

$$\text{Maximiere } F(\mathbf{x}) \tag{8.17}$$

unter den Nebenbedingungen

$$g_i(\mathbf{x}) \leq 0 \qquad\qquad \text{für } i = 1,...,m \tag{8.18}$$

$$x_j \geq 0 \qquad\qquad \text{für } j = 1,...,n \tag{8.19}$$

Wir wollen notwendige und hinreichende Bedingungen für Lösungen eines derartigen Problems formulieren. Dazu definieren wir zunächst die Begriffe „Lagrange-Funktion" und „Sattelpunkt" einer Funktion.

Definition 8.5: Gegeben sei ein Problem der Form (8.17) – (8.19).
Die Funktion $L : \mathbb{R}_+^{n+m} \to \mathbb{R}$ mit $L(\mathbf{x},\mathbf{u}) = F(\mathbf{x}) - \mathbf{u}^T g(\mathbf{x})$, wobei $\mathbf{x} \in \mathbb{R}_+^n$ und $\mathbf{u} \in \mathbb{R}_+^m$, bezeichnet man als Lagrange-Funktion des Problems.
Die zusätzlichen (neuen) Variablen $u_1,...,u_m$ nennt man **Lagrange-Multiplikatoren**.

Bemerkung 8.8: Die Bildung einer Lagrange-Relaxation eines ganzzahligen linearen Optimierungsproblems erfolgte in Kap. 6.6.2.1 ganz analog. Ein nichtnegativer Lagrange-Multiplikator u_i lässt sich als Strafkostensatz für jede Einheit interpretieren, um die $g_i(\mathbf{x})$ den Wert 0 übersteigt.

Definition 8.6: Ein Vektor $(\hat{\mathbf{x}}, \hat{\mathbf{u}})$ des $\mathbb{R}_+^{n+m}$ wird **Sattelpunkt** einer Funktion $L(\mathbf{x},\mathbf{u})$ genannt, wenn für alle $\mathbf{x} \in \mathbb{R}_+^n$ und $\mathbf{u} \in \mathbb{R}_+^m$ gilt: $L(\mathbf{x}, \hat{\mathbf{u}}) \leq L(\hat{\mathbf{x}}, \hat{\mathbf{u}}) \leq L(\hat{\mathbf{x}}, \mathbf{u})$

Def. 8.6 wird in Abb. 8.11 (anschaulich, aber wegen fehlender Parallelität von Achsen und Iso-u- bzw. -x-Linien mathematisch nicht ganz präzise) grafisch dargestellt. Wie aus der Abbildung für $n = m = 1$ zu erkennen ist, so gilt auch allgemein:

a) $\hat{\mathbf{x}}$ ist globales Maximum der Funktion $L(\mathbf{x}, \hat{\mathbf{u}})$ mit $\mathbf{x} \in \mathbb{R}_+^n$ für festes $\hat{\mathbf{u}} \geq 0$.

b) $\hat{\mathbf{u}}$ ist globales Minimum der Funktion $L(\hat{\mathbf{x}}, \mathbf{u})$ mit $\mathbf{u} \in \mathbb{R}_+^m$ für festes $\hat{\mathbf{x}} \geq 0$.

Ausgehend von obigen Definitionen (vgl. auch den Begriff *Sattelpunkt eines Spiels* in Kap. 2.8), geben wir im Folgenden einige notwendige und hinreichende Bedingungen an, die eine Maximalstelle von (8.17) – (8.19) charakterisieren. Die zugehörigen Beweise sowie weitere Erläuterungen findet man z.B. in Krabs (1983, S. 131 ff.), Minoux (1986, S. 142 ff.), Eiselt et al. (1987, S. 537 ff.), Ecker und Kupferschmid (1988, S. 272 ff.) oder Kistner (2003, Kap. 4).

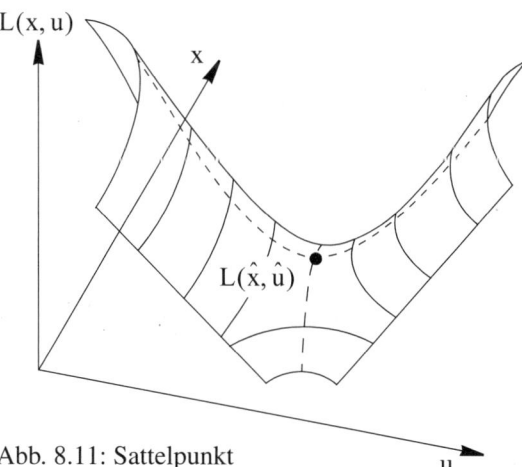

Abb. 8.11: Sattelpunkt

Satz 8.5 (*Sattelpunktsatz*):

   $(\hat{\mathbf{x}}, \hat{\mathbf{u}})$ ist Sattelpunkt von $L(\mathbf{x},\mathbf{u})$ $\Rightarrow$ $\hat{\mathbf{x}}$ ist Maximalstelle von (8.17) – (8.19).

Der Sattelpunktsatz liefert also eine hinreichende Bedingung für ein globales Maximum der Funktion F eines Problems (8.17) – (8.19). Der Nachweis der Ungleichungskette in Def. 8.6 ist jedoch i.Allg. schwierig. Deshalb wollen wir weitere Optimalitätskriterien angeben, die die Identifikation von Sattelpunkten der Lagrange-Funktion L und damit von Maximalstellen der Funktion F ermöglichen.

Satz 8.6 (*zur Charakterisierung eines Sattelpunktes*):

   $(\hat{\mathbf{x}}, \hat{\mathbf{u}})$ ist Sattelpunkt von $L(\mathbf{x},\mathbf{u})$ $\Leftrightarrow$ a) $\hat{\mathbf{x}}$ maximiert $L(\mathbf{x}, \hat{\mathbf{u}})$ bezüglich $\mathbf{x} \in \mathbb{R}_+^n$

   b) $\hat{\mathbf{u}}^T \mathbf{g}(\hat{\mathbf{x}}) = 0$

   c) $\mathbf{g}(\hat{\mathbf{x}}) \leq 0$

Die Bedingungen a) bis c) stellen hinreichende Optimalitätsbedingungen dar. b) ist dabei eine Verallgemeinerung des Satzes 2.6 vom komplementären Schlupf und c) sichert die Zulässigkeit von $\hat{\mathbf{x}}$ bezüglich des Nebenbedingungssystems.

Ferner sei darauf hingewiesen, dass die Sätze 8.5 und 8.6 ohne besondere Voraussetzungen an die Funktionen F und g_i gelten. Im Folgenden gehen wir jedoch von einer konkaven Zielfunktion F und konvexen Nebenbedingungen g_i aus. Wir definieren zunächst:

Definition 8.7: Gegeben sei ein Problem (8.17) – (8.19). Die Forderung

   „es existiert ein $\mathbf{x} > 0$ mit $\mathbf{g}(\mathbf{x}) < 0$" bezeichnet man als **Slater-Bedingung**.

Sie fordert, dass die Menge der zulässigen Lösungen mindestens einen inneren Punkt besitzt.

Satz 8.7: Gegeben sei ein Problem (8.17) – (8.19) mit konkaver Funktion F und konvexen Nebenbedingungen g_i, für das die Slater-Bedingung erfüllt ist. Dann gilt:

$\hat{\mathbf{x}}$ ist Maximalstelle von F $\quad\Rightarrow\quad$ es gibt ein $\hat{\mathbf{u}} \geq \mathbf{0}$ so, dass $(\hat{\mathbf{x}}, \hat{\mathbf{u}})$ Sattelpunkt von L ist.

Bemerkung 8.9: Für Maximierungsprobleme (8.17) – (8.19) mit konkaver Zielfunktion F und konvexen Nebenbedingungen g_i, für die zudem die Slater-Bedingung erfüllt ist, folgt aus den Sätzen 8.5 und 8.7:

Hat man einen Sattelpunkt $(\hat{\mathbf{x}}, \hat{\mathbf{u}})$ von L, so ist $\hat{\mathbf{x}}$ Maximalstelle von F,   *und*

zu jeder Maximalstelle $\hat{\mathbf{x}}$ von F gibt es einen Sattelpunkt $(\hat{\mathbf{x}}, \hat{\mathbf{u}})$ von L.

Die bislang gegebenen Charakterisierungen von Maximalstellen sind i.Allg. sehr unhandlich. Falls die Funktionen F und g_i *stetig differenzierbar* sind, geben die folgenden Karush-Kuhn-Tucker-Bedingungen[5] einfacher zu verifizierende Optimalitätskriterien an.

Satz 8.8 (Karush-Kuhn-Tucker-Theorem): Gegeben sei ein Problem (8.17) – (8.19) mit stetig differenzierbaren Funktionen F und g_i für i = 1,...,m.

a) Bezeichnen wir die ersten partiellen Ableitungen von L($\mathbf{x},\mathbf{u}$) nach $\mathbf{x}$ mit L_x und die nach $\mathbf{u}$ mit L_u, so sind die folgenden *Karush-Kuhn-Tucker-Bedingungen* (abgekürzt KKT-Bedingungen) notwendig dafür, dass $(\hat{\mathbf{x}}, \hat{\mathbf{u}})$ ein Sattelpunkt der Lagrange-Funktion L ist:

1. $L_x(\hat{\mathbf{x}}, \hat{\mathbf{u}}) \leq \mathbf{0}$ also $\dfrac{\partial F(\hat{\mathbf{x}})}{\partial x_j} - \displaystyle\sum_{i=1}^{m} \hat{u}_i \dfrac{\partial g_i(\hat{\mathbf{x}})}{\partial x_j} \leq 0$ für j = 1,...,n

2. $\hat{\mathbf{x}}^T \cdot L_x(\hat{\mathbf{x}}, \hat{\mathbf{u}}) = 0$ also $\displaystyle\sum_{j=1}^{n} \hat{x}_j \cdot \left(\dfrac{\partial F(\hat{\mathbf{x}})}{\partial x_j} - \sum_{i=1}^{m} \hat{u}_i \dfrac{\partial g_i(\hat{\mathbf{x}})}{\partial x_j} \right) = 0$

3. $L_u(\hat{\mathbf{x}}, \hat{\mathbf{u}}) \geq \mathbf{0}$ also $g_i(\hat{\mathbf{x}}) \leq 0$ für i = 1,...,m

4. $\hat{\mathbf{u}}^T \cdot L_u(\hat{\mathbf{x}}, \hat{\mathbf{u}}) = 0$ also $\displaystyle\sum_{i=1}^{m} \hat{u}_i \cdot g_i(\hat{\mathbf{x}}) = 0$

5. $\hat{\mathbf{x}} \geq \mathbf{0}$ also $\hat{x}_j \geq 0$ für j = 1,...,n

6. $\hat{\mathbf{u}} \geq \mathbf{0}$ also $\hat{u}_i \geq 0$ für i = 1,...,m

b) Falls über obige Annahmen hinaus die Zielfunktion F konkav ist, alle g_i konvex sind und die Slater-Bedingung erfüllt ist, sind die KKT-Bedingungen *notwendig und hinreichend* dafür, dass sich in $\hat{\mathbf{x}}$ ein globales Maximum von (8.17) – (8.19) befindet.

Zum Beweis des Satzes siehe z.B. Horst (1979, S. 173).

Bemerkung 8.10: Da in 2. wegen 1. und 5. nur nichtpositive Summanden zu null addiert werden sollen, muss auch jeder einzelne Summand gleich null sein; 2. ist somit ersetzbar durch:

$$2'. \quad \hat{x}_j \cdot \left(\frac{\partial F(\hat{x})}{\partial x_j} - \sum_{i=1}^{m} \hat{u}_i \frac{\partial g_i(\hat{x})}{\partial x_j} \right) = 0 \qquad \text{für } j = 1,...,n$$

Analog lässt sich 4. wegen 3. und 6. ersetzen durch:

$$4'. \quad \hat{u}_i \cdot g_i(\hat{x}) = 0 \qquad \text{für } i = 1,...,m$$

Im allgemeinen Fall liefern die KKT-Bedingungen nur Punkte, die als Kandidaten für eine Maximalstelle in Frage kommen. Es bleibt dann (z.B. durch Berechnung der zugehörigen Zielfunktionswerte) nachzuprüfen, in welchem der möglichen Punkte ein globales Maximum angenommen wird.

Nur im Falle einer konkaven Zielfunktion bei konvexen Nebenbedingungen sind die globalen Optima genau die Punkte $\hat{x}$, für die nichtnegative $\hat{u}$ existieren, so dass $(\hat{x}, \hat{u})$ die KKT-Bedingungen erfüllt. Man vergleiche dazu das folgende Beispiel.

Beispiel: Wir wollen das Beispiel 1 aus Kap. 8.1.2 mit Hilfe einiger Überlegungen und durch Verwendung der KKT-Bedingungen (nicht aber durch Anwendung eines speziellen numerischen Verfahrens) lösen. Das Problem lautet:

$$\text{Maximiere } F(x_1, x_2) = 5x_1 - x_1^2 + 5x_2 - x_2^2 \qquad (8.8)$$

unter den Nebenbedingungen

$$[g_1(x) :=] \qquad x_1 + 2x_2 - 8 \leq 0 \qquad (8.9)$$

$$[g_2(x) :=] \qquad 3x_1 + x_2 - 9 \leq 0 \qquad (8.10)$$

$$x_1, x_2 \geq 0 \qquad (8.11)$$

Es handelt sich um ein Problem mit konkaver Zielfunktion; vgl. Kap. 8.5. Die Nebenbedingungen sind konvex. Die Menge X der zulässigen Lösungen ist ein konvexes Polyeder; es besitzt innere Punkte, so dass die Slater-Bedingung erfüllt ist. F und die g_i lassen sich stetig differenzieren. Daher sind die KKT-Bedingungen für dieses Problem notwendig und hinreichend für ein globales Optimum.

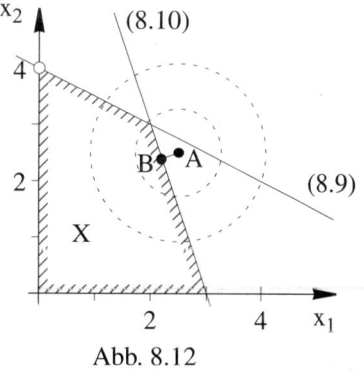

Abb. 8.12

Die Menge X, den in Kap. 8.2 ermittelten Punkt A = ($x_1 = 2.5$, $x_2 = 2.5$) des globalen Maximums ohne Nebenbedingungen sowie Linien gleicher Abweichung des Zielfunktionswertes von diesem Punkt zeigt Abb. 8.12. Diese Linien gleicher Abweichung sind konzentrische Kreise mit dem Mittelpunkt A. Die Maximierung der obigen Zielfunktion entspricht der Ermittlung eines Punktes $x \in X$ so, dass der Radius des Kreises, auf dem x liegt, minimal ist.

Das Maximum von F über X befindet sich in dem $A \notin X$ nächstgelegenen Punkt B = (x_1 = 2.2, x_2 = 2.4). Er lässt sich ermitteln, indem man die durch A verlaufende Senkrechte auf die Nebenbedingungsgleichung $3x_1 + x_2 = 9$ bildet und den gemeinsamen Schnittpunkt berechnet.

Wir überlegen uns nun, dass in B die KKT-Bedingungen erfüllt sind. Die Lagrange-Funktion des Problems lautet:

$$L(\mathbf{x}, \mathbf{u}) = 5x_1 - x_1^2 + 5x_2 - x_2^2 - u_1(x_1 + 2x_2 - 8) - u_2(3x_1 + x_2 - 9) \tag{8.20}$$

Die KKT-Bedingungen 1 bis 4 haben für unser Problem folgendes Aussehen:

1. (L_{x_1}) : $5 - 2x_1 - u_1 - 3u_2 \leq 0$ (8.21)

     (L_{x_2}) : $5 - 2x_2 - 2u_1 - u_2 \leq 0$ (8.22)

2'. $(x_1 \cdot L_{x_1})$: $x_1(5 - 2x_1 - u_1 - 3u_2) = 0$ (8.23)

     $(x_2 \cdot L_{x_2})$: $x_2(5 - 2x_2 - 2u_1 - u_2) = 0$ (8.24)

3. (L_{u_1}) : $x_1 + 2x_2 - 8 \leq 0$ (8.25)

     (L_{u_2}) : $3x_1 + x_2 - 9 \leq 0$ (8.26)

4'. $(u_1 \cdot L_{u_1})$: $u_1(x_1 + 2x_2 - 8) = 0$ (8.27)

     $(u_2 \cdot L_{u_2})$: $u_2(3x_1 + x_2 - 9) = 0$ (8.28)

Im Punkt B = (x_1 = 2.2, x_2 = 2.4) ist $x_1 + 2x_2 - 8 < 0$. Also muss $u_1 = 0$ gelten, wenn (8.27) erfüllt sein soll. Wollen wir ferner (8.23) und (8.24) erfüllen, so müssen beide Klammerausdrücke 0 und somit $u_2 = 0.2$ sein. Da der Vektor (x_1 = 2.2, x_2 = 2.4, u_1 = 0, u_2 = 0.2) alle KKT-Bedingungen (auch 5. und 6.) erfüllt, ist B die optimale Lösung für unser Beispiel.

8.4.2 Überblick über Lösungsverfahren

Wir skizzieren vier Ansätze zur Lösung restringierter nichtlinearer Optimierungsprobleme.

1) **Grafische Lösung:** Voraussetzung für die Durchführbarkeit ist, dass das betrachtete Problem, wie im Falle (8.8) – (8.11), nur zwei (höchstens drei) Strukturvariablen besitzt. Ferner sollten die Zielfunktion und die Nebenbedingungen relativ einfach grafisch darstellbar sein. Für praktische Probleme scheidet diese Vorgehensweise in der Regel aus.

2) **Verwendung der KKT-Bedingungen:** Falls es möglich ist, alle Punkte $(\hat{\mathbf{x}}, \hat{\mathbf{u}})$ der Lagrange-Funktion zu bestimmen, die die KKT-Bedingungen erfüllen, so kann man durch Berechnung der zugehörigen Zielfunktionswerte das Optimum ermitteln; vgl. hierzu v.a. Ecker und Kupferschmid (1988, S. 280).
   Zu der im nächsten Kapitel behandelten quadratischen Optimierung existieren Verfahren, die ähnlich vorgehen.

3) **Methoden der zulässigen Richtungen:** Viele Verfahren zur Lösung allgemeiner nichtlinearer Optimierungsprobleme basieren auf der im Folgenden skizzierten Vorgehensweise: Gegeben sei ein (zulässiger) Startpunkt $\mathbf{x}^{(0)} \in X$.

Zu Beginn von Iteration k befindet man sich in einem zulässigen Punkt $\mathbf{x}^{(k)}$. Man bestimmt eine zulässige Anstiegsrichtung **h** und schreitet in dieser Richtung so weit fort, dass der Zielfunktionswert maximal erhöht wird und die Zulässigkeit dabei erhalten bleibt. Dadurch gelangt man nach $\mathbf{x}^{(k+1)}$.

Die in der Literatur vorgeschlagenen Verfahren unterscheiden sich v.a. in der Wahl bzw. der Bestimmung einer geeigneten zulässigen Anstiegsrichtung. In Kap. 8.6.1 beschreiben wir ein solches Verfahren zur Lösung konvexer Optimierungsprobleme.

4) **Hilfsfunktionsverfahren:** Diese Klasse von Verfahren überführt ein Problem der restringierten Optimierung in eine Folge unrestringierter Optimierungsprobleme und löst diese. Die so ermittelte Folge optimaler Punkte konvergiert (unter bestimmten Voraussetzungen) gegen die gesuchte Maximalstelle. Wir gehen in Kap. 8.6.2 näher auf solche Verfahren ein.

8.5 Quadratische Optimierung

In diesem Teilgebiet der nichtlinearen Optimierung werden Probleme betrachtet, die sich von linearen Optimierungsproblemen nur durch die Zielfunktion $F(\mathbf{x})$ unterscheiden. Diese enthält neben linearen Termen $c_j x_j$ auch quadratische Ausdrücke $c_{jj} x_j^2$ und/oder $c_{ij} x_i x_j$ für einige oder alle $i \neq j$.

Wir beschreiben im Folgenden Lösungsmöglichkeiten für quadratische Maximierungsprobleme mit konkaver Zielfunktion (bzw. Minimierungsprobleme mit konvexer Zielfunktion); vgl. dazu auch Simmons (1975) sowie Eiselt et al. (1987). Probleme mit nichtkonkaver, quadratischer Zielfunktion sind mit den nachfolgenden Methoden nicht lösbar.

Wir beschäftigen uns zunächst mit Definitionen und Sätzen, die zum Nachweis der Konkavität (bzw. Konvexität) einer Zielfunktion geeignet sind.

8.5.1 Quadratische Form

Wir definieren zunächst die „quadratische Form", durch die sich die quadratischen Anteile einer Zielfunktion $F(\mathbf{x})$ ausdrücken lassen.

Definition 8.8: Unter einer **quadratischen Form** versteht man eine Funktion der Art:

$$Q(\mathbf{x}) = \mathbf{x}^T C \, \mathbf{x} \tag{8.29}$$

Dabei ist **x** ein Spaltenvektor (Variablenvektor) der Dimension n; C ist eine symmetrische $(n \times n)$-Matrix mit reellwertigen Koeffizienten c_{ij}.

Dass man die quadratischen Anteile jeder Zielfunktion $F(\mathbf{x})$ eines Problems der quadratischen Optimierung in die Form (8.29) überführen kann, überlegt man sich leicht wie folgt:

Zunächst lassen sich die quadratischen Anteile mit reellen Koeffizienten $\tilde{c}_{ij}$ in der Form (8.30) aufschreiben:

$$Q(x_1, \ldots, x_n) = \tilde{c}_{11}x_1^2 + 2\tilde{c}_{12}x_1x_2 + 2\tilde{c}_{13}x_1x_3 + \ldots + 2\tilde{c}_{1n}x_1x_n$$
$$+ \ \tilde{c}_{22}x_2^2 \ + 2\tilde{c}_{23}x_2x_3 + \ldots + 2\tilde{c}_{2n}x_2x_n$$
$$+ \ \tilde{c}_{33}x_3^2 \ + \ldots + 2\tilde{c}_{3n}x_3x_n \tag{8.30}$$
$$\vdots$$
$$+ \ \tilde{c}_{nn}x_n^2$$

Symmetrisiert man den Ausdruck (aus $2\tilde{c}_{ij}$ wird $c_{ij} := c_{ji} := \tilde{c}_{ij}$), so kann man statt (8.30) auch schreiben:

$$Q(x_1, \ldots, x_n) = x_1(c_{11}x_1 + c_{12}x_2 + \ldots + c_{1n}x_n)$$
$$+ \ x_2(c_{21}x_1 + c_{22}x_2 + \ldots + c_{2n}x_n)$$
$$\vdots \tag{8.31}$$
$$+ \ x_n(c_{n1}x_1 + c_{n2}x_2 + \ldots + c_{nn}x_n)$$

Fasst man die Koeffizienten c_{ij} zu einer symmetrischen $(n \times n)$-Matrix C und die Variablen x_i zu einem reellwertigen (Spalten-) Vektor $\mathbf{x}$ zusammen, so ist die rechte Seite von (8.31) das Produkt des Zeilenvektors $\mathbf{x}^T$ mit dem Spaltenvektor $C\mathbf{x}$.

Ausgehend von der Schreibweise (8.31), lässt sich jedes quadratische *Maximierungsproblem* mit linearen Nebenbedingungen wie folgt formulieren (die Einführung des Faktors 1/2 vor $Q(\mathbf{x})$ liefert handlichere KKT-Bedingungen; siehe unten):

$$\text{Maximiere } F(\mathbf{x}) = \mathbf{c}^T\mathbf{x} - \frac{1}{2}\,\mathbf{x}^T C\,\mathbf{x}$$

unter den Nebenbedingungen

$$A\mathbf{x} \leq \mathbf{b} \tag{8.32}$$
$$\mathbf{x} \geq \mathbf{0}$$

Bei quadratischen *Minimierungsproblemen* geht man dagegen von der Zielfunktion (8.33) aus.

$$\text{Minimiere } F(\mathbf{x}) = \mathbf{c}^T\mathbf{x} + \frac{1}{2}\,\mathbf{x}^T C\,\mathbf{x} \tag{8.33}$$

Beispiel: Gegeben sei ein quadratisches Problem mit der Zielfunktion
$$\text{Maximiere } F(\mathbf{x}) = -x_1^2 + 2x_1x_2 + 4x_1x_3 - x_2^2 - 8x_2x_3 - x_3^2.$$

Durch Umformung erhalten wir:

$F(\mathbf{x}) =$	$F(\mathbf{x}) =$	$F(\mathbf{x}) =$
$(-x_1 + 2x_2 + 4x_3)\,x_1$	$(-x_1 + x_2 + 2x_3)\,x_1$	$-\frac{1}{2}\,((\,2x_1 - 2x_2 - 4x_3)\,x_1$
$+ \qquad (-x_2 - 8x_3)\,x_2$	$+ (\ x_1 - x_2 - 4x_3)\,x_2$	$+ \ (-2x_1 + 2x_2 + 8x_3)\,x_2$
$+ \qquad\qquad (-x_3)\,x_3$	$+ (2x_1 - 4x_2 - x_3)\,x_3$	$+ \ (-4x_1 + 8x_2 + 2x_3)\,x_3)$

Aus den beiden rechten Formulierungen ist die (eine) symmetrische Matrix C unmittelbar abzulesen.

Ob eine quadratische Zielfunktion F(x) konkav oder konvex ist, hängt allein von der quadratischen Form und damit von den Eigenschaften der Matrix C ab.

Satz 8.9: Eine Funktion $F(\mathbf{x}) = \mathbf{c}^T\mathbf{x} - \frac{1}{2}\mathbf{x}^T C \mathbf{x}$ (bzw. $F(\mathbf{x}) = \mathbf{c}^T\mathbf{x} + \frac{1}{2}\mathbf{x}^T C \mathbf{x}$) ist genau dann konkav (bzw. konvex), wenn die symmetrische Matrix C positiv semidefinit ist.

Bemerkung 8.11: Betrachtet man die Formulierung (8.32), so wird ersichtlich, dass für derartige Maximierungsprobleme mit quadratischer Zielfunktion $H(\mathbf{x}) = -C$ gilt; d.h. C ist unmittelbar aus der Hesse-Matrix bestimmbar.

Beispiele:

1. Die Zielfunktion von Beispiel 1 aus Kap. 8.1.2 lässt sich auch wie folgt angeben:

$$F(\mathbf{x}) = (5,5)\begin{bmatrix} x_1 \\ x_2 \end{bmatrix} - \frac{1}{2}(x_1, x_2)\begin{bmatrix} 2 & 0 \\ 0 & 2 \end{bmatrix}\begin{bmatrix} x_1 \\ x_2 \end{bmatrix}$$

2. Für die Zielfunktion von Beispiel 2 aus Kap. 8.1.2 ist folgende Formulierung möglich:

$$F(\mathbf{x}) = (5,3)\begin{bmatrix} x_1 \\ x_2 \end{bmatrix} - \frac{1}{2}(x_1, x_2)\begin{bmatrix} 2 & 1 \\ 1 & 2 \end{bmatrix}\begin{bmatrix} x_1 \\ x_2 \end{bmatrix}$$

Beide Funktionen sind konkav.

8.5.2 Der Algorithmus von Wolfe

Wir beschreiben das Verfahren für **quadratische Maximierungsprobleme** in der Form (8.32) mit **konkaver** Zielfunktion. Es basiert auf den KKT-Bedingungen. Wie wir aus Satz 8.8 wissen, stellen sie bei konkaver Zielfunktion des Problems notwendige und hinreichende Bedingungen für ein globales Optimum dar.

Bevor wir den Algorithmus von Wolfe genauer beschreiben, betrachten wir die Lagrange-Funktion zu Problem (8.32) und die daraus ableitbaren KKT-Bedingungen.

Die *Lagrange-Funktion* lautet $L(\mathbf{x}, \mathbf{u}) = \mathbf{c}^T\mathbf{x} - \frac{1}{2}\mathbf{x}^T C \mathbf{x} - \mathbf{u}^T(A\mathbf{x} - \mathbf{b})$;

dabei sind **c** sowie **x** n-dimensionale und **u** sowie **b** m-dimensionale Vektoren. C bzw. A besitzen die Dimension $n \times n$ bzw. $m \times n$.

Ausgehend von der Lagrange-Funktion erhalten wir die folgenden KKT-Bedingungen (man veranschauliche sich die partiellen Ableitungen anhand eines Beispiels):

1. (L_x): $\mathbf{c} - C\mathbf{x} - A^T\mathbf{u} \leq \mathbf{0}$

2. $(\mathbf{x}^T \cdot L_x)$: $\mathbf{x}^T \cdot (\mathbf{c} - C\mathbf{x} - A^T\mathbf{u}) = 0$

3. (L_u): $A\mathbf{x} - \mathbf{b} \leq \mathbf{0}$

4. $(\mathbf{u}^T \cdot L_u)$: $\mathbf{u}^T \cdot (A\mathbf{x} - \mathbf{b}) = 0$

5. $\mathbf{x} \geq \mathbf{0}$

6. $\mathbf{u} \geq \mathbf{0}$

Nach Einführung von Schlupfvariablen $\mathbf{y} \in \mathbb{R}_+^n$ in die Bedingungen unter 1. und $\mathbf{v} \in \mathbb{R}_+^m$ in die Bedingungen unter 3. erhält man daraus das folgende *Gleichungssystem*:

1. $C\mathbf{x} + A^T\mathbf{u} - \mathbf{y} = \mathbf{c}$

2. $\mathbf{x}^T\mathbf{y} = 0$ (wegen $\mathbf{y} = -\mathbf{c} + C\mathbf{x} + A^T\mathbf{u}$)

3. $A\mathbf{x} + \mathbf{v} = \mathbf{b}$

4. $\mathbf{u}^T\mathbf{v} = 0$ (wegen $\mathbf{v} = \mathbf{b} - A\mathbf{x}$)

Darüber hinaus gelten für alle Variablen die Nichtnegativitätsbedingungen, also

$\mathbf{x} \geq \mathbf{0}, \ \mathbf{u} \geq \mathbf{0}, \ \mathbf{y} \geq \mathbf{0}, \ \mathbf{v} \geq \mathbf{0}$.

Wegen der Nichtnegativitätsbedingungen lassen sich die nichtlinearen Gleichungen 2. und 4. zusammenfassen zu:

5. $\mathbf{x}^T\mathbf{y} + \mathbf{u}^T\mathbf{v} = 0$.

Das zu lösende Problem besteht nun ohne Zielfunktion darin, $\mathbf{x}$, $\mathbf{y}$, $\mathbf{u}$ und $\mathbf{v}$ so zu bestimmen, dass gilt:

$$C\mathbf{x} + A^T\mathbf{u} - \mathbf{y} = \mathbf{c} \tag{8.34}$$

$$A\mathbf{x} + \mathbf{v} = \mathbf{b} \tag{8.35}$$

$$\mathbf{x} \geq \mathbf{0}, \ \mathbf{u} \geq \mathbf{0}, \ \mathbf{y} \geq \mathbf{0}, \ \mathbf{v} \geq \mathbf{0} \tag{8.36}$$

$$\mathbf{x}^T\mathbf{y} + \mathbf{u}^T\mathbf{v} = 0 \tag{8.37}$$

(8.34) – (8.36) entspricht dem Nebenbedingungssystem eines linearen Optimierungsproblems, für das man, nach Einführung künstlicher Variablen $\mathbf{z} \geq \mathbf{0}$ in (8.34), mit der M-Methode eine zulässige Lösung bestimmen könnte. Die z_j sind in einer zu bildenden Zielfunktion mit $-M$ zu bewerten, wenn wir das zu lösende Problem als Maximierungsproblem interpretieren (mit $+M$ bei einem Minimierungsproblem).

Man kann aber mit der M-Methode auch für das gesamte System (8.34) – (8.37) eine zulässige Lösung ermitteln, sofern man bei einem potentiellen Basistausch darauf achtet, dass die nicht-lineare *Komplementaritätsrestriktion* (8.37) nicht verletzt wird. Aufgrund dieser Restriktion dürfen nie x_j und y_j für ein $j \in \{1, ..., n\}$ oder u_i und v_i für ein $i \in \{1, ..., m\}$ gemeinsam in der Basis sein (wenn man von degenerierten Basislösungen absieht). Auszuführen ist also eine *M-Methode mit beschränktem Basiseintritt*.[6]

Wir fassen nun obige Überlegungen in einer algorithmischen Beschreibung zusammen.

---

6   Ein lineares Optimierungsproblem mit zusätzlichen nichtlinearen Restriktionen $\mathbf{x}^T\mathbf{y} = 0$ für bestimmte Vektoren von Variablen wird in der Literatur als lineares Komplementaritätsproblem bezeichnet. Unter den Voraussetzungen des Wolfe-Algorithmus (konkave Zielfunktion F) lässt sich mit dem Simplex-Algorithmus mit beschränktem Basiseintritt stets eine Lösung des Problems ermitteln. Vgl. zu einer ausführlichen Behandlung des linearen Komplementaritätsproblems z.B. Eiselt et al. (1987, S. 589 ff.).

$$\boxed{\text{Der Algorithmus von Wolfe}}$$

Voraussetzung: Daten eines Maximierungsproblems der quadratischen Optimierung mit konkaver Zielfunktion $F(\mathbf{x}) = \mathbf{c}^T \mathbf{x} - \frac{1}{2} \mathbf{x}^T C \mathbf{x}$, d.h. positiv semidefiniter, symmetrischer Matrix C.

Durchführung:

Schritt 1: Formuliere für das Problem die KKT-Bedingungen.

Schritt 2: Transformiere alle in Schritt 1 entstandenen Ungleichungen in Gleichungen der Form (8.34) – (8.37). Kann unmittelbar eine zulässige Basislösung angegeben werden, so ist das Verfahren beendet.

Schritt 3: Füge, wo notwendig, dem Gleichungssystem künstliche Variablen z_j zur Ermittlung einer zulässigen Basislösung hinzu. Formuliere eine Zielfunktion, die lediglich Strafkosten für die z_j enthält.

Schritt 4: Iteriere mit der M-Methode, bis eine zulässige Basislösung von (8.34) – (8.37) erreicht ist oder bis feststeht, dass der Lösungsraum leer ist. Beachte dabei, dass (8.37) erfüllt bleibt, indem bestimmte Basisvertauschungen verboten werden. Es dürfen nie x_j und y_j mit demselben $j \in \{1, \ldots, n\}$ oder u_i und v_i mit gleichem $i \in \{1, \ldots, m\}$ gemeinsam in der Basis sein.

Ergebnis: Wird eine zulässige Basislösung $\mathbf{x}, \mathbf{y}, \mathbf{u}, \mathbf{v}$ (ohne künstliche Variablen) gefunden, so bilden die zugehörigen Vektoren $\mathbf{x}$ eine optimale Lösung des quadratischen Optimierungsproblems.

$$* \; * \; * \; * \; *$$

Beispiel: Wir wollen nun unser Beispiel 1 aus Kap. 8.1.2 mit dem Algorithmus von Wolfe lösen. Die Matrizen C und A und die Vektoren $\mathbf{c}$ und $\mathbf{b}$ haben folgendes Aussehen:

$$\mathbf{c} = \begin{bmatrix} 5 \\ 5 \end{bmatrix}, \quad C = \begin{bmatrix} 2 & 0 \\ 0 & 2 \end{bmatrix}, \quad A = \begin{bmatrix} 1 & 2 \\ 3 & 1 \end{bmatrix}, \quad \mathbf{b} = \begin{bmatrix} 8 \\ 9 \end{bmatrix}$$

C ist positiv definit. Dies lässt sich auch leicht dadurch erkennen, dass $\mathbf{x}^T C \mathbf{x} = 2x_1^2 + 2x_2^2$ nur quadratische Terme mit positivem Vorzeichen enthält; somit gilt $\mathbf{x}^T C \mathbf{x} > 0$ für alle $\mathbf{x} \in \mathbb{R}^2$ mit $\mathbf{x} \neq \mathbf{0}$.

Der Ausdruck (8.34) umfasst die folgenden beiden Gleichungen:

$$2x_1 \qquad + u_1 + 3u_2 - y_1 \qquad = 5$$
$$2x_2 + 2u_1 + u_2 \qquad - y_2 = 5$$

Der Ausdruck (8.35) liefert zwei weitere Gleichungen:

$$x_1 + 2x_2 \qquad + v_1 \qquad = 8$$
$$3x_1 + x_2 \qquad + v_2 = 9$$

Ergänzen wir in den aus (8.34) hergeleiteten Gleichungen künstliche Variablen z_1 bzw. z_2 und interpretieren wir das Problem als Maximierungsproblem, so erhalten wir für die Anwendung der M-Methode das Ausgangstableau in Tab. 8.1. Die M-Zeile ergibt sich aus:

Maximiere $FM(\mathbf{z}) = - Mz_1 - Mz_2$

BV	x_1	x_2	u_1	u_2	y_1	y_2	v_1	v_2	z_1	z_2	b_i	
z_1	[2]		1	3	−1				1		5	
z_2		2	2	1		−1				1	5	
v_1	1	2					1				8	
v_2	3	1						1			9	
M-Zeile	−2M	−2M	−3M	−4M	M	M					−10M	Tab. 8.1

Da v_2 und v_1 Basisvariablen sind, können zunächst weder u_2 noch u_1 im Austausch gegen z_1 bzw. z_2 in die Basis aufgenommen werden. Es ist entweder x_1 oder x_2 zu wählen. Beginnen wir mit x_1, so verlässt z_1 die Basis und kann aus dem Problem eliminiert werden. In der zweiten Iteration gelangt x_2 für v_2 in die Basis. Danach kann auch u_2 Basisvariable werden. Mit Abschluss der dritten Iteration erhalten wir die auch in Kap. 8.4.1 gefundene Lösung $\mathbf{x} = (x_1 = 2.2, x_2 = 2.4)$; ferner gilt $u_1 = 0, u_2 = 0.2, v_1 = 1, v_2 = 0$.

8.6 Konvexe Optimierungsprobleme

Wir beschreiben zunächst ein Verfahren zur Lösung konvexer Optimierungsprobleme mit linearen Restriktionen. In Kap. 8.6.2 folgen prinzipielle Erläuterungen zu so genannten Hilfs-funktionsverfahren und eine algorithmische Beschreibung des Verfahrens SUMT.

8.6.1 Die Methode der zulässigen Richtungen bzw. des steilsten Anstiegs

Wir beschreiben die Vorgehensweise – sie wird nach ihrem Urheber auch als Algorithmus von Zoutendijk (1960) bezeichnet – für linear restringierte Probleme der folgenden Art:

Maximiere $F(\mathbf{x})$

unter den Nebenbedingungen   (8.38)

$\qquad A\mathbf{x} \leq \mathbf{b}$

Dabei sei $F : \mathbb{R}^n \to \mathbb{R}$ eine differenzierbare, konkave Funktion. Das Nebenbedingungssystem mit dem m-dimensionalen Spaltenvektor $\mathbf{b}$ und der $(m \times n)$-Matrix A enthalte zugleich die gegebenenfalls vorhandenen Nichtnegativitätsbedingungen.

Die „Methode der zulässigen Richtungen bzw. des steilsten Anstiegs" (vgl. dazu auch Krabs (1983, S. 110 ff.) sowie Bazaraa et al. (1993, S. 408 ff.)) verläuft prinzipiell so wie das in Kap. 8.3.2 dargestellte Gradientenverfahren. Dort hatten wir jedoch unterstellt, dass der Bereich der zulässigen Lösungen $X = \mathbb{R}^n$ ist. Wir konnten also immer in Richtung des

Gradienten, d.h. des steilsten Anstiegs, gehen. Das ist hier nicht immer möglich, da X durch das Nebenbedingungssystem beschränkt wird. Deshalb berechnet man jeweils eine *zulässige* Richtung mit möglichst großem Anstieg. Dazu müssen wir zunächst definieren, was wir unter einer zulässigen Richtung verstehen.

Definition 8.9: Sei $x \in X$ eine zulässige Lösung von (8.38).

Ein Vektor $h \in \mathbb{R}^n$ heißt **zulässige Richtung** im Punkt x, falls ein Skalar $\bar{\lambda}(h) > 0$ existiert, so dass $(x + \lambda h) \in X$ für alle $\lambda \in [0, \bar{\lambda}(h)]$ [7]

Mit $K(x) = \{ h \in \mathbb{R}^n \mid h$ ist zulässige Richtung im Punkt $x \}$ bezeichnen wir den **Kegel der zulässigen Richtungen** im Punkt x.

Um die in Def. 8.9 angegebene Bedingung nicht explizit prüfen zu müssen, ist es nützlich, eine Charakterisierung des Kegels der zulässigen Richtungen in der durch das Nebenbedingungssystem von (8.38) definierten Menge $X = \{ x \in \mathbb{R}^n \mid Ax \leq b \}$ der zulässigen Lösungen zu kennen. Wir geben sie in Def. 8.10 und Satz 8.10.

Definition 8.10: Sei $x \in X$ eine zulässige Lösung von (8.38).

Mit a^i bezeichnen wir den i-ten Zeilenvektor der Matrix A (der einfacheren Darstellung halber verzichten wir hier auf das Transponiertzeichen T); also $a^i = (a_{i1},...,a_{in})$.

Nun definieren wir $I(x) := \{ i \in \{1, ..., m\} \mid a^i \cdot x = b_i \}$ als **Menge der** (im Punkt x) **aktiven Indizes** bzw. **Nebenbedingungen**; das sind die Indizes derjenigen Nebenbedingungen, die in x gerade als Gleichungen erfüllt sind.

Satz 8.10: Für jeden Punkt $x \in X$ gilt: $K(x) = \{ h \in \mathbb{R}^n \mid a^i \cdot h \leq 0$ für alle $i \in I(x) \}$.

Bemerkung 8.12: Gemäß Satz 8.10 besteht $K(x)$ gerade aus denjenigen Vektoren, in deren Richtung sich der Wert der linken Seite der bisher als Gleichung erfüllten Bedingungen $a^i x = b_i$ nicht erhöht (ansonsten würde der zulässige Bereich X verlassen). Ist x innerer Punkt von X, so ist jede Richtung h zulässig; d.h. $K(x) = \mathbb{R}^n$.

Beachten muss man nun für jede Richtung $h \in K(x)$ mit den Komponenten $h_1,...,h_n$ diejenigen Indizes j, für die $a^j h = \sum_q a_{jq} h_q > 0$ ist. Diese in x nicht aktiven Nebenbedingungen (bei ihnen ist noch Schlupf vorhanden) könnten bei Fortschreiten in Richtung h aktiv werden. Wir definieren daher:

Definition 8.11: $J(h) := \{ j \in \{1, ..., m\} \mid a^j h = \sum_q a_{jq} h_q > 0 \}$ für alle $h \in K(x)$ ist die Menge der in x nicht aktiven Indizes bzw. Nebenbedingungen, die bei Fortschreiten in Richtung h aktiv werden könnten.

Die maximale Schrittweite $\bar{\lambda}$ in Richtung h ist so zu wählen, dass keine dieser Nebenbedingungen verletzt wird.

---

7 Falls es keine positive Schrittweite $\bar{\lambda}(h)$ gibt, würde man in Richtung h unmittelbar den zulässigen Bereich verlassen.

Wählen wir $\bar{\lambda}(\mathbf{h}) := \min \{(b_j - \mathbf{a}^j \mathbf{x}) / \mathbf{a}^j \mathbf{h} \mid j \in J(\mathbf{h})\}$, so ist $(\mathbf{x} + \lambda \mathbf{h}) \in X$ für alle $\lambda \in [0, \bar{\lambda}(\mathbf{h})]$.

Im Zähler des Bruches steht für jede im Punkt $\mathbf{x}$ nicht aktive Nebenbedingung j der Schlupf. Im Nenner befindet sich für j der Bedarf an Schlupf für jede Einheit, die in Richtung $\mathbf{h}$ fortgeschritten wird. Diejenige Restriktion j, die bei Vorwärtsschreiten in Richtung $\mathbf{h}$ zuerst als Gleichung erfüllt ist, begrenzt die maximal zulässige Schrittweite $\bar{\lambda}(\mathbf{h})$.

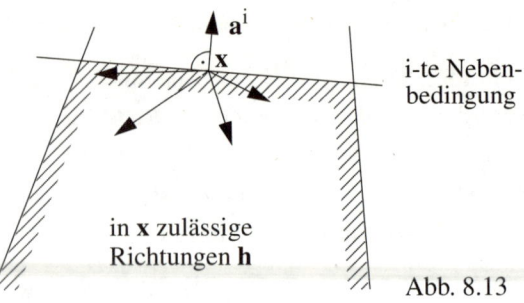

i-te Nebenbedingung

in $\mathbf{x}$ zulässige Richtungen $\mathbf{h}$

Abb. 8.13

Abb. 8.13 soll den Satz 8.10 noch einmal veranschaulichen. Sie verdeutlicht, dass alle Richtungen $\mathbf{h}$ zulässig sind, die mit dem Vektor $\mathbf{a}^i$ ($i \in I(\mathbf{x})$) einen Winkel $90° \leq \varphi \leq 270°$ bilden. Das bedeutet aber gerade $\mathbf{a}^i \cdot \mathbf{h} \leq 0$.

Definition 8.12: Seien $\mathbf{x} \in X$ und $\mathbf{h} \in K(\mathbf{x})$ gegeben.

Das Skalarprodukt $\nabla F(\mathbf{x})^T \cdot \mathbf{h}$ heißt **Richtungsableitung** der Funktion F im Punkt $\mathbf{x}$ in Richtung $\mathbf{h}$. Sie ist ein Maß für den Anstieg von F in Richtung $\mathbf{h}$.

Im Falle $\nabla F(\mathbf{x})^T \cdot \mathbf{h} > 0$ bezeichnet man $\mathbf{h}$ als **Anstiegsrichtung** in $\mathbf{x}$.

Ausgehend von einer zulässigen Lösung $\mathbf{x}$, wird man grundsätzlich versuchen, durch Fortschreiten in Richtung des steilsten Anstiegs innerhalb von $K(\mathbf{x})$ zu einer besseren Lösung zu gelangen. Gesucht ist also derjenige Vektor $\mathbf{h}^*$, der $\nabla F(\mathbf{x})^T \cdot \mathbf{h}$ unter der Nebenbedingung $\mathbf{h} \in K(\mathbf{x})$ maximiert. Da jedoch die Länge der Vektoren $\mathbf{h} \in K(\mathbf{x})$ und damit auch der Zielfunktionswert des Problems unbeschränkt sind, ist es erforderlich, die Vektoren und damit den Kegel $K(\mathbf{x})$ geeignet zu normieren. Als alternative Normen bieten sich an; vgl. Bazaraa et al. (1993, S. 411 f.):

$$\nabla F(\mathbf{x})^T \cdot \mathbf{h} \leq 1 \tag{8.39}$$

$$|\mathbf{h}| \leq 1 \quad \Leftrightarrow \quad -1 \leq h_i \leq 1 \qquad \text{für alle } i \tag{8.40}$$

$$\mathbf{h}^T \cdot \mathbf{h} \leq 1 \tag{8.41}$$

Während das Problem der Maximierung von $\nabla F(\mathbf{x})^T \cdot \mathbf{h}$ bei Verwendung der Normen (8.39) und (8.40) mit Hilfe des Simplex-Algorithmus gelöst werden kann, wird dies bei (8.41) durch den quadratischen Ausdruck verhindert. Wir gehen im Folgenden von der Normierung (8.39) aus.

Definition 8.13: Seien $\mathbf{x} \in X$, $\nabla F(\mathbf{x})$ und $K(\mathbf{x})$ gegeben. Dann definieren wir den normierten Kegel der zulässigen Richtungen: $D(\mathbf{x}) = \{\mathbf{h} \in K(\mathbf{x}) \mid \nabla F(\mathbf{x})^T \cdot \mathbf{h} \leq 1\}$

> Die Methode der zulässigen Richtungen bzw. des steilsten Anstiegs

Voraussetzung: Ein Maximierungsproblem (8.38) mit einer differenzierbaren, konkaven Zielfunktion F; ein zulässiger Punkt $\mathbf{x}^{(0)} \in X$; ein Parameter $\varepsilon > 0$ als Abbruchschranke.

Iteration k (= 0, 1, ...):

Schritt 1. Falls $k \geq 1$ und $\left\| \mathbf{x}^{(k)} - \mathbf{x}^{(k-1)} \right\| < \varepsilon$, Abbruch des Verfahrens.

Schritt 2: Berechne $\nabla F(\mathbf{x}^{(k)})$; falls $\nabla F(\mathbf{x}^{(k)}) = \mathbf{0}$, Abbruch des Verfahrens.

Schritt 3: Bestimme $I(\mathbf{x}^{(k)})$, $K(\mathbf{x}^{(k)})$ sowie $D(\mathbf{x}^{(k)})$ und löse mit dem Simplex-Algorithmus das Problem: Maximiere $\nabla F(\mathbf{x}^{(k)})^T \cdot \mathbf{h}$ unter der Nebenbedingung $\mathbf{h} \in D(\mathbf{x}^{(k)})$; die optimale Lösung sei $\tilde{\mathbf{h}}$.

Falls $\nabla F(\mathbf{x}^{(k)})^T \cdot \tilde{\mathbf{h}} \leq 0$, Abbruch des Verfahrens (in $\mathbf{x}^{(k)}$ existiert keine Anstiegsrichtung).

Schritt 4: Bestimme $J(\tilde{\mathbf{h}})$ sowie $\bar{\lambda}(\tilde{\mathbf{h}}) := \min \{(b_j - \mathbf{a}^j \mathbf{x}^{(k)}) / \mathbf{a}^j \tilde{\mathbf{h}} \mid j \in J(\tilde{\mathbf{h}})\}$.

Ermittle mit einem Verfahren der eindimensionalen Optimierung (Kap. 8.3.1) dasjenige $\tilde{\lambda}$, für das $F(\mathbf{x}^{(k)} + \tilde{\lambda} \cdot \tilde{\mathbf{h}}) = \max \{F(\mathbf{x}^{(k)} + \lambda \cdot \tilde{\mathbf{h}}) \mid \lambda \subset [0, \bar{\lambda}(\tilde{\mathbf{h}})]\}$.

Berechne $\mathbf{x}^{(k+1)} := \mathbf{x}^{(k)} + \tilde{\lambda} \cdot \tilde{\mathbf{h}}$ und gehe zur nächsten Iteration.

Ergebnis: $\mathbf{x}^{(k)}$ ist Näherung für die Stelle eines globalen Maximums.

$$* \; * \; * \; * \; *$$

Beispiel 1: Wir wenden auch dieses Verfahren auf Beispiel 1 aus Kap. 8.1.2 an und schreiben das Problem in folgender Weise erneut auf:

$$\text{Maximiere } F(x_1, x_2) = 5x_1 - x_1^2 + 5x_2 - x_2^2 \tag{8.42}$$

unter den Nebenbedingungen

$$[\mathbf{a}^1 \mathbf{x} :=] \qquad x_1 + 2x_2 \leq 8 \tag{8.43}$$

$$[\mathbf{a}^2 \mathbf{x} :=] \qquad 3x_1 + x_2 \leq 9 \tag{8.44}$$

$$[\mathbf{a}^3 \mathbf{x} :=] \qquad -x_1 \qquad \leq 0 \tag{8.45}$$

$$[\mathbf{a}^4 \mathbf{x} :=] \qquad -x_2 \leq 0 \tag{8.46}$$

Der Ablauf des Verfahrens kann anhand von Abb 8.14 nachvollzogen werden. Gestartet werde im Punkt $\mathbf{x}^{(0)} = (0,4)$; ferner sei $\varepsilon = 0.001$.

Die partiellen Ableitungen von F sind $\dfrac{\partial F}{\partial x_1} = 5 - 2x_1$ und $\dfrac{\partial F}{\partial x_2} = 5 - 2x_2$.

Iteration 0:

Schritte 1 - 3: Wir ermitteln $\nabla F(x^{(0)})^{\mathrm{T}} = (5, -3)$ und $I(x^{(0)}) = \{1, 3\}$; die erste und die dritte Nebenbedingung, also (8.43) und (8.45), werden im Punkt $x^{(0)} = (0, 4)$ als Gleichungen erfüllt.

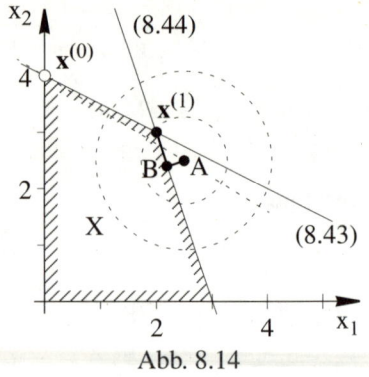

Abb. 8.14

$K(x^{(0)})$ ist der Durchschnitt von (8.48) und (8.49). In Abb 8.14 entspricht er allen von $x^{(0)}$ ausgehenden Vektoren, die im Durchschnitt von (8.43) und (8.45) liegen. Die Richtung des steilsten Anstiegs ist im Kegel $K(x^{(0)})$ enthalten (gestrichelte Linie in Abb 8.14). Ohne eine Normierung der Vektoren und damit des Kegels $K(x^{(0)})$ könnte der Simplex-Algorithmus keine optimale Lösung liefern (Sonderfall 2 in Kap. 2.5.2). Einschließlich der von uns gewählten Normierung ist das folgende Problem zu lösen:

$$\text{Maximiere} \quad \nabla F(x^{(0)})^{\mathrm{T}} \cdot h = 5h_1 - 3h_2 \tag{8.47}$$

unter den Nebenbedingungen

$$[a^1 h =] \qquad\qquad h_1 + 2h_2 \leq 0 \tag{8.48}$$

$$[a^3 h =] \qquad\qquad -h_1 \qquad \leq 0 \tag{8.49}$$

$$\qquad\qquad 5h_1 - 3h_2 \leq 1 \tag{8.50}$$

Als optimale Lösung erhalten wir $(\tilde{h}_1, \tilde{h}_2) = (0.15384, -0.07692)$.

Schritt 4: $J(\tilde{h}) = \{2, 4\}$; d.h. die Bedingungen (8.44) und (8.46) könnten durch Fortschreiten in Richtung $\tilde{h}$ verletzt werden. $\bar{\lambda}(\tilde{h})$ nimmt sein Minimum bzgl. der Restriktion (8.44) an. Wir erhalten $\bar{\lambda}(\tilde{h}) = (9 - 4) / (3 \cdot 0.15384 - 0.07692) = 13$. An der Stelle $\tilde{\lambda} = 13$ ergibt sich

$$\max\{F(x^{(0)} + \lambda \cdot \tilde{h}) \,|\, \lambda \in [0, \bar{\lambda}(\tilde{h})]\} =$$

$$\max\{F((0, 4) + \lambda \cdot (0.15384, -0.07692)) \,|\, \lambda \in [0, 13]\}.$$

Dies führt zur neuen zulässigen Lösung $x^{(1)} = (2, 3)$.[8]

Iteration 1:

Schritte 1 - 3: Wir ermitteln $\nabla F(x^{(1)})^{\mathrm{T}} = (1, -1)$ und $I(x^{(1)}) = \{1, 2\}$. Das zu lösende lineare Optimierungsproblem lautet:

$$\text{Maximiere} \quad \nabla F(x^{(1)})^{\mathrm{T}} \cdot h = h_1 - h_2$$

---

8   Warum, so wird an dieser Stelle häufig gefragt, gelangt man nach $x^{(1)}$ und nicht in den Schnittpunkt der Linie des steilsten Anstiegs (in Abb. 8.14 gestrichelt zwischen $x^{(0)}$ und Punkt A dargestellt) mit der Restriktionsgrenze (8.44)? Antwort: Weil der Simplex-Algorithmus stets nur die Eckpunkte des zulässigen Bereichs untersucht. Durch das Nebenbedingungssystem (8.47) – (8.50) wird ein Dreieck definiert, dessen Eckpunkte, übertragen auf Abb. 8.14, auf (8.43), der Ordinate und in $x^{(0)}$ liegen. Er zeigt also eine Anstiegsrichtung entlang der Restriktionsgrenze (8.43) auf. In Schritt 4 ist sicherzustellen, dass der zulässige Bereich nicht verlassen und ggf. ein auf der Strecke $[x^{(0)}, x^{(1)}]$ befindliches Maximum nicht überschritten wird.

unter den Nebenbedingungen

$$[\mathbf{a}^1\mathbf{h} :=] \qquad h_1 + 2h_2 \leq 0$$

$$[\mathbf{a}^2\mathbf{h} :=] \qquad 3h_1 + h_2 \leq 0$$

$$h_1 - h_2 \leq 1$$

Es besitzt eine optimale Lösung $(\tilde{h}_1, \tilde{h}_2) = (0.25, -0.75)$.

Schritt 4: $J(\tilde{\mathbf{h}}) - \{4\}$; die Nichtnegativitätsbedingung (8.45) für x_1 kann in der Anstiegsrichtung $\tilde{\mathbf{h}}$ nicht verletzt werden. Wir erhalten $\bar{\lambda}(\tilde{\mathbf{h}}) = 4$, $\tilde{\lambda} = 0.8$ und die neue zulässige Lösung $\mathbf{x}^{(2)} = (2.2, 2.4)$.

Iteration 2:

Wir ermitteln $\nabla F(\mathbf{x}^{(2)})^T = (0.6, 0.2)$ und $I(\mathbf{x}^{(2)}) = \{2\}$. Das zu lösende lineare Optimierungsproblem lautet:

$$\text{Maximiere } \nabla F(\mathbf{x}^{(2)})^T \cdot \mathbf{h} = 0.6\,h_1 + 0.2\,h_2$$

unter den Nebenbedingungen

$$[\mathbf{a}^2\mathbf{h} :=] \qquad 3\,h_1 + h_2 \leq 0$$

$$0.6\,h_1 + 0.2\,h_2 \leq 1$$

Es besitzt die optimale Lösung $(\tilde{h}_1, \tilde{h}_2) = (0,0)$. Bei der am Ende von Iteration 2 erhaltenen Lösung $\mathbf{x}^{(2)} = (2.2, 2.4)$ handelt es sich daher um das globale Optimum des Problems.

Beispiel 2: Verändern wir die Zielfunktion (8.42) wie in Beispiel 2 aus Kap. 8.1.2 zu

$$\text{Maximiere } F(x_1, x_2) = 5x_1 - x_1^2 + 3x_2 - x_1x_2 - x_2^2$$

und starten ebenfalls im Punkt $\mathbf{x}^{(0)} = (0,4)$, so erhalten wir in den ersten drei Iterationen $\mathbf{x}^{(1)} = (0, 1.5)$, $\mathbf{x}^{(2)} = (1.75, 1.5)$ sowie $\mathbf{x}^{(3)} = (1.75, 0.625)$. Das Verfahren konvergiert gegen das globale Maximum im Punkt $\mathbf{x} = (7/3, 1/3)$.

Bemerkung 8.13: Eine Alternative zur „Methode der zulässigen Richtungen" stellt der „sequentielle Näherungsalgorithmus" von Frank und Wolfe dar. Die Idee besteht darin, die Zielfunktion mit der Taylor-Entwicklung 1. Ordnung linear zu approximieren. Eine Beschreibung des Verfahrens findet man z.B. in Hillier und Lieberman (1997, S. 452 ff.).

8.6.2 Hilfsfunktionsverfahren

Die „Hilfsfunktionsverfahren" geben uns die Möglichkeit, Näherungslösungen für Probleme der Art (8.51) zu berechnen.

Dabei setzen wir zunächst voraus, dass (8.51) ein Problem der konvexen Optimierung im Sinne von Bem. 8.4 ist. Der Unterschied zwischen (8.51) und (8.38) in Kap. 8.6.1 besteht darin, dass nun die $g_i(\mathbf{x})$ nichtlinear sein können. Für konvexe Optimierungsprobleme liefern Hilfsfunktionsverfahren Näherungen für globale Maxima.

$$\left.\begin{array}{l} \text{Maximiere } F(\mathbf{x}) \\[1ex] \text{unter den Nebenbedingungen} \\[1ex] \qquad g_i(\mathbf{x}) \leq b_i \qquad\quad \text{für } i = 1,\dots,m \\[2ex] \qquad \mathbf{x} \geq \mathbf{0} \end{array}\right\} \qquad (8.51)$$

Die im Folgenden beschriebene Vorgehensweise kann modifiziert werden, so dass sich auch Nebenbedingungen in Form von Gleichungen direkt berücksichtigen lassen; vgl. dazu Bem. 8.14.

Sind die Voraussetzungen einer konkaven Zielfunktion und eines konvexen zulässigen Bereiches X nicht erfüllt, so sind die Vorgehensweisen ebenfalls anwendbar. Wir können dann jedoch nie mit Sicherheit sagen, ob eine Näherungslösung für ein lokales Maximum auch eine Näherungslösung eines globalen Maximums ist. Oft berechnet man dann möglichst viele Näherungen für lokale Maxima und wählt unter diesen jene mit dem größten Zielfunktionswert aus, um zumindest mit einer relativ großen Wahrscheinlichkeit annehmen zu können, dass diese Näherung sogar ein globales Maximum approximiert.

Generell unterscheidet man zwei Arten von „Hilfsfunktionsverfahren“; zum einen gibt es die so genannten (Penalty- oder) Strafkostenverfahren, zum anderen die so genannten Barriere-Verfahren. Die Idee beider Verfahrenstypen besteht darin, ein restringiertes Problem (8.51) in eine Folge unrestringierter Probleme zu transformieren und als solche zu lösen; vgl. zu Verfahren beider Typen v.a. Borgwardt (2001, Kap. 18).

Bei den **Strafkostenverfahren** wird von der Zielfunktion eine Strafkostenfunktion $S : \mathbb{R}^n \to \mathbb{R}_+$ abgezogen, deren Wert gegen unendlich strebt, je weiter $\mathbf{x}$ außerhalb des zulässigen Bereichs X liegt. Für $\mathbf{x} \in X$ gilt $S(\mathbf{x}) = 0$. Damit wird ein Verstoß gegen die Zulässigkeit zwar erlaubt, in der Zielfunktion jedoch bestraft. Charakteristisch für Strafkostenverfahren ist die „Approximation von außen“. Das bedeutet, dass für die durch ein Strafkostenverfahren sukzessive ermittelten Näherungslösungen $\mathbf{x}^{(0)}, \mathbf{x}^{(1)},\dots, \mathbf{x}^{(q)}$ gilt: $\mathbf{x}^{(k)} \notin X$ für alle $0 \leq k \leq q$. Deshalb spricht man bei diesen Vorgehensweisen auch von „Außenpunkt-Algorithmen“; vgl. zu Verfahren dieses Typs auch Simmons (1975, S. 422 ff.) sowie Horst (1979, S. 239 ff.).

Bei den von uns in Kap. 6.6 geschilderten Lagrange-Relaxationen und deren Lösungsmöglichkeiten handelt es sich um spezielle Strafkostenverfahren für lineare, ganzzahlige Probleme.

Im Gegensatz zu Strafkostenverfahren bezeichnet man die **Barriere-Verfahren** als „Innenpunkt-Algorithmen“. Für die sukzessive ermittelten Näherungslösungen $\mathbf{x}^{(0)}, \mathbf{x}^{(1)},\dots, \mathbf{x}^{(q)}$ gilt hier jeweils $\mathbf{x}^{(k)} \in X$ für alle $0 \leq k \leq q$.

Aus dieser Gruppe beschreiben wir das Verfahren SUMT (Sequential Unconstrained Maximization Technique). Es geht von der folgenden Zielfunktion (ohne Nebenbedingungen) aus:

$$\text{Maximiere } P(\mathbf{x}, r) = F(\mathbf{x}) - r\, B(\mathbf{x}) \quad \text{mit } r > 0$$

Dabei ist $B(\mathbf{x})$ eine „Barrierefunktion“, die verhindern soll, dass der zulässige Bereich X verlassen wird. Sie sollte die folgenden Eigenschaften besitzen:

1) $B(\mathbf{x})$ ist klein, wenn $\mathbf{x} \in X$ weit von der Grenze des zulässigen Lösungsraumes X von (8.51) entfernt ist. Liegt also $\mathbf{x}$ inmitten des zulässigen Bereichs, so soll $F(\mathbf{x})$ möglichst wenig „verfälscht" werden.

2) $B(\mathbf{x})$ ist groß, wenn $\mathbf{x} \in X$ dicht an der Grenze des zulässigen Lösungsraums X von (8.51) liegt.

3) $B(\mathbf{x})$ geht gegen unendlich, wenn die Entfernung von $\mathbf{x} \in X$ zu der (am nächsten liegenden) Grenze des zulässigen Lösungsraums X von (8.51) gegen 0 konvergiert.

Mit 2. und 3. soll verhindert werden, dass $\mathbf{x}$ in den nächsten Verfahrensschritten X verlässt.

Wenn wir $B(\mathbf{x}) := \sum\limits_{i=1}^{m} \dfrac{1}{b_i - g_i(\mathbf{x})} + \sum\limits_{j=1}^{n} \dfrac{1}{x_j}$ setzen, so sind alle drei Eigenschaften erfüllt. Der zweite Term sichert die Einhaltung der Nichtnegativitätsbedingungen, der erste die der übrigen Restriktionen.

$B(\mathbf{x})$ wird mit einem positiven Parameter r gewichtet, den man von Iteration zu Iteration um einen bestimmten Faktor verkleinert. Dadurch wird u.a. erreicht, dass gegen Ende des Verfahrens auch Randpunkte aufgesucht werden.

Das Lösungsprinzip von SUMT lässt sich nun wie folgt skizzieren: Ausgehend von einem Startpunkt $\mathbf{x}^{(0)} \in X$, der nicht auf dem Rand von X liegt, berechne man mit einer Methode der unrestringierten mehrdimensionalen Maximierung (Kap. 8.3.2) eine Näherung $\mathbf{x}^{(1)}$ für ein lokales Maximum der Funktion $P(\mathbf{x},r)$.[9] Überschreitet die Differenz zwischen den beiden Lösungen eine vorzugebende Abbruchschranke, so setze man $r := \Theta \cdot r$ mit $\Theta \in (0,1)$ und berechne, ausgehend von $\mathbf{x}^{(1)}$, eine Approximation $\mathbf{x}^{(2)}$; usw.

$$\boxed{\text{Der Algorithmus SUMT}}$$

Voraussetzung: Ein Maximierungsproblem (8.51) mit konkaver Zielfunktion F und konvexem X; ein zulässiger Punkt $\mathbf{x}^{(0)}$, der nicht auf dem Rand von X liegen darf; eine Abbruchschranke $\varepsilon > 0$; Parameter $\Theta \in (0,1)$ und $r > 0$.

Iteration k (= 0, 1, ...): Ausgehend von $\mathbf{x}^{(k)}$ verwende man ein Verfahren der unrestringierten mehrdimensionalen Maximierung zum Auffinden einer Näherung $\mathbf{x}^{(k+1)}$ für ein lokales

$$\text{Maximum von } P(\mathbf{x},r) = F(\mathbf{x}) - r \left(\sum_{i=1}^{m} \frac{1}{b_i - g_i(\mathbf{x})} + \sum_{j=1}^{n} \frac{1}{x_j} \right).$$

Falls $\left\| \mathbf{x}^{(k+1)} - \mathbf{x}^{(k)} \right\| < \varepsilon$, Abbruch des Verfahrens, ansonsten setze $r := \Theta \cdot r$ und gehe zur nächsten Iteration.

Ergebnis: $\mathbf{x}^{(k+1)}$ ist eine Näherung für ein lokales Maximum der Funktion F auf dem Bereich X der zulässigen Lösungen.

$$* \ * \ * \ * \ *$$

---

9   Aufgrund der Konkavität von $P(\mathbf{x},r)$, die z.B. in Eiselt et al. (1987, S. 624) nachgewiesen wird, folgt aus dem Satz 8.4, dass zugleich das globale Maximum von $P(\mathbf{x},r)$ approximiert wird.

Beispiel: Wir lösen das Beispiel 3 aus Kap. 8.1.2 mit SUMT und wählen $r = 1$ sowie $\Theta = 0.1$. Starten wir im Punkt $\mathbf{x}^{(0)} = (1,1)$, so erhalten wir in den ersten Iterationen die folgenden Näherungslösungen $\mathbf{x}^{(1)} = (3.834, 1.928)$, $\mathbf{x}^{(2)} = (4.142, 2.201)$, $\mathbf{x}^{(3)} = (4.238, 2.284)$. Nach acht Iterationen gelangt man zum Punkt $\mathbf{x}^{(8)} = (4.286, 2.316)$ mit dem Zielfunktionswert $F(\mathbf{x}^{(8)}) = 34.982$, dessen Koordinaten sich danach bis zur dritten Stelle nach dem Komma nicht mehr verändern.

Bemerkung 8.14: SUMT eignet sich auch für Modelle mit Gleichheitsrestriktionen. Das zu lösende Problem sei wie folgt gegeben:

$$
\left.
\begin{aligned}
&\text{Maximiere } F(\mathbf{x}) \\[1em]
&\text{unter den Nebenbedingungen} \\
&\qquad g_i(\mathbf{x}) \le b_i \qquad\quad \text{für } i = 1,...,m \\
&\qquad h_k(\mathbf{x}) = d_k \qquad\quad \text{für } k = 1,...,q \\
&\qquad\quad \mathbf{x} \ge \mathbf{0}
\end{aligned}
\right\}
\tag{8.52}
$$

Die Funktionen $F(\mathbf{x})$, $g_i(\mathbf{x})$ und $h_k(\mathbf{x})$ können linear oder nichtlinear sein. Als $P(\mathbf{x},r)$ eignet sich in diesem Fall:

$$
P(\mathbf{x},r) = F(\mathbf{x}) - r\left(\sum_{i=1}^{m} \frac{1}{b_i - g_i(\mathbf{x})} + \sum_{j=1}^{n} \frac{1}{x_j} \right) - \sum_{k=1}^{q} \frac{(d_k - h_k(\mathbf{x}))^2}{\sqrt{r}}
$$

Durch den letzten Ausdruck von $P(\mathbf{x},r)$ wird gegen Ende des Verfahrens die Verletzung von Gleichungen immer stärker bestraft.

8.7 Optimierung bei zerlegbaren Funktionen

Bei der so genannten *separablen konvexen Optimierung* handelt es sich um einen weiteren Spezialfall der nichtlinearen Optimierung. Bei diesem wird außer linearen Nebenbedingungen vorausgesetzt, dass die Zielfunktion keine gemischten Terme $h_i(x_i) \cdot h_j(x_j)$ mit $i \ne j$ enthält. Sie ist somit als Summe von Funktionen $f_j(x_j)$ mit je einer Variablen x_j darstellbar. Für die Funktionen f_j wird vorausgesetzt, dass sie bei Minimierungsproblemen konvex, bei Maximierungsproblemen konkav sind. Gegeben ist also z.B. ein Problem der Art:

$$
\left.
\begin{aligned}
&\text{Maximiere } F(\mathbf{x}) = \sum_{j=1}^{n} f_j(x_j) \\[1em]
&\text{unter den Nebenbedingungen} \\
&\qquad \mathbf{A}\,\mathbf{x} \le \mathbf{b} \\
&\qquad\quad \mathbf{x} \ge \mathbf{0}
\end{aligned}
\right\}
\tag{8.53}
$$

$f_j(x_j)$ ist für jedes $j = 1,...,n$ eine konkave Funktion.

Die Idee der separablen konvexen Optimierung besteht nun darin, das gegebene nichtlineare Problem durch stückweise lineare Approximation der Funktionen $f_j(x_j)$ in ein Problem mit linearer Zielfunktion zu überführen, welches dann mit dem Simplex-Algorithmus gelöst werden kann (siehe Bem. 8.15). Dafür unterteilt man die positive reelle Achse (den Wertebereich für x_j) in q_j Teilintervalle $[u_{j,k-1}, u_{jk}]$ mit $k = 1,\dots,q_j$ und $u_{j0} := 0$. Die festzulegenden Parameter u_{jk} bezeichnet man als *Stützstellen*. Falls x_{jq_j} nach oben unbeschränkt sein kann, wählt man $u_{jq_j} = \infty$.

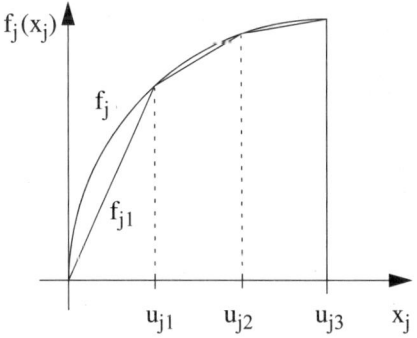

Abb. 8.15: Lineare Approximation

In dem (8.53) approximierenden, linearen Optimierungsproblem wird jede der nichtlinearen Funktionen $f_j(x_j)$ durch die Summe von q_j linearen Funktionen $f_{jk}(x_{jk}) := c_{jk}x_{jk}$ mit $0 \le x_{jk} \le (u_{jk} - u_{j,k-1})$ ersetzt; siehe auch Abb. 8.15.

Der Koeffizient c_{jk} der linearen Funktion $f_{jk}(x_{jk}) = c_{jk} x_{jk}$ ergibt sich aus

$$c_{jk} := (f_j(u_{jk}) - f_j(u_{j,k-1}))/(u_{jk} - u_{j,k-1}).$$

Mit $x_j := \sum_{k=1}^{q_j} x_{jk}$ gilt für $j = 1,\dots,n$: $f_j(x_j) \approx \sum_{k=1}^{q_j} f_{jk}(x_{jk}) = \sum_{k=1}^{q_j} c_{jk}x_{jk}$

Ausgehend von diesen Variablen- und Parameterdefinitionen, können wir somit (8.53) durch (8.54) approximieren:

$$\text{Maximiere } F(\mathbf{x}) = \sum_{j=1}^{n} \sum_{k=1}^{q_j} c_{jk}x_{jk}$$

unter den Nebenbedingungen

$$\sum_{j=1}^{n} a_{ij} \left(\sum_{k=1}^{q_j} x_{jk} \right) \le b_i \qquad \text{für } i = 1,\dots,m$$

$$0 \le x_{jk} \le (u_{jk} - u_{j,k-1}) \qquad \text{für } j = 1,\dots,n \text{ und } k = 1,\dots,q_j$$

(8.54)

Wählen wir die q_j groß, so führt dies zu einer relativ genauen stückweise linearen Approximation der konkaven Funktionen $f_j(x_j)$. Ist q_j klein, so fällt die Approximation weniger genau aus. Für den Fall, dass $f_j(x_j)$ von vornherein linear ist, wählt man $q_j = 1$.

Bemerkung 8.15: In der Formulierung (8.54) ist nicht berücksichtigt, dass eine Variable x_{jk} erst dann positive Werte annehmen darf, wenn sämtliche Variablen x_{jh} mit $h < k$ ihre obere Schranke erreicht haben. Zu fordern wäre eine Zusatzrestriktion z.B. der folgenden Art:

$$((u_{jk} - u_{j,k-1}) - x_{jk})x_{j,k+1} = 0 \quad \text{für } j = 1,\dots,n \text{ und } k = 1,\dots,q_j-1 \tag{8.55}$$

Da jedoch die c_{jk} in der Reihenfolge $k = 1,\dots,q_j$ monoton abnehmende Werte besitzen, weist der Simplex-Algorithmus bei einem Maximierungsproblem den x_{jk} auch in der genannten

Reihenfolge Werte zu, bis jeweils die obere Schranke erreicht ist. Auf die quadratische Restriktion (8.55) kann daher verzichtet werden.

Vgl. zur Lösung eines derartigen Problems mit Excel Domschke und Klein (2000) sowie Aufg. 11.3 im Übungsbuch Domschke et al. (2005).

8.8 Anhang

Softwarehinweise

Einen Überblick über Software zur nichtlinearen Optimierung findet man u.a. in Moré und Wright (1993), Nash (1995) sowie Pintér (1996).

Weiterführende Literatur

Alt (2002)

Bazaraa et al. (1993)

Borgwardt (2001)

Büning et al. (2000)

Domschke et al. (2005) – *Übungsbuch*

Ecker und Kupferschmid (1988)

Eiselt et al. (1987)

Geiger und Kanzow (1999)

Golden und Wasil (1986)

Hillier und Lieberman (1997)

Horst (1979)

Horst und Tuy (1996)

Kistner (2003)

Kosmol (1989)

Krabs (1983)

Minoux (1986)

Neumann und Morlock (2002)

Opitz (2002)

Pintér (1996)

Schittkowski (1980)

Simmons (1975)

Spellucci (1993)

Der goldene Schnitt

Der goldene Schnitt, auch als „stetige Teilung", „harmonische Teilung", von Johannes Keppler als „göttliche Teilung" bezeichnet, wurde schon von Euclid behandelt. Die Proportionen des goldenen Schnittes, das Teilungsverhältnis $\delta \approx 0.382\Delta$ zu $\Delta - \delta = 0.618\Delta$ (ungefähr $3:5$), tritt vielfältig im Bereich der Mathematik auf. Beispielsweise wird die Seitenlänge eines Quadrates durch die in Abb. 8.16 dargestellte Konstruktion im Verhältnis des goldenen Schnittes unterteilt. Ein weiteres Beispiel stellen die Fibonacci-Zahlen 1, 1, 2, 3, 5, 8, 13, 21, ... dar; mit wachsenden Werten entspricht der Quotient von je zwei benachbarten Zahlen dem Teilungsverhältnis des goldenen Schnittes.

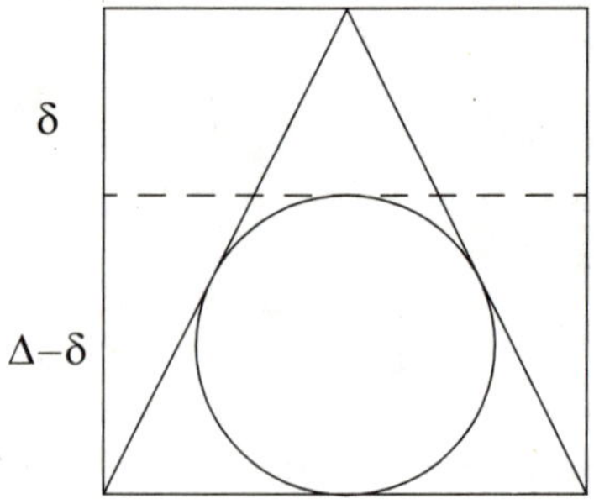

Abb. 8.16

Auch in der antiken Baukunst, der Malerei und Baukunst der italienischen Renaissance sowie beim Buchdruck wurden/werden *Proportionen* von Flächen, Gebäuden etc., die dem goldenen Schnitt entsprechen, als besonders ästhetisch erachtet.

Sind nicht auch Ihnen die ausgewogenen Proportionen (des jeweils bedruckten Bereichs) der Seiten des vorliegenden Buches aufgefallen!? Prüfen Sie nach! Breite b zu Höhe h stehen in etwa im Verhältnis des goldenen Schnittes; denn mit $\Delta = h$ und $\delta = h-b$ gilt in etwa $(h-b)/b = b/h$ (= 13/21, siehe das Verhältnis der 7. zur 8. Fibonacci-Zahl).

Aus dem Bereich der Malerei wollen wir statt auf die Venus von Milo, das Abendmahl von Leonardo da Vinci und andere berühmte Beispiele auf die ansprechenden Proportionen von Obelix hinweisen, dessen Darstellung wir im Juli 2004 unter

    http://m.holzapfel.bei.t-online.de/projekte/goldschnitt/goldenerschnitt.htm

im Internet gefunden und entliehen haben.

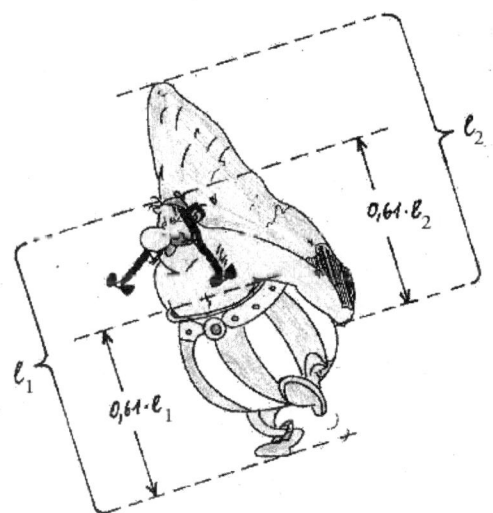

Kapitel 9: Warteschlangentheorie

9.1 Einführung

Warteschlangen gehören zum täglichen Erscheinungsbild: Kundenschlangen vor der Essens-
ausgabe in Mensen, vor Kassen in Supermärkten, an Bank-, Post- und Behördenschaltern, an
Bus- oder Straßenbahnhaltestellen; Autoschlangen vor Kreuzungen und Baustellen etc. Auch
im *betrieblichen Alltag* sind Warteschlangen allgegenwärtig: Pufferlager von Bauteilen vor
Maschinen; auf Aufträge oder Reparaturleistungen wartende Maschinen; Endprodukte, die im
Lager auf Verkauf „warten"; noch nicht ausgeführte Bestellungen usw.

Zweifelsfrei empfindet kaum ein Mensch den Zustand des Wartens als Vergnügen; produktive
Beschäftigung oder Freizeit werden vorgezogen. Aus ökonomischer Sicht könnten die Kapazitäten wartender Maschinen zur Produktivitätssteigerung beitragen. Wartezeiten von Aufträgen
vor Maschinen führen zu überhöhten Kapitalbindungskosten im Umlaufvermögen, über eine
verzögerte Fertigstellung ggf. zu Konventionalstrafen oder sogar zur Nichtabsetzbarkeit eines
Produktes bei verärgerten Kunden. Umgekehrt führt zu hohe Maschinenkapazität zu überhöhten Kapitalbindungskosten im Anlagevermögen.

Persönliche Präferenzen, betriebliche Kosten etc. erfordern also eine Untersuchung der
Ursachen für das Auftreten von Warteschlangen, der damit verbundenen Wartezeiten sowie
von Möglichkeiten zur Veränderung und Gestaltung von Warteschlangensystemen.

Ein **Warteschlangensystem** bzw. **Wartesystem** lässt sich vereinfacht als ein *Input-Output-
System* mit **Warteraum** und **Abfertigung** charakterisieren.

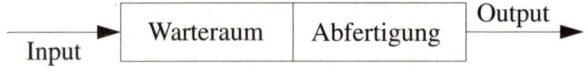

Die Abfertigung besteht in der Regel aus einer Tätigkeit, die an einer **Servicestelle** ausgeführt
wird. Synonyme zu Servicestelle sind in der Literatur zur Warteschlangentheorie **Kanal**,
Schalter und Bedienungsstation.

„Input" des Systems sind z.B. Aufträge, die bearbeitet, oder Kunden, die bedient werden
sollen. Nach der Bearbeitung bzw. Bedienung verlassen sie als „Output" das System. Die das
System passierenden Aufträge oder Kunden werden auch als **Elemente** bezeichnet. Zugangs-
und/oder Abfertigungszeiten der Elemente stellen i.Allg. *Zufallsgrößen* dar.

Interessante Kenngrößen von Wartesystemen sind z.B.

- die durchschnittliche **Systemlänge** (Anzahl der Elemente im Warteraum und in der Abfertigung),
- die durchschnittliche **Schlangenlänge** (Anzahl der Elemente im Warteraum),
- die durchschnittliche **Verweilzeit** im System,
- die durchschnittliche **Wartezeit** im Warteraum.

Tab. 9.1 enthält einige Beispiele für Wartesysteme. V.a. das zuletzt aufgeführte Beispiel „Telefonzentrale" besitzt unter der neuen Bezeichnung Call Center große praktische Bedeutung; vgl. hierzu Helber und Stolletz (2004).

System	Elemente	Abfertigung	Servicestelle(n)
Kaufhaus	Kunden	Bedienung	Kasse, Verkauf
Spedition	Lieferaufträge	Zustellung	LKW
Arztpraxis	Patienten	Untersuchung	Arzt
Reparaturtrupp	defekte Maschinen	Reparatur	Mechaniker
Telefonzentrale	Anrufe	Vermittlung	Leitungen

Tab. 9.1

Zur formalen Beschreibung des Systemzugangs der Elemente (**Ankunftsprozess**), der Abfertigung und der Servicestellen wurde trotz der oben skizzierten einfachen Grundstruktur von Wartesystemen eine Vielzahl unterschiedlicher mathematischer Modelle (**Wartemodelle**) entwickelt.

Wir beschreiben im Folgenden zunächst einige zentrale Wahrscheinlichkeitsverteilungen, mit deren Hilfe Ankunfts- und Abfertigungsprozesse abgebildet werden können. Anschließend beschäftigen wir uns mit Wartemodellen in Form homogener Markovketten. Wir beenden das Kapitel mit Hinweisen auf weitere Wartemodelle. Ausführliche Darstellungen zur Warteschlangentheorie und weitere Literaturhinweise findet man z.B. in Schassberger (1973), Bolch (1989), Meyer und Hansen (1996, S. 210 ff.) oder Hillier und Lieberman (1997, S. 502 ff.).

9.2 Binomial-, Poisson- und Exponentialverteilung

Wir beschreiben jede der drei Verteilungen zunächst allgemein und stellen danach jeweils den Bezug zur Warteschlangentheorie her. Dadurch können wir auf sie auch in Kap. 10.2 zur Beschreibung stochastischer Inputgrößen von Simulationsmodellen, die keinen Bezug zur Warteschlangentheorie besitzen, zurückgreifen. Zunächst schildern wir mit der Bernoulli-Verteilung einen speziellen Fall der Binomialverteilung.

Bernoulli-Verteilung:

Sie ist geeignet zur Beschreibung von Situationen mit zwei sich gegenseitig ausschließenden Ergebnissen (z.B. „Erfolg" oder „Misserfolg") unter Verwendung einer Zufallsvariablen X. Derartige Situationen liegen z.B. bei der Qualitätskontrolle von Produkten (durch Ziehen einer Stichprobe) vor. Die sich gegenseitig ausschließenden Ergebnisse können sein, dass das geprüfte Produkt einwandfrei oder mangelhaft ist.

Die Bernoulli-Verteilung gehört zu den diskreten Verteilungen. Ihre Wahrscheinlichkeitsfunktion lässt sich wie folgt darstellen:[1]

$$f_1(x) = \begin{cases} p & \text{für } x = 1 \\ 1 - p & \text{für } x = 0 \end{cases} \tag{9.1}$$

p ist also die Wahrscheinlichkeit für einen „Erfolg" (x = 1) und 1 – p die Wahrscheinlichkeit für einen „Misserfolg" (x = 0).

Binomialverteilung:

E sei nun das Ereignis „Erfolg", das bei einem wiederholbaren zufälligen Geschehen mit Wahrscheinlichkeit p eintreten kann. Wiederholen wir den Zufallsvorgang n-mal, wobei es zwischen den einzelnen Wiederholungen keinerlei wechselseitige Beeinflussung gibt (*stochastische Unabhängigkeit* der Vorgänge), so können wir die i-te Wiederholung (i = 1,...,n) durch die Zufallsvariable

$$X_i = \begin{cases} 1 & \text{falls E eintritt} \\ 0 & \text{sonst} \end{cases}$$

beschreiben. Die Zufallsvariable

$$X = \sum_{i=1}^{n} X_i$$

mit dem Wertebereich $\{0, 1, ..., n\}$ misst die Anzahl an Durchführungen, bei denen E eintritt. Die Wahrscheinlichkeitsfunktion $f_2(x)$ der Binomialverteilung lässt sich nun folgendermaßen herleiten; vgl. auch Bamberg und Baur (2002, S. 99 ff.):

a) Alle X_i (i = 1,...,n) sind voneinander stochastisch unabhängig, und für jedes i gilt

   $$f_1(X_i = 1) = p \quad \text{sowie} \quad f_1(X_i = 0) = 1 - p.$$

b) Für $x_i \in \{0, 1\}$ und $x := \sum_{i=1}^{n} x_i$ gilt dann wegen der Unabhängigkeit der X_i:

   $$f_2(X_1 = x_1,...,X_n = x_n) = f_1(X_1 = x_1) \cdot \, ... \, \cdot f_1(X_n = x_n) = p^x \cdot (1-p)^{n-x}$$

c) Jeder Vektor $(x_1, ..., x_n)$ entspricht einer speziellen Anordnung von x „Einsen" und n – x „Nullen". Insgesamt gibt es $\binom{n}{x} = \dfrac{n!}{x!(n-x)!}$ derartige Anordnungsmöglichkeiten.

d) Aus (b) und (c) erhalten wir die Wahrscheinlichkeit $f_2(X = x)$ dafür, dass bei n-maliger Wiederholung eines Bernoulli-Experiments (n Stichprobenziehungen) genau x-mal die 1 auftritt: $f_2(X = x) = \binom{n}{x} \cdot p^x \cdot (1-p)^{n-x}$

Die diskrete Zufallsvariable X besitzt damit die Wahrscheinlichkeitsfunktion

$$f_2(x) = \begin{cases} \binom{n}{x} \cdot p^x \cdot (1-p)^{n-x} & \text{für } x = 0, 1, ..., n \\ 0 & \text{sonst} \end{cases} \tag{9.2}$$

---

1   Wie in der Statistik üblich, verwenden wir Großbuchstaben für Zufallsvariablen und kleine Buchstaben für Realisationen von Zufallsvariablen. Abweichend von der üblichen Notation in der statistischen Literatur, verwenden wir auch für Wahrscheinlichkeiten diskreter Verteilungen die funktionale Schreibweise f(x) anstelle von P(X = x). Siehe zu den dargestellten Verteilungen auch Bamberg und Baur (2002) oder Lehn und Wegmann (2004).

(9.2) ist die Wahrscheinlichkeitsfunktion der *Binomialverteilung* mit den Parametern n und p, die man kürzer auch als *B(n,p)-Verteilung* bezeichnet. Die Herleitung von (9.2) lässt sich mit Hilfe eines binären Zustands-/Ereignisbaumes veranschaulichen, auf dessen Kanten jeweils p bzw. 1 – p notiert wird; siehe z.B. Meyer und Hansen (1996, S. 223 f.).

Wie man leicht sieht, entspricht die Bernoulli-Verteilung der B(1,p)-Verteilung.

Mit Hilfe der Binomialverteilung können wir beispielsweise den *Zugang des Wartesystems „Bankschalter"* (unter der Annahme eines unbegrenzten Kundenreservoirs und eines unbeschränkten Warteraums) abbilden: Tritt durchschnittlich alle T = 2 Minuten ein Kunde ein, und ist während jedes einzelnen Teilintervalls von T das Eintreffen des Kunden gleich wahrscheinlich, so kann innerhalb eines Beobachtungszeitraums von Δt = 6 Sekunden mit der Wahrscheinlichkeit 1/20 mit dem Zugang eines Kunden gerechnet werden.

Unter diesen Voraussetzungen gibt p = $\Delta t/T$ allgemein die Wahrscheinlichkeit dafür an, dass im Beobachtungszeitraum Δt ein Kunde ankommt, wobei T dem durchschnittlichen zeitlichen Abstand zweier aufeinander folgender Kunden entspricht. Mit der Wahrscheinlichkeit 1 – p = 1 – $\Delta t/T$ kommt in Δt kein Kunde an. Eine B(n,p)-verteilte Zufallsvariable mit p = $\Delta t/T$ beschreibt somit die Anzahl der Kunden, die voneinander unabhängig am Bankschalter eingetroffen sind, nachdem dieser seit n · Δt Zeiteinheiten (ZE) geöffnet ist.

Die Binomialverteilung bietet also gute Möglichkeiten zur Beschreibung von *Ankunftsprozessen* (aber auch von *Abfertigungsprozessen*) in Warteschlangensystemen. Ihr Nachteil ist der relativ große Rechenaufwand, den die Ermittlung ihrer Wahrscheinlichkeitsfunktion $f_2(x)$ erfordert. Dieser Nachteil lässt sich durch Verwendung der Poisson-Verteilung vermeiden.

Poisson-Verteilung:

Eine diskrete Zufallsvariable X mit der Wahrscheinlichkeitsfunktion

$$f_3(x) = \begin{cases} \dfrac{\gamma^x}{x!}\, e^{-\gamma} & \text{für } x = 0, 1, 2, \ldots \\ 0 & \text{sonst} \end{cases} \tag{9.3}$$

heißt *Poisson-verteilt* oder genauer *P(γ)-verteilt* mit Parameter $\gamma > 0$.

Im Gegensatz zur Binomialverteilung, deren Praxisbezug unmittelbar aus Beispielen der oben geschilderten Art folgt, ist die Poisson-Verteilung vergleichsweise „künstlich". Ihre Bedeutung resultiert daraus, dass sie eine *Approximationsmöglichkeit* für die B(n,p)-Verteilung bei „kleinem" p und „großem" n bietet. Für n ≥ 50, p < 1/10 und n · p ≤ 10 kann die B(n,p) durch die P(γ)-Verteilung mit γ = n · p in der Regel hinreichend gut approximiert werden. „Infolge dessen findet man die Poisson-Verteilung dann empirisch besonders gut bestätigt, wenn man registriert, wie oft ein bei einmaliger Durchführung sehr unwahrscheinliches Ereignis bei vielen Wiederholungen eintritt. Die Poisson-Verteilung wird aus diesem Grunde auch als **Verteilung der seltenen Ereignisse** bezeichnet" (Bamberg und Baur (2002, S. 103)).

Eine ausführliche Darstellung des formalen Zusammenhangs zwischen der Binomial- und der Poisson-Verteilung findet man in Meyer und Hansen (1996, S. 225 f.).

Mit $\gamma = n \cdot p$ gibt $f_3(x)$ gemäß (9.3) die Wahrscheinlichkeit dafür an, dass nach $n \cdot \Delta t$ ZE genau x Kunden angekommen sind (bzw. abgefertigt wurden).

Beispiel: Wir betrachten das obige Wartesystem „Bankschalter" (mit T = 2 Minuten, Δt = 6 Sekunden und p = 1/20) und wollen mit Hilfe der Binomialverteilung und der Poisson-Verteilung Wahrscheinlichkeiten dafür angeben, dass nach n = 25 Zeitintervallen der Länge Δt, also nach 2.5 Minuten, genau x Kunden angekommen sind. Wir erhalten folgende Wahrscheinlichkeiten für die Ankunft von x = 0,1,...,5 Kunden.

x	0	1	2	3	4	5
B(n,p)	0.2773	0.3650	0.2305	0.0930	0.0269	0.0060
P(γ)	0.2865	0.3581	0.2238	0.0932	0.0291	0.0073

Erweitern wir den Beobachtungszeitraum auf n = 50 Zeitintervalle, so ergeben sich folgende Wahrscheinlichkeiten für die Ankunft von x = 0,1,...,5 Kunden.

x	0	1	2	3	4	5
B(n,p)	0.0769	0.2025	0.2611	0.2200	0.1360	0.0658
P(γ)	0.0821	0.2052	0.2565	0.2138	0.1336	0.0668

Exponentialverteilung:

Eine kontinuierliche Zufallsvariable X mit der Dichtefunktion

$$f_4(x) = \begin{cases} \delta\, e^{-\delta x} & \text{für } x \geq 0 \\ 0 & \text{sonst} \end{cases} \qquad (9.4)$$

und $\delta > 0$ heißt *exponentialverteilt*. Es gilt $f_4(0) = \delta$.

Die Exponentialverteilung ist, wie wir zeigen wollen, geeignet zur Beschreibung des zeitlichen Abstandes der Ankunft zweier unmittelbar aufeinander folgender Kunden (**Zwischenankunftszeit**). Mit Hilfe der Dichtefunktkion $f_4(x)$ kann die Wahrscheinlichkeit dafür berechnet werden, dass der zeitliche Abstand zwischen der Ankunft zweier Kunden im Intervall [a,b] liegt. Hierzu ist die Fläche mittels Integration unter der Dichtefunktion in den Grenzen a und b zu berechnen.

Der Parameter δ entspricht der oben eingeführten Wahrscheinlichkeit für das Eintreffen eines Kunden in Δt ($\delta = p = \Delta t / T$). $1/\delta$ entspricht dem Erwartungswert und $1/\delta^2$ der Varianz der Exponentialverteilung.

Die Verteilungsfunktion der Exponentialverteilung ist

$$F_4(x) = \int_{-\infty}^{x} f_4(t)\, dt = \int_0^x \delta\, e^{-\delta t} dt = 1 - e^{-\delta x}.$$

$F_4(x)$ gibt die Wahrscheinlichkeit dafür an, dass zwischen der Ankunft zweier aufeinander folgender Kunden *höchstens* x ZE verstreichen.

Diese Aussagen lassen sich wie folgt aus der Poisson-Verteilung herleiten:

Gemäß (9.3) gilt wegen $\gamma = p \cdot n$ für die Wahrscheinlichkeit, dass in $n \cdot \Delta t$ Perioden kein Kunde ankommt: $f_3(0) = e^{-\gamma} = e^{-pn}$

$1 - e^{-pn}$ ist damit die Wahrscheinlichkeit dafür, dass in $n \cdot \Delta t$ *mindestens* ein Kunde eintrifft. Somit vergehen mit dieser Wahrscheinlichkeit auch *höchstens* n Perioden der Länge Δt zwischen der Ankunft zweier aufeinander folgender Kunden.

Durch Substitution von p durch δ und von n durch die Variable x erkennen wir, dass $1 - e^{-pn}$ mit der Verteilungsfunktion $1 - e^{-\delta x}$ der Exponentialverteilung identisch ist. Diese Ausführungen können in folgendem Satz zusammengefasst werden:

Satz 9.1: Lässt sich der stochastische Prozess der Ankunft von Kunden in einem Wartesystem durch eine Poisson-Verteilung beschreiben, so sind die Zwischenankunftszeiten der Kunden exponentialverteilt.

9.3 Wartemodelle als homogene Markovketten

Eine wichtige Klasse von Wartemodellen lässt sich als homogene Markovkette interpretieren. Im Folgenden charakterisieren wir derartige stochastische Prozesse und beschreiben einen einfachen Markov'schen Ankunfts- und Abfertigungsprozess.

9.3.1 Homogene Markovketten

Bevor wir den Begriff homogene Markovkette definieren, betrachten wir das folgende „naturnahe" **Beispiel**: Bei Sonnenschein hält sich ein Frosch stets auf den drei Seerosenblättern 1, 2 oder 3 auf. Registriert man seinen Platz zu äquidistanten Zeitpunkten $t_0, t_1, t_2, ...$, so möge sich sein Verhalten durch den in Abb. 9.1 dargestellten Graphen veranschaulichen lassen. Ein Wert $p_{ij} = 0.2$ besagt, dass der Frosch zwischen zwei aufeinander folgenden Zeitpunkten t_h und t_{h+1} mit der Wahrscheinlichkeit 0.2 von Blatt i zu

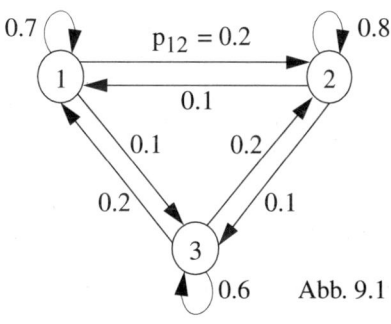

Abb. 9.1

Blatt j wechselt (einperiodige **Übergangswahrscheinlichkeit**), falls er zum Zeitpunkt t_h auf Blatt i sitzt.

Diese Wahrscheinlichkeiten fassen wir zu einer Matrix $P = (p_{ij})$ zusammen. Ferner bezeichnen wir die Matrizen, welche die Wahrscheinlichkeiten für Übergänge nach zwei, drei bzw. n Perioden angeben, mit P^2, P^3 bzw. P^n. Sie ergeben sich aus $P^2 = P \cdot P$, $P^3 = P^2 \cdot P$ bzw. $P^n = P^{n-1} \cdot P$. Für unser Beispiel stellt man fest, dass sich für hinreichend großes n jeweils die gleiche Matrix ergibt. Es gilt hier also $\lim_{n \to \infty} P^n = \bar{P} = (\bar{p}_{ij})$. Die Matrix $\bar{P}$ bezeichnet man als **Gleichgewichtsmatrix**. Sie veranschaulicht, dass die Wahrscheinlichkeit dafür, dass nach n Perioden ein bestimmter Zustand eintritt, unabhängig davon ist, welcher Zustand zum Zeitpunkt 0 bestand. Die Matrizen P, P^2 und $\overline{P}$ für das Beispiel zeigt Tab. 9.2.

t_0			t_1			t_2			...	$t_n\,(n \to \infty)$		
	1	2	3	1	2	3	...		1	2	3	
1	0.7	0.2	0.1	0.53	0.32	0.15	...		0.3	0.5	0.2	
2	0.1	0.8	0.1	0.17	0.68	0.15	...		0.3	0.5	0.2	
3	0.2	0.2	0.6	0.28	0.32	0.40	...		0.3	0.5	0.2	Tab. 9.2

Die Zeilenvektoren von $\overline{P}$ sind identisch. Sie lassen sich durch Lösung eines linearen Gleichungssystems bestimmen. Dazu setzen wir $\overline{p}_1 := \overline{p}_{11}$ $(= \overline{p}_{21} = \overline{p}_{31})$, $\overline{p}_2 := \overline{p}_{i2}$, $\overline{p}_3 := \overline{p}_{i3}$ und $\overline{p} := (\overline{p}_1, \overline{p}_2, \overline{p}_3)$. Unter Hinzunahme von $\overline{p}_1 + \overline{p}_2 + \overline{p}_3 = 1$ und $\overline{p}_j \geq 0$ für $j = 1, 2, 3$ besitzt das Gleichungssystem $\overline{p} \cdot P = \overline{p}$ für unser Beispiel folgendes Aussehen:

$$0.7\ \overline{p}_1 + 0.1\ \overline{p}_2 + 0.2\ \overline{p}_3 = \overline{p}_1$$

$$0.2\ \overline{p}_1 + 0.8\ \overline{p}_2 + 0.2\ \overline{p}_3 = \overline{p}_2$$

$$0.1\ \overline{p}_1 + 0.1\ \overline{p}_2 + 0.6\ \overline{p}_3 = \overline{p}_3$$

$$\overline{p}_1 + \overline{p}_2 + \overline{p}_3 = 1$$

$$\overline{p}_j \geq 0 \qquad \text{für} \quad j = 1, 2, 3$$

Durch Lösen dieses linearen Gleichungssystems erhalten wir die Matrix $\overline{P}$, wie sie in Tab. 9.2 für die Periode t_n angegeben ist.

Das zufallsabhängige Wechseln des Frosches zwischen den Seerosenblättern haben wir als **stochastischen Prozess**, d.h. als zufallsbedingten Ablauf in der Zeit, beschrieben.

Das zugrunde liegende Modell, das leicht auf ökonomische Sachverhalte übertragbar ist[2], entspricht einem stochastischen Prozess mit speziellen Eigenschaften:

1) Da diskrete Beobachtungszeitpunkte t_h unterstellt werden, nennt man ihn eine *stochastische Kette*.

2) Da der Übergang vom Zustand i im Zeitpunkt t_h zum Zustand j im Zeitpunkt t_{h+1} unabhängig von der Vergangenheit, d.h. den Zuständen in den Zeitpunkten $t_0, ..., t_{h-1}$, ist, nennt man ihn eine **Markovkette**.[3]

3) Da die Übergangswahrscheinlichkeiten p_{ij} zeitinvariant sind (in jedem Zeitpunkt dieselben Wahrscheinlichkeiten), bezeichnet man das von uns betrachtete Modell als eine **homogene Markovkette**.

---

2   Vgl. zu Anwendungen im Bereich des Marketing Hauke und Opitz (2003, Kap. 5) sowie auf dem Gebiet der Instandhaltungsplanung Waldmann und Stocker (2004, Kap. 4.6).

3   Die geschilderte Art des zeitlichen Zusammenhangs bezeichnet man auch als **Markov-Eigenschaft**. Sie ist in der dynamischen Optimierung ebenfalls von zentraler Bedeutung; siehe Kap. 7.1.1.

Homogene Markovketten können nun sehr einfach und anschaulich zur Beschreibung der Ankunft und Abfertigung von Kunden in einem Warteschlangensystem verwendet werden.

9.3.2 Der Ankunftsprozess

Um den Ankunftsprozess von Kunden in einem Wartesystem durch eine homogene Markovkette beschreiben zu können, gehen wir von folgenden *Annahmen* aus:

- Durchschnittlich möge alle T Zeiteinheiten (ZE) ein Kunde eintreffen. Die Ankunft der einzelnen Kunden ist unabhängig voneinander.

- Das Eintreffen eines Kunden sei in jedem Zeitpunkt *gleich wahrscheinlich*. Die Wahrscheinlichkeit für das Eintreffen eines Kunden pro ZE sei $\lambda := 1/T$; man nennt λ auch **Ankunftsrate**. Keine Ankunft erfolgt pro ZE mit der Wahrscheinlichkeit $1 - \lambda = 1 - 1/T$.

- Für die Beobachtung von Ankunftsereignissen werde ein Zeitraum Δt so gewählt, dass in Δt *höchstens ein* Kunde ankommen kann. In Δt ZE ist mit der Wahrscheinlichkeit $\lambda \cdot \Delta t$ mit der Ankunft eines Kunden zu rechnen. $1 - \lambda \cdot \Delta t$ ist die Wahrscheinlichkeit dafür, dass in Δt kein Kunde ankommt.

- a_i ($i = 0,1,2,...$) sei der Zustand, dass bis zu einem bestimmten Zeitpunkt genau i Kunden angekommen sind.

- Unterstellt werden ein unendliches Kundenreservoir und ein unbeschränkter Warteraum.

Unter diesen Annahmen lässt sich für den Übergang von Zustand a_i zu Zustand a_j (mit i, j = 0, 1, 2,...) während eines Intervalls Δt die in Tab. 9.3 angegebene **Übergangsmatrix** aufstellen.

	a_0	a_1	a_2	a_3	$\ldots$
a_0	$1 - \lambda \cdot \Delta t$	$\lambda \cdot \Delta t$	0	0	
a_1	0	$1 - \lambda \cdot \Delta t$	$\lambda \cdot \Delta t$	0	
a_2	0	0	$1 - \lambda \cdot \Delta t$	$\lambda \cdot \Delta t$	
a_3	0	0	0	$1 - \lambda \cdot \Delta t$	
$\vdots$					Tab. 9.3

Wie man sich leicht überlegt, wird der Übergang von a_i zu a_i bzw. von a_i zu a_{i+1} während eines Intervalls Δt durch die Bernoulli-Verteilung beschrieben.

Mit Hilfe der Binomialverteilung $B(n, \lambda \cdot \Delta t)$ können wir die Wahrscheinlichkeit dafür berechnen, dass nach $n \cdot \Delta t$ ZE eine bestimmte Anzahl an Kunden angekommen ist. Sind die oben genannten Voraussetzungen erfüllt, können wir diese Wahrscheinlichkeit auch mit weniger Aufwand näherungsweise mit Hilfe der Poisson-Verteilung bestimmen; dabei gilt $\gamma = n \cdot \lambda \cdot \Delta t$. Die Exponentialverteilung schließlich liefert uns mit $1 - e^{-\lambda \cdot \Delta t \cdot n}$ die Wahrscheinlichkeit dafür, dass zwischen der Ankunft zweier Kunden höchstens $n \cdot \Delta t$ ZE vergehen.

Der skizzierte Ankunftsprozess besitzt dieselben Eigenschaften wie das Beispiel in Kap. 9.3.1 und entspricht daher ebenfalls einer homogenen Markovkette.

9.3.3 Berücksichtigung der Abfertigung

Die Abfertigung kann (für sich betrachtet) analog zur Ankunft behandelt werden. Im Einzelnen gehen wir von folgenden *Annahmen* aus:

- Sofern Kunden auf Abfertigung warten, möge durchschnittlich alle $\overline{T}$ ZE ein Kunde das System verlassen. Die Austrittszeitpunkte der Kunden aus dem System seien unabhängig voneinander.

- Der Austritt eines Kunden aus dem System sei in jedem Zeitpunkt *gleich wahrscheinlich* mit der Wahrscheinlichkeit $\mu := 1/\overline{T}$ pro ZE. Man nennt μ auch **Abfertigungsrate**. $1 - \mu = 1 - 1/\overline{T}$ ist die Wahrscheinlichkeit dafür, dass in einer ZE kein Kunde das System verlässt.

- Im gewählten Beobachtungszeitraum Δt soll *höchstens* ein Kunde abgefertigt werden können.

- a_i (i = 0,1,2,...) sei der Zustand, dass bis zu einem bestimmten Zeitpunkt genau i Kunden abgefertigt wurden.

Unter diesen Annahmen lässt sich für den Abfertigungsprozess eine Übergangsmatrix ähnlich der in Tab. 9.3 aufstellen.

Wir betrachten nun gleichzeitig einen *Ankunfts- und Abfertigungsprozess* und unterstellen, dass Ankunft und Abfertigung von Kunden unabhängig voneinander sind. Die Abfertigungsrate sei größer als die Ankunftsrate, d.h. $\mu > \lambda$ und damit $\overline{T} < T$.

Der verfügbare Warteraum sei auf N Kunden beschränkt. a_i (i = 0,1,...,N) sei der Zustand, dass sich in einem bestimmten Zeitpunkt genau i Kunden im System befinden. In Δt möge *höchstens* ein Kunde ankommen und/oder abgefertigt werden können.

Für den simultanen Ankunfts- und Abfertigungsprozess lässt sich dann eine Übergangsmatrix entwickeln, in der folgende Wahrscheinlichkeiten (W.) enthalten sind:

$\mu \cdot \Delta t$	W., dass in Δt *ein* Kunde abgefertigt wird.
$1 - \mu \cdot \Delta t$	W., dass in Δt *kein* Kunde abgefertigt wird.
$(\lambda \cdot \Delta t) \cdot (\mu \cdot \Delta t)$	W., dass in Δt *ein* Kunde ankommt und *einer* abgefertigt wird.
$= \lambda \mu (\Delta t)^2$	
$(\lambda \cdot \Delta t) \cdot (1 - \mu \cdot \Delta t)$	W., dass in Δt *ein* Kunde ankommt und *keiner* abgefertigt wird.
$= \lambda \cdot \Delta t - \lambda \mu (\Delta t)^2$	
$(1 - \lambda \cdot \Delta t) \cdot (\mu \cdot \Delta t)$	W., dass in Δt *kein* Kunde ankommt und *einer* abgefertigt wird.
$= \mu \cdot \Delta t - \lambda \mu (\Delta t)^2$	
$(1 - \lambda \cdot \Delta t) \cdot (1 - \mu \cdot \Delta t)$	W., dass in Δt *kein* Kunde ankommt und *keiner* abgefertigt wird.
$= 1 - (\lambda + \mu) \cdot \Delta t + \lambda \mu (\Delta t)^2$	

In Tab. 9.4 haben wir der Einfachheit halber auf die Angabe der bei kleinem Δt vernachlässigbaren Werte $\lambda\,\mu\,(\Delta t)^2$ verzichtet.

	a_0	a_1	a_2	a_3	... a_N
a_0	$1 - \lambda \cdot \Delta t$	$\lambda \cdot \Delta t$	0	0	
a_1	$\mu \cdot \Delta t$	$1 - (\lambda + \mu) \cdot \Delta t$	$\lambda \cdot \Delta t$	0	
a_2	0	$\mu \cdot \Delta t$	$1 - (\lambda + \mu) \cdot \Delta t$	$\lambda \cdot \Delta t$	
a_3	0	0	$\mu \cdot \Delta t$	$1 - (\lambda + \mu) \cdot \Delta t$	
$\vdots$					
a_N					Tab. 9.4

Ausgehend von der (vereinfachten) einperiodigen Übergangsmatrix P in Tab. 9.4, können wir analog zur Vorgehensweise in Kap. 9.3.1 eine **Gleichgewichtsmatrix** $\bar{P}$ ermitteln. Wir setzen $\bar{p}_0 := \bar{p}_{i0}, ..., \bar{p}_N := \bar{p}_{iN}$ und $\bar{\mathbf{p}} := (\bar{p}_0, ..., \bar{p}_N)$. Dabei ist $\bar{p}_j$ die Wahrscheinlichkeit dafür, dass sich in einem bestimmten Zeitpunkt genau j Kunden im System befinden. Nach Hinzufügung von $\bar{p}_0 + ... + \bar{p}_N = 1$ und $\bar{p}_j \geq 0$ für alle j lautet das Gleichungssystem $\bar{\mathbf{p}} \cdot P = \bar{\mathbf{p}}$ zur Ermittlung der mehrperiodigen Übergangswahrscheinlichkeiten:

$$(1 - \lambda \cdot \Delta t)\,\bar{p}_0 + \mu \cdot \Delta t \cdot \bar{p}_1 = \bar{p}_0$$

$$\lambda \cdot \Delta t \cdot \bar{p}_0 + (1 - (\lambda + \mu)\Delta t)\,\bar{p}_1 + \mu \cdot \Delta t \cdot \bar{p}_2 = \bar{p}_1$$

$$\vdots$$

$$\lambda \cdot \Delta t \cdot \bar{p}_{N-2} + (1 - (\lambda + \mu)\Delta t)\,\bar{p}_{N-1} + \mu \cdot \Delta t \cdot \bar{p}_N = \bar{p}_{N-1}$$

$$\lambda \cdot \Delta t \cdot \bar{p}_{N-1} + (1 - \mu \cdot \Delta t)\,\bar{p}_N = \bar{p}_N$$

$$\bar{p}_0 + \bar{p}_1 + ... + \bar{p}_N = 1$$

$$\text{alle } \bar{p}_j \geq 0$$

Subtrahieren wir in den ersten N + 1 Gleichungen jeweils die rechte Seite, so enthalten alle Terme den Faktor Δt. Er kann daher durch Division eliminiert werden. Die ersten N+1 Gleichungen können nun, beginnend mit $\bar{p}_1$, rekursiv so umgeformt werden, dass jedes $\bar{p}_j$ nur noch von $\bar{p}_0$ abhängt. Es gilt $p_j = \bar{p}_0 \cdot (\lambda/\mu)^j$.

Unter Berücksichtigung der vorletzten Nebenbedingung erhält man schließlich die gesuchten Wahrscheinlichkeiten $\bar{p}_j$ für j = 0,...,N. Verwenden wir für den Quotienten λ/μ das Symbol $\rho := \lambda/\mu$ (ρ kann man als **Verkehrsdichte** oder **Servicegrad** bezeichnen), dann gilt; vgl. Meyer und Hansen (1996, S. 235 ff.):

$$\bar{p}_j = \rho^j \cdot \frac{1 - \rho}{1 - \rho^{N+1}} \qquad \text{für } j = 0, 1, ..., N$$

Für $N \to \infty$ gilt:

$$\bar{p}_j = \rho^j (1 - \rho) \qquad \text{für alle } j = 0, 1, 2, ...$$

Unter Verwendung der so ermittelten Gleichgewichtswahrscheinlichkeiten können wir nun die eingangs erwähnten Kenngrößen für Wartesysteme ermitteln.

Wie von Little (1961) gezeigt, lässt sich die *durchschnittliche Systemlänge* L für $N \to \infty$ wie folgt berechnen: $L := \sum_{j=0}^{\infty} j \cdot \bar{p}_j = \sum_{j=0}^{\infty} j \cdot \rho^j (1 - \rho) = \frac{\rho}{1 - \rho}$ $\qquad$ (9.5)

Ebenfalls für $N \to \infty$ ergeben sich folgende Durchschnittswerte:

Schlangenlänge: $\qquad\qquad\qquad\qquad\qquad L_S = \rho^2 / (1 - \rho)$ $\qquad\qquad$ (9.6)

Anzahl an Kunden in der Abfertigung: $\qquad L_A = \rho$ $\qquad\qquad\qquad\qquad$ (9.7)

Verweilzeit eines Kunden im System: $\qquad Vz = L/\lambda = \rho/((1 - \rho) \cdot \lambda)$ $\qquad$ (9.8)

Wartezeit eines Kunden im Warteraum: $\qquad Wz = L_S/\lambda = \rho^2 / ((1 - \rho) \cdot \lambda)$ $\qquad$ (9.9)

Zur Auswertung eines einfachen Warteschlangenmodells mittels Simulation vgl. Kap. 11.3.

9.4 Weitere Wartemodelle

Bislang haben wir uns nur mit einem speziellen, sehr einfachen Typ von Warteschlangenmodellen beschäftigt. Darüber hinaus existiert eine Vielzahl weiterer Modelltypen. Sie lassen sich hinsichtlich

- der *Beziehung* des betrachteten Systems *zur Umwelt* in offene und geschlossene Modelle
- der *Anzahl der Servicestellen* in Ein- oder Mehrkanalmodelle

sowie hinsichtlich zahlreicher weiterer Unterscheidungsmerkmale unterteilen.

Ein **offenes Wartemodell** liegt vor, wenn – wie bislang ausschließlich in den Abbildungen enthalten – mindestens ein Kanal Input von außen (nicht oder nicht nur aus dem System selbst) erhält und auch Output mindestens eines Kanals das System verlässt. Ein solches Modell liegt bei dem bereits mehrfach genannten System „Bankschalter" vor.

Ein **geschlossenes Wartemodell** liegt dagegen vor, wenn weder Input von außen erfolgt noch Output an die Umwelt abgegeben wird. Beispiel für ein geschlossenes Modell: Gegeben seien n Maschinen, die aufgrund zweier verschiedener Fehlerquellen q_1 bzw. q_2 ausfallen können. Zur Behebung von q_1 steht eine Servicestelle (Kanal) K_1, zur Behebung von q_2 ein Kanal K_2 zur Verfügung. In einem „Kanal" K_0 befinden sich die Maschinen, während sie fehlerfrei arbeiten. Geschlossene Wartemodelle werden z.B. in Bolch (1989) ausführlich behandelt.

Offene und geschlossene Wartemodelle sind von großer Bedeutung bei der Analyse *flexibler Fertigungssysteme*; vgl. hierzu z.B. Kuhn (1990) sowie Tempelmeier und Kuhn (1992).

Bei **Einkanalmodellen** steht zur Abfertigung von Elementen nur eine einzige Servicestelle (Kanal) zur Verfügung. Abb. 9.2 enthält die schematische Darstellung dieses Typs.

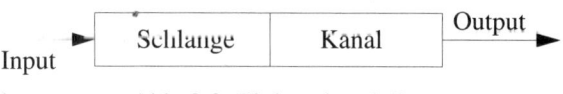

Abb. 9.2: Einkanalmodell

Bei **Mehrkanalmodellen** stehen mehrere Servicestellen zur Verfügung. Dieser Modelltyp lässt sich weiter unterteilen in *serielle* (Abb. 9.3) und *parallele* Mehrkanalmodelle (Abb. 9.4). Im seriellen Fall ist der Output eines ersten Kanals Input für den zweiten usw. Im parallelen Fall stehen mehrere Kanäle alternativ zur Abfertigung der Kunden, die sich in einer gemeinsamen Warteschlange befinden, zur Verfügung. Auch Kombinationen bzw. Mischformen beider Fälle existieren.

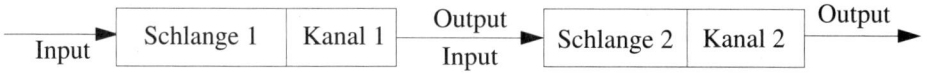

Abb. 9.3: Serielles Mehrkanalmodell

Ein weiteres Unterscheidungsmerkmal ist die *Schlangendisziplin*, d.h. die Art der „Auswahl" von Elementen aus der Schlange und ihr „Einschleusen" in den Kanal (bzw. die Kanäle). Es gibt zahlreiche verschiedene Ausprägungen: Neben dem FIFO- (First In - First Out -) Prinzip, bei dem die Kunden in der Reihenfolge des Eintreffens im System abgefertigt

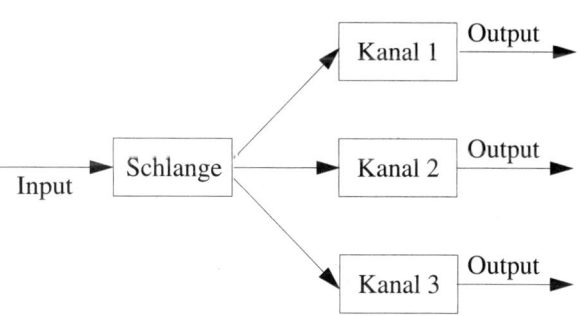

Abb. 9.4. Paralleles Mehrkanalmodell

werden, besteht die Möglichkeit, Elemente (z.B. Aufträge) mit kürzester Bedienungszeit, mit größtem Deckungsbeitrag usw. bevorzugt auszuwählen.

In der Literatur zur Warteschlangentheorie hat man zur Unterscheidung der verschiedenen möglichen Problemstellungen einen **Klassifizierungscode** a/b/c : (d/e/f) entwickelt; siehe z.B. Taha (1992, S. 554 f.). Jedes der Symbole dieses Codes steht für die möglichen Ausprägungen eines Unterscheidungsmerkmals von Wartesystemen:

a :   An der ersten Stelle des 6 -Tupels wird der *Ankunftsprozess* beschrieben.
      a = M bedeutet, dass die Ankünfte poissonverteilt und damit die Zwischenankunftszeiten exponentialverteilt sind. Der Ankunftsprozess ist eine Markovkette.
      a = G steht für eine beliebige Verteilung.
      a = D steht für deterministische (d.h. fest vorgegebene) Ankunftszeitpunkte.

b :   Die zweite Stelle charakterisiert den *Abfertigungsprozess*, wobei dieselben Eintragungen wie für a in Frage kommen.

c :   Die Eintragung an der dritten Stelle beziffert die *Anzahl paralleler Kanäle*.

d :   An dieser Stelle wird die gewählte *Schlangendisziplin* notiert.

e :   An der fünften Stelle wird durch e < ∞ oder e = ∞ zum Ausdruck gebracht, ob und wie
       ggf. die Systemkapazität (*Schlangenkapazität* plus 1 Element pro Kanal) beschränkt ist
       oder nicht.

f :   Die letzte Stelle ermöglicht eine Eintragung, aus der hervorgeht, ob der für das System
       relevante *Input beschränkt* ist (f < ∞) oder nicht (f = ∞).

Häufig (vor allem im Falle d = FIFO und e = f = ∞) beschränkt man sich darauf, lediglich die
ersten drei Merkmale anzugeben. In Kap. 9.4 beispielsweise haben wir ein offenes Einkanalmodell mit Poisson-verteiltem Ankunfts- und Abfertigungsprozess untersucht, das wir nun
auch als M/M/1-System bezeichnen können.

Mit Hilfe dieser Notation kann man auf kurze und prägnante Art und Weise das einer Untersu-
chung zugrunde liegende Wartemodell charakterisieren und damit dem Leser einen hilfreichen
Leitfaden für die Orientierung an die Hand geben; vgl. hierzu z.B. Schassberger (1973) oder
Neumann und Morlock (2002, Kap. 5.3).

Softwarehinweis zu Kapitel 9

Eine über das Internet verfügbare Lernsoftware zur Warteschlangentheorie beschreibt Kuhn
(2001).

Weiterführende Literatur zu Kapitel 9

Bamberg und Baur (2002)   Meyer und Hansen (1996)

Bolch (1989)   Neumann und Morlock (2002)

Hauke und Opitz (2003)   Schäl (1990)

Hillier und Lieberman (1997)   Schassberger (1973)

Kuhn (1990), (2001)   Taha (1992)

Little (1961)   Tempelmeier und Kuhn (1992)

Kapitel 10: Simulation

Lange Zeit war die Simulation ein bedeutsames Analyseinstrument vorwiegend im technischen Bereich. Ein klassisches Beispiel hierfür ist die Simulation der aerodynamischen Eigenschaften von Flugzeugen im Windkanal. Die Verbreitung leistungsfähiger Computer zur Durchführung aufwendiger Simulationsexperimente hat dieser Technik auch im Operations Research zu großer Bedeutung verholfen. „Die Simulation wurde ein experimenteller Zweig des Operations Research" (Hillier und Lieberman (1997, S. 773)). Sie ist – neben der Netzplantechnik, der linearen und der kombinatorischen Optimierung – das für die Praxis wichtigste Teilgebiet des Operations Research.

Besonders nützlich ist die Simulation in folgenden Situationen:

- Ein vollständiges mathematisches Optimierungsmodell ist nicht verfügbar bzw. nicht (mit vertretbaren Kosten) entwickelbar.

- Verfügbare analytische Methoden machen vereinfachende Annahmen erforderlich, die den Kern des eigentlich vorliegenden Problems verfälschen.

- Verfügbare analytische Methoden sind zu kompliziert bzw. mit so erheblichem Aufwand verbunden, dass ihr Einsatz nicht praktikabel erscheint.

- Es ist zu komplex oder zu kostspielig, reale Experimente (z.B. mit Prototypen) durchzuführen.

- Die Beobachtung eines realen Systems oder Prozesses ist zu gefährlich (z.B. Reaktorverhalten), zu zeitaufwendig (z.B. konjunkturelle Schwankungen) oder mit irreversiblen Konsequenzen (z.B. Konkurs eines Unternehmens) verbunden.

Die Simulation im Bereich des Operations Research dient vor allem der Analyse stochastischer Problemstellungen. Für sie ist kennzeichnend, dass mathematisch teilweise hochkomplexe Modelle entwickelt werden müssen. Im Unterschied beispielsweise zu einem linearen Optimierungsmodell, das den relevanten Sachverhalt komplett und geschlossen darstellt, beschreibt ein Simulationsmodell i.Allg. den Wirkungsmechanismus eines Systems durch Abbildung einzelner Komponenten und Erfassung der wechselseitigen Abhängigkeiten. Ein einfaches Warteschlangensystem an einer Maschine kann beispielsweise eine derartige Komponente darstellen, die ihrerseits in einen übergeordneten, komplexen Fertigungsablauf eingebettet ist.

Die Simulation dient der Vorhersage der Zustände einzelner Komponenten und des Gesamtsystems, wobei diese (End-) Zustände meist von einer Fülle von Einflussfaktoren in Form von Wahrscheinlichkeitsverteilungen (z.B. für einen Maschinenausfall) abhängen. Neben der Abbildung einzelner Komponenten und der Quantifizierung der (stochastischen) Einflussfaktoren ist es notwendig, die Zusammenhänge zwischen den Komponenten bzw. Elementen in einem Modell abzubilden. Simulation entspricht dann der Durchführung von Stichprobenexperimenten in einem derartigen Modell.

Im Folgenden befassen wir uns zunächst in Kap. 10.1 mit grundlegenden Arten der Simulation. Anschließend beschreiben wir in Kap. 10.2 wichtige Funktionen für den stochastischen Verlauf von Inputgrößen. Kap. 10.3 ist Methoden zur Erzeugung von Zufallszahlen gewidmet. Beispiele für die Anwendung der Simulation folgen in Kap. 10.4. Wir beschließen das Kapitel mit Hinweisen auf verfügbare Simulationssprachen.

10.1 Grundlegende Arten der Simulation

Die Anwendungsmöglichkeiten der Simulation sind äußerst vielfältig. Entsprechend differenziert ist das methodische Instrumentarium, das für Simulationszwecke entwickelt wurde. Die Meinungen in der Literatur über eine Klassifikation von Ansätzen bzw. Arten der Simulation gehen weit auseinander; vgl. z.B. Watson und Blackstone (1989) sowie Law und Kelton (2000). Vereinfacht lassen sich die im Folgenden skizzierten drei grundlegenden Arten der Simulation unterscheiden.

10.1.1 Monte Carlo-Simulation

Der Name „Monte Carlo" stammt von der Stadt Monte Carlo mit dem weltbekannten Spielkasino. Die Analogie zwischen Roulette und dem Ziehen von Stichproben per Computer stand Pate bei der Namensgebung. Im Hinblick auf diese Namensgebung sind zwei Eigenschaften des Roulettes von besonderem Interesse:

- Bei einem „fairen" Spieltisch sind die Wahrscheinlichkeiten dafür, dass die Kugel bei einer bestimmten Zahl landet, a priori bekannt und für alle Zahlen gleich groß. Eine solche Spielsituation mit bekannten Wahrscheinlichkeiten lässt sich per Computer leicht nachvollziehen (simulieren).

- Die Wahrscheinlichkeit dafür, dass die Kugel bei einem Wurf auf einer bestimmten Zahl landet, ist unabhängig davon, auf welcher Zahl sie beim vorhergehenden Wurf liegengeblieben ist. Roulette ist damit ein statisches Spiel, bei dem der Zeitaspekt keine Rolle spielt.

Die Monte Carlo-Simulation ist also geeignet zur Analyse statischer Probleme mit bekannten Wahrscheinlichkeitsverteilungen. In Kap. 10.4 behandeln wir einige Anwendungsbeispiele. Zur Bedeutung der Monte Carlo-Simulation im Rahmen der *Risikoanalyse* vgl. Liebl (1995), Vose (1996) sowie Klein und Scholl (2004, Kap. 6.5).

10.1.2 Diskrete Simulation   *wichtigste Simulationsart für Ökonomie*

Die diskrete bzw. genauer diskrete Ereignis-Simulation (discrete event simulation) befasst sich mit der Modellierung von dynamischen Systemen. Dabei wird der Zustand eines dynamischen Systems durch zeitabhängige Zustandsvariablen beschrieben. Die Zustandsvariablen ändern sich ggf. durch den Eintritt von Ereignissen an bestimmten, und zwar endlich vielen Zeitpunkten. Je nach Vorgabe bzw. Ermittlung der diskreten Zeitpunkte (mit Hilfe einer so genannten

„Simulationsuhr"), an denen sich unter Umständen Zustandsvariablen ändern, lassen sich zwei Arten der diskreten Ereignis-Simulation unterscheiden:

- *Periodenorientierte Zeitführung* (fixed-increment time advance): Hierbei wird die Simulationsuhrzeit jeweils um Δt Zeiteinheiten (ZE) erhöht. Δt ist dabei je nach Problemstellung geeignet zu wählen (Minute, Stunde, Tag etc.). Nach jeder Aktualisierung der Simulationsuhrzeit wird überprüft, ob irgendwelche Ereignisse während Δt eingetreten sind, die zu einer Veränderung der Zustandsvariablen führen.

- *Ereignisorientierte Zeitführung* (next-event time advance): Nach der Initialisierung der Simulationsuhrzeit zu null ermittelt man die Zeitpunkte, an denen zukünftige Ereignisse eintreten. Anschließend wird die Simulationsuhrzeit mit dem Zeitpunkt des Eintritts des (zeitlich) ersten Ereignisses gleichgesetzt und die zugehörige Zustandsvariable aktualisiert. Dieser Prozess ist so lange fortzusetzen, bis eine bestimmte Abbruchbedingung eintritt.

Bei der ersten Variante hängt es sehr stark von der Wahl von Δt ab, ob (im Extremfall) zahlreiche Ereignisse und damit Zustandsänderungen innerhalb Δt ZE eintreten oder ob während mehrerer Perioden „nichts passiert". Bei der zweiten Variante werden demgegenüber ereignislose Perioden übersprungen; es entfällt damit eine Rechenzeit erfordernde „Buchführung" über Perioden ohne Zustandsänderungen. Wegen der offensichtlichen Vorzüge der zweiten Variante ist diese in allen verbreiteten Simulationssprachen implementiert. Das Beispiel der Simulation einer Warteschlange in Kap. 11.3 folgt ebenfalls dem Prinzip der ereignisorientierten Zeitführung. Vgl. zur diskreten Ereignis-Simulation u.a. Fishman (2001).

10.1.3 Kontinuierliche Simulation   VWL oder gesellschaftliche anwendungen

Die kontinuierliche Simulation befasst sich mit der Modellierung und Analyse dynamischer Systeme, bei denen sich die Zustandsvariablen kontinuierlich mit der Zeit ändern. Kontinuierliche Simulationsmodelle beinhalten typischerweise eine oder mehrere Differentialgleichungen zur Abbildung des Zusammenhangs zwischen Zeitfortschritt und Änderung der Zustandsvariablen, wobei sich die Differentialgleichungen wegen ihrer Komplexität einer analytischen Behandlung entziehen. Das Verhalten von Systemen kann häufig durch Feedback-Modelle beschrieben werden. Positiver Feedback verstärkt das Systemverhalten, negativer schwächt es ab (Selbstregulation). In der von Forrester gegründeten „Modellierungsschule" wird das Verhalten hochkomplexer, dynamischer Systeme mit Methoden der kontinuierlichen Simulation untersucht (*industrial* bzw. *system dynamics*; vgl. hierzu z.B. Kreutzer (1986, S. 138 ff.)).

„Club of Rome" - Forrester

10.2 Stochastischer Verlauf von Inputgrößen

Die Simulation ist ein Analysewerkzeug vor allem für Problemstellungen, bei denen Zustände bzw. Ereignisse in Abhängigkeit von Eintrittswahrscheinlichkeiten für Inputgrößen auftreten. Wir beschreiben daher im Folgenden einige wichtige stochastische Verläufe von Inputgrößen und beschränken uns dabei auf eindimensionale *Zufallsvariablen*; vgl. hierzu sowie zu mehrdimensionalen Zufallsvariablen z.B. Vose (1996) oder Bamberg und Baur (2002, S. 93 ff.).

10.2.1 Kontinuierliche Dichtefunktionen

Wir beschreiben die Dichtefunktionen dreier wichtiger kontinuierlicher Verteilungen, die der Gleichverteilung, der Dreiecksverteilung und der Normalverteilung. Die *Exponentialverteilung* haben wir bereits in Kap. 9.2 dargestellt.

Gleichverteilung   (oder *Rechteckverteilung*):

Mit a und b $\in \mathbb{R}$ sowie a < b heißt eine Zufallsvariable X mit der Dichtefunktion

$$f_1(x) = \begin{cases} \dfrac{1}{b-a} & \text{für } a \leq x \leq b \\ \\ 0 & \text{sonst} \end{cases} \tag{10.1}$$

gleichverteilt im Intervall [a,b]. Sie besitzt den Erwartungswert $\mu = (a+b)/2$ und die Varianz $\sigma^2 = (b-a)^2/12$.

Dreiecksverteilung:

Mit a, b und c $\in \mathbb{R}$, a < c sowie b = a + (c−a)/2 heißt eine Zufallsvariable X mit der Dichtefunktion

$$f_2(x) = \begin{cases} \dfrac{2(x-a)}{(c-a)(b-a)} & \text{für } a \leq x \leq b \\ \\ \dfrac{2(c-x)}{(c-a)(c-b)} & \text{für } b \leq x \leq c \\ \\ 0 & \text{sonst} \end{cases} \tag{10.2}$$

(gleichschenklig) dreiecksverteilt im Intervall [a,c]. Sie besitzt den Erwartungswert $\mu = b$ und die Varianz $\sigma^2 = (a^2 + b^2 + c^2 - ab - ac - bc)/18$. Siehe zur Veranschaulichung Abb. 10.3 auf Seite 232.

Normalverteilung:

Eine Zufallsvariable X mit der Dichtefunktion

$$f_3(x) = \frac{1}{\sigma\sqrt{2\pi}}\ e^{-\frac{(x-\mu)^2}{2\sigma^2}} \qquad \text{für } x \in \mathbb{R} \tag{10.3}$$

heißt *normalverteilt* mit Erwartungswert $\mu \in \mathbb{R}$ und Standardabweichung $\sigma > 0$ oder $N(\mu, \sigma)$-verteilt. Die *Standardnormalverteilung* N(0,1) erhält man für die spezielle Parameterwahl $\mu = 0$ und $\sigma = 1$.

$f_3(x)$ besitzt ein globales Maximum im Punkt $x = \mu$ sowie zwei Wendepunkte an den Stellen $\mu - \sigma$ und $\mu + \sigma$.

Der Zusammenhang zwischen N(0,1) und N(μ, σ) ergibt sich aus folgender Aussage: Ist die Zufallsvariable X gemäß N(μ, σ) verteilt, so ist die *standardisierte Zufallsvariable* Y = (X − μ)/σ gemäß N(0,1) verteilt. Umgekehrt gilt demnach X = Y · σ + μ .

10.2.2 Diskrete Wahrscheinlichkeitsfunktionen

Die für die Simulation wichtigsten (theoretischen) diskreten Verteilungen sind die *Binomial-* und die *Poisson-Verteilung*. Beide haben wir in Kap. 9.2 ausführlich dargestellt. Von besonderer Bedeutung sind sie in diesem Kapitel für die Simulation von Warteschlangensystemen; vgl. hierzu auch Kap. 10.4.4.

10.2.3 Empirische Funktionsverläufe

Die bisher skizzierten Funktionen sind durch einen mathematischen Ausdruck eindeutig zu beschreiben. In der Praxis beobachtbare Zufallsvariablen lassen sich in der Regel (wenn überhaupt) allenfalls *näherungsweise* durch eine mathematische Funktion beschreiben. Häufig jedoch liegen Beobachtungswerte vor, denen keine *theoretische* Dichte- oder Wahrscheinlichkeitsfunktion zugeordnet werden kann. Man könnte derartige *empirisch* beobachtete stochastische Verläufe von Inputgrößen auch als *nicht-theoretische* Dichte- oder Wahrscheinlichkeitsfunktionen bezeichnen.

Wir betrachten hierzu ein Beispiel: Für die wöchentliche Nachfrage nach einem Gut wurden in der Vergangenheit die Häufigkeiten von Tab. 10.1 registriert.

Nachfragemenge	1	2	3	4	5	6
Häufigkeit ($\Sigma = 50$)	5	10	20	4	5	6
relative Häufigkeit	0.1	0.2	0.4	0.08	0.1	0.12

Tab. 10.1

[handschriftliche Notizen: St.-zahlen; Bsp: Warteschlange bei Bank; ←Absolute Hfk oder Stückzahlen 1-6; ② kumulierte Hfk. 0.1 0.3 0.7 0.78 0.88 1.0]

Zeile eins gibt die aufgetretenen Nachfragemengen pro Woche wieder. Zeile zwei enthält die absoluten, Zeile drei die relativen Häufigkeiten der Nachfragemengen, die als Wahrscheinlichkeiten (als Wahrscheinlichkeitsfunktion) interpretiert werden können. Sie spiegeln das Verhalten der Nachfrager in einem begrenzten Beobachtungszeitraum wider und können u.U. als Basis für zufallsgesteuerte (simulative) Experimente künftigen Nachfrageverhaltens und seiner Auswirkungen z.B. auf Produktions- und Lagerhaltungsaktivitäten dienen.

10.2.4 Signifikanztests

Praktische Erfahrungen oder theoretische Überlegungen führen in der Regel zu der **Hypothese**, dass der stochastische Verlauf einer Inputgröße einem bestimmten Verteilungstyp folgt. Solche Hypothesen können auf Stichprobenbasis überprüft werden. Eine Hypothese gilt als statistisch widerlegt und wird abgelehnt bzw. verworfen, wenn das Stichprobenergebnis in *signifikantem* (deutlichem) Widerspruch zu ihr steht. Entsprechende Verfahren zur Hypothesenprüfung werden daher auch als **Signifikanztests** bezeichnet.

In der Literatur werden die verschiedensten Arten von Signifikanztests diskutiert; vgl. z.B. Law und Kelton (2000, Kap. 4) oder Bamberg und Baur (2002, S. 173 ff.). Mit ihrer Hilfe kann

[handschriftliche Notizen unten: ① weiter; gleichverteilt Nachfrage; |₁| |₂| |₃| |₄| |₅| |₆|]

beispielsweise getestet werden, ob die Annahme, der Erwartungswert (bzw. die Standard-abweichung) einer als normalverteilt unterstellten Inputgröße sei μ (bzw. σ), durch eine Stichprobe bei einem bestimmten Signifikanzniveau zu verwerfen ist oder nicht. Ferner könnte man z.B. testen, ob der in Kap. 10.2.3 wiedergegebene diskrete Nachfrageverlauf Poisson-verteilt ist oder nicht.

10.3 Erzeugung von Zufallszahlen

Bei bekanntem stochastischem Verlauf der Inputgrößen (siehe oben) ist es nun erforderlich, Methoden zu entwickeln, mit deren Hilfe man einem Verteilungstyp folgende Zufallszahlen in einem Simulationsexperiment erzeugen kann. Wir schildern zunächst grundsätzliche Möglich-keiten der Erzeugung von Zufallszahlen und beschäftigen uns anschließend mit Verfahren zur Generierung (0,1)-gleichverteilter sowie mit Methoden zur Erzeugung diskret und kontinuier-lich verteilter Zufallszahlen; vgl. hierzu auch das Übungsbuch Domschke et al. (2005).

10.3.1 Grundsätzliche Möglichkeiten

Man kann Zufallszahlen durch Ziehen aus einer Urne oder mittels eines Ziehungsgerätes wie bei der Lotterie gewinnen. Derart erhaltene Zahlen bezeichnet man als *echte* Zufallszahlen. Für die Simulation ist diese Vorgehensweise nicht geeignet. Man arbeitet statt dessen mit unech-ten, so genannten *Pseudo-Zufallszahlen*, zu deren Ermittlung grundsätzlich die folgenden Möglichkeiten bestehen: └ müssen identisch reproduzierbar sein.

1.) • Zahlenfolgen werden mittels eines so genannten Zufallszahlen-Generators arithmetisch ermittelt; dieser Methode bedient sich die Simulation, siehe unten;

2.) • Ausnutzen von Unregelmäßigkeiten in der Ziffernfolge bei der Dezimaldarstellung der Zahlen e, π, $\sqrt{2}$ usw.;

3.) • Ausnutzen der Frequenzen des natürlichen Rauschens (z.B. beim Radio).
   2+3 nicht so geeignet wie 1. ⟹

An einen Zufallszahlen-Generator sind folgende **Anforderungen** zu stellen:

• Es soll eine gute Annäherung der Verteilung der Pseudo-Zufallszahlen an die gewünschte Verteilungsfunktion erreicht werden.

• Die Zahlenfolgen sollen reproduzierbar sein. Diese Eigenschaft ist wichtig, wenn man z.B. Algorithmen anhand derselben zufällig erzeugten Daten vergleichen möchte.

• Die Zahlenfolgen sollen eine *große Periodenlänge* (bis zur Wiederkehr derselben Folge) aufweisen.   └ damit keine Wdhlg stattfinden

• Die Generierungszeit soll kurz und der Speicherplatzbedarf gering sein. (günstige Rechnerkosten)

10.3.2 Standardzufallszahlen

Wir beschreiben einen Algorithmus zur Erzeugung von im Intervall (0,1) **gleichverteilten Zufallszahlen**. Dabei handelt es sich um eine Variante der so genannten *Kongruenzmethode* *von Lehmer.* Vgl. zu weiteren Vorgehensweisen u.a. Bratley et al. (1987, Kap. 6), L'Ecuyer (1999) oder Law und Kelton (2000, Kap. 7).

> Kongruenzmethode von Lehmer → *Gut klausurrelevant*

Voraussetzung: Parameter a, m $\in \mathbb{N}$ und b $\in \mathbb{N} \cup \{0\}$. *(insg. 3 Parameter: a, m, b muss gelten a < m; b < m)*

Start: Wähle eine beliebige Zahl $g_0 \in \mathbb{N}$.

Iteration i (= 1, 2, ...):

Bilde $g_i = \lfloor (a \cdot g_{i-1} + b)$ modulo $m = \lfloor (a \cdot g_{i-1} + b) - \underbrace{\lfloor (a \cdot g_{i-1} + b)/m \rfloor \cdot m \rfloor}_{modulo}$;[1]

berechne die Zufallszahl $z_i := g_i / m$.

untere Gauß Klammer[J] heißt: den min aus den verschiedenen Ergebnisse

$* * * * *$

Die geschilderte Methode bezeichnet man als *additive*, bei Vorgabe von b = 0 als *multiplikative* Kongruenzmethode.

Bemerkung 10.1: Die Wahl der Parameter a, b und m sowie des Startwertes g_0 hat wesentlichen Einfluss darauf, ob das Verfahren die in Kap. 10.3.1 formulierten Anforderungen erfüllt. Parameter, die dies nicht gewährleisten, zeigt folgendes Beispiel: Verwenden wir a = 3, b = 0, m = 2^4 = 16 sowie g_0 = 1, so erhalten wir die Zahlenfolge z_1 = 3/16, z_2 = 9/16, z_3 = 11/16, z_4 = 1/16, z_5 = 3/16 = z_1 usw. und damit eine Periodenlänge von 4.

Mit der Parameterwahl in Abhängigkeit vom zu verwendenden Rechnertyp (z.B. 16 Bit-, 32 Bit-Rechner) haben sich zahlreiche Autoren beschäftigt. In Schrage (1979) z.B. ist eine FORTRAN-Implementierung der multiplikativen Kongruenzmethode für 32 Bit-Rechner wiedergegeben, die für a = 7^5, m = 2^{31} – 1 und ganzzahliges g_0 mit 0 < g_0 < m eine Periodenlänge von m – 1 besitzt, also je Zyklus jede ganze Zahl g_i von 1 bis m – 1 genau einmal erzeugt. Ein FORTRAN-Code für die additive Kongruenzmethode für 16 Bit-Microcomputer ist Kao (1989) zu entnehmen.

Bemerkung 10.2: Bei sinnvoller Vorgabe der Parameter sind die g_i ganze Zahlen aus $\{1,...,m-1\}$. Die Zahl g_i = m kann wegen der Modulofunktion nicht auftreten.
Bei der *additiven* Kongruenzmethode darf bei positivem b der Fall g_i = 0 auftreten; die Division g_i /m liefert somit gleichverteilte Zufallszahlen $z_i \in [0, 1)$.
Bei der *multiplikativen* Kongruenzmethode darf g_i = 0 nicht erzeugt werden, weil sonst alle weiteren Zahlen ebenfalls gleich null waren; die Division g_i /m liefert also gleichverteilte Zufallszahlen $z_i \in (0, 1)$.

Bei großer Periodenlänge lässt sich eine hinreichend genaue Annäherung an die Werte 0 und 1 erzielen, so dass wir bei Anwendungen den Unterschied zwischen offenen und geschlossenen Intervallen vernachlässigen können.

Derartige Zufallszahlen werden wegen ihrer Bedeutung für die zufällige Erzeugung anderer stochastischer Inputgrößen als *Standardzufallszahlen* bezeichnet.

---

1   g_i ist der ganzzahlige Rest, der nach Division von $a \cdot g_{i-1}$ + b durch m verbleibt, z.B. liefert die Division 29/8 den ganzzahligen Rest g_i = 5.

10.3.3 Diskret verteilte Zufallszahlen

In ökonomischen Simulationsrechnungen benötigt man oft *diskrete* Zufallszahlen, die einer **empirisch** ermittelten **Verteilung** folgen. Wir betrachten hierzu das **Beispiel** von Tab. 10.1.

Die simulierten Absatzmengen sollen in ihren Häufigkeiten den bisherigen Beobachtungen entsprechen. Unter Verwendung von im Intervall (0,1) gleichverteilten Zufallszahlen z_i lassen sich diskret verteilte Zufallszahlen, die den relativen Häufigkeiten in Tab. 10.1 entsprechen, wie folgt ermitteln:

Man unterteilt das Intervall (0,1) entsprechend den relativen Häufigkeiten in disjunkte Abschnitte (0,0.1), [0.1,0.3), ..., [0.88,1.0). Fällt eine Zufallszahl z_i in das k-te Intervall (mit k = 1,2,...,6), so erhält man die simulierte Absatzmenge (die diskret verteilte Zufallszahl) $x_i = k$; vgl. dazu auch Abb. 10.1.

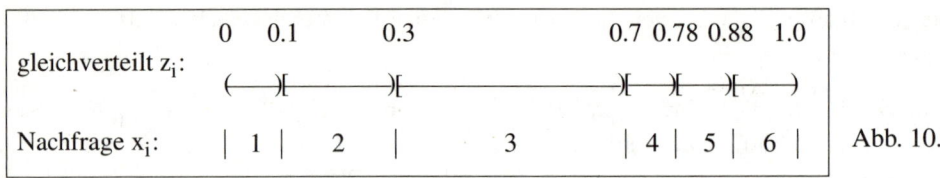

Abb. 10.1

In Kap. 9.2 haben wir bereits die Bernoulli-, die Binomial- und die Poisson-Verteilung beschrieben und anhand von Ankunfts- und Abfertigungsprozessen für Warteschlangensysteme erläutert.

Bernoulli-verteilte Zufallszahlen:

Bernoulli-verteilte Zufallszahlen x mit vorgegebener Wahrscheinlichkeit p erhält man durch wiederholtes Erzeugen von im Intervall (0,1) gleichverteilten Zufallszahlen z. Im Falle $z \leq p$ nimmt x den Wert 1 und ansonsten den Wert 0 an.

Binomial- bzw. B(n,p)-verteilte Zufallszahlen:

Man erhält sie sehr einfach dadurch, dass man jeweils n Bernoulli-verteilte Zufallszahlen generiert und die Ergebnisse addiert.

Poisson-verteilte Zufallszahlen:

Die Poisson-Verteilung mit Parameter γ bietet eine Approximationsmöglichkeit für die Binomial- bzw. B(n,p)-Verteilung. Mit $\gamma = n \cdot p$ gibt (9.3) die Wahrscheinlichkeit dafür an, dass nach $n \cdot \Delta t$ ZE genau x Kunden angekommen sind. Der in Kap. 9.2 geschilderte Zusammenhang zwischen der Poisson- und der Exponentialverteilung liefert damit folgende Möglichkeit zur Erzeugung Poisson-verteilter Zufallszahlen: Wir erzeugen während des Beobachtungszeitraumes $n \cdot \Delta t$ exponentialverteilte Zufallszahlen (siehe Kap. 10.3.4) und summieren die Anzahl der zugehörigen Ankünfte, die während des Beobachtungszeitraumes Poisson-verteilt ist.[2]

10.3.4 Kontinuierlich verteilte Zufallszahlen

Ausgehend von einer Standardzufallszahl z erhalten wir eine im Intervall (a,b) **gleichverteilte Zufallszahl** x gemäß $x := a + z \cdot (b - a)$.

Beliebig kontinuierlich verteilte Zufallszahlen lassen sich im Prinzip unter Ausnutzung des folgenden Satzes erzeugen.

Satz 10.1: Z sei eine im Intervall (0,1) gleichverteilte Zufallsvariable. Ist F eine Verteilungsfunktion, für die die Umkehrfunktion F^{-1} existiert, so besitzt die Zufallsvariable $X = F^{-1}(Z)$ die Verteilungsfunktion F.

Exponentialverteilte Zufallszahlen:

Die Anwendung von Satz 10.1 lässt sich hier recht einfach veranschaulichen; vgl. auch Kap. 9.2 und Abb. 10.2. Integrieren der Dichtefunktion (9.4) liefert die Verteilungsfunktion $F(x)$ der Exponentialverteilung:

$$F(x) = 1 - e^{-\delta x}$$

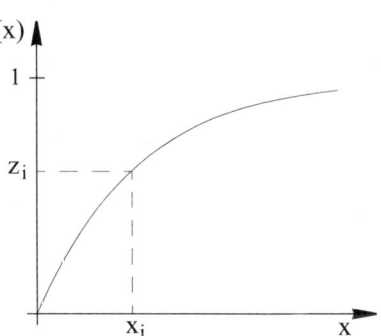

Abb. 10.2: Exponentialverteilung

Gleichsetzen der Standardzufallszahl z mit $F(x)$ führt zu:

$$z - F(x) = -e^{\delta x} + 1 \quad \Leftrightarrow \quad e^{-\delta x} = 1 - z$$

Durch Logarithmieren erhält man

$$-\delta x \ln e = \ln (1 - z) \quad \Leftrightarrow \quad x = -\frac{1}{\delta} \ln (1 - z) \quad \text{oder} \quad x = -\frac{1}{\delta} \ln (z) \qquad (10.4)$$

und damit eine einfache Möglichkeit zur Erzeugung einer exponentialverteilten Zufallszahl x aus einer Standardzufallszahl z, wobei wir zur Einsparung von Rechenaufwand in der letzten Gleichung $1 - z$ durch z ersetzen können.

Dreiecksverteilte Zufallszahlen:

Wir betrachten eine spezielle (gleichschenklige) Dreiecksverteilung mit $a = 1$, $b = 2$ und $c = 3$, die wir in Kap. 10.4.2 verwenden. Sie besitzt die folgende Dichte- bzw. Verteilungsfunktion; siehe auch Abb. 10.3:

$$f(x) = \begin{cases} x - 1 & \text{für } 1 \leq x \leq 2 \\ 3 - x & \text{für } 2 \leq x \leq 3 \\ 0 & \text{sonst} \end{cases} \quad \text{bzw.} \quad F(x) = \begin{cases} 0 & \text{für } x \leq 1 \\ x^2/2 - x + 1/2 & \text{für } 1 \leq x \leq 2 \\ 3x - x^2/2 - 7/2 & \text{für } 2 \leq x \leq 3 \\ 1 & \text{sonst} \end{cases}$$

---

2 Eine Methode zur Erzeugung Poisson-verteilter Zufallszahlen, die weniger Rechenzeit benötigt als die von uns beschriebene, findet man in Ahrens und Dieter (1990).

Gleichsetzen der Standardzufallszahl z mit F(x) führt zu folgenden Werten von x:

$$x = \begin{cases} 1 + \sqrt{2z} & \text{für } 0 \leq z \leq 1/2 \\ 3 - \sqrt{2 - 2z} & \text{für } 1/2 \leq z \leq 1 \end{cases}$$

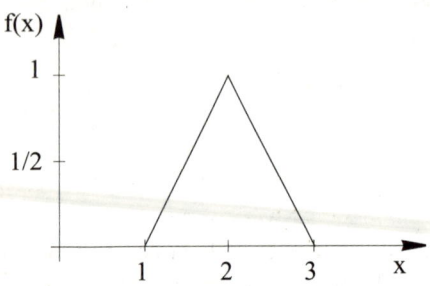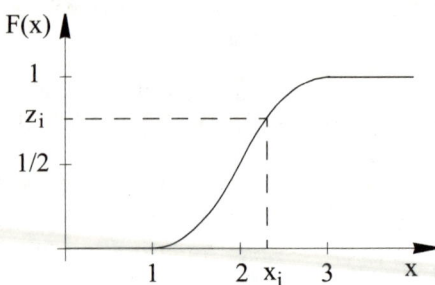

Abb. 10.3: Dreiecksverteilung

N(0,1)-verteilte Zufallszahlen:

In Abb. 10.4 ist die Verteilungsfunktion einer N(0,1)-verteilten Zufallszahl skizziert. Trägt man eine im Intervall (0,1) gleichverteilte Zufallszahl z_i auf der Ordinate ab, so lässt sich die daraus ableitbare N(0,1)-verteilte Zufallszahl x_i auf der Abszisse ablesen.

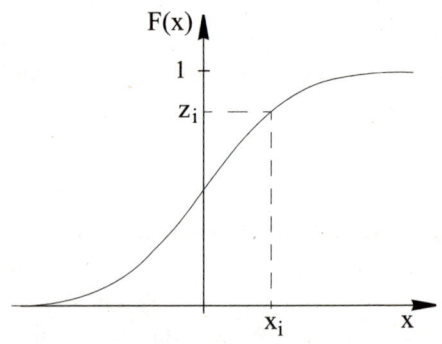

Die Berechnung normalverteilter Zufallszahlen anhand von Satz 10.1 stößt jedoch auf Schwierigkeiten, weil weder die Verteilungsfunktion F noch deren Inverse durch einen geschlossenen Ausdruck angebbar sind; vgl. z.B. Bamberg und Baur (2002, S. 108 ff.). In

Abb. 10.4: Normalverteilung

Statistikbüchern findet man jedoch beide Funktionen tabelliert. Unter Verwendung dieser Tabellen erhält man, ausgehend von gleichverteilten Zufallszahlen z_i, beispielsweise die in Tab. 10.2 angegebenen N(0,1)-verteilten Zufallszahlen x_i.

z_i	0.01	0.05	0.1	0.25	0.5	0.75	0.9	0.95	0.99	
x_i	−2.33	−1.65	−1.29	−0.67	0	0.67	1.29	1.65	2.33	Tab. 10.2

Eine *Alternative* zu obiger Vorgehensweise zur *Erzeugung N(0,1)-verteilter Zufallszahlen* ist die folgende: [3]

1) Erzeuge 12 im Intervall (0,1) gleichverteilte Zufallszahlen $z_1, ..., z_{12}$.

2) Berechne $x_i := \left(\sum_{j=1}^{12} z_j \right) - 6$.

---

3   Eine effizientere und gleichzeitig präzisere Methode findet man in Ahrens und Dieter (1989).

Die Zahlen x_i sind aufgrund des zentralen Grenzwertsatzes der Statistik[4] näherungsweise normalverteilt mit dem Erwartungswert $\mu = 0$ und der Standardabweichung $\sigma = 1$.

Es gilt ferner: Berechnet man unter Verwendung von beliebigen Konstanten μ und σ sowie mittels der x_i aus 2) Zufallszahlen $y_i := \sigma \cdot x_i + \mu$, so sind diese näherungsweise normalverteilt mit Erwartungswert μ und Standardabweichung σ (vgl. auch Kap. 10.2.1).

10.4 Anwendungen der Simulation

Wie zu Beginn von Kap. 10 erwähnt, findet Simulation v.a. bei der Analyse komplexer stochastischer Systeme Anwendung, deren Wirkungszusammenhänge sich nicht oder nur partiell in einem geschlossenen Optimierungsmodell darstellen lassen. Beispiele finden sich etwa bei der Planung von (inner-) betrieblichen Transport- und Materialflusssystemen. Zielsetzung ist dabei die Analyse und Bewertung verschiedener Varianten der Gestaltung der Komponenten und der organisatorischen Abläufe des Systems.

Im Folgenden erläutern wir Anwendungsmöglichkeiten der Simulation anhand einfach darstellbarer Beispiele. Dazu gehören die numerische Integration von Funktionen, die Auswertung stochastischer Netzpläne sowie ein Modell aus der Lagerhaltungstheorie. Vgl. zu weiteren Anwendungen z.B. Stähly (1989) sowie Watson und Blackstone (1989).

10.4.1 Numerische Integration

Wir betrachten ein sehr einfaches Problem der **Integration einer Funktion** nach *einer* Variablen. Praktische Verwendung findet die Simulation v.a. bei der gleichzeitigen Integration von Funktionen nach *zahlreichen* Variablen.

Zu bestimmen sei das Integral $\int_a^b f(x)\, dx$ einer Funktion f(x); siehe Abb. 10.5.

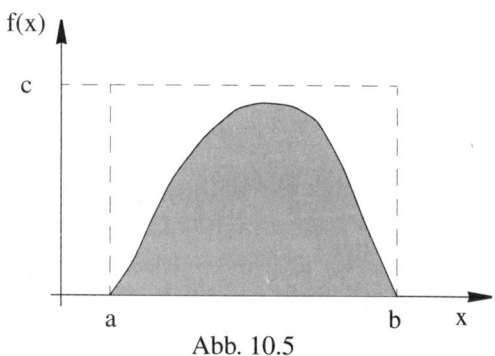

Abb. 10.5

Mit c sei eine obere Schranke für den Maximalwert der Funktion im Intervall [a,b] bekannt. Dann lässt sich der gesuchte Flächeninhalt näherungsweise wie folgt ermitteln:

Ausgehend von einer in (0,1) gleichverteilten Zufallszahl y ist $y' := a + (b-a) \cdot y$ in (a,b) gleichverteilt. Wir bestimmen den Funktionswert $t = f(y')$. Danach ermitteln wir in (0,1) bzw. (0,c) gleichverteilte Zufallszahlen z bzw. $z' := z \cdot c$. Ist $z' \le t$, so haben wir einen Punkt unterhalb oder auf f(x) gefunden, ansonsten handelt es sich um einen Punkt oberhalb von f(x). Auf diese Weise lässt sich durch hinreichend viele Iterationen näherungsweise das Verhältnis des gesuchten Flächeninhaltes zu dem des Rechteckes mit den Seitenlängen b − a und c ermitteln.

---

4 Vgl. z.B. Bamberg und Baur (2002, S. 130 f.)

$$\boxed{\text{Integration von } f(x)}$$

Voraussetzung: Eine Methode zur Erzeugung (0,1)-gleichverteilter Zufallszahlen y_i und z_i.

Start: Setze den Zähler $j := 0$.

Iteration i (= 1, 2, ...): Bestimme y_i sowie z_i und berechne $t := f(a + (b-a) \cdot y_i)$;

falls $z_i \cdot c \le t$, setze $j := j + 1$.

Ergebnis: Nach hinreichend[5] vielen Iterationen erhält man durch Gleichsetzen von

$\dfrac{j}{i} = \dfrac{F}{(b-a) \cdot c}$ die gesuchte Fläche $F = j \cdot c \cdot (b-a)/i$ als Näherung für das Integral.

$$* \; * \; * \; * \; *$$

10.4.2 Auswertung stochastischer Netzpläne

Bei Netzplänen mit stochastischen Vorgangsdauern und/oder Vorgangsfolgen sind Projektdauern und Pufferzeiten keine deterministischen, sondern ebenfalls stochastische Größen. Ihre Dichte- bzw. Verteilungsfunktion analytisch zu bestimmen, ist i.d.R. schwierig oder gar unmöglich, mit Simulation jedoch recht

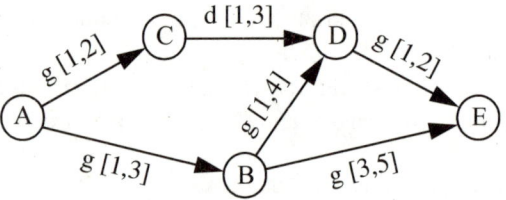

Abb. 10.6: Stochastischer Netzplan

einfach zu bewerkstelligen. Wir verdeutlichen dies anhand des in Abb. 10.6 dargestellten vorgangspfeilorientierten Netzplans mit stochastischen Vorgangsdauern.

Die Ereignisse des Netzplans sind mit A bis E bezeichnet. Den Pfeilen bzw. Vorgängen sind die stochastischen, im jeweiligen Intervall gleichverteilten (g) bzw. bei Vorgang (C,D) im Intervall [1,3] gleichschenklig dreiecksverteilten (d) Vorgangsdauern zugeordnet.

Für dieses Beispiel können wir die gemeinsame Dichtefunktion der Vorgänge (A,B) und (B,E), also des Weges $w_1 = (A,B,E)$ im Netzplan, sehr einfach ermitteln. Sie ist dreiecksverteilt im Intervall [4,8] mit einer maximalen Dichte $p = 0.5$ für die Dauer 6.

Die Ermittlung der Dichtefunktion entlang des Weges $w_2 = (A,C,D,E)$ sowie des Weges $w_3 = (A,B,D,E)$ ist bereits deutlich schwieriger. Sie lässt sich durch „Faltung" der jeweiligen Dichtefunktionen bestimmen. Entsprechende Berechnungen sind grundsätzlich auch für je zwei parallel zueinander verlaufende Wege möglich.

Bei „vermaschten" Netzplänen wie demjenigen in Abb. 10.6 ist es i.d.R. noch einfach, die minimale und maximale Projektdauer zu ermitteln (im Beispiel 4 und 9 ZE). Zur Bestimmung

---

5   Vose (1996, S. 42 ff.) zeigt, dass bei gegebenem Stichprobenumfang n das so genannte **„Latin Hypercube Sampling"** (LHS) reinen Stichprobenziehungen überlegen ist. LHS unterteilt die Dichtefunktion in n Intervalle gleicher Wahrscheinlichkeit und zieht genau eine Stichprobe je Intervall. Übertragen auf Abb. 10.5 bedeutet dies im Falle n = 100, dass man das Intervall [a,b] in 100 gleich breite Abschnitte unterteilt.

des Verlaufs der Dichtefunktion in diesem Intervall eignet sich v.a. die Simulation. Im Beispiel verfährt man dabei wie folgt:

Für die Ermittlung von jeweils einem Wert der Projektdauer (ein Zufallsexperiment) generiert man je eine zufallsabhängige Dauer pro Vorgang, addiert diese Zahlen für jeden der drei Wege im Netzplan und bildet das Maximum dieser Summen. Für unser Beispiel kann das sehr einfach unter Verwendung des Tabellenkalkulators Excel durchgeführt werden.[6]

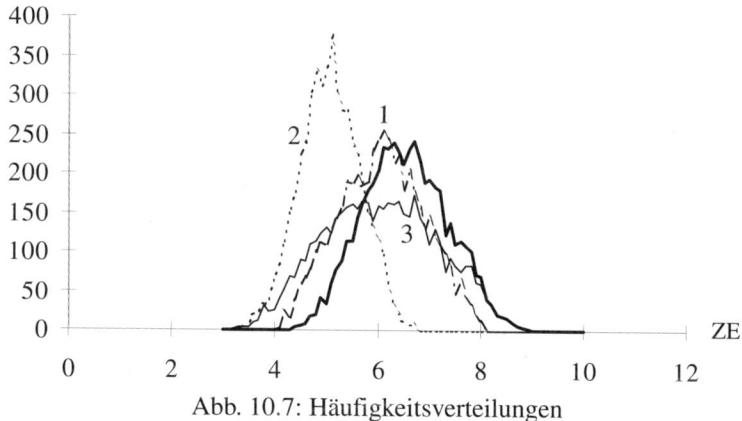

Abb. 10.7: Häufigkeitsverteilungen

Abb. 10.7 zeigt Häufigkeitsverteilungen für die Dauer der Vorgänge der drei Wege sowie für die Projektdauer nach Durchführung von 5000 Zufallsexperimenten. Kurve 1 entspricht dem Weg (A,B,E) und approximiert die erwartete Dreiecksverteilung.[7] Kurve 2 lässt für den Weg (A,C,D,E) erkennen, dass auch hier eine Dreiecksverteilung mit Erwartungswert 5 vorliegt. Kurve 3 entspricht dem Weg (A,B,D,E). Der Erwartungswert der Dauer dieses Weges ist 6. Zeitdauern unter und über dem Erwartungswert besitzen jedoch eine ebenso hohe Wahrscheinlichkeit wie der Erwartungswert. Die Häufigkeitsverteilung ähnelt einer Trapezverteilung.

Die Häufigkeitsverteilung für die gesamte Projektdauer ist fett eingezeichnet. Sie lässt auf eine Normalverteilung mit Erwartungswert 6.65 schließen. Im Bereich von über 8 ZE ist sie identisch mit Kurve 3, da nur die Vorgänge im Weg (A,B,D,E) eine derartige Summe der Ausführungszeiten besitzen können.

10.4.3 Analyse eines stochastischen Lagerhaltungsproblems

Lagerhaltungsprobleme sind i.Allg. durch stochastische Nachfrage und/oder Lieferzeiten gekennzeichnet. Wir wollen im Folgenden nicht näher auf verschiedene Möglichkeiten der Modellierung von Lagerhaltungsproblemen eingehen (vgl. hierzu z.B. Schneeweiß (1981) oder Bartmann und Beckmann (1989)), sondern uns ausschließlich mit einem speziellen Lagerhaltungsproblem bei *stochastischer Nachfrage* und *deterministischer Lieferzeit* befassen.

---

6   Vgl. zu Excel auch Kap. 11.

7   Die geringfügig über die Dauer 8 hinausgehenden Werte kommen durch die zu wenig detaillierte Rasterung (Messabstand 0.2 ZE) bei der Auswertung zustande. Stärkere Detaillierung hätte weniger glatte Kurvenverläufe zur Folge.

Im Einzelnen gehen wir von folgenden **Annahmen** aus:

- Bis zum *Planungshorizont* T (z.B. 1 Jahr) treten Nachfragen nach einem Produkt jeweils zu Beginn von Perioden t = 1,2,...,T auf.

- Die *Nachfrage* ist zufallsabhängig. Mit μ bezeichnen wir den Erwartungswert der Nachfrage in T.

- τ ist die deterministisch bekannte *Lieferzeit* (ganzzahliges Vielfaches einer Periode). Bestellungen sind nur zu Periodenbeginn möglich.

- Mit d_τ bezeichnen wir die zufallsabhängige Nachfrage während der Lieferzeit τ. Ihre Wahrscheinlichkeitsfunktion sei $f(d_\tau)$. Der Erwartungswert der Nachfrage während der Lieferzeit sei μ_τ.

- c_h sind die *Lagerungskosten* pro ME im gesamten *Planungszeitraum* T. c_f sind die *Fehlmengenkosten* pro nicht lieferbarer ME. Mit c_b bezeichnen wir die fixen (mengenunabhängigen) *Kosten pro Bestellung*.

- s ist der zu ermittelnde zeitinvariante *Meldebestand*. Unterschreitet der Lagerbestand den Meldebestand s, so wird eine Bestellung ausgelöst.

- q ist die zu ermittelnde zeitinvariante *Bestellmenge* bei einer einzelnen Bestellung.

Gesucht ist eine **(s,q)-Politik** derart, dass die erwarteten durchschnittlichen Gesamtkosten im Planungszeitraum T minimal werden.

Wir formulieren nun Kostenfunktionen, auf deren Basis im Rahmen einer Simulationsstudie eine der Zielsetzung entsprechende (s,q)-Politik bestimmt werden kann.

Die **durchschnittlichen Bestellkosten** $\overline{C}_b$ im Planungszeitraum ergeben sich mit μ/q als durchschnittlicher Anzahl an Bestellungen aus $\overline{C}_b(q) := \dfrac{\mu}{q}\, c_b$.

Die **durchschnittlichen Lagerungskosten** $\overline{C}_h$ im Planungszeitraum entsprechen:

$$\overline{C}_h(s,q) := (q/2 + s - \mu_\tau)c_h$$

$s - \mu_\tau$ ist der Lagerbestand zum Zeitpunkt des Eintreffens einer Lieferung. $q/2 + s - \mu_\tau$ ist der durchschnittliche Lagerbestand während des gesamten Planungszeitraums.

Die nachfrageabhängige, zu erwartende Fehlmenge während der Lieferzeit τ ist:

$$\mu_s := \sum_{d_\tau = s}^{\infty} (d_\tau - s)\, f(d_\tau)$$

Damit ergeben sich die **durchschnittlichen Fehlmengenkosten** $\overline{C}_f$ im Planungszeitraum zu:

$$\overline{C}_f(s,q) := \frac{\mu}{q} \cdot \mu_s \cdot c_f = \frac{\mu}{q} \cdot c_f \cdot \sum_{d_\tau = s}^{\infty} (d_\tau - s) f(d_\tau)$$

Die **durchschnittlichen Gesamtkosten** im Planungszeitraum sind damit

$$\overline{C}(s,q) := \overline{C}_b + \overline{C}_h + \overline{C}_f.$$

Die Gesamtkosten $\overline{C}(s,q)$ können wir mittels *Simulation* in Anlehnung an Meyer und Hansen[8] sehr einfach folgendermaßen näherungsweise minimieren: Wir geben (s,q), d.h. einen

Punkt im $\mathbb{R}^2$, willkürlich vor oder schätzen ihn geeignet, erzeugen die zufallsabhängige Nachfrage während der Lieferzeit und berechnen die zugehörigen Gesamtkosten. Anschließend verändern wir (s,q), indem wir aus acht möglichen *Suchrichtungen* $0°$, $45°$, $90°$,..., $315°$ diejenige auswählen, entlang der die Gesamtkosten am stärksten fallen. Entlang dieser Suchrichtung gelangen wir bis zu einem lokalen Minimum, von dem aus wir erneut die sieben restlichen Suchrichtungen überprüfen usw.[9] Das Verfahren bricht mit einer lokal optimalen (s*,q*)-Politik ab, sobald die Gesamtkosten bei einer möglichen Veränderung in jeder zulässigen Richtung ansteigen.

10.4.4 Simulation von Warteschlangensystemen

Nach den bisherigen Ausführungen dürfte unmittelbar klar sein, wie sich Warteschlangensysteme simulativ analysieren lassen. Wir beschränken uns daher an dieser Stelle auf einige Hinweise zum Einkanalwarteschlangenmodell M/M/1 mit Poisson-verteiltem Ankunfts- bzw. Abfertigungsprozess von Kunden mit Ankunftsrate λ und Abfertigungsrate μ. Ausführungen zur Simulation weiterer Warteschlangenmodelle findet man z.B. in Runzheimer (1999, S. 341 ff.).

Wir generieren mit Parameter λ bzw. μ exponentialverteilte Zwischenankunfts- bzw. -abfertigungszeiten von Kunden und bekommen damit durch Aufsummieren der Anzahl angekommener bzw. abgefertigter Kunden beispielsweise die Kennziffer „mittlere Anzahl an Kunden im System". Auch die anderen in Kap. 9.3.3 genannten Kennziffern lassen sich als statistische Größen durch Protokollieren der relevanten Ereignisse des simulierten dynamischen Ankunfts- und Abfertigungsprozesses bestimmen. Zu einer Realisierung eines Warteschlangenmodells mittels Excel vgl. Kap. 11.3.

10.5 Simulationssprachen

Die obigen Beispiele enthalten zahlreiche *Elemente*, die häufig in Simulationsprogrammen benötigt werden. Beispiele hierfür sind:

- Erzeugung von Standardzufallszahlen
- Erzeugung von Zufallszahlen entsprechend einer vorgegebenen Dichte- oder Wahrscheinlichkeitsfunktion
- Überwachung des zeitlichen Ablaufs der Simulation mit Hilfe der Simulationsuhr
- Sammlung, Analyse und statistische Auswertung relevanter Daten/Ergebnisse
- Aufbereitung und Präsentation von Ergebnissen

---

8   Vgl. die 3. Auflage von Meyer und Hansen (1985, S. 217 ff.). In der in unserem Literaturverzeichnis enthaltenen 4. Auflage ist die Vorgehensweise nicht mehr beschrieben.

9   Suchrichtung $0°$ bedeutet, s monoton zu erhöhen bei Konstanz von q. Suchrichtung $45°$ heißt, s und q prozentual in gleichem Maße zu erhöhen. Suchrichtung $135°$ bedeutet, s prozentual zu senken und gleichzeitig q in gleichem Maße zu erhöhen.

Zur effizienten Implementierung komplexer Simulationsprogramme sind spezielle (special purpose) Programmiersprachen, so genannte *Simulationssprachen*, entwickelt worden. Im ökonomischen Bereich sind sie bevorzugt konzipiert zur diskreten Simulation (vgl. Kap. 10.1.2) dynamischer Problemstellungen mit stochastischen Inputgrößen. Zur Codierung typischer Aufgaben bzw. Elemente, wie sie beispielsweise oben aufgelistet sind, enthalten sie eigene Sprachelemente (Makrobefehle), die in allgemeinen (general purpose) Programmiersprachen wie FORTRAN oder PASCAL nur recht aufwendig und umständlich in Form eigener Routinen darstellbar sind. Umgekehrt können jedoch je nach Sprachtyp bzw. „Verträglichkeit" auch FORTRAN- oder C-Unterprogramme in Programme spezieller Simulationssprachen eingefügt werden.

Simulationssprachen unterscheiden sich voneinander hinsichtlich ihrer Problemorientierung und ihres Sprachkonzeptes. Eine Ausrichtung auf spezielle Probleme impliziert ein starres Sprachkonzept. Ein flexibles Sprachkonzept hingegen erlaubt auch die Programmierung verschiedenster Simulationsprobleme. Der Vorteil einer fehlenden bzw. speziellen Problemorientierung liegt in einem flexiblen Sprachkonzept und damit einer vergleichsweise universellen Eignung bzw. in einer einfachen und effizienten Programmierbarkeit.

Wir geben nun eine stichwortartige Charakterisierung einiger Simulationssprachen; detaillierte Ausführungen findet man beispielsweise in Kreutzer (1986, S. 85 ff.), Watson und Blackstone (1989, S. 196 ff.), Hoover und Perry (1990, S. 97 ff.) sowie Law und Kelton (2000, Kap. 3). Vgl. auch die Softwareübersicht in Swain (1997).

- **GASP** (**G**eneral **A**ctivity **S**imulation **P**rograms): Ursprünglich als ereignisorientierte[10] Simulationssprache konzipiert; spätere Versionen (GASP IV) zur kombinierten diskreten und kontinuierlichen Simulation geeignet; basiert auf FORTRAN. **SLAM** (**S**imulation **L**anguage **A**lternative **M**odelling) stellt eine Weiterentwicklung von GASP dar; vgl. hierzu insbesondere Witte et al. (1994).

- **GPSS** (**G**eneral **P**urpose **S**imulation **S**ystem): Eine der bekanntesten Simulationssprachen mit spezieller Problemorientierung, konzipiert primär zur Simulation komplexer Warteschlangensysteme.

- **SIMAN** (**SIM**ulation **AN**alysis language): Ähnlich wie GPSS primär zur Simulation komplexer Warteschlangensysteme konzipiert; basiert auf FORTRAN; zur diskreten und kontinuierlichen Simulation geeignet. **ARENA** stellt eine Weiterentwicklung von SIMAN dar und verfügt im Wesentlichen über eine komfortablere Benutzeroberfläche.

- **SIMSCRIPT**: Sehr allgemeine und mächtige Programmiersprache zur Implementierung zahlreicher Simulationsprogramme; basiert auf Entities (Objekten), Attributen (Eigenschaften) von Entities und Sets (Gruppen) von Entities.

- **SIMULA** (**SIMU**lation **LA**nguage): Weniger stark problemorientiert, dafür aber wesentlich flexibler als beispielsweise GPSS; basiert auf ALGOL.

---

10 Wesentliche Bausteine ereignisorientierter Simulationssprachen sind Befehle zur Generierung, Verarbeitung und „Vernichtung" von Ereignissen.

- **SIMPLE++**: In C++ implementierte, ereignisorientierte Programmiersprache. **emPlant** stellt eine Weiterentwicklung von SIMPLE++ dar.

Simulationssprachen versetzen den Benutzer in die Lage, Simulationsmodelle ohne detaillierte Programmierkenntnisse schneller und effizienter zu implementieren als mit allgemeinen Programmiersprachen. Ferner lassen sich Programme von Simulationsmodellen, die in einer speziellen Simulationssprache geschrieben sind, vergleichsweise einfach ändern.

In jüngster Zeit wurden auch Softwarepakete entwickelt, die eine Verbindung von Optimierung mit Simulation unterstützen. Der Optimierungspart – i.d.R. in Form von Metaheuristiken, wie wir sie in Kap. 6.3 behandeln – berechnet dabei Lösungskandidaten, die anschließend z.B. mit Methoden der diskreten Simulation ausgewertet werden. Vgl. zu diesem Gebiet z.B. Fu (2002).

Weiterführende Literatur zu Kapitel 10

Bratley et al. (1987)

Chamoni (1986)

Domschke et al. (2005) – *Übungsbuch*

Fishman (2001)

Hillier und Lieberman (1997)

Hoover und Perry (1990)

Kreutzer (1986)

Law und Kelton (2000)

Liebl (1995)

Vose (1996)

Watson und Blackstone (1989)

Witte et al. (1994)

Kapitel 11: OR und Tabellenkalkulation

In den letzten Jahren sind v.a. in den USA einige Lehrbücher veröffentlicht worden, die an Stelle der Darstellung von Lösungsverfahren die Modellierung von OR-Problemen und deren Lösung mittels Tabellenkalkulationsprogrammen in den Mittelpunkt stellen. Genannt seien beispielsweise Winston und Albright (1997), Savage (1998), Hillier et al. (1999) sowie Ragsdale (2003). Einige Ausführungen enthält auch das OR-Lehrbuch von Ellinger et al. (2003). Zeitschriftenbeiträge im deutschsprachigen Bereich stammen u.a. von Braun (1999), Günther (1999) sowie Domschke und Klein (2000).

Tabellenkalkulationsprogramme können im Rahmen der Lösung großer OR-Probleme aus der betrieblichen Praxis spezialisierte Software, auf die wir am Ende der meisten Kapitel dieses Buches hinweisen und auf die wir in unserem Übungsbuch Domschke et al. (2005, Kap. 11) ausführlicher eingehen, i.d.R. nicht ersetzen. Darüber hinaus sind die Einsatzmöglichkeiten von Teilgebiet zu Teilgebiet des OR recht verschieden. Die Anwendung eines derartigen Programmes fördert jedoch das Verständnis für die jeweils behandelte Problemstellung und motiviert die Studierenden.

Beispiele für Tabellenkalkulationsprogramme, die einen Solver für Optimierungsprobleme enthalten, sind Excel von Microsoft, Lotus 1-2-3 und Quattro Pro von Corel. Als **Solver** bezeichnet man Module, die sich zusätzlich in Tabellenkalkulationsprogramme einbinden lassen und die deren Funktionalität so erweitern, dass (ganzzahlige) lineare und nichtlineare Optimierungsprobleme gelöst werden können. Solche Module werden auch von Fremdherstellern angeboten. Beispiele dafür sind „What's Best!" von Lindo Systems oder ClipMOPS von Prof. U. Suhl. Daneben existiert eine Vielzahl anderer Erweiterungen, z.B. zur Unterstützung von Simulationen wie @Risk von Palisade oder Crystal Ball von Decisioneering.

Im Folgenden schildern wir zunächst, wie sich lineare Optimierungsprobleme mit reellwertigen und/oder ganzzahligen Variablen mittels Excel modellieren und lösen lassen. In Kap. 11.2 betrachten wir entsprechend ein Kürzeste-Wege- bzw. ein Umladeproblem. Kap. 11.3 ist der Lösung eines Warteschlangenproblems mittels Simulation gewidmet.

Wir erläutern jeweils lediglich die für den Lösungsgang wesentlichen Einträge in den verschiedenen Menüs und PopUp-Fenstern von Excel. Die grundsätzliche Bedienung sowie die Bedeutung sonstiger Stellgrößen der Software sind dem Handbuch oder der Systemhilfe zu entnehmen. Eine Einführung in Excel stellt u.a. das Buch von Martens (2001) dar. Alternativen zu Tabellenkalkulationsprogrammen wie Excel (Mathematica, Maple, Mathcad, Matlab) werden in Benker (2003) beschrieben.

11.1 (Ganzzahlige) Lineare Optimierung

Wir betrachten zunächst als *lineares Optimierungsproblem mit reellwertigen Variablen* unser Produktionsplanungsproblem aus Kap. 2.2. Auf die Handhabung von binären oder ganzzahligen Variablen gehen wir in Bem. 11.1 am Ende dieses Kapitels kurz ein.

Die Modellformulierung des Produktionsplanungsproblems, die wir zunächst schildern, kann in Excel wie in Abb. 11.1 dargestellt vorgenommen werden.

	A	B	C	D	E	F	G
1							
2		Zielfu.:	250				
3							
4		Deckungsb.:	10	20			
5			x1	x2			
6		Variablen:	5	10			
7							Kapaz.
8		NB1	1	1	15	<=	100
9		NB2	6	9	120	<=	720
10		NB3	0	1	10	<=	60
11							

Abb. 11.1

Für die *Variablen* x_1 und x_2 reservieren wir die Zellen C6 und D6. Probeweise haben wir hier Werte einer zulässigen Lösung $x_1 = 5$ und $x_2 = 10$ eingetragen.

Die *Zielfunktionskoeffizienten* (hier Gewinne) speichern wir in C4 und D4. Die Zelle C2 reservieren wir für den *Zielfunktionswert*. In ihr definieren wir mit Hilfe des Formeleditors von Excel das Summenprodukt (C4, D4) * (C6, D6). Dieser Befehl liefert den Wert C4*C6 + D4*D6; er entspricht einer Vektormultiplikation.

Die *Koeffizienten des Nebenbedingungssystems* werden in C8 bis D10, die Werte der rechten Seiten in G8 bis G10 eingetragen.

In der Zelle E8 definieren wir das Summenprodukt (C8, D8) * (C6, D6). Analog sehen wir für die Zellen E9 bzw. E10 die Summenprodukte (C9, D9) * (C6, D6) bzw. (C10, D10) * (C6, D6) vor, die in Excel durch eine komfortable Kopierfunktion äußerst leicht aus E8 gewonnen werden können.

Damit sind alle Eintragungen auf dem Excel-Blatt vorgenommen.

Über das Menü „Extras" kann nun der „**Solver**"[1] aufgerufen werden.
In dem sich öffnenden Fenster (siehe Abb. 11.2) sind die Nummern der Ziel(funktions)zelle und der Variablen des Problems („Veränderbare Zellen") einzutragen.
Als Nebenbedingungen haben wir dem Solver

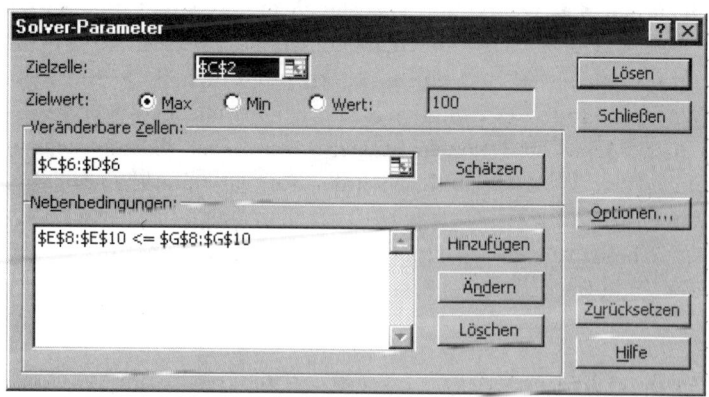

Abb. 11.2

über den Button „Hinzufügen" lediglich „mitzuteilen", dass die Summenprodukte in den

Zellen E8 bis E10 jeweils ≤ den in G8 bis G10 gespeicherten Kapazitäten sein müssen. Über „Hinzufügen" öffnet sich ein Fenster mit drei Schaltflächen. In der linken geben wir die Zellen E8 bis E10, in der rechten die Zellen G8 bis G10 an. In der mittleren Schaltfläche lässt sich der Typ der Beziehung (hier ≤) einstellen.

Unter „Optionen ..." (es öffnet sich das Fenster in Abb. 11.3) ist schließlich einzutragen, dass es sich um ein LP mit nichtnegativen Variablen handelt. Durch Betätigung des Buttons „Lösen" im Solver-Fenster starten wir den Lösungsprozess. Zur Bedeutung der weiteren Einstellungen vgl. die unter „Hilfe" verfügbaren Hinweise.

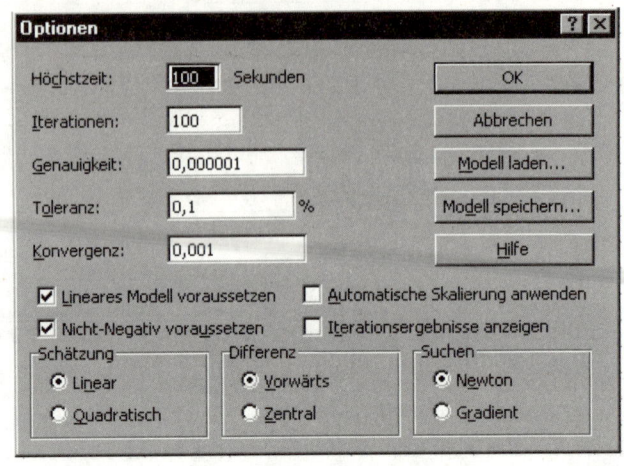

Das Programm fragt, ob die Lösung verwandt und damit in das Excel-Blatt übernommen werden soll. Zusätzlich können

Abb. 11.3

wir z.B. einen Sensitivitätsbericht erstellen lassen und später auf einem gesonderten Blatt (siehe Abb. 11.4) öffnen.

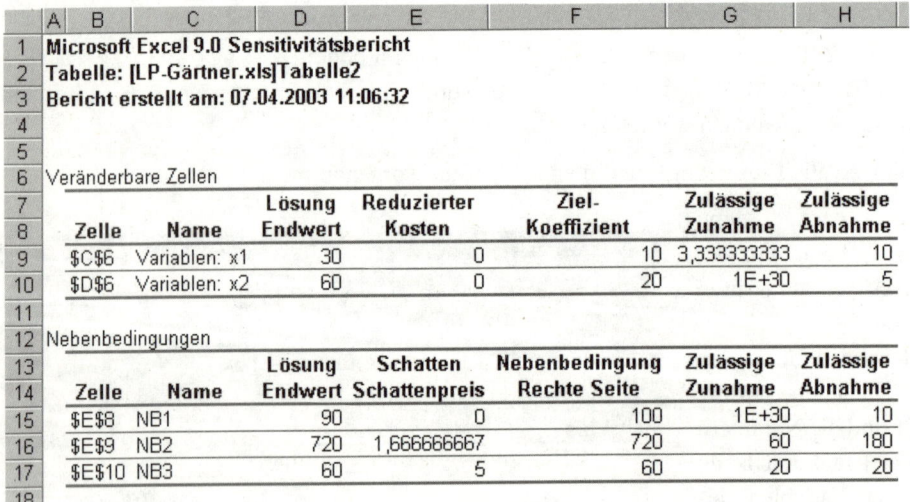

Abb. 11.4

Die optimale Lösung $(x_1, x_2) = (30, 60)$ entspricht natürlich der aus Kap. 2.2 bekannten. Aus dem Sensitivitätsbericht erfahren wir u.a., dass die **Schattenpreise** (= **inputorientierten**

---

1 Der Solver wird standardmäßig nicht installiert. Er kann über den Eintrag „Add-In-Manager ..." im Menü Extras nachinstalliert werden.

Opportunitätskosten) der drei Nebenbedingungen die Werte 0, 1.67 bzw. 5 besitzen; vgl. hierzu auch Def. 2.11 in Kap. 2.5.3. Darüber hinaus beinhaltet er Informationen zu Sensitivitätsanalysen, wie wir sie in Kap. 2.5.4 für das Produktionsplanungsproblem gewonnen haben (zulässige Zunahme oder Abnahme von Zielfunktionskoeffizienten oder Kapazitäten, ohne dass die optimale Lösung ihre Optimalitätseigenschaft verliert).

Bemerkung 11.1 *(binäre oder ganzzahlige Variablen)*: Die Forderung nach Ganzzahligkeit oder Binarität von Variablen lässt sich im Nebenbedingungssystem des Solvers über den Button „Hinzufügen" festlegen. In der linken Schaltfläche des sich öffnenden Fensters geben wir die Zellen der Variablen an, die nicht reellwertig sein sollen. In der mittleren Schaltfläche ist (statt einer Gleichungs- oder Ungleichungsbeziehung) der Eintrag „ganzz." oder „bin" vorzunehmen.

11.2 Kürzeste Wege in Graphen

Wir betrachten das Problem in Abb. 11.5 (siehe auch Abb. 3.10). Gesucht ist jeweils ein kürzester Weg von Knoten 1 zu den übrigen Knoten 2,...,5 des Graphen. Der Baum kürzester Wege ist fett hervorgehoben.

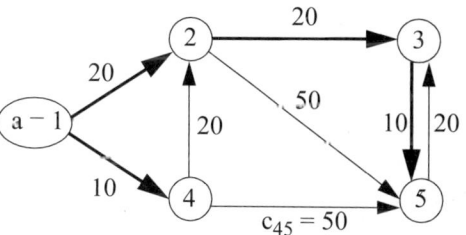

Das Problem lässt sich z.B. als Umladeproblem formulieren. Im Startknoten a existiert ein Angebot von n−1 ME, jeder andere Knoten besitzt eine Nachfrage von 1 ME. Definieren

Abb. 11.5: Bewerteter Digraph

wir Entscheidungsvariablen x_{ij} für die von Knoten i unmittelbar nach Knoten j zu transportierende Menge, so erhalten wir die folgende mathematische Formulierung (vgl. für allgemeine Umladeprobleme Kap. 4.3):

$$\text{Minimiere } F(\mathbf{x}) = \sum_{(i,j) \in E} c_{ij} x_{ij} \tag{11.1}$$

unter den Nebenbedingungen

$$- \sum_{(h,i) \in E} x_{hi} + \sum_{(i,j) \in E} x_{ij} = \begin{cases} 4 & \text{für Knoten } i = 1 \\ -1 & \text{für Knoten } i = 2, 3, 4, 5 \end{cases} \tag{11.2}$$

$$x_{ij} \geq 0 \qquad \text{für alle i und j} \tag{11.3}$$

Die Bedingungen (11.2) und (11.3) stellen sicher, dass im gegebenen Graphen ein Güterfluss von einer ME vom Startknoten 1 zu jedem anderen Knoten entsteht. Aufgrund der Zielfunktion ist der in einer optimalen Lösung gewählte Weg jeweils ein kürzester.

Bei Umladeproblemen ist stets eine der Nebenbedingungen durch alle anderen linear kombinierbar, also redundant. Verzichten wir auf die Bedingung für Knoten 1 und multiplizieren wir alle übrigen Bedingungen mit −1, so erhalten wir ein Problem, das auf einem Excel-Blatt wie in Tab. 11.1 formuliert werden kann. Die c_{ij} in Zeile 3, die rechten Seiten in Spalte K und die Koeffizienten in den Zeilen 4 bis 7 und den Spalten B bis I sind als Daten einzugeben. Das Summenprodukt in Spalte J ergibt sich durch Multiplikation des Variablenvektors mit den Zeilen 4 bzw. 5, 6 und 7. In Zeile 2 sind bereits die durch Anwendung des Simplex-Algorithmus erzielbaren optimalen Variablenwerte (3,1,2,0,1,0,0,0) eingetragen.

Im zu diesem Umladeproblem dualen Problem verwenden wir die Variablen u_2 bis u_5, die mit den Nebenbedingungen bzgl. der jeweiligen Knoten korrespondieren. Im Rahmen der Lösung des Umladeproblems liefert uns Excel deren optimale Werte (20,40,10,50) als *Schattenpreise*, die dem Sensitivitätsbericht zu entnehmen sind. Der Wert $u_5 = 50$ beispielsweise kommt wie folgt zustande: Erhöht man die Nachfrage für Knoten 5 um eine ME, so steigen die Variablenwerte entlang des kürzesten Weges von Knoten 1 nach Knoten 5 jeweils um eine ME. Der Zielfunktionswert der optimalen Lösung steigt um 50 GE.

	A	B	C	D	E	F	G	H	I	J	K	L
1	Zfw.:	120										
2	Var.:	x_{12} 3	x_{14} 1	x_{23} 2	x_{25}	x_{35} 1	x_{42}	x_{45}	x_{53}			
3	c_{ij}	20	10	20	50	10	20	50	20	Su.-prd.	re. S.	u_i
4	Kn. 2	1		-1	-1		1			1 =	1	20
5	Kn. 3			1		-1			1	1 =	1	40
6	Kn. 4		1				-1	-1		1 =	1	10
7	Kn. 5				1	1		1	-1	1 =	1	50

Tab. 11.1: Lösung als Umladeproblem

Unter Verwendung von Dualvariablen u_i hat das zum Umladeproblem (11.1) – (11.3) – ohne Nebenbedingung für den Startknoten 1 – duale Problem das folgende Aussehen:

$$\text{Maximiere } FD(\mathbf{u}) = \sum_{i=2}^{5} u_i$$

unter den Nebenbedingungen[2]

$$u_j \leq c_{1j} \qquad \text{für alle } (1,j) \in E$$

$$u_j - u_i \leq c_{ij} \qquad \text{für alle } (i,j) \in E \text{ mit } i \neq 1$$

Für das Problem in Abb. 11.5 erstellen bzw. erhalten wir in Excel Tab. 11.2. Die Summenprodukte in der Spalte F ergeben sich durch Multiplikation des Koeffizientenvektors des

---

2 Auf Bedingungen für evtl. vorhandene Pfeile (i,1), die den Startknoten 1 als Endknoten besitzen, kann verzichtet werden.

jeweiligen Pfeiles (i,j) mit dem Variablenvektor. Dieses Produkt darf für den Pfeil (i,j) höchstens den Wert c_{ij} annehmen.

		A	B	C	D	E	F		G	H
1		Zielfu.-wert:	120							
		Variablen:	u_2	u_3	u_4	u_5				
2			20	40	10	50	Su.-prod.		c_{ij}	x_{ij}
3		(1,2)	1				20	≤	20	3
4		(1,4)			1		10	≤	10	1
5		(2,3)	–1	1			20	≤	20	2
6	Pfeile (i,j)	(2,5)	–1			1	30	≤	50	0
7		(3,5)			–1	1	10	≤	10	1
8		(4,2)	1		–1		10	≤	20	0
9		(4,5)			–1	1	40	≤	50	0
10		(5,3)		1		–1	–10	≤	20	0

Tab. 11.2: Lösung des dualen Problems

Als optimale Lösung erhalten wir den Variablenvektor $(u_2,...,u_5) = (20, 40, 10, 50)$. Im Baum der kürzesten Wege befinden sich genau diejenigen Pfeile, deren Nebenbedingungen als Gleichungen erfüllt sind. Sie besitzen positive „inputorientierte" Opportunitätskosten; siehe Spalte H. Sie entsprechen den Werten der Variablen x_{ij} im Umladeproblem. Die Reduzierten Kosten für Pfeil (1,2) mit dem Wert 3 besagen, dass sich der Zielfunktionswert um 3 Einheiten erhöht, wenn c_{12} um 1 Einheit erhöht wird. Dies ist dadurch begründet, dass der Pfeil (1,2) in den kürzesten Wegen von Knoten 1 nach Knoten 2, 3 und 5 liegt.

11.3 Simulation eines Warteschlangenproblems

Einfache Simulationsexperimente lassen sich unmittelbar mit Hilfe der eingangs genannten Grundversionen von Excel, Lotus oder Quattro Pro durchführen. Für etwas anspruchsvollere Experimente bietet z.B. Excel die Möglichkeit der Programmierung von Makros in Visual Basic. Darüber hinaus existieren Zusatzprogramme (Add Ins) zur Erleichterung der Implementierung (etwa SimTools für Excel, im Internet kostenlos verfügbar). Wir beschränken uns darauf, ein einfaches Warteschlangenproblem mit der Grundversion von Excel zu simulieren.

Wir betrachten das folgende M/M/1-Warteschlangenmodell der Essensausgabe in einer Mensa:

Während der Essenszeit treffen Gäste mit exponentialverteilten Zwischenankunftszeiten (vgl. die Dichtefunktion (9.4) in Kap. 9.2) mit dem Erwartungswert $1/\delta = 0.8$ ein. Sie reihen sich in eine Warteschlange mit unbegrenzter Kapazität vor der Essensausgabe (= Kanal) ein. Die

Kunden werden nach dem FIFO-Prinzip bedient. Die Dauer der Bedienung eines Gastes ist ebenfalls exponentialverteilt mit Erwartungswert $1/\delta = 0.7$.

Gesucht sind durchschnittliche Warte- und Verweilzeit eines Gastes und die durchschnittliche Schlangenlänge.

Wir analysieren das Problem mit Hilfe von Excel. Tab. 11.3 zeigt die hierfür wichtigsten Einträge.

Spalte A enthält die Nummer des Kunden 1, 2, ..., 5000.

In *Spalte B* erzeugen wir für diese jeweils exponentialverteilte Zufallszahlen für die Zeitdifferenz zweier aufeinander folgender Kunden (Zwischenankunftszeit). Excel liefert uns hierfür im Intervall (0,1) gleichverteilte Zufallszahlen $z_i = $ ZUFALLSZAHL ( ). Aufgrund der Formel (10.4) in Kap. 10.3.4 überführen wir sie in exponentialverteilte Zufallszahlen mit Erwartungswert $1/\delta = 0.8$. Der Eintrag in Excel lautet hierfür: - (0 . 8) *LN (ZUFALLSZAHL ( ))

In *Spalte C* addieren wir die Zeitdifferenzen aus Spalte B: Die Ankunftszeit von Kunde i entspricht der Ankunftszeit von i−1, erhöht um die exponentialverteilte Zwischenankunftszeit aus Spalte B.

A	B	C	D	E	F	G	H
Kunde	Zw.-An-kunftsz.	Ankunfts-zeit	Bedien-dauer	Bedien-beginn	Bedien-ende	Warte-zeit	Verweil-zeit
0		0					
1	1.13	1.13	0.18	1.13	1.31	0.00	0.18
2	0.67	1.80	1.24	1.80	3.04	0.00	1.24
3	0.44	2.24	0.79	3.04	3.84	0.81	1.60
4	0.98	3.21	0.03	3.84	3.87	0.62	0.65
⋮							
4998	0.16	4011.00	0.33	4016.87	4017.19	5.87	6.20
4999	0.45	4011.45	0.05	4017.19	4017.25	5.75	5.80
5000	0.18	4011.62	0.64	4017.25	4017.89	5.62	6.26
						22622.09	26143.62
						4.52	5.23

Tab. 11.3

In *Spalte D* generieren wir analog zur Spalte B exponentialverteilte Abfertigungszeiten mit Erwartungswert 0.7 für die Kunden.

Spalte E (Beginn der Bedienung) und *Spalte F* (Ende der Bedienung) jedes Kunden: Die Bedienung des ersten Kunden kann natürlich unmittelbar nach seinem Eintreffen (Zeitpunkt 1.13) beginnen. Nach einer Bediendauer von 0.18 ZE verlässt er zum Zeitpunkt 1.31 das System. Jeder weitere Kunde kann jedoch erst dann bedient werden, wenn der vorherige Kunde abgefertigt ist. Es gilt also stets $E(i) = \max \{C(i), F(i-1)\}$.

In *Spalte G* notieren wir die Warte- und in *Spalte H* die Verweilzeit (Warte- einschließlich Bedienzeit) jedes Kunden. Am Ende der Spalte G bzw. H bilden wir die Summe der Warte- bzw. Verweilzeiten. Dividiert durch die Anzahl der Kunden, liefert dies bei dem in Tab. 11.3 wiedergegebenen Simulationslauf eine durchschnittliche Wartezeit von 4.52 und eine durchschnittliche Verweilzeit von 5.23. Die mittlere Anzahl der Wartenden in der Schlange bzw. im System erhalten wir durch Division der gesamten Warte- bzw. Verweilzeit durch das Bedienungsende (4017.89) des letzten Kunden. Bei der vorliegenden Simulation sind dies 5.63 bzw. 6.51 Personen.

Aufgrund der Berechnungsgleichungen (9.5) – (9.9) in Kap. 9.3.3 sind die folgenden Werte zu erwarten: $1/\lambda$ entspricht dem Erwartungswert $1/\delta = 0.8$ der Zwischenankunftszeiten. Analog handelt es sich bei $1/\mu$ um den Erwartungswert $1/\delta = 0.7$ der Bediendauern. Als Verkehrsdichte $\rho := \lambda/\mu$ erhalten wir damit $\rho = 0.7/0.8 = 0.875$.

Damit ergibt sich eine durchschnittliche Wartezeit (Formel (9.9)) von
$(0.875)^2/(0.125 \cdot 0.8) = 4.9$. Weitere durchschnittliche Werte sind:

Verweilzeit 5.6;   Schlangenlänge 6.12;   Systemlänge 7.0

Tab. 11.3 enthält das Ergebnis eines von mehreren von uns durchgeführten Simulationsläufen mit jeweils 5000 Kunden. Die dabei erzielten Ergebnisse wichen nach unten und oben stark von den obigen Durchschnittswerten ab. Stabilere Ergebnisse zeigten sich erst bei einem deutlich höheren Stichprobenumfang (über 100 000 Kunden), bei dem sich bereits der Einsatz selbst programmierter Makrobefehle anbietet, weil Excel maximal 65536 Zeilen auf einem Datenblatt erlaubt. Nach unserem Eindruck liegt die hohe Schwankungsbreite der Ergebnisse an der Tatsache, dass wir von exponentialverteilten Zwischenankunfts- und Abfertigungszeiten ausgehen, die von Fall zu Fall erheblich vom Erwartungswert abweichen können. Ein wesentlich stabileres Verhalten zeigt sich bereits bei 5000 Experimenten im Zusammenhang mit der Auswertung des stochastischen Netzplans in Kap. 10.4.2, bei dem wir von gleichverteilten Vorgangsdauern ausgehen.

Im Ergebnis bedeutet dies, dass Tabellenkalkulation (ohne die zu Beginn des Kapitels erwähnten Zusatztools) u.U. bereits für kleinere Simulationsuntersuchungen nicht geeignet ist. Simulationssprachen bieten eine Unterstützung bei der Beurteilung der Güte (Stabilität) der Ergebnisse.

Weiterführende Literatur zu Kapitel 11

Benker (2003)

Domschke et al. (2005) – *Übungsbuch*

Ellinger et al. (2003)

Hillier et al. (1999)

Martens (2001)

Ragsdale (2003)

Savage (1998)

Winston und Albright (1997)

Literaturverzeichnis

A

Aarts, E.H.L. und J.H.M. Korst (1989): Simulated annealing and Boltzmann machines. Wiley, Chichester u.a.

Aarts, E. und J.K. Lenstra (Hrsg.) (1997): Local search in combinatorial optimization. Wiley, Chichester u.a.

Adam, D. (1996): Planung und Entscheidung: Modelle – Ziele – Methoden. 4. Aufl., Gabler, Wiesbaden.

Aho, A.V.; J.E. Hopcroft und J.D. Ullman (1983): Data structures and algorithms. Addison-Wesley, Reading (Mass.).

Ahrens, J.H. und U. Dieter (1989): An alias method for sampling from the normal distribution. Computing 42, S. 159 - 170.

Ahrens, J.H. und U. Dieter (1990): A convenient sampling method with bounded computation times for Poisson distributions. American J. of Mathematical and Management Sciences 25, S. 1 - 13.

Ahuja, R.K.; T.L. Magnanti und J.B. Orlin (1993): Network flows – Theory, algorithms, and applications. Prentice-Hall, Englewood Cliffs.

Akgül, M. (1984): A note on shadow prices in linear programming. Journal of the Operational Research Society 35, S. 425 - 431.

Alt, W. (2002): Nichtlineare Optimieruung – Eine Einführung in Theorie, Verfahren und Anwendungen. Vieweg, Braunschweig und Wiesbaden.

Altrogge, G. (1994): Netzplantechnik. 2. Aufl., Oldenbourg, München - Wien.

Applegate, D.; R. Bixby, V. Chvátal und W. Cook (2003): Implementing the Dantzig-Fulkerson-Johnson algorithm for large traveling salesman problems. Mathematical Programming Series B 97, S. 91 - 153.

Arlt, C. (1994): Netzwerkflußprobleme. Deutscher Universitäts-Verlag, Wiesbaden.

Assad, A.A.; E.A. Wasil und G.L. Lilien (Hrsg.) (1992): Excellence in management science practice. Prentice-Hall, Englewood Cliffs.

B

Backhaus, K.; B. Erichson, W. Plinke und R. Weiber (2003): Multivariate Analysemethoden – Eine anwendungsorientierte Einführung. 10. Aufl., Springer, Berlin u.a.

Bamberg, G. und F. Baur (2002): Statistik. 12. Aufl., Oldenbourg, München - Wien.

Bamberg, G. und A.G. Coenenberg (2002): Betriebswirtschaftliche Entscheidungslehre. 11. Aufl., Vahlen, München.

Bartmann, D. und M.J. Beckmann (1989): Lagerhaltung – Modelle und Methoden. Springer, Berlin u.a.

Bastian, M. (1980): Lineare Optimierung großer Systeme. Hain, Meisenheim/Glan.

Bazaraa, M.S.; J.J. Jarvis und H.D. Sheraly (1990): Linear programming and network flows. 2. Aufl., Wiley, New York u.a.

Bazaraa, M.S.; H.D. Sheraly und C.M. Shetty (1993): Nonlinear programming – Theory and algorithms. 2. Aufl., Wiley, New York u.a.

Beasley, J.E. (Hrsg.) (1996): Advances in linear and integer programming. Clarendon Press, Oxford.

Beisel, E.-P. und M. Mendel (1987): Optimierungsmethoden des Operations Research, Bd. I: Lineare und ganzzahlige lineare Optimierung. Vieweg, Braunschweig - Wiesbaden.

Bellman, R. (1957): Dynamic programming. Princeton University Press, Princeton. (Reprint 2003 bei Dover-Publ., Portland)

Benders, J.F. (1962): Partitioning procedures for solving mixed-variables programming problems. Numerische Mathematik 4, S. 238 - 252.

Benker, H. (2003): Mathematische Optimierung mit Computeralgebrasystemen. Springer, Berlin u.a.

Berens, W. und W. Delfmann (2004): Quantitative Planung – Konzeption, Methoden und Anwendungen. 4. Aufl., Schäffer-Poeschel, Stuttgart.

Bertsekas, D.P. (1992): Linear network optimization: Algorithms and codes. 2. Aufl., MIT Press, Cambridge (Mass.).

Bertsekas, D.P. (2000): Dynamic programming and optimal control, Volume I. 2. Aufl., Athena Scientific, Belmont (Mass.).

Bertsekas, D.P. (2001). Dynamic programming and optimal control, Volume II. 2. Aufl., Athena Scientific, Belmont (Mass.).

Bertsekas, D.P. und P. Tseng (1988): The relax codes for linear minimum cost network flow problems. Annals of Operations Research 13, S. 125 - 190.

Beuermann, G. (1993): Spieltheorie und Betriebswirtschaftslehre. In: W. Wittmann et al. (Hrsg.): Handwörterbuch der Betriebswirtschaft. 5. Aufl., Schäffer-Poeschel, Stuttgart, Sp. 3929 - 3940.

Biethahn, J.; A. Lackner und M. Range (2004): Optimierung und Simulation. Oldenbourg, München - Wien.

Birge, J.R. und F. Louveaux (1997): Introduction to stochastic programming. Springer, New York.

Bixby, R.E. (2002): Solving real-world linear programs: A decade and more of progress. Operations Research 50, S. 3 - 15.

Blazewicz, J.; K.H. Ecker, E. Pesch, G. Schmidt und J. Weglarz (2001): Scheduling computer and manufacturing processes. 2. Aufl., Springer, Berlin u.a.

Blohm, H. und K. Lüder (1995): Investition. 8. Aufl., Vahlen, München.

Bol, G. (1980): Lineare Optimierung – Theorie und Anwendungen. Athenäum, Königstein/Ts.

Bolch, G. (1989): Leistungsbewertung von Rechensystemen mittels analytischer Warteschlangenmodelle. Teubner, Stuttgart.

Borgwardt, K.H. (2001): Optimierung, Operations Research, Spieltheorie – Mathematische Grundlagen. Birkhäuser, Basel u.a.

Bratley, P.; B.L. Fox und L.E. Schrage (1987): A guide to simulation. 2. Aufl., Springer, New York u.a.

Braun, B. (1999): Simultane Investitions- und Finanzplanung mit dem Excel-Solver. WISU 28, S. 73 - 80.

Brucker, P. (2004): Scheduling algorithms. 4. Aufl., Springer, Berlin u.a.

Brucker, P.; A. Drexl, R.H. Möhring, K. Neumann und E. Pesch (1999): Resource-constrained project scheduling: Notation, classification, models and methods. European J. of Operational Research 112, S. 3 - 41.

Büning, H.; P. Naeve, G. Trenkler und K.-H. Waldmann (2000): Mathematik für Ökonomen im Haupt-studium. Oldenbourg, München - Wien.

Burkard, R.E. (1989): Ganzzahlige Optimierung. In: Gal (1989), Band 2, S. 361 - 444.

Burkard, R.E. und U. Derigs (1980): Assignment and matching problems: Solution methods with FORTRAN-programs. Springer, Berlin u.a.

C

Camerini, P.M.; G. Galbiati und F. Maffioli (1988): Algorithms for finding optimum trees: Description, use and evaluation. Annals of Operations Research 13, S. 265 - 397.

Carpaneto, G.; S. Martello und P. Toth (1988): Algorithms and codes for the assignment problem. Annals of Operations Research 13, S. 193 - 223.

Chamoni, P. (1986): Simulation störanfälliger Systeme. Gabler, Wiesbaden.

D

Dantzig, G.B. und M.N. Thapa (1997): Linear Programming. 1: Introduction. Springer, New York u.a.

Dantzig, G.B. und M.N. Thapa (2003): Linear Programming. 2: Theory and applications. Springer, New York u.a.

Derigs, U. (1988): Programming in networks and graphs – On the combinatorial background and near-equivalence of network flow and matching algorithms. Springer, Berlin u.a.

Desrosiers, J.; A. Lasry, D. McInnis, M.M. Solomon und F. Soumis (2000): Air Transat uses ALTI-TUDE to manage its aircraft routing, crew pairing, and work assignment. Interfaces 30, Heft 2, S. 41 - 53.

De Wit, J. und W. Herroelen (1990): An evaluation of microcomputer-based software packages for project management. European J. of Operational Research 49, S. 102 - 139.

Dijkstra, E.W. (1959): A note on two problems in connection with graphs. Numerische Mathematik 1, S. 269 - 271.

Dinkelbach, W. (1969): Sensitivitätsanalysen und parametrische Programmierung. Springer, Berlin.

Dinkelbach, W. (1992): Operations Research – Ein Kurzlehr- und Übungsbuch. Springer, Berlin u.a.

Dinkelbach, W. und A. Kleine (1996): Elemente einer betriebswirtschaftlichen Entscheidungslehre. Springer, Berlin u.a.

Dinkelbach, W. und U. Lorscheider (1994): Übungsbuch zur Betriebswirtschaftslehre – Entschei-dungsmodelle und lineare Programmierung. 3. Aufl., Oldenbourg, München - Wien.

Domschke, W. (1995): Logistik: Transport. 4. Aufl., Oldenbourg, München - Wien.

Domschke, W. (1997): Logistik: Rundreisen und Touren. 4. Aufl., Oldenbourg, München - Wien.

Domschke, W. und A. Drexl (1996): Logistik: Standorte. 4. Aufl., Oldenbourg, München - Wien.

Domschke, W.; A. Drexl, R. Klein, A. Scholl und S. Voß (2005): Übungen und Fallbeispiele zum Operations Research. 5. Aufl., Springer, Berlin u.a.

Domschke, W. und R. Klein (2000): Produktionsprogrammplanung bei nichtlinearen Deckungsbeitragsfunktionen. WISU 29, S. 1649 - 1655.

Domschke, W. und R. Klein (2004): Bestimmung von Opportunitätskosten am Beispiel des Produktionscontrolling. Zeitschrift für Planung und Unternehmenssteuerung 15, S. 275 - 294.

Domschke, W.; R. Klein und A. Scholl (1996 a): Tabu Search – Eine intelligente Lösungsstrategie für komplexe Optimierungsprobleme. WiSt 25, S. 606 - 610.

Domschke, W.; R. Klein und A. Scholl (1996 b): Tabu Search: Durch Verbote schneller optimieren. c't-Magazin für Computer Technik, Heft 12, S. 326 - 332.

Domschke, W.; G. Mayer und B. Wagner (2002): Effiziente Modellierung von Entscheidungsproblemen: Das Beispiel des Standardisierungsproblems. Zeitschrift für Betriebswirtschaft 72, S. 847 - 863.

Domschke, W. und A. Scholl (2003): Grundlagen der Betriebswirtschaftslehre – Eine Einführung aus entscheidungsorientierter Sicht. 2. Aufl., Springer, Berlin u.a.

Domschke, W.; A. Scholl und S. Voß (1997): Produktionsplanung – Ablauforganisatorische Aspekte. 2. Aufl., Springer, Berlin u.a.

Drexl, A. (1991): Scheduling of project networks by job assignment. Management Science 37, S. 1590 - 1602.

Drexl, A. und A. Kimms (1997): Lot sizing and scheduling – Survey and extensions. European J. of Operational Research 99, S. 221 - 235.

Drexl, A. und F. Salewski (1997): Distribution requirements and compactness constraints in school timetabling. European J. of Operational Research 102, S. 193 - 214.

Dworatschek, S. und A. Hayek (1992): Marktspiegel Projektmanagementsoftware. 3. Aufl., Verlag TÜV Rheinland, Köln.

Dyckhoff, H. (1990): A typology of cutting and packing. European J. of Operational Research 44, S. 145 - 159.

Dyckhoff, H. und T. Spengler (2005): Produktionswirtschaft – Eine Einführung für Wirtschaftsingenieure. Springer, Berlin u.a.

E

Ecker, J.G. und M. Kupferschmid (1988): Introduction to Operations Research. Wiley, New York u.a.

Eiselt, H.A.; G. Pederzoli und C.-L. Sandblohm (1987): Continuous optimization models. de Gruyter, Berlin - New York.

Eisenführ, F. und M. Weber (2003): Rationales Entscheiden. 4. Aufl., Springer, Berlin u.a.

Ellinger, T.; G. Beuermann und R. Leisten (2003): Operations Research – Eine Einführung. 6. Aufl., Springer, Berlin u.a.

Ewert, R. und A. Wagenhofer (2003): Interne Unternehmensrechnung. 5. Aufl., Springer, Berlin u.a.

F

Feichtinger, G. und R.F. Hartl (1986): Optimale Kontrolle ökonomischer Prozesse. de Gruyter, Berlin - New York.

Fishman, G.S. (2001): Discrete-event simulation – Modeling, programming, and analysis. Springer, New York u.a.

Fleischmann, B. (1988): A new class of cutting planes for the symmetric travelling salesman problem. Mathematical Programming 40, S. 225 - 246.

Fleischmann, B. (1990): The discrete lot-sizing and scheduling problem. European J. of Operational Research 44, S. 337 - 348.

Floyd, R. (1962): Algorithm 97: Shortest path. Communications of the ACM 5, S. 345.

Fourer, R. (2003): Software survey: Linear programming. OR/MS Today 30, Nr. 6, S. 34 - 43.

Fourer, R.; D.M. Gay und B.W. Kernighan (1993): AMPL: A modeling language for mathematical programming. Scientific Press, San Francisco.

Fréville, A. (2004): The multidimensional 0-1 knapsack problem: An overview. European J. of Operational Research 155, S. 1 - 21.

Fu, M.C. (2002): Optimization for simulation: Theory vs. practice. INFORMS J. on Computing 14, S. 192 - 215.

G

Gal, T. (1986): Shadow prices and sensitivity analysis in linear programming under degeneracy – State-of-the-art-survey. OR Spektrum 8, S. 59 - 71.

Gal, T. (Hrsg.) (1989): Grundlagen des Operations Research (3 Bände). 2. Aufl., Springer, Berlin u.a.

Gal, T. (1997): Linear programming 2: Degeneracy graphs. In: T. Gal und H.J. Greenberg (Hrsg.): Advances in sensitivity analysis and parametric programming. Kluwer, Boston u.a., Kapitel 4.

Gal, T. und H. Gehring (1981): Betriebswirtschaftliche Planungs- und Entscheidungstechniken. de Gruyter, Berlin - New York.

Gallo, G. und S. Pallottino (1988): Shortest path algorithms. Annals of Operations Research 13, S. 3 - 79.

Garey, M.R. und D.S. Johnson (1979): Computers and intractability: A guide to the theory of NP-completeness. Freeman, San Francisco.

Gautier, A.; B.F. Lamond, D. Paré und F. Rouleau (2000): The Québec ministry of natural resources uses linear programming to understand the wood-fiber market. Interfaces 30, Heft 6, S. 32 - 48.

Gavish, B. und H. Pirkul (1985): Efficient algorithms for solving multiconstraint zero-one knapsack problems to optimality. Mathematical Programming 31, S. 78 - 105.

Geiger, C. und C. Kanzow (1999): Numerische Verfahren zur Lösung unrestringierter Optimierungsaufgaben. Springer, Berlin u.a.

Geoffrion, A.M. (1974): Lagrangean relaxation for integer programming. Mathematical Programming Study 2, S. 82 - 114.

Geoffrion, A.M. und R. Krishnan (2001): Prospects for operations research in the e-business era. Interfaces 31, Heft 2, S. 6 - 36.

Glover, F. und M. Laguna (1997): Tabu search. Kluwer, Boston u.a.

Goldberg, A.V. (1997): An efficient implementation of a scaling minimum-cost flow algorithm. Journal of Algorithms 22, S. 1 - 29.

Golden, B.L. und E.A. Wasil (1986): Nonlinear programming on a microcomputer. Computers & Operations Research 13, S. 149 - 166.

Gomory, R.E. (1958): Outline of an algorithm for integer solutions to linear programs. Bulletin of the American Mathematical Society 64, S. 275 - 278.

Greenberg, H.J. und F.H. Murphy (1992): A comparison of mathematical programming modeling systems. Annals of Operations Research 38, S. 177 - 238.

Gritzmann, P. und R. Brandenberg (2003): Das Geheimnis des kürzesten Weges. 2. Aufl., Springer, Berlin u.a.

Grötschel, M. und O. Holland (1991): Solution of large-scale symmetric travelling salesman problems. Mathematical Programming 51, S. 141 - 202.

Grötschel, M.; S.O. Krumke und J. Rambau (Hrsg.) (2001): Online optimization of large scale systems. Springer, Berlin - Heidelberg.

Günther, H.-O. (1999): Lösung linearer Optimierungsprobleme mit Hilfe von Tabellenkalkulationsprogrammen. WiSt 28, S. 443 - 448 und 506 - 508.

Günther, H.-O. und H. Tempelmeier (2003): Produktion und Logistik. 5. Aufl., Springer, Berlin u.a.

Gutin, G. und A.P. Punnen (Hrsg.) (2002): The traveling salesman problem and its variants. Kluwer, Dordrecht u.a.

H

Haase, K. und R. Kolisch (1997): LINGO. OR Spektrum 19, S. 1 - 4.

Habenicht, W. (1984): Interaktive Lösungsverfahren für diskrete Vektoroptimierungsprobleme unter besonderer Berücksichtigung von Wegeproblemen in Graphen. Athenäum/Hain/Hanstein, Königstein/Ts.

Hanafi, S., und A. Fréville, A. (1998): An efficient tabu search approach for the 0-1 multidimensional knapsack problem. European J. of Operational Research 106, S. 659 - 675.

Hansmann, K.-W. (1983): Kurzlehrbuch Prognoseverfahren. Gabler, Wiesbaden.

Hansohm, J. und M. Hänle (1991): Vieweg Decision Manager – Ein Programmpaket zur Lösung linearer Probleme mit mehreren Zielfunktionen. Vieweg, Braunschweig.

Hartmann, S. (1999): Project scheduling under limited resources – Models, methods, and applications. Springer, Berlin u.a.

Hauke, W. und O. Opitz (2003): Mathematische Unternehmensplanung – Eine Einführung. 2. Aufl., Books on Demand GmbH, Norderstedt.

Helber, S. und R. Stolletz (2004): Call Center Management in der Praxis – Strukturen und Prozesse betriebswirtschaftlich optimieren. Springer, Berlin u.a.

Held, M.; P. Wolfe und H.P. Crowder (1974): Validation of subgradient optimization. Mathematical Programming 6, S. 62 - 88.

Hillier, F.S. und G.J. Lieberman (1997): Operations Research. 5. Aufl., Oldenbourg, München - Wien.

Hillier, F.S.; M.D. Hillier und G.J. Lieberman (1999): Introduction to management science – A modeling and case studies approach with spreadsheets. McGraw-Hill, Boston u.a.

Holler, M.J. und G. Illing (2003): Einführung in die Spieltheorie. 5. Aufl., Springer, Berlin u.a.

Homburg, C. (2000): Quantitative Betriebswirtschaftslehre. 3. Aufl., Gabler, Wiesbaden.

Hoover, S.V. und R.F. Perry (1990): Simulation – A problem-solving approach. Addison-Wesley, Reading (Mass.) u.a.

Horst, R. (1979): Nichtlineare Optimierung. Hanser, München - Wien.

Horst, R. und H. Tuy (1996): Global optimization. Deterministic approaches. 3. Aufl., Springer, Berlin u.a.

Hurkens, C.A.J. und G.J. Woeginger (2004): On the nearest neighbor rule for the traveling salesman problem. Operations Research Letters 32, S. 1 - 4.

I

Inderfurth, K. (1982): Starre und flexible Investitionsplanung. Gabler, Wiesbaden.

Inderfurth, K.; A.G. de Kok und S.D.P. Flapper (2001): Product recovery in stochastic remanufacturing systems with multiple reuse options. European J. of Operational Research 133, S. 130 - 152.

Isermann, H. (1989): Optimierung bei mehrfacher Zielsetzung. In: Gal (1989), Band 1, S. 420 - 497.

J

Johnson, E.S.; G.L. Nemhauser und M.W.P. Savelsbergh (2000): Progress in linear programming-based algorithms for integer programming: An exposition. INFORMS Journal on Computing 12, S. 2 - 23.

Jungnickel, D. (1994): Graphen, Netzwerke und Algorithmen. 3. Aufl., BI-Wissenschaftsverlag, Mannheim u.a.

K

Kall, P. und S.W. Wallace (1994): Stochastic programming. Wiley, Chichester u.a.

Kallrath, J. und J.M. Wilson (1997): Business optimization using mathematical programming. MacMillan, London.

Kao, C. (1989): A random-number generator for microcomputers. Journal of the Operational Research Society 40, S. 687 - 691.

Karabakal, N.; A. Günal und W. Ritchie (2000): Supply-chain analysis at Volkswagen of America. Interfaces 30, Heft 4, S. 46 - 55.

Karmarkar, N. (1984): A new polynomial-time algorithm for linear programming. Combinatorica 4, S. 373 - 395.

Katok, E. und D. Ott (2000): Using mixed-integer programming to reduce label changes in the coors aluminum can plant. Interfaces 30, Heft 2, S. 1 - 12.

Kellerer, H.; U. Pferschy und D. Pisinger (2004): Knapsack problems. Springer, Berlin u.a.

Khachijan (od. Chatschijan), L.G. (1979): A polynomial algorithm in linear programming. Soviet Math. Doklady 20, S. 191 - 194.

Kimms, A. (1999): Ausgewählte Instrumente des Produktions-Controlling. WiSt 28, S. 161 - 164.

Kimms, A. (2001): Mathematical programming and financial objectives for scheduling projects. Kluwer, Boston u.a.

Kistner, K.-P. (2003): Optimierungsmethoden. 3. Aufl., Physica, Heidelberg.

Kistner, K.-P. und M. Steven (2001): Produktionsplanung. 3. Aufl., Physica, Heidelberg.

Klee, V. und G.J. Minty (1972): How good is the simplex algorithm. In: O. Shisha (Hrsg.): Inequalities III. Academic Press, New York, S. 159 - 175.

Klein, R. (2000): Scheduling of resource-constrained projects. Kluwer, Boston u.a.

Klein, R. (2001): Revenue Management: Quantitative Methoden zur Erlösmaximierung in der Dienstleistungsproduktion. Betriebswirtschaftliche Forschung und Praxis 53, S. 245 - 259.

Klein, R. und A. Scholl (2004): Planung und Entscheidung. Vahlen, München.

Klose, A. (2001): Standortplanung in distributiven Systemen – Modelle, Methoden, Anwendungen. Physica, Heidelberg.

Kolisch, R. und K. Hempel (1996): Experimentelle Evaluation der Kapazitätsplanung von Projektmanagementsoftware. Zeitschrift für betriebswirtschaftliche Forschung 48, S. 999 - 1018.

Kolisch, R.; A. Sprecher und A. Drexl (1995): Characterization and generation of a general class of resource-constrained project scheduling problems. Management Science 41, S. 1693 - 1703.

Kosmol, P. (1989): Methoden zur numerischen Behandlung nichtlinearer Gleichungen und Optimierungsaufgaben. Teubner, Stuttgart.

Krabs, W. (1983): Einführung in die lineare und nichtlineare Optimierung für Ingenieure. Teubner, Stuttgart.

Kreutzer, W. (1986): System simulation – Programming styles and languages. Addison-Wesley, Sydney u.a.

Kruschwitz, L. (2003): Investitionsrechnung. 9. Aufl., de Gruyter, Berlin - New York.

Kruskal, J.B. (1956): On the shortest spanning subtree of a graph and the traveling salesman problem. Proc. Amer. Math. Soc. 7, S. 48 - 50.

Küpper, W.; K. Lüder und L. Streitferdt (1975): Netzplantechnik. Physica, Würzburg - Wien.

Kuhn, H. (1990): Einlastungsplanung von flexiblen Fertigungssystemen. Physica, Heidelberg.

Kuhn, H. (1992): Heuristische Suchverfahren mit simulierter Abkühlung. WiSt 8, S. 387 - 391.

Kuhn, H. (2001): Stochastische-Modelle-Trainer (SMT) – Übungssoftware. Arbeitsbericht des Lehrstuhls für ABWL, Produktionswirtschaft und IBL, Wirtschaftswissenschaftliche Fakultät Ingolstadt, Universität Eichstätt.

L

Laporte, G. und I.H. Osman (Hrsg.) (1996): Metaheuristics in combinatorial optimization. Annals of Operations Research 63, Baltzer, Amsterdam.

Laux, H. (2003): Entscheidungstheorie. 5. Aufl., Springer, Berlin u.a.

Law, A.M. und W.D. Kelton (2000): Simulation modeling and analysis. 3. Aufl., McGraw-Hill, New York u.a.

Lawler, E.L.; J.K. Lenstra, A.H.G. Rinnooy Kan und D.B. Shmoys (Hrsg.) (1985): The traveling sales-man problem – A guided tour of combinatorial optimization. Wiley, Chichester u.a.

L'Ecuyer, P. (1999): Good parameters and implementations for combined multiple recursive random number generators. Operations Research 47, S. 159 - 164.

Lehn, J. und H. Wegmann (2004): Einführung in die Statistik. 4. Aufl., Teubner, Stuttgart.

Liebl, F. (1995): Simulation – Problemorientierte Einführung. 2. Aufl., Oldenbourg, München - Wien.

Lin, S. und B.W. Kernighan (1973): An effective heuristic algorithm for the traveling-salesman problem. Operations Research 21, S. 498 - 516.

Little, J.D.C. (1961): A proof for the queuing formula: $L = \lambda W$. Operations Research 9, S. 383 - 387.

M

Martello, S.; D. Pisinger und P. Toth (1999): Dynamic programming and strong bounds for the 0-1 knapsack problem. Management Science 45, S. 414 - 424.

Martello, S; D. Pisinger und D. Vigo (2000): The three-dimensional bin packing problem. Operations Research 48, S. 256 - 267.

Martello, S. und P. Toth (1990): Knapsack problems – Algorithms and computer implementations. Wiley, Chichester u.a.

Martens, L. (2001): Betriebswirtschaftslehre mit Excel. Oldenbourg, München - Wien.

Martin, R.K. (1999): Large scale linear and integer optimization. Kluwer, Boston u.a.

Mayer, G. (2001): Strategische Logistikplanung von Hub & Spoke - Systemen. Deutscher Universitäts-Verlag, Wiesbaden.

Mertens, P. (2004): Integrierte Informationsverarbeitung 1. 14. Aufl., Gabler, Wiesbaden.

Mészáros, C. und U.H. Suhl (2003): Advanced preprocessing techniques for linear and quadratic pro-gramming. OR Spectrum 25, S. 575 - 595.

Meyer, M. und K. Hansen (1996): Planungsverfahren des Operations Research. 4. Aufl., Vahlen, München.

Meyr, H. (2002): Simultaneous lotsizing and scheduling on parallel machines. European J. of Operati-onal Research 139, S. 277 - 292.

Michalewicz, Z. (1999): Genetic algorithms + data structures = evolution programs. 3. Aufl., Springer, Berlin u.a.

Minoux, M. (1986): Mathematical programming – Theory and algorithms. Wiley, New York u.a.

Möhring, R.H.; A.S. Schulz, F. Stork und M. Uetz (2003): Solving project scheduling problems by minimum cut computations. Management Science 49, S. 330 - 350.

Moré, J.J. und S.J. Wright (1993): Optimization software guide. SIAM, Philadelphia.

Morlock, M. und K. Neumann (1973): Ein Verfahren zur Minimierung der Kosten eines Projektes bei vorgegebener Projektdauer. Angewandte Informatik 15, S. 135 - 140.

Müller-Merbach, H. (1973): Operations Research. 3. Aufl., Vahlen, München.

Murty, K.G. (1992): Network programming. Prentice-Hall, Englewood Cliffs.

N

Nash, S.G. (1995): Software survey NLP. OR/MS Today 22, Nr. 2, S. 60 - 71.

Nemhauser, G.L. (1994): The age of optimization: Solving large-scale real-world problems. Operations Research 42, S. 5 - 13.

Neumann, K. (1990): Stochastic project networks – Temporal analysis, scheduling and cost minimization. Springer, Berlin u.a.

Neumann, K. und M. Morlock (2002): Operations Research. 2. Aufl., Hanser, München - Wien.

Neumann, K.; C. Schwindt und J. Zimmermann (2003): Project scheduling with time windows and scarce resources. 2. Aufl., Springer, Berlin - Heidelberg.

O

Ohse, D. (1989): Transportprobleme. In: Gal (1989), Band 2, S. 261 - 360.

Olson, J.R. und M.J. Schniederjans (2000): A heuristic scheduling system for ceramic industrial coatings. Interfaces 30, Heft 5, S. 16 - 22.

Opitz, O. (2002): Mathematik. 8. Aufl., Oldenbourg, München - Wien.

Osorio, M.A.; F. Glover und P. Hammer, P. (2002): Cutting and surrogate constraint analysis for improved multidimensional knapsack solutions. Annals of Operations Research 117, S. 71 - 93.

P

Papadimitriou, C.H. und K. Steiglitz (1982): Combinatorial optimization: Algorithms and complexity. Prentice-Hall, Englewood Cliffs. (Ein unveränderter Nachdruck ist 1998 erschienen.)

Pape, U. (1974): Implementation and efficiency of Moore algorithms for the shortest route problem. Mathematical Programming 7, S. 212 - 222.

Parker, R.G. und R.L. Rardin (1988): Discrete optimization. Academic Press, Boston u.a.

Pesch, E. (1994): Learning in automated manufacturing – A local search approach. Physica, Heidelberg.

Pesch, E. und S. Voß (Hrsg.) (1995): Applied local search. OR Spektrum 17, Sonderheft 2/3.

Pintér, J.D. (1996): Global Optimization in Action. Kluwer, Dordrecht u.a.

Prim, R.C. (1957): Shortest connection networks and some generalizations. Bell Syst. Techn. 36, S. 1389 - 1401.

R

Ragsdale, C.T. (2003): Spreadsheet-modeling and decision-analysis: A practical introduction to management science. 4. Aufl., South-Western Publ., Cincinnaty.

Reeves, C.R. (Hrsg.) (1993): Modern heuristic techniques for combinatorial problems. Blackwell, Oxford u.a.

Reichmann, T. (1997): Controlling mit Kennzahlen und Managementberichten. 5. Aufl., Vahlen, München.

Reinelt, G. (1994): The traveling salesman – Computational solutions for TSP applications. Springer, Berlin - Heidelberg.

Rockafellar, R.T. (1970): Convex analysis. Princeton University Press, Princeton. (Reprint 1997)

Rommelfanger, H. (2001): Mathematik für Wirtschaftswissenschaftler, Band 2. 5. Aufl., Spektrum Akademischer Verlag, Heidelberg u.a.

Runzheimer, B. (1999): Operations Research. 7. Aufl., Gabler, Wiesbaden.

S

Savage, S.K. (1998): INSIGHT: Business analysis tools for Microsoft Excel. Duxbury Press, Belmont.

Schäl, M. (1990): Markoffsche Entscheidungsprozesse. Teubner, Stuttgart.

Schassberger, R. (1973): Warteschlangen. Springer, Berlin u.a.

Schittkowski, K. (1980): Nonlinear programming codes. Springer, Berlin u.a.

Schlittgen, R. und H.J. Streitberg (2001): Zeitreihenanalyse. 9. Aufl., Oldenbourg, München - Wien.

Schneeweiß, C. (1974): Dynamisches Programmieren. Physica, Würzburg - Wien.

Schneeweiß, C. (1981): Modellierung industrieller Lagerhaltungssysteme – Einführung und Fallstudien. Springer, Berlin u.a.

Schneeweiß, C. (1992): Planung 2: Konzepte der Prozeß- und Modellgestaltung. Springer, Berlin u.a.

Schniederjans, M.J. (1995): Goal programming. Kluwer, Boston u.a.

Scholl, A. (1999): Balancing and sequencing of assembly lines. 2. Aufl., Physica, Heidelberg.

Scholl, A. (2001): Robuste Planung und Optimierung. Physica, Heidelberg.

Scholl, A. und R. Klein (1997): SALOME: A bidirectional branch and bound procedure for assembly line balancing. INFORMS J. on Computing 9, S. 319 - 334.

Scholl, A.; G. Krispin, R. Klein und W. Domschke (1997): Branch and Bound – Optimieren auf Bäumen: je beschränkter, desto besser. c't-Magazin für Computer Technik, Heft 10, S. 336 - 345.

Schrage, L. (1979): A more portable Fortran random number generator. ACM Transactions on Mathematical Software 5, S. 132 - 138.

Schrijver, A. (1998): Theory of linear and integer programming. Wiley, Chichester u.a.

Schrijver, A. (2003): Combinatorial optimization – Polyhedra and efficiency (Volumes A, B, C). Springer, Berlin u.a.

Schulz, A.S. und R. Weismantel (2002): The complexity of primal algorithms for solving general integer programs. Mathematics of Operations Research 27, S. 681- 692.

Schwarze, J. (2001): Projektmanagement mit Netzplantechnik. 8. Aufl., Verlag Neue Wirtschafts-Briefe, Herne - Berlin.

Shamir, R. (1987): The efficiency of the simplex method: A survey. Management Science 33, S. 301 - 334.

Silver, E.A. (2004): An overview of heuristic solution methods. Journal of the Operational Research Society 55, S. 936 - 956.

Simmons, D.M. (1975): Nonlinear programming for Operations Research. Prentice-Hall, Englewood Cliffs.

Smith, T.H.C. und G.L. Thompson (1977): A LIFO implicit enumeration search algorithm for the symmetric traveling salesman problem using Held and Karp's 1-tree-relaxation. Annals of Discrete Mathematics 1, S. 479 - 493.

Spellucci, P. (1993): Numerische Verfahren der nichtlinearen Optimierung. Birkhäuser, Basel u.a.

Sprecher, A. (2000): Scheduling resource-constrained projects competitively at modest memory requirements. Management Science 46, S. 710 - 723.

Stadtler, H.; M. Groeneveld und H. Hermannsen (1988): A comparison of LP software on personal computers for industrial applications. European J. of Operational Research 35, S. 146 - 159.

Stadtler, H. und C. Kilger (Hrsg.) (2002): Suppy chain management and advanced planning: Concepts, models, software and case studies. 2. Aufl., Springer, Berlin u.a.

Stähly, P. (1989): Einsatzplanung für Katastrophenfälle mittels Simulationsmodellen auf der Basis von SIMULA. OR Spektrum 11, S. 231 - 238.

Suhl, U.H. (1994): MOPS – Mathematical OPtimization System. European J. of Operational Research 72, S. 312 - 322.

Swain, J.J. (1997): Simulation goes mainstream. OR/MS Today 24, Nr. 5, S. 35 - 46.

Syslo, M.M. (1984): On the computational complexity of the minimum-dummy-activities problem in a PERT network. Networks 14, S. 37 - 45.

T

Taha, H.A. (1992): Operations Research – An introduction. 5. Aufl., MacMillan, New York - London.

Tempelmeier, H. (2003): Material-Logistik – Modelle und Algorithmen für die Produktionsplanung und -steuerung und das Supply Chain Management. 5. Aufl., Springer, Berlin u.a.

Tempelmeier, H. und H. Kuhn (1992): Flexible Fertigungssysteme – Entscheidungsunterstützung für Konfiguration und Betrieb. Springer, Berlin u.a.

Todd, M.J. (2002): The many facets of linear programming. Mathematical Programming, Ser. B, 91, S. 417 - 436.

Tüshaus, U. (2001): Modeling approaches for median relations. In: P. Kischka, U. Leopold-Wildburger, R.H. Möhring und F.-J. Radermacher (Hrsg.): Models, methods and decision support for management. Physica, Heidelberg - New York, S. 79 - 101.

V

Vazirani, V.V. (2001): Approximation algorithms. Springer, Berlin u.a.

Vose, D. (1996): Quantitative risk analysis: A guide to Monte Carlo simulation modelling. Wiley, Chichester u.a.

Voß, S. (1990): Steiner-Probleme in Graphen. Hain, Frankfurt/M.

Voß, S. und D.L. Woodruff (2003): Introduction to computational optimization models for production planning in a supply chain. Springer, Berlin u.a.

Voß, S.; S. Martello, I.H. Osman und C. Roucairol (Hrsg.) (1999): Meta-heuristics – Advances and trends in local search paradigms for optimization. Kluwer, Boston u.a.

W

Wäscher, G. (1982): Innerbetriebliche Standortplanung bei einfacher und mehrfacher Zielsetzung. Gabler, Wiesbaden.

Wäscher, G. (1988): Ausgewählte Optimierungsprobleme der Netzplantechnik. WiSt 17, S. 121 - 126.

Wagner, H.M. und T.M. Whitin (1958): Dynamic version of the economic lot size model. Management Science 5, S. 89 - 96.

Waldmann, K.-H. und U.M. Stocker (2004): Stochastische Modelle – Eine anwendungsorientierte Einführung. Springer, Berlin u.a.

Watson, H.J. und J.H. Blackstone (1989): Computer simulation. 2. Aufl., Wiley, New York u.a.

Weglarz, J. (Hrsg.) (1999): Project scheduling – Recent models, algorithms and applications. Kluwer, Boston u.a.

Werners, B. (2000): Projektsteuerung durch die Zuweisung von Vorgangspuffern. WiSt 29, S. 422 - 427.

de Werra, D. und A. Hertz (1989): Tabu search techniques: A tutorial and an application to neural networks. OR Spektrum 11, S. 131 - 141.

Wille, F. (1992): Humor in der Mathematik. 4. Aufl., Vandenhoeck und Ruprecht, Göttingen

Williams, H.P. (1999): Model building in mathematical programming. 4. Aufl., Wiley, Chichester u.a.

Winston, W.L. (2004): Operations Research – Applications and algorithms. 4. Aufl., Duxbury Press, Belmont.

Winston, W.L. und S.C. Albright (1997): Practical management science – Spreadsheet modeling and applications. Duxbury Press, Belmont.

Wirth, N. (1986): Algorithms and data structures. Prentice-Hall, New York u.a.

Witte, T.; T. Claus und K. Helling (1994): Simulation von Produktionssystemen mit SLAM. Addison-Wesley, Bonn u.a.

Wolsey, L.A. (1998): Integer programming. Wiley, New York u.a.

Z

Zäpfel, G. (2000): Taktisches Produktions-Management. 2. Aufl., Oldenbourg, München - Wien.

Ziegler, H. (1985): Minimal and maximal floats in project networks. Engineering Costs and Production Economics 9, S. 91 - 97.

Zimmermann, H.-J. (2004): Operations Research – Methoden und Modelle. Vieweg, Wiesbaden.

Zimmermann, W. und U. Stache (2001): Operations Research. 10. Aufl., Oldenbourg, München - Wien.

Zoutendijk, G. (1960): Methods of feasible directions. Elsevier, Amsterdam.

Sachverzeichnis

Ist der Ruf erst einmal ruiniert
Lebt es sich recht ungeniert